100

GROSSE SPRÜNGE

PETER MACINNIS

100 GROSSE SPRÜNGE

DIE BEDEUTENDSTEN ENTDECKUNGEN UND ERFINDUNGEN DER MENSCHHEIT

Aus dem Englischen übersetzt von Bernhard Gerl, Birgit Jarosch und Peter Wittmann

Spektrum
AKADEMISCHER VERLAG

inhalt

Aufnahme mit Langzeitbelichtung vom Polarstern (auch Polaris oder Nordstern), VLA New Mexico, USA.

EINLEITUNG

Wissenschaft, Technologie und der Ursprung des modernen Menschen

Schon der Plan, Leben und Werk *eines* Wissenschaftlers in nur tausend Wörtern zusammenzufassen, ist eine überhebliche Unverschämtheit, doch ich bin noch einen großen Schritt weiter gegangen. Mein Ziel war es, die bedeutendsten Wissenschaftler, ja sogar ganze Zweige der Wissenschaft mit tausend Wörtern oder weniger zu beschreiben und auch noch die Weiterentwicklungen einiger großartiger Ideen zu verfolgen.

Was mich ein Stück weit rettet, ist die Tatsache, dass große wissenschaftliche Entdeckungen oft aufeinander aufbauen und historisch miteinander verbunden sind – sie bilden eine zusammenhängende Geschichte. Ich habe diese Entdeckungen grob in eine chronologische Reihenfolge gebracht, nur hier und da ein wenig geschliffen, um die Zusammenhänge deutlicher zu machen. Der Haken war, dass die meisten Entdeckungen Zeit benötigen, um zu reifen. Ich habe zum Beispiel die Entdeckung der Linse (→18) dort beschrieben, wo ich auch vom ersten Gebrauch eines Brennglases berichtet habe. Ich hätte sie genauso bei der Erfindung des Teleskops (→24) oder Mikroskops (→31) erwähnen können.

Ich habe das Jahr 1285 (plus/minus einige Jahre) als das Datum angegeben, in dem zum ersten Mal eine Brille verwendet wurde, weil die Linse da gut hineinpasste: Es war kurz vor der Erfindung des Buchdrucks, die dazu führte, dass mehr Menschen zu lesen begannen und deshalb auf Brillen angewiesen waren. Kurz gesagt, ich habe diese Jahresangaben ein wenig hingebogen, damit die Geschichte dahinter überzeugender wird. Die Brille war die Anwendung, die Linsen und die Optik, die hinter ihnen steckt, allgemein bekannt gemacht hat.

Am Ende des Buches habe ich einige weitere Entdeckungen aufgeführt, auf die ich gerne noch eingegangen wäre, wenn ich mehr Platz gehabt hätte. Eigentlich standen 200 Möglichkeiten auf meiner Liste. Wenn also ihre Lieblingserfindung nicht dabei sein sollte, tut es mir sehr leid – auch manche meiner Favoriten mussten herausfallen. Wo ich konnte, habe ich einigen davon eine Nebenrolle in den aufgenommenen Geschichten eingeräumt.

Wenn Sie dieses Buch lesen, wird Ihnen auffallen, dass einige Themen immer wiederkehren. Das Erste, was die Menschen brauchten, war ein Platz zum Arbeiten (ein Dorf mit Herden, Vorratslagern und Feldern in der Nähe), das Zweite waren Materialien (Essen, Glas, Metalle, Keramik), das Dritte Arbeitsmethoden (Schmelzen, Schreiben, Ackerbau, Messverfahren, Ingenieurtechniken) und das Vierte eine Reihe von Konzepten wie Energie, Kraft, Wechselwirkungen. Was alles zusammenhielt, war die Kommunikation.

Vielleicht werden Sie bemerken, dass Wissenschaftler Annahmen stets mit logischem Denken hinterfragen. Aber vor allem haben sie gelernt, systematisch Beobachtungen und Messungen durchzuführen. Nur so konnten sie Faustregeln finden und daraus später naturwissenschaftliche Gesetze entwickeln. Von der Wissenschaft, wie wir sie heute kennen, gäbe es ohne Messungen und Statistik nur sehr wenig. Trotzdem vertraten damals, als systematische Messungen begannen, viele die Meinung, dass Wissen abgewertet wird, wenn man es auf Zahlen reduziert (→26).

Menschen waren schon immer von Himmelserscheinungen fasziniert. Dieses Bild aus dem „Himmelsatlas“, der von Johannes Janssonius 1660–1661 veröffentlicht wurde, zeigt einen Ausschnitt aus einer Sternkarte.

Corona Auſt

Christoph Columbus enthüllte vor ihm noch unbekannte Horizonte, als die Menschen bereit und fähig dazu waren, sie zu erforschen. Dieses Portrait wurde 1519 von Sebastiano del Piombo gemalt.

Immer wieder werde ich darauf zu sprechen kommen, wie Wissenschaftler mit Widersprüchen umgehen (und umgingen), die die allgemein akzeptierten Methoden erzeugten. Außerdem werde ich gelegentlich legendäre Wissenschaftler-Geschichten erwähnen – zum Beispiel die, wie James Watt (→36) an einem Feuer saß, den klappernden Deckel eines Topfes mit kochenden Wasser beobachtete und so auf die Idee mit seiner Dampfmaschine gekommen sein soll. Meistens ist die wahre Geschichte dahinter sogar noch faszinierender als die Legende. Andere Erzählungen habe ich ausgelassen, etwa die, dass James Joule ein Thermometer mit auf seine Hochzeitsreise genommen haben soll, um die Temperatur am oberen und unteren Ende eines Wasserfalls zu messen. Die Anhaltspunkte finden Sie im Buch, den Rest können sie sich selbst zusammenreimen. Übrigens, Columbus (→21) hat niemanden mit der Behauptung überrascht, die Erde sei keine Scheibe, sondern eine Kugel. Das wussten die Menschen schon lange vor ihm.

Ein anderes wichtiges Thema, dem ich bewusst sehr intensiv nachgegangen bin, sind die Auswirkungen von Entdeckungen. Ich habe schon immer behauptet, dass eine neue Erfindung fünfzig Jahre benötigt, um ihre vollen Auswirkungen auf die Gesellschaft zu entfalten. Die ersten zwanzig Jahre gehören in die Gefilde der verträumten Enthusiasten, die nächsten zehn den ersten Anwendern, und nach weiteren zwanzig Jahren ist die Erfindung Teil unseres alltäglichen Lebens geworden. Dann erst sehen wir wirklich, welche Auswirkungen sie hat, ob es nun um Druck, Eisenbahn, Telefon, Radio, Computer, Internet oder etwas anderes geht. Abgesehen davon sind die Auswirkungen vollkommen unvorhersehbar: Wer wäre auf die Idee gekommen, dass zwei Entwicklungen des Zweiten Weltkriegs – Düsentriebwerke und Computer – dazu führen könnten, dass wir im 21. Jahrhundert unsere Urlaubsreisen nach Übersee online buchen?

Am Ende dieses Buches habe ich für die meisten Kapitel Referenzen angegeben, die dem Leser helfen sollen, selber weiterzuforschen. Aus manchen von ihnen habe ich die wichtigsten Informationen für dieses Buch, vor allem die Originalzitate. Ich halte es für sehr wichtig, sich anzusehen, was Wissenschaftler über ihre eigene Arbeit schreiben – und über die ihrer Kollegen.

Damit jemand für die Suche im Internet die richtigen Schlagwörter kennt, habe ich Ortsnamen und die korrekten technischen Begriffe eingeführt und die Namen von Wissenschaftlern mit Lebensdaten ergänzt, damit man auch nach den richtigen Leuten sucht. Vermutlich hat es nur einen Isaac Newton gegeben, aber vielleicht ist es hilfreich zu wissen, dass Harry Hess (→96) kein Sänger aus Kanada ist, der 1968 geboren wurde, sondern ein Wissenschaftler, der 1969 gestorben ist.

Übrigens, wenn eine Zahl zwischen 00 und 100 mit einem Pfeil in einer Klammer auftaucht, ist das immer ein Hinweis auf das Kapitel, in dem Sie weitere Details zu einem Thema finden. Ich habe mich dabei so weit wie möglich zurückgehalten, aber in der besten aller möglichen Welten wäre dieses Buch wohl in Hypertext erzeugt worden, wie es Vannevar Bush 1945 (→92) vorschwebte.

DER GROSSE HAMMER

Die Anfänge von Naturwissenschaft und Technik

Dieses „Gesetz“ erfand ich aus Spaß, als ich versuchte, „Harakiri“ auf „Orange“ zu reimen – was, wie jeder sieht, nur mit einem genügend großen Hammer geht –, und mich dabei an den Affen aus *2001: Odyssee im Weltraum* erinnerte (jenen, der gelernt hatte, mit großen Knochen auf Dinge zu schlagen).

Das Motiv aus Stanley Kubricks Film inspirierte wohl auch Professor Raymond Dart (→88) zu der Überlegung, es müsse eine osteodontokeratische Kultur gegeben haben, die Werkzeuge aus Knochen (griech. *osteon*), Zähnen (lat. *dens*) und Horn (griech. *kéras*) benutzte. Dart meint, diese Werkzeuge seien inzwischen verrottet, weshalb man unter den fossilen Überbleibseln unserer Vorfahren nichts davon finden könne.

Die ersten Steinwerkzeuge tauchten während oder kurz nach der Epoche auf, mit der sich Dart befasst hat. Ob er mit seiner Knochen-Zähne-Horn-Hypothese Recht hatte oder nicht, interessant ist die Idee allemal. Jedenfalls fand vor ein paar Millionen Jahren jemand heraus, dass bestimmte Steine beim Aufeinanderschlagen in Bruchstücke mit ziemlich scharfen Kanten zerspringen. Das ist die Grundversion des „Gesetzes des großen Hammers“. Nicht viel später bemerkte jemand, dass bestimmte, schwarz glänzende Steine am besten zersplittern; ein anderer merkte, dass schräge Schläge längere, dünnere und schärfere Splitter ergeben. Die Technik war geboren, während die (Natur)wissenschaft – die Kunst, Vorgänge in der Umwelt zu erklären und vorherzusagen – wohl noch ein wenig warten musste.

Eine Denkschule vertritt die Auffassung, die Forschung sei nur da, um Fortschritte zu erzielen. Jedem wahren Wissenschaftler ist aber klar, dass es nicht so sein muss: Die Forschung bleibt stehen, wenn Erkenntnisse nirgendwohin führen, oder schreitet voran, wenn eine Entdeckung neue Wege öffnet. In der Wissenschaft an sich gibt es nur selten „Rückschritte“, wohl aber bei ihrer Anwendung – zum Beispiel, wenn sie den Bau neuer Waffen ermöglich. Ich will mich in diesem Buch auf die Pfade echten Fortschritts begeben.

Moderne Forschung ist oft ausgesprochen unspektakulär. Sie läuft in Sackgassen, die sie dann als Irrwege markiert (manchmal fälschlicherweise). So werden wir noch sehen, wie Thomas Edison der praktische Wert der Glühemission entging (→73) und Barry Marshall (→98) sogar ein ganzes Buch voller Forschungsarbeiten von Wissenschaftlern veröffentlicht hat, die schon vor ihm auf seine brillante Idee gekommen waren, aber dafür ausgelacht wurden. Auch Charles Darwin (→63) war bewusst, dass viele seiner Vorgänger die natürliche Auslese bereits als treibende Kraft der Evolution erkannt hatten.

Wann immer eine Entdeckung ignoriert wurde, blieb die Wissenschaft stehen; sobald endlich jemand Notiz davon nahm, ging es voran. Diese Fortschritte sind es, denen ich mich im Folgenden widmen werde – Fälle also, in denen auf eine Entdeckung weitere Entdeckungen aufbauten oder in denen eine Entdeckung unmittelbar anknüpfende Arbeiten nach sich zog. Die Wissenschaft fußt auf Fortschritt und Notwendigkeit.

00

Wann: Vor einigen Millionen Jahren.

Wo: Vermutlich im Großen Afrikanischen Grabenbruch, einer Wiege der Menschheit.

Wer: Unbekannt.

Was: Mit einem genügend großen Hammer kann man alles passend machen.

Folgen: Beträchtlich, wenn man gerade dem Hammer im Weg steht. – Ein großer Hammer ist eine Universallösung für alle Probleme und setzt damit die untere Grenze von Wissenschaft und Technik. Seit ihrer Erfindung ist die Naturwissenschaft unablässig damit beschäftigt, die Hämmer wohlüberlegt kleiner zu machen.

Das drei Jahre alte Tiefland-Gorilla-Waisenkind Itibero zerschlägt die Nuss einer Palme mit einem Stein. Aufgenommen am 18. Juli 2006 im Diane-Fossey-Gorilla-Zentrum in Goma, im Osten der Demokratischen Republik Kongo.

Nomaden kommen gut ohne Glas, Keramik, Papiermühlen, Dünger, optische Instrumente, höhere Mathematik, Relativitätstheorie, Elektronik oder Genetik aus. Ihrer Kultur brächte all das keinen Fortschritt. Unsere westliche Kultur hingegen haben diese Errungenschaften zu dem gemacht, was sie ist, und umgekehrt beeinflusste die Kultur den Fortgang der Wissenschaft.

Der moderne Mensch ist erfinderisch, klug und wissbegierig. Seit mindestens 30000 Jahren tauscht er mit seinen Artgenossen Gedanken und Verfahren aus. Ideen haben sich von Tal zu Tal verbreitet, wenn Leute ihre Nachbarn besuchten oder fahrende Händler Neuigkeiten mitbrachten. In Kriegen wurden Gefangene gemacht, die sich damit angebiedert (oder ihr Leben gerettet) haben mögen, dass sie neue Fertigkeiten ihres eigenen Volkes den Fremden preisgaben.

Viele nette Erfindungen und Innovationen führen einfach nirgendwo hin. Eine Pfeffermühle oder ein Rasierapparat verändern die Welt weit weniger als eine neue Methode, ein Schiff zu steuern, und sie inspirieren auch niemanden dazu, anders zu denken und revolutionäre Theorien zu ersinnen.

Manche Entdeckungen sind eher Technik (Anwendung) als reine Naturwissenschaft, aber natürlich braucht die Naturwissenschaft die Technik, um voranzukommen. Im Rückschluss fördern wissenschaftliche Erkenntnisse die Entwicklung neuer technologischer Verfahren und technischer Geräte. Beide gehen Hand in Hand, weshalb ich mich entschlossen habe, sie nicht streng voneinander zu unterscheiden. Wichtiger scheint mir die Frage, was eine wirklich „große“ Entdeckung eigentlich ausmacht. Ein MP3-Player zum

Beispiel gehört wohl nicht dazu. Er ist zweifellos ein Segen und hat unsere Art, Musik zu hören, nachhaltig verändert, doch während digitale Speicher und Computer für sich genommen bestimmt großartige Erfindungen sind, ist der MP3-Player eher Mittel zum Zweck. Vorläufig jedenfalls; denn wer kann wissen, ob das kleine Ding nicht irgendwann das Bildungswesen revolutionieren wird?

Wirklich großartige Entdeckungen sind Wegbereiter, Ideen, die die Gesellschaft geformt oder andere Technologien ermöglicht haben, die ihrerseits die Gesellschaft veränderten. Röntgenstrahlen zum Beispiel (→78) sind etwas derart Bedeutendes. Sie brachten Henri Becquerel auf die Spur der Radioaktivität (→79); später zeigte Max von Laue (→87), dass sie gebeugt werden können, William und Lawrence Bragg untersuchten mit dieser Röntgenbeugung den Aufbau von Kristallen und Watson, Crick und Wilkins (→94) fanden schließlich anhand von Beugungsbildern die Struktur der DNA heraus. Wenn man Röntgenstrahlen aus all diesen Blickwinkeln betrachtet, wird deutlich: Sie waren wirklich eine großartige Entdeckung.

Meine ursprüngliche Liste großer Entdeckungen umfasste unzählige Kandidaten, von denen ich einen nach dem anderen unbarmherzig strich, bis ich bei der Auswahl landete, die vor Ihnen liegt. Ein unparteiischer Gutachter hätte wahrscheinlich zumindest einige der aussortierten Themen als besonders wichtig wieder hinzugenommen, aber ich bin der Autor – ich habe zu bestimmen. Und eines ist sicher: Unser Leben wäre ohne die Entdeckungen, die ich ausgewählt habe, viel kürzer, hässlicher und beschwerlicher, als wir es kennen.

Wenn das nichts ist ...!

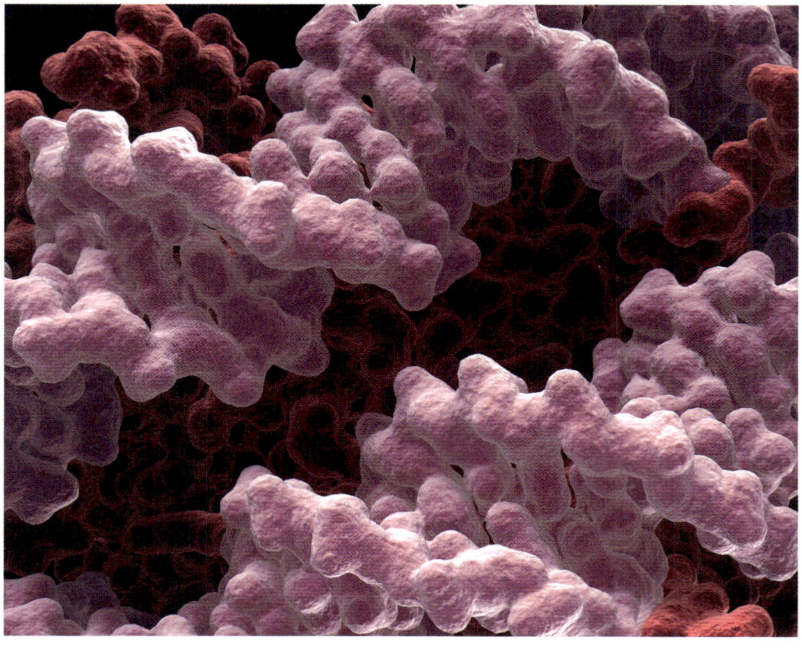

Nahaufnahme eines Nucleosoms, einer „verpackten" DNA.

FEUER

Die Entdeckung eines der Faktoren, die den Menschen zum Menschen machten

01

Wann: Irgendwann vor 1,5 bis 0,5 Millionen Jahren.

Wo: Wahrscheinlich im Großen Afrikanischen Grabenbruch (Rift Valley).

Wer: Wahrscheinlich ein Vertreter von *Homo erectus*.

Was: Mithilfe von Feuer lassen sich Gegenstände bearbeiten und formen und Speisen kochen.

Folgen: Feuer verbesserte die Ernährung und führte zu einer Gesellschaftsform, in der die Älteren und/oder die Frauen mit Kleinkindern das Herdfeuer am Brennen zu halten hatten.

Zwei Schlüsselfertigkeiten zeichnen den Menschen aus: der Gebrauch des Feuers und die Verwendung von Werkzeugen. In weniger entwickelten Regionen der Erde ist Feuerholz noch heute oftmals die wichtigste Energiequelle für Kochen, Heizen und Beleuchtung, und der größte Teil der Menschheit war noch vor wenigen Jahrhunderten weitgehend von Holzfeuern abhängig. Selbst wo man Kohle kannte, verwendete man eher die vor Ort verfügbaren Energieträger – zumeist Holz –, denn es war beschwerlich, Kohle über größere Distanzen zu transportieren.

Urgeschichtler debattieren viel untereinander, denn direkte Beweise für ihre Hypothesen sind schwer zu finden. Die Befunde lassen immer Interpretationsspielraum. Nicht selten sehen die Forscher, was sie sehen wollen, etwa wenn es um die Differenzierung verschiedener Vor- und Frühmenschenarten geht. Manche sind „Bündler", die neue Erkenntnisse mit den bekannten Arten in Einklang zu bringen versuchen, auch wenn es Abweichungen gibt. Andere sind „Spalter", die aufgrund neuer Befunde neue Arten definieren, auch wenn sie große Übereinstimmung mit existierenden Arten aufweisen. Die Wahrheit dürfte in der Mitte liegen, und wenn ich *Homo rudolfensis*, *Homo heidelbergensis*, *Homo ergaster* und einige weitere Arten hier nicht erwähne, dann um die Geschichte einfach zu halten. Ich bin nämlich weder „Bündler" noch „Spalter".

Ich werde mich auf drei Arten beschränken: *Homo habilis* (wahrscheinlich 2,4–1,6 Mio. Jahre vor heute), *Homo erectus* (wahrscheinlich 1,2–0,5 Mio. Jahre vor heute) und *Homo sapiens*. (Menschen, die denken und sprechen konnten wie wir, gab es wahrscheinlich schon vor 200 000 Jahren, mindestens aber vor 50 000 Jahren.) Alle Daten sind vorläufig und ungesichert. Sie können revidiert werden, wenn neues Material gefunden oder neue Methoden entwickelt wurden, um vorhandenes Material zu analysieren. *Homo erectus* könnte zum Beispiel durchaus bis vor ungefähr 25 000 Jahren gelebt haben und bereits vor 1,8 Millionen Jahren in Erscheinung getreten sein.

Das erste menschenähnliche Wesen war *Homo habilis*. Er besaß ein kleines Gehirn, sein Körperbau ähnelte dem eines Affen, er ging jedoch aufrecht. Der *Homo habilis* hinterließ Steinwerkzeuge, die dem sogenannten Oldowan-Typ zugeschrieben werden.

An meinem Arbeitsplatz zeigte ich einer Besucherin einmal den Abguss eines frühen Steinschabers. Ich führte ihr vor, wie gut er in der Hand liegt. Sie war aber Linkshänderin und meinte, der Gegenstand passe überhaupt nicht. Ein kurzer Versuch überzeugte uns davon, dass das Werkzeug in der Tat besser für Rechtshänder geeignet war. An diesem Punkt hätten wir postulieren können, dass *Homo habilis* Rechtshänder war und entsprechende Werkzeuge anfertigte, doch das taten wir nicht. Interessante Muster entstehen mitunter zufällig. So manche Theorien beruht auf noch dünneren Beweisen als diesem, und man kann sie kaum als wissenschaftlich bezeichnen.

Homo erectus schuf differenziertere Werkzeuge, die man als Acheuléen-Typ bezeichnet. Die Hinterlassenschaften finden sich immer wieder in Verbindung

Bewohner des Dorfes Olana in Kenia entzünden auf traditionelle Weise ein Feuer.

mit Asche, Holzkohle oder anderen Hinweisen auf Feuer. Doch mit diesen Belegen könnte es sich ähnlich verhalten wie mit den vermeintlich für Rechtshänder angefertigten Werkzeugen: Vielleicht wurden in einer Höhle gesammelte Blätter durch ein natürliches Feuer in Brand gesetzt; ein Knochen mit Brandspuren könnte von einem Wildtier stammen, das in eine natürliche Feuerfalle geraten war.

An zwei Grabungsorten bei Koobi Fora in Afrika fand man rötlich verfärbte Ablagerungen. Solche Verfärbungen entstehen bei Temperaturen zwischen 200 und 400 °C. Die Fundstellen sind 1,5 Mio. Jahre alt. In einer Höhle in Südafrika stieß man auf verbranntes Material, das 200000 bis 700000 Jahre alt ist, während es an einem Fundort bei Gesher Benot Ya'aqov in Israel Hinweise auf die früheste Verwendung von Feuer vor 690000 bis 790000 Jahren zu geben *scheint*.

Das Feuer hat die Geschichte des Menschen maßgeblich verändert. Mithilfe von Feuer lassen sich Nahrungsmittel trocknen und damit haltbarer machen, Speisen zubereiten, die sonst ungenießbar wären, Metalle, Keramik und Glas gewinnen. Feuer treibt Dampfmaschinen, Verbrennungsmotoren und Stromgeneratoren an. Mit Feuer kann man Flüssigkeiten destillieren, Licht und Wärme erzeugen, die Wirkung von Waffen erhöhen und vieles andere mehr.

In Australien, wo Pflanzen und Tiere für die Agrarwirtschaft ungeeignet waren, entwickelten die Ureinwohner ein Verfahren, das auch als Brandwirtschaft bezeichnet wird. Ökosysteme wurden durch kleine, kontrollierte Brände erhalten, die dafür sorgten, dass sich die Vegetation erneuern konnte, und die Gefahr großer Buschfeuer verringerten. Auch im Westen der Vereinigten Staaten setzten die Ureinwohner das Feuer gezielt ein.

In vorindustrieller Zeit hielten die Menschen Feuer über Nacht durch geringe Mengen Kohle oder Glutreste am Leben, um es am Morgen erneut zu entfachen. Ohne Glut und Streichhölzer lässt sich Feuer mittels Reibung erzeugen: Ein Feuerbohrer aus hartem Holz wird auf einem weicheren, trockenen Stück Holz aufgesetzt und mit einem Bogen oder den bloßen Händen schnell gedreht, bis durch die Reibungshitze Glut entsteht.

In Teilen Südostasiens (Indochina, Burma, Malaysia, Indonesien) ist die sogenannte Feuerpumpe gebräuchlich. Dabei handelt es sich um einen im Innern mit Fett behandelten Zylinder aus Bambus, Hartholz oder Horn. Durch rasches Zusammendrücken der Luft mit einem Kolben wird trockener Zunder am Grund des Zylinders zum Glimmen gebracht. Der Dieselmotor arbeitet nach dem gleichen Prinzip: Durch Kompression im Zylinder entsteht Hitze, durch die sich der Kraftstoff entzündet.

In anderen Regionen der Erde schlägt man aus Feuerstein und Stahl einen Funken, um den Zunder zu entfachen, so wie elektrische Funken einen Gasbrenner anzünden können.

Ohne Feuer wären wir keine Menschen.

LANDWIRTSCHAFT

Wie die Menschen ihr Jäger-und-Sammler-Leben aufgaben und sesshaft wurden

02

Wann: Ungefähr vor 12 000 Jahren.

Wo: Neuguinea (Zuckerrohr); Mittelamerika (Kartoffel, Mais); Mesopotamien (das heutige Syrien und Irak) (Weizen, Gerste, Erbse, Linse); China (Reis, Hirse); Sahelregion (Afrika) (Sorghum, Hirse, Reis); Anden, Amazonasgebiet (Mais, Limabohne, Maniok, Bohne).

Wer: Zahlreiche Entdecker.

Was: Samen oder Stecklinge konnten gepflanzt und so die Versorgung mit Nahrungsmitteln verbessert werden. Tiere konnten gehalten und in Gefangenschaft gezüchtet werden.

Folgen: Sesshafte Gesellschaften konnten mehr besitzen, als sie mit sich tragen konnten. Während einige einen Überschuss an Nahrung erzielten, spezialisierten sich andere auf verschiedenste Gewerbe.

Frühe Erfindungen lassen sich nicht immer an einem bestimmten Zeitraum oder gar einem genauen Datum festmachen, aber manchmal findet sich ein Anker. So kann die archäologische Ausgrabung einer frühen Siedlung Gegenstände wie Mühlsteine oder Skelette von Pflanzenfressern wie Ratten zutage fördern. Solche Funde deuten darauf hin, dass eine Siedlung dauerhaft bewohnt war: Menschen, die fest an einem Ort lebten, waren auf Nahrungsmittel aus ihrer näheren Umgebung angewiesen und betrieben folglich mit hoher Wahrscheinlichkeit Landwirtschaft.

Hinzu kommen weitere Belege. So fand man in den Abfallgruben früher Siedlungen Getreidepollen. Die Hülle der Pollen weist bei jeder Pflanze unverwechselbare Formen auf, die lange erhalten bleiben. Experten können die Pollen unter dem Mikroskop analysieren und auszählen und auf diese Weise bestimmen, wie weit verbreitet eine Art vor vielen tausend Jahren war. Knochenreste erlauben Schlüsse darauf, seit wann bestimmte Tiere in größerer Zahl auf dem Speisezettel auftauchten.

Dann sind da die Steinwerkzeuge, zum Beispiel Sicheln zum Schneiden von Getreidehalmen; Spuren von Getreidekörnern – unverwechselbare Silikatpartikel, die man als Phytolithe bezeichnet; besondere Abnutzungsspuren an Skelettknochen, die auf die angebauten Feldfrüchte oder die aus ihnen gewonnenen Speisen schließen lassen. Reste von 9000 Jahre alten Entwässerungsgräben in Papua-Neuguinea sind ebenso ein Indiz für Landwirtschaft wie Überreste von Kulturpflanzen in einer Höhle in Thailand oder Relikte von Speichergruben im Nahen Osten.

Oft findet man eine ganze Reihe von Indizien, die auf die Funktion einer Siedlung als landwirtschaftliches Versorgungszentrum hindeuten. Bereits die Existenz eines Dorfes spricht für frühe Landwirtschaft, wenngleich Fischerdörfer als provisorische, längerfristig genutzte Siedlungen wohl zuerst da waren. Es ist denkbar, dass die Landwirtschaft sich in einer solchen Fischersiedlung entwickelt hat. An Stellen, wo Küchenabfälle, Herdasche, Haustierdung und menschliche Hinterlassenschaften deponiert wurden, mögen ganz von selbst die ersten wilden „Gärten“ entstanden sein.

Ein afghanischer Bauer bei der Weizenernte in der Nähe von Kabul.

Bohrkerne aus dem Grönlandeis belegen für das Ende der letzten Eiszeit (→51) eine kühle und trockene Periode, die „Jüngere Dryas". Der Mensch hatte sich in klimatisch günstigen Phasen ausgebreitet, doch die Jüngere Dryas bedeutete einen Rückschlag, der die Menschen möglicherweise zum Nachdenken zwang. Diejenigen, die sich der Landwirtschaft zugewandt hatten, dürften erfolgreicher gewesen sein als andere. Hungernde Nachbarn

INDIZIEN AUS VERSCHIEDENEN ZEITALTERN

Manche Hinweise auf eine landwirtschaftliche Tätigkeit unserer Vorfahren sind leicht zu deuten, etwa Reste von Werkzeugen, Indizien für Feldfrüchte in Form von Koprolithen (versteinertem Kot) und anderen Fossilien oder Knochen, die in Müllgruben angehäuft wurden. Anhaltspunkte liefern aber auch charakteristische Abnutzungserscheinungen menschlicher Skelette. Mahlsteine zum Beispiel wurden kniend betätigt. Archäologen behaupten, dies lasse sich an Beinknochen und Hüften nachweisen.

könnten so dazu angeregt worden sein, die Erfindung zu übernehmen – oder sie überlebten nicht.

Solange die Menschen sich ausschließlich von Wildbeeren, Früchten oder anderen Samenteilen ernährten, veränderte sich über größere Zeiträume hinweg nur wenig. Im Evolutionsprozess passen die Pflanzen sich immer an ihre Fressfeinde an. So hat der Mangobaum sich an die Fledermäuse oder die Eiche an das Eichhörnchen angepasst; viele Blütenpflanzen spenden den sie befruchtenden Tieren Nektar. Es sollte uns daher nicht überraschen, dass potenzielle Nutzpflanzen sich anpassten (oder durch Selektion angepasst wurden), als Menschen diese Pflanzen zu domestizieren begannen.

Was immer der Auslöser gewesen sein mag, in den darauffolgenden Jahrtausenden lernten viele Zivilisationen, die benötigte Nahrung auf Feldern anzubauen und Landwirtschaft zu betreiben. Sie verbesserten Werkzeuge und Pflüge, das Geschirr für die Zugtiere, und sie entdeckten neue Feldfrüchte oder besser geeignete Varietäten von Nutzpflanzen. Diese Entwicklung dauert bis in die jüngere Vergangenheit an: Die Pekan-Nuss wurde im Jahr 1846 domestiziert, der erste Granny-Smith-Apfel reifte 1868 auf einer Müllhalde im australischen Sydney heran und die Macadamia-Nuss wurde erstmals in den 1880er Jahren kultiviert.

Viele der frühen Nahrungspflanzen dürften zunächst auf Abfallhaufen ausgekeimt sein, auf denen man verdorbene Lebensmittelreste entsorgte. Da die Sammler auf ihrer Suche nach Essbarem die größten und besten Früchte auswählten, werden sie die neuen Nahrungspflanzen als vorteilhaft empfunden haben. Wahrscheinlich erkannte man mit der Zeit, dass, ähnlich wie beim Menschen, auch bei Pflanzen Eigenschaften von Generation zu Generation weitergegeben werden. Bis zur Entdeckung der Vererbungsgesetze durch Mendel (→66) sollte indes noch viel Zeit vergehen.

Durch den Anbau von Feldfrüchten stand mehr Nahrung zur Verfügung, bis schließlich Überschüsse produziert wurden. Auf die Idee zu kommen, ein durch die Jagd verwaistes Jungtier einzufangen und zu mästen, war nur eine Frage der Zeit. Später könnte jemand begonnen haben, Tiere zu halten. Nach und nach wurden in Regionen, wo entsprechende Tiere und Pflanzen zu finden waren, aus Jägern und Sammlern sesshafte Bauern.

Mit der Verbesserung der Nahrungsgrundlage konnten auch größere Gruppen zusammenbleiben. Die tüchtigen Bauern konnten ihren Überschuss an Nahrungsmitteln verwenden, um sich von Spezialisten gegen Bezahlung Kleider weben, Gefäße töpfern oder Metallwerkzeuge und Waffen anfertigen zu lassen. Waffen waren wichtig, denn die Menschen besaßen nun mehr, als sie mit sich tragen konnten, und mussten deshalb fürchten, von anderen bestohlen zu werden. So differenzierte sich die Gesellschaft in Herrscher, Militär und die Gruppe derer, die Gesetze schufen und ihre Einhaltung kontrollierten. Daraus wiederum ergab sich die Notwendigkeit von Steuern und damit von neuen Methoden des Messens, Zählens und Registrierens. Und von mehr Wachposten.

In Gegenden wie Ägypten, wo der Nil alljährlich über die Ufer trat und seine Fluten sich regelmäßig über die Ebenen beiderseits des Stroms ergossen, war es für die Einheimischen nicht schwierig, die Bewässerung zu entdecken. Zudem setzte sich bei jedem Hochwasser eine neue, gut einen Millimeter dicke Lehmschicht auf den Feldern ab. Langfristige Bewässerung bedeutete, dass Dämme und Kanäle gebaut werden mussten, was eine enge Zusammenarbeit in größeren Organisationseinheiten erforderte. Und weil man Dämme und Kanäle nicht mitnehmen konnte, mussten die Menschen sich an Ort und Stelle ansiedeln.

Landwirtschaft schuf die Voraussetzung für Zivilisation.

LEBENSMITTELKONSERVIERUNG

Wie wir lernten, überschüssige Nahrungsmitteln haltbar zu machen und bis zum Verzehr zu verwahren

Donkins Hill ist ein kleiner Berg in Nordaustralien. Seinen Namen erhielt er im Gedenken an Bryan Donkin, der in England gemeinsam mit John Hall Fleischkonserven herstellte, von denen eine im Jahre 1820 auf dem Hügel verzehrt wurde. Fleischdosen galten zu jener Zeit immer noch als Novum, aber die Konservierung von Nahrungsmitteln an sich war schon lange bekannt.

Als sich Nahrungsmittel noch nicht konservieren und lagern ließen, waren die Menschen gezwungen, wie Nomaden zu leben und ihrer Nahrung hinterherzuziehen; Menschen, die an einem Ort leben, müssen dagegen ihre Nahrungsmittel aufbewahren und sie vor dem Verderben schützen können. Doch selbst Nomaden räucherten bereits Fleisch (und Fisch) über kleinen Feuern oder nutzen die Sonne, um Dörrfleisch oder Biltong, eine Spezialität aus Südafrika, herzustellen.

Noch bevor die Menschheit von Bakterien wusste, erfand man das Pökeln als nützliches Verfahren, um das Wachstum von Keimen auf Fleisch zu unterbinden. In seinem Roman „Früchte des Zorns“ beschreibt John Steinbeck, wie Noah und Ma Fleisch einsalzen: Noah zerteilt größere Stücke in kleine Würfel, die Ma in Fässer gibt, abwechselnd geschichtet mit Salz, das ein Berühren der Würfel untereinander verhindert und die Lücken schließt. Das Ergebnis ist ein mit Fleisch gefülltes Fass, das so viel Salz enthält, dass kein Organismus darin zu überleben vermag.

Die konservierende Wirkung des Pökelns beruht darauf, dass lebenden Zellen Wasser entzogen wird; eine sehr salzhaltige Umgebung verhindert den Rückstrom des Wassers zurück in die Zellen, sodass Mikroorganismen in der gesalzenen Nahrung rasch austrocknen und absterben. Dieser Effekt kommt auch beim Trocknen von Fleisch zum Tragen. Beim Trocknungsvorgang bleiben die Salze im Fleisch zurück, wodurch Bakterien und Schimmelpilze am Wachstum gehindert werden. Bienen machen sich dieses Prinzip seit Millionen von Jahren zunutze, indem sie Nektar sammeln, diesen durch Zufächeln von Luft eindicken und so in Honig umwandeln, der für Mikroorganismen keine geeignete Lebensgrundlage bildet.

Die Ägypter konservierten tote Körper mit einer Chemikalie, die wie Kochsalz wirkt: Natron, ein Gemisch aus Natriumcarbonat und Natriumhydrogencarbonat („Bicarbonat“), das ebenfalls für die Herstellung von Glas verwendet wurde. Die Mumien hätten mit normalem Kochsalz natürlich besser geschmeckt, aber da sie nicht zum Verzehr vorgesehen waren, konnte man auf Natron zurückgreifen. Die Anwendung dieses Verfahrens legt nahe, dass den Ägyptern zu jener Zeit (vor etwa 4500 Jahren) auch das Pökeln von Fleisch bereits bekannt war.

Die Konservierung tötet entweder Mikroorganismen, die Nahrungsmittel verderben, oder sie verlangsamt ihr Wachstum, wie es auch tiefe Temperaturen

Wann: Verschiedene Zeitpunkte, je nach Verfahren; insbesondere nach dem Beginn der Landwirtschaft.

Wo: Dort, wo Landwirtschaft betrieben wurde.

Wer: Viele unbekannte Erfinder.

Was: Verfahren zum Trocknen, Räuchern, Pökeln, Einfrieren und andere Behandlungen, die das Verderben von Nahrungsmitteln verhindern.

Folgen: Überschüssige Nahrungsmittel ließen sich für Zeiten des Mangels aufbewahren.

Auch heute noch wird Fisch an Holzgerüsten getrocknet, um ihn haltbar zu machen.

vermögen. Geoffrey Chaucer, ein englischer Dichter und Gelehrter (gest. 1400), lässt in seinen *Canterbury Tales* eine Person über einen Koch sagen:

Bei Dir stand zweimal kalt und zweimal heiß
Schon mancher Jack von Dover zum Verschleiß!

Bei „Jack von Dover" handelt es sich mit großer Wahrscheinlichkeit um eine Pastete. Eine Kühlung von Speisen verlangsamt die Vermehrung von Mikroorganismen. Gesundheitsschädlich, wenn nicht gar gefährlich, wird es jedoch, wenn die Speisen wiederholt aufgewärmt und abgekühlt werden, wie Chaucer bereits vor mehr als 600 Jahren erkannt hatte. Inzwischen wissen wir, dass die schiere Zahl der Bakterien durch mehrfaches Erwärmen auf ein gesundheitsschädliches Niveau steigen kann.

Heutzutage sind uns die wissenschaftlichen Grundlagen bekannt, auf denen die Verfahren der Nahrungsmittelkonservierung beruhen; die Methoden selbst wurden jedoch eher zufällig entdeckt. Vielleicht hat man ein nur wenig zersetztes Tier gefunden, das in einer Salzlauge ertrunken oder in einer Schneewehe erfroren war. Andere Beispiele für „zufällige" Konservierung sind Nahrungsmittel, die zu lange über einem kleinen Feuer gehangen haben und auf diese Weise getrocknet oder geräuchert wurden, oder Weizen- und Gerstenkörner, die in Behältern an warmen, trockenen Orten gelagert wurden und so keimfähig blieben.

Ohne über Sporen, Bakterien und Pilze Bescheid zu wissen, entwickelte der Mensch Verfahren, die Nahrungsmittel vor dem Verderben bewahrten. So konnte man Jahreszeiten oder längere Perioden mit einem Mangel an frischen Lebensmitteln überstehen. Rüben oder Heu für die Tiere ließen sich lagern, und getrocknete Nahrungsmittel waren durch ihr geringeres Gewicht zudem besser für den Transport auf langen Reisen geeignet.

Ein Nachteil ist jedoch, dass einige Konservierungsverfahren die Vitamine zerstören, die in den frischen Lebensmitteln vorhanden sind. Seeleute und andere Reisende, die sich ausschließlich von gesalzenem Fleisch und Schiffszwieback (einem sehr trockenen Brot) ernährten, lebten mit dem Risiko, an Skorbut (→74) zu erkranken. Auf kürzeren Reisen hatten Passagiere und Besatzung ausreichend Reserven im Körper, um relativ gesund zu bleiben. Als die Reisen aber immer länger wurden, starben immer mehr Menschen an der konservierten Nahrung, mit deren Hilfe sie glaubten überleben zu können.

Schließlich begann man, Wege aus diesem Dilemma zu finden. Man fand heraus, dass das Einlegen in Salz und Essig das Verderben von Gemüse verhindert, ohne dass sämtliche Nährstoffe verloren gehen. Eingelegter Kohl (Sauerkraut) enthält noch einen Großteil des Vitamin C, das auch in frischem Kohl zu finden ist, und Vitamin C schützt vor Skorbut. (Gesalzenem wie auch frischem Fleisch fehlt dagegen Vitamin C.) Limonensaft, eine ausgezeichnete Vitamin-C-Quelle, wurde zu einem Sirup eingekocht, der nicht verdarb. Auch dabei blieb der Vitamin-C-Gehalt weitestgehend erhalten, solange man keine Kupfertöpfe für das Einkochen verwendete (Vitamin C wird durch Kupfer zerstört).

Mithilfe dieser verbesserten Verfahren entdeckten die Menschen aus dem Westen die ganze Welt, was nicht nur Vorteile mit sich brachte!

DÜNGEMITTEL

Wie wir erkannten, dass Böden verbessert werden müssen, um dauerhaft gute Ernten zu bringen

Die frühen Bauern erkannten rasch, dass die erste Ernte von einem frisch gerodeten Land den besten Ertrag bringt, während die Produktivität mit der Ermüdung des Bodens immer weiter abnimmt. Vermutlich entdeckte man mehr zufällig, dass Nutzpflanzen am besten in der Nähe von Stellen gediehen, auf denen gerodete Pflanzen verbrannt worden waren.

Vielleicht kamen die Menschen so auf die Idee, neue Felder durch Brandrodungen urbar zu machen. Bei dieser Form der Landnutzung wird ein Stück Wildnis gerodet und ein Garten angelegt, der nach ein paar Jahren aufgegeben und wieder der Wildnis überlassen wird. Während der Dschungel zumindest kleine Bereiche leicht zurückerobert, bedeutet der Umzug des kultivierten Landes für die Menschen einen erheblichen Aufwand, da sie entweder täglich weite Strecken zwischen dem genutzten Land und den Behausungen zu Fuß zurücklegen oder ihre Siedlungen verlegen müssen.

Nach der Gründung der ersten Städte und dem Übergang zum Grundbesitz hatten Brandrodungen keine Bedeutung mehr. Stattdessen arbeitete man in den Boden jahrtausendelang Seetang, menschliche und tierische Abfälle, Knochenreste, Muscheln, Tonerde und andere Substanzen ein, von denen man annahm, dass sie Qualität und Quantität der Ernte verbessern würden.

Als kleiner Junge konnte ich einmal ein merkwürdiges Phänomen in einem Weizenfeld beobachten. Die Pflanzen in einer Ecke des Feldes überragten die an der Stelle, an der ich stand, um etwa 60 Zentimeter. Ich wollte von dem Bauern wissen, warum die Pflanzen hier so viel kleiner waren als dort; die Antwort lautete, der vorherige Besitzer habe in den 1920er Jahren an der bewussten Ecke immer seine Pferde gefüttert. Deshalb sei dort reichlich Pferdemist liegen geblieben. Offenbar war der Boden auch etwa 35 Jahre

04

Wann: Unbestimmt; vor einigen tausend Jahren.

Wo: Die meisten Orte, wo Landwirtschaft betrieben wurde.

Wer: Bauern an vielen Orten auf der Welt.

Was: Pflanzen wachsen besser, wenn man sie mit ausreichend Nährstoffen versorgt.

Folgen: Ohne die Anwendung von Düngern wäre die Nahrungsmittelproduktion auch schon früher nicht möglich gewesen.

Die Verwendung von Düngern hat unzählige Landschaften in einen Flickenteppich aus Feldern mit lebendigen Grüntönen verwandelt.

später noch fruchtbarer als der Rest des Feldes. Jeder Landwirt überall auf der Welt, der einen solchen außerordentlichen Effekt beobachtet, würde sich rasch fragen, ob sich nicht die gesamte Ernte durch das absichtliche Ausbringen von Dung verbessern ließe.

Im alten Ägypten überflutete der Nil jedes Jahr die landwirtschaftlich genutzten Flächen, der Schlamm lagerte sich ab und reicherte die Felder an. Die Ägypter sahen daher keinen Bedarf für zusätzlichen Dünger, doch selbst sie fügten dem Boden, wenn der Wasserstand wieder sank, Asche hinzu, die beim Verbrennen von Wildkräutern übrig blieb.

Mist – also organischer Dünger – wurde vielerorts geschätzt. Die amerikanischen Ureinwohner zeigten (so die Legende) den Pilgervätern nach deren Landung in Amerika, wie Mais gesät wird und empfahlen, einen Fisch neben jedes Maiskorn zu „pflanzen". Bei diesem Fisch handelte es sich vermutlich um den Menhaden (der auch als „Munnawhatteaug" bezeichnet wird, was „Dünger" bedeutet). Die Siedler nutzten die Tiere bald als Dünger und verbrauchten 15 000 bis 20 000 Fische pro Hektar.

Im frühen 19. Jahrhundert reiste Alexander von Humboldt (→68) von Preußen nach Amerika, um das Land zu erkunden, die Natur zu beobachten und Proben zu sammeln. In Peru lernte er Guano kennen, den Mist zweier Seevogelarten, und sah, wie er als Dünger eingesetzt wurde. Mit diesen Eindrücken im Gepäck reiste Humboldt zurück nach Europa, doch es sollte weitere 30 Jahre dauern, bis man von ihnen Notiz nahm.

Um 1840 wusste man in der Chemie schon besser Bescheid. Man hatte entdeckt, dass die wichtigsten Nährstoffe, die im Boden vorhanden sein müssen, Stickstoff, Phosphor und Kalium sind, und man bemerkte, dass Guano eine gute Stickstoffquelle ist. Innerhalb weniger Jahre entwickelte sich der Handel mit Guano zu einem wichtigen Wirtschaftszweig: Bewohner der Osterinsel wurden versklavt und gezwungen, Guano abzubauen; es gab heftige Auseinandersetzungen um die Guano-Inseln, und im Jahre 1853 verabschiedete der US-Kongress ein Gesetz, dass die Annexion der Inseln legitimieren sollte.

Im Jahre 1849 propagierte der deutsche Chemiker Justus Liebig einen Ansatz, den er als Minimumgesetz bezeichnete. Es besagt, dass man die Konzentration aller Nährstoffe im Boden zwar beliebig erhöhen kann, der Ertrag jedoch von der jeweils begrenzt vorliegenden Ressource bestimmt wird. Zu dieser Zeit war das für die meisten Böden in Europa Stickstoff. Natriumnitrat (Chilesalpeter) und Guano wurden auf Schiffen nach Europa transportiert, und einige Händler machten mit dem Vertrieb von falschem Guano außerordentlich hohen Profit – amerikanische Zeitschriften veröffentlichten daraufhin ihrerseits Methoden, gefälschten Guano von echtem zu unterscheiden.

Im Jahre 1909 entwickelte ein weiterer deutscher Chemiker, Fritz Haber, ein Verfahren zur Herstellung von Stickstoffverbindungen aus atmosphärischem Stickstoff. Dieses Haber-Bosch-Verfahren versetzte deutsche Firmen während des Ersten Weltkriegs trotz der alliierten Seeblockade in die Lage, Stickstoffverbindungen für die Herstellung von Sprengstoffen zu produzieren. Das Verfahren hat also Menschen ernährt und Leben gerettet, aber auch einen Krieg verlängert und viele Menschleben gekostet.

Ursprünglich war man der Ansicht, dass Dünger ausschließlich „NPK" – Stickstoff (N), Phosphor (P) und Kalium (K) – enthalten müsse. In der Tat müssen diese Elemente intensiv landwirtschaftlich genutzten Böden zugeführt werden. Doch die Sache ist ein wenig komplexer, da Organismen außerdem geringe Mengen anderer Elemente für ihr Wachstum benötigen. Diese werden allgemein als Spurenelemente oder Mikronährstoffe bezeichnet. Dazu gehören Cobalt, Kupfer, Chrom, Iod, Eisen, Mangan, Selen und Zink. Zitrusfrüchte brauchen außerdem geringe Mengen an Bor. Fehlen diese Spurenelemente im Boden, müssen sie zugegeben werden.

Pflanzen nutzen Chlorophyll, um die Energie des Sonnenlichts einzufangen. Ein Chlorophyllmolekül enthält Hunderte von Kohlenstoff-, Wasserstoff- und Sauerstoffatomen, im Zentrum befindet sich ein einzelnes Magnesiumatom. Im Chlorophyll sind außerdem vier Stickstoffatome enthalten. Auch Proteine enthalten große Mengen dieses Elements. Ohne ein paar Schwefelatome würden Proteine ihre räumliche Struktur verlieren und könnten ihre Funktion in den Zellen nicht erfüllen.

Das Problem des Kunstdüngers (synthetische Chemikalien) sind weniger die Substanzen, die er enthält, als genau die, die ihm fehlen.

PFLANZLICHE MEDIZIN

Wie wir lernten, „biologisch aktive" Substanzen aus Pflanzen zu nutzen, um Krankheiten vorzubeugen oder sie zu heilen

05

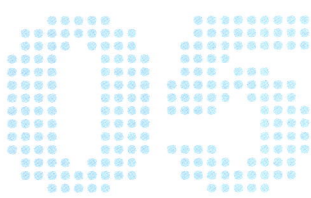

Wann: Vor mehreren tausend, möglicherweise auch schon fünf Millionen Jahren.

Wo: Vielleicht Afrika, wahrscheinlich aber an vielen Orten auf der Erde.

Wer: Unbekannt.

Was: Mit Pflanzen kann man eine Vielzahl von Erkrankungen behandeln.

Folgen: Menschen, die an einem Ort lebten, waren Parasiten und Infektionen stärker ausgesetzt als Nomaden; Heilpflanzen sorgten für Abhilfe.

Während Tiere Jägern ausweichen können, indem sie weglaufen oder sich verstecken, brauchen Pflanzen andere Strategien, um sich von Fraßfeinden zu schützen. Stacheln und Dornen schrecken größere Pflanzenfresser ab. Viele Pflanzen produzieren zudem schlecht schmeckende oder giftige Substanzen, die im Verlauf der Evolution immer weiter auf eine maximal abschreckende Wirkung optimiert wurden.

Einige Abhängigkeiten zwischen Organismen, die sich über einen langen Zeitraum entwickelt haben, sind sehr komplex. So müssen Äpfel von Tieren gefressen werden, um sich verbreiten zu können. Die Tiere nehmen die Apfelkerne auf und lassen sie in einiger Entfernung vom Apfelbaum wieder fallen, versorgt mit einer Portion geeigneten Düngers. Um den Tieren den Transport der Samen schmackhafter zu machen, schmecken die Äpfel süß; sehr ungünstig wäre es jedoch, wenn die Samen selbst gekaut würden. Apfelsamen enthalten Cyanid, das nur freigesetzt wird, wenn die Samen zerstört werden. Die geringe Giftmenge reicht für einen bitteren Geschmack aus, der den Samen vor dem Zerkautwerden schützt.

Andere Pflanzen produzieren Substanzen, die sich auf die Fortpflanzung des Tieres auswirken, das sie verzehrt. Die Wirkung vieler Verbindungen auf verschiedene Organismen ist unterschiedlich. So liebt der Mensch zum Beispiel Schokolade, die für Hunde unverträglich ist.

Fast alle chemischen Substanzen wirken in irgendeiner Weise auf lebende Zellen; kein Wunder, dass einige von ihnen zur Behandlung von Krankheiten taugen. Auch Schimpansen machen sich Pflanzen mit medizinischen Wirkstoffen zunutze. Ob das Verhalten seinen Ursprung vor fünf Millionen Jahren oder mehr hat, als sich die Abstammungslinien von Mensch und Schimpanse trennten, ist wissenschaftlich umstritten. Wie auch immer: Das ist wohl eine der Fragen, die sich nie mit Sicherheit beantworten lassen werden.

Unstrittig ist jedoch, dass ostafrikanische Schimpansen heute die gleichen Heilpflanzen nutzen wie die Menschen in dieser Region. Fressen Schimpansen Blätter, um satt zu werden, stopfen sie sich gewöhnlich rasch das Maul voll. In dieser Weise verfahren sie mit Blättern von 150 bis 200 Pflanzenarten. Anders verhalten sich die Tiere jedoch, wenn sie gelegentlich Blätter von *Aspilia*, einem Vertreter der Korbblütler, zu sich nehmen (in der Region gibt es fünf *Aspilia*-Arten, doch nur drei werden gefressen). Die Schimpansen prüfen die Blätter mit Mund und Zunge und spucken sie dann entweder wieder aus oder verschlucken sie im Ganzen, ohne sie zu zerkauen. Die in diesem Gebiet lebenden Mitglieder des Tongwe-Stammes bereiten aus Blättern derselben *Aspilia*-Arten einen Tee, mit dem sie Verbrennungen, Wunden und Wurminfektionen behandeln. Chemische Analysen zeigten, dass die Blätter das potente Antibiotikum Thiarubrin-A enthalten, einen Wirkstoff gegen Würmer und einige Bakterien. Ob Menschen und Schimpansen das Behandlungsverfahren unabhängig voneinander entdeckt haben oder der Mensch beim Schimpansen abgeschaut hat, lässt sich zum

Eine Arbeiterin sortiert Ginseng-Wurzeln, die auf einer Ginseng-Farm in Tonghua, China, geernet wurden.

heutigen Zeitpunkt nicht sagen. Es gibt aber noch weitere Pflanzen mit pharmakologischer Wirkung, die von beiden, Mensch und Schimpanse, genutzt werden.

Schon seit langem ist bekannt, dass bestimmte Pflanzen einen pharmakologischen Nutzen haben. Viele Arzneistoffe stammen traditionell aus Nutzgärten, die vermutlich schon in der frühesten Tagen der Landwirtschaft eine wichtige Rolle spielten. In den Gärten wurden Kräuter angebaut, von denen viele zwar giftig, in geringen Dosen aber medizinisch wirksam sind.

Mit der Entdeckung von Chinin als Wirkstoff mit fiebersenkenden Eigenschaften bei Malaria begann eine kontrolliertere Verwendung von Heilpflanzen. Etwa um 1638 bemerkten Europäer die Wirksamkeit der Rinde des Chinarindenbaums, doch die Extraktion von Chinin aus der Rinde gelang erst im Jahre 1820. Je nach Standpunkt hatte die Entdeckung Vor- und Nachteile: Die Europäer vermochten durch das Chinin nun der Malaria zu trotzen, wodurch ihre Position gegenüber den Afrikanern in den Kolonien gestärkt wurde; diese waren Dank langsamer evolutionärer Veränderungen größtenteils schon resistent gegenüber Malaria.

Der Gelehrte Alkuin fragte einst seinen Schüler Karl den Großen, im 8. Jahrhundert König des Fränkischen Reiches und schließlich Kaiser des Römischen Reiches, was seiner Ansicht nach ein Kraut sei. Karl der Große, der sehr gebildet war, antwortete: „Der Freund der Ärzte und das Lob der Köche."

Hippokrates von Kos (der griechische Arzt, auf den der Hippokratische Eid zurückgeht) wusste bereits 400 v. Chr., dass das Kauen von Weidenblättern Erleichterung bei Kopfschmerzen verschafft. Heute nutzen wir eine verbesserte synthetische Variante des Wirkstoffs aus der Weide, das Aspirin. In den vergangenen Jahren haben Wissenschaftler eine ganze Reihe anderer nützlicher Effekte von Aspirin entdeckt. So zeigte sich, dass auch vermeintlich bekannte Wirkstoffe noch Geheimnisse bergen.

Frühere Schwachpunkte der Kräutermedizin sind auch heute noch relevant: Der Gehalt des aktiven Wirkstoffs kann schwanken und wird zum Beispiel vom Erntezeitpunkt beeinflusst. Schimpansen scheinen den Einfluss der Tageszeit zu kennen und pflücken *Aspilia* in den frühen Morgenstunden. Die Jahreszeit, das Alter der Pflanze und individuelle Unterschiede der Pflanzenstämme spielen auch eine Rolle. Bei kommerziellen Produkten werden die Wirkstoffmengen sorgfältig kontrolliert. Pharmaunternehmen investieren heute große Summen, um pflanzliche Wirkstoffe zu identifizieren, zu testen und anschließend für eine Anwendung zu optimieren.

Zu den modernen Wirkstoffen gehören zum Beispiel Paclitaxel (aus der Pazifischen Eibe; gegen verschiedene Krebsarten), Penicillin (aus einem Pilz; ein Antibiotikum), Artemisinin (aus dem Einjährigen Beifuß; gegen Malaria), „Botox“ (aus einem Bakterium; zur Kontrolle von Muskelkrämpfen oder Verhinderung von Faltenbildung), nicht zu vergessen Kokain, Morphin und Nikotin – Drogen, die süchtig machen, aber auch Schmerz stillen.

Das alles sollten Sie bedenken, wenn Sie das nächste Mal ein Kraut mitsamt der Wurzel ausreißen!

KERAMIK

Wie wir lernten, wasserdichte Vorratsgefäße herzustellen

06

Wann: Etwa 10 000 bis 11 000 v. Chr.

Wo: Japan.

Wer: Jomon-Menschen (Japan).

Was: In gebrannten Tongefäßen ließen sich Speisen oder Wasser aufbewahren.

Folgen: Töpferware ermöglichte es, Nahrungsmittel vor Feuchtigkeit, Nagern, Insekten und anderem Ungeziefer zu schützen.

Ton ist leicht zu finden, und wie jedes Kind weiß, lassen sich mit dem Material interessante Dinge anstellen. Ton wird beim Trocknen fest. Nachdem die Menschen den Umgang mit Feuer beherrschten, war es nur noch ein kleiner Schritt zu der Überlegung, Gegenstände aus Ton in einem Feuer zu brennen. Weder getrockneter noch im Feuer gebrannter Ton ist aber dasselbe wie Keramik. Ein Holzfeuer wird höchstens einige hundert Grad heiß, und es dauerte lange, bis man Ton richtig brennen konnte. Trotzdem war das Verfahren in Ansätzen schon dem frühen modernen Menschen bekannt.

Irgendwann zwischen 29 000 und 25 000 v. Chr. entstand in Moravia im heutigen Tschechien eine als Venus von Dolní Věstonice bekannte Figur. Sie besteht aus Ton, Tierfett, Knochen und Knochenasche und wurde in einem kuppelförmigen Ofen bei 480–820 °C gebrannt, also bei sehr viel niedrigeren Temperaturen, als sie heute zur Herstellung von Keramik gebräuchlich sind. Bei anderen Figuren aus derselben Region handelt es sich um Darstellungen von Tieren und die aus gebranntem Ton gefertigten Köpfe eines Löwen und eines Nashorns, es wurden jedoch keinerlei Gefäße des täglichen Gebrauchs gefunden.

Kleine Figuren wie die Venus von Dolní Věstonice konnten in Höhlen, die einmal jährlich aufgesucht wurden, aufbewahrt oder auch von Nomaden mitgeführt werden, während leicht zerbrechliche und schwere Gefäße für umherziehende Gruppen von geringem Nutzen waren. Sesshaft lebende Menschen benötigten dagegen Tongefäße zur Aufbewahrung von Nahrungsmitteln. Erst durch ihre Lebensweise hatten sie überhaupt die nötige Zeit zur Herstellung von Gebrauchsgefäßen. Seitdem dürften Menschen

Typisches Gefäß aus der späten/mittleren Jomon-Zeit, 2800–2500 v. Chr.

Tongegenstände gebrannt haben, ihre Herstellung war aber nicht wichtig genug, um sich ihr intensiver zu widmen oder sich gar darauf zu spezialisieren. Dies sollte sich erst mit der Jomon-Kultur ändern.

Jomon bedeutet im Japanischen soviel wie „Schnurmuster" und bezieht sich auf die schnurartigen Verzierungen auf den Gefäßen der gleichnamigen Kultur. Die Jomon-Menschen lebten als traditionelle Jäger und Sammler von ungefähr 11000 bis 500 v. Chr. in Japan; in jenem Zeitraum kam der Nassreisanbau nach Japan. Über die gesamte Zeitspanne von rund zehntausend Jahren nutzten sie Keramikgefäße, um Nahrungsmittel aufzubewahren und Speisen zuzubereiten.

Um 8000 v. Chr. war Keramik auf dem chinesischen Festland bekannt, um 3000 v. Chr. dann auch in der Alten und in der Neuen Welt. In Amerika wurde die Keramikherstellung wahrscheinlich unabhängig von Entwicklungen anderswo erfunden. Von dort gelangte das Töpferhandwerk vermutlich nach Eurasien und verbreitete sich auf dem ganzen Kontinent. Möglich, wenn auch weniger wahrscheinlich, ist, dass die ersten auf dem amerikanischen Doppelkontinent lebenden Menschen mit Keramik in Berührung kamen, als sie sich von Asien aus auf die Wanderschaft begaben. Doch ohne Schrift wäre jegliche Töpfertradition unterwegs verloren gegangen, denn die Umzüge von einem Tonvorkommen zum anderen vollzogen sich in großen Zeiträumen von wahrscheinlich mehreren Generationen. Vor der Erfindung der Schrift konnten Traditionen nur überdauern, wenn sie regelmäßig praktiziert und durch direkte Anschauung weitergegeben wurden.

Unser Wort „Keramik" leitet sich vom griechischen „keramos" her, was Töpferei bedeutet. In seiner ursprünglichen Form bezeichnete es einfach „gebranntes Material", tatsächlich jedoch entsteht Keramik durch Erhitzen von Ton auf sehr hohe Temperaturen. Dabei bildet sich eine Masse aus winzigen, in eine glasartige Substanz eingebetteten Silikatkristallen.

Frühe Gefäße wurden aus Tonklumpen geformt, doch dann kam man auf etwas, was auch den meisten Kindern einfällt: lange „Schlangen" aus Ton zu rollen und aneinander zu drücken. Aus Wülsten aufgebaute Gefäße wurden um 6500 v. Chr. in Çatal Höyük (oder Catal Huyuk) in der Türkei angefertigt. Die Wülste wurden in der gewünschten Form aufeinandergelegt, anschließend mit angefeuchteten Händen aneinandergepresst und schließlich geglättet. Anschließend hat man die Gefäße wahrscheinlich in einem Brotbackofen oder in einer Grube mit einem Feuer darüber gebrannt.

Die Wulsttechnik funktionierte, nahm aber viel Zeit in Anspruch. Um 3000 v. Chr. kam die langsam drehende Töpferscheibe in Gebrauch, die es dem Töpfer erlaubte, an einer Stelle zu sitzen und das Werkstück vor sich zu drehen – nicht zu verwechseln mit einer modernen Töpferscheibe, auf welcher der Töpfer den konstant rotierenden Ton ähnlich wie Holz oder Metall auf einer Drechselbank in formen kann und die erst viel später kam.

Gegenstände aus Keramik sind für Archäologen außerordentlich wichtig, denn Gefäße zerbrechen und werden weggeworfen, die Bruchstücke verrotten oder verrosten jedoch nicht. Bemalte griechische und römische Keramikgefäße können uns viel über den Alltag einer vergangenen Zeit erzählen, über Sport, Kleidung, Tänze und vieles andere mehr.

Die Lapita-Leute haben ihren Namen von einem Ort in Neukaledonien, wo das erste Gefäß der sogenannten Lapita-Kultur gefunden wurde. Die Lapita-Leute dürften die pazifischen Inseln Mikronesiens, Melanesiens und Polynesiens von Neuguinea aus besiedelt haben, von wo sie Steinzeug, die Brotfrucht, Sprachstrukturen und anderes mitbrachten. Von alldem liefern uns die Keramikgegenstände die meisten Informationen, denn sie wurden unter der Erde begraben und blieben über lange Zeiträume unangetastet.

Die Keramik erlebte ihre Blütezeit im 19. und 20. Jahrhundert, als die Nachfrage nach Porzellanisolatoren und Sanitärporzellan eine Massenindustrie in Gang setzte und am Laufen hielt. Sanitärporzellan verbesserte die Hygiene und verlängerte Leben, Porzellanisolatoren ermöglichten erstmals die Verlegung von Telegraphendraht und später von elektrischen Leitungen, die, über Masten geführt, große Distanzen überwinden, ganze Kontinente überspannen und alle Teile der Welt miteinander verbinden (→37).

All dies begann mit Keramiktöpfen oder vielleicht einer üppigen Figur aus gebranntem Ton.

METALLE

Wie wir lernten, reine Metalle aus Erzen zu gewinnen

Schon seit sehr langer Zeit sind sieben Metalle in reiner Form bekannt: Gold, Quecksilber, Zinn, Blei, Silber, Kupfer und Eisen (aus gelegentlichen Meteoritenfunden). In der Regel findet man Metalle aber nicht gediegen, sondern muss sie aus einem Erz gewinnen. Dazu braucht man erstens ein geeignetes Erz und zweitens ein Verfahren, um das Metall herauszulösen und zu verarbeiten.

Zink wird in Indien seit mindestens 2300, vielleicht auch 3000 Jahren verhüttet, in Europa wird es seit 1736 hergestellt (mit einer Methode, die aus Indien nach Europa gelangt sein könnte). Im Nahen Osten ging die frühe Bronzezeit einher mit der Einführung der Schrift und der Entwicklung von Stadtstaaten. Noch früher wurde Bronze vermutlich in einer Region verwendet, die dem heutigen Thailand entspricht.

In einigen Regionen wie der Subsahara gab es keine Bronzezeit. Stattdessen vollzog man einen Sprung von der Jungsteinzeit (Neolithikum) direkt in die Eisenzeit. Das liegt vermutlich daran, dass sich dort Eisenerze fanden, während Kupfererze fehlten; vielleicht wurde die Eisentechnologie aber auch importiert. Im Nahen Osten wurde Eisen wahrscheinlich um 1100 v. Chr. verhüttet und bearbeitet. 600 Jahre später tauchte es in Westafrika auf.

Zinn könnte dagegen auch zufällig geschmolzen worden sein, wenn nämlich mit geeigneten Steinen Feuerstellen gebaut wurden. Manche Wissenschaftler halten Kupfer und Blei ebenfalls für solche Zufallsprodukte, doch ist dies unwahrscheinlich, da Kupfer erst bei 1100 °C schmilzt und Kohlenmonoxid vorhanden sein muss, um das entstehende Oxid zu reduzieren. Blei hätte tatsächlich unbeabsichtigt entstehen können; Voraussetzung ist allerdings, dass das Erz von Asche bedeckt war und so die Sauerstoffzufuhr begrenzt wurde. Wahrscheinlicher ist, dass reines Kupfer und Blei zuerst in Brennöfen entstanden sind, wie sie von Töpfern betrieben wurden. Nach einer sehr glaubwürdigen Theorie begannen die Töpfer ihre Tontöpfe mit Mineralien zu verzieren, die beim Brennen in farbige Ornamente umgewandelt wurden. Die Töpfer bemerkten, dass sich auf den Töpfen Metallspiegel bildeten, und begannen zu experimentieren.

Holzkohle ist trocken und hat nur 10 % der Masse des Holzes, aus dem sie hergestellt wird, sodass Holzkohlefeuer heißer brennen als Holzfeuer – wenn ausreichend (aber nicht zu viel) Sauerstoff zugeführt wird. Mit guter Holzkohle und der optimalen Menge an Luftsauerstoff lässt sich eine Temperatur von 1500 °C erreichen, vorausgesetzt, das Feuer brennt in einer geschlossenen Kammer, die die Hitze hält. (Wird Holzkohle in einer offenen Feuerstelle verbrannt, dann steigen die Temperaturen nicht über 600 °C, selbst wenn ein starker Wind das Feuer anfacht; derselbe starke Wind trägt auch einen Großteil der Hitze davon.) Mit anderen Worten: Für die Gewinnung von Metallen braucht man die Hitze eines Brennofens. Die Konstruktion eines solchen Ofens und das Verfahren selbst sind eine Kunst und kein Zufall.

Kupfer ist ein Metall, dessen Härte zwar für Streitkolben ausreicht, aber nicht für Klingen. Die Siedlung Çatal Höyük wird der Kupfersteinzeit zuge-

Wann: 6500 v. Chr., mehrere tausend Jahre Weiterentwicklung.

Wo: Çatal Höyük, Anatolien (heutige Türkei); vermutlich auch an anderen Orten.

Wer: Die Bleikügelchen, die in der Region gefunden wurden, müssen aus der Verhüttung eines lokalen Bleierzvorkommens stammen, der tatsächliche Entdecker bleibt jedoch unbekannt. Das Kupfer könnte dagegen aus Lagerstätten von reinem Kupfermetall gewonnen worden sein, das nicht verhüttet werden muss.

Was: Die Kunst, Blei, Kupfer und andere Metalle aus ihren Erzen zu gewinnen.

Folgen: Steinwerkzeuge wie Messer, Äxte, Speer- und Pfeilspitzen wurden durch wirksamere Werkzeuge aus Metall ersetzt; Waffen aus Bronze und später auch Eisen sorgten für den Niedergang von König- und Kaiserreichen.

In einer Fabrik in Yunxiao, China, wird im Hochofen geschmolzenes Ferrosilicium in eine Hohlform gegossen.

ordnet, da sich sowohl der Gebrauch von Kupfer als auch von Steinen nachweisen lässt. Irgendwer hatte an einem unbekannten Ort gelernt, Bronze, eine Legierung aus Kupfer und Arsen oder Zinn, herzustellen. Die frühesten Funde von Kupfer/Arsen-Bronze stammen aus Kleinasien und datieren um 4200 v. Chr. Funde der härteren Kupfer/Zinn-Bronze stammen aus annähernd der gleichen Gegend, sind aber etwa 1000 Jahre jünger.

Dass Kupfer „einfach so", durch Zufall, erschmolzen wurde, klingt ganz plausibel. Die Entdeckung des Eisens bleibt dagegen immer noch ein wenig rätselhaft. In Gegenwart von Wasser oxidiert Eisen leicht und fängt an zu rosten, weshalb es in der Natur häufig als oxidisches Erz (zum Beispiel Magnetit) vorkommt. Bei etwa 900 °C geht der Sauerstoff des Eisenoxids jedoch eine stärkere Bindung mit dem Kohlenstoff ein. Wird also Eisenerz in Gegenwart von Kohlenstoff auf diese Temperatur erhitzt, entsteht (in sogenannten „Rennherden") metallisches Eisen, auch wenn die Temperatur unter dem Schmelzpunkt des Eisens liegt. Es kann gehämmert und zu Werkzeugen geschmiedet werden.

Verhüttung und Raffination brachten nicht nur Verbesserungen, sondern sie verschmutzten auch die Umwelt. Bohrkerne aus Flusssedimenten in den Anden zeigen, dass die Peruaner vor etwa 1000 Jahren Kupfer verhütteten und um 1450 zu Silber übergingen, wodurch sich die Art der Schadstoffe änderte. Im Laufe der Zeit steigerten sie wahrscheinlich ihre Silberproduktion, da die Inkas von ihnen verlangten, ihre Steuern in Silbermünzen zu entrichten. Als die Spanier im Jahre 1533 das Land eroberten, nahm die Umweltverschmutzung wiederum um das Zehnfache zu.

Auch das grönländische Eis zeigt Spuren von Schadstoffen, die aus der Kupferproduktion um 500 v. Chr. stammen. Sie gehen wohl hauptsächlich auf die Verwendung von Kupfer und Bronze rund um das Mittelmeer zurück, auch wenn für diese Region schon die Eisenzeit begonnen hatte. Ein echter Vorteil – durch die leichte Verfügbarkeit – war der geringe Preis des Eisens, was es den Menschen andererseits leicht machte, in großen Stückzahlen Waffen herzustellen. Edelleute bevorzugten zwar Bronze, doch 1000 schlecht ausgebildete Bauern mit einfachen Eisenstäben vermochten 300 geübte Krieger mit hervorragenden Bronzeschwertern zu überwältigen.

Auch der Seeweg könnte eine Rolle gespielt haben. Schiffe transportierten ziemlich sicher um 2000 v. Chr., wahrscheinlich auch schon viel früher, Kupfererz oder -metall aus Zypern. Interessant ist die Frage, ob um diese Zeit Zinn oder Zinnerz in Richtung Mittelmeer von Cornwall aus verschifft wurde, wo man es mit Sicherheit um 2150 v. Chr. abbaute und verarbeitete. Generell ist die Frühgeschichte der Metallverarbeitung klar und gut belegt, aber viele Einzelfunde geben dennoch Rätsel auf. In Çatal Höyük fand man gegossene Bleikügelchen von etwa 6500 v. Chr., die ihre Besitzer vermutlich eher faszinierten, als irgendeinem praktischen Zweck zu dienen.

Von Wieland über Ogoun und Cullann bis zu Mpu Gandring – dem Schmied werden in vielen Kulturen magische Kräfte zugesprochen. Wen wundert's…!

SCHRIFT

Wie Menschen lernten, Ereignisse dauerhafter festzuhalten

Die Sumerer erklärten die Erfindung der Schrift mit einer Legende: Ein Bote im Auftrag des Königs von Uruk war bei seiner Ankunft am Hof eines weit entfernt regierenden Herrschers derart erschöpft, dass er nicht mehr imstande war, die Nachricht zu überbringen. Als der König dies hörte, nahm er einen Klumpen Ton, klopfte ihn platt und schrieb die Botschaft darauf.

Die Erzählung enthält einige Ungereimtheiten. Zunächst stellt sich die Frage, wie der Empfänger wissen konnte, was die Zeichen bedeuten. Und was sollen wir von einer Legende über Ereignisse halten, die so lange zurückliegen, dass sie wahrscheinlich nicht aufgeschrieben wurden? Die Geschichte, wie Sequoyah von 1809 an in zwölf Jahren die Cherokee-Schrift entwickelte, spielt etwas näher an der Gegenwart, aber auch sie lässt uns über vieles im Unklaren.

Sequoyah war der Sohn einer Cherokee-Frau und eines weißen Pelzhändlers, er wuchs jedoch wie ein Cherokee auf. Er wusste, dass andere Sprachen Alphabete verwendeten, beschloss aber, für jede der 86 (oder 85 oder 84, das ist nicht so genau bekannt) Silben, die in seiner Sprache vorkamen, ein eigenes Symbol zu verwenden. Ein solches „Alphabet" bezeichnet man als Silbenschrift. Zur Erklärung betrachten wir ein Beispiel – die fünf Silben, die in *Ware* und *besiegen* enthalten sind. In einer deutschen Silbenschrift (die Groß- und Kleinschreibung vernachlässigt) könnte „Ware" als &$ und „besiegen" als @§% geschrieben werden. „Wabe" wäre dann &@ und „Regen" $%.

Die Cherokee misstrauten Sequoyah, bis dessen zehnjährige Tochter eines Tages niederschrieb, was gesprochen wurde, während ihr Vater außer Hörweite war. Als Sequoyah wieder zurück war, konnte er anhand der

Wann: Wahrscheinlich um 3200 oder 3300 v. Chr.

Wo: Sumer, später jedoch unabhängig in Mittelamerika, China und möglicherweise auch in Ägypten und dem Industal.

Wer: Unbekannt.

Was: Die Fertigkeit, Laute, Silben oder Wörter mittels Zeichen darzustellen.

Folgen: Schrift ermöglichte es Wissen über den Tod hinaus zu vermitteln und so zu vermehren.

Notizen eine Unterhaltung nacherzählen, die er nie mit eigenen Ohren gehört hatte. Danach wurde die Methode bereitwillig angenommen.

Wo Sequoyah Symbole für die Darstellung von Silben verwendete, benutzten manche frühen Schriftsysteme ein Symbol für jeden Sprachlaut (wie es zum Beispiel im Deutschen der Fall ist), während in anderen Sprachen, zum Beispiel dem Chinesischen, ein Symbol für ein ganzes Wort oder einen Begriff steht. Solche Symbole nennt man Ideogramme oder Logogramme. Mit ihnen lässt sich ein und dieselbe Bedeutung in unterschiedlichen Sprachen ausdrücken, ähnlich wie die Zeichen auf Flughäfen oder auch Zahlzeichen wie 5 oder 8. Um es noch komplizierter zu machen: Bei manchen der auf Flughäfen verwendeten Zeichen handelt es sich um so genannte Piktogramme, also bildhafte Darstellungen der sichtbaren Wirklichkeit.

Ägyptische Hieroglyphen wiederum sind ein Mischung aus alphabetischen Zeichen und Ideogrammen, mit einigen Zusatzzeichen zur Unterscheidung von Bedeutungen. Anders als die von Sequoyah erfundene Silbenschrift sind die meisten Schriftsysteme nicht in einem Wurf entstanden, sondern haben sich mit der Zeit entwickelt, ungefähr so wie die deutsche Rechtschreibung.

Die Sumerer lebten auf dem Gebiet des heutigen Südirak. Am Beginn ihrer Schriftkultur standen in Ton geritzte Zeichen, mit welchen sumerische Buchhalter um 3300 oder 3200 v. Chr. die Größe des Viehbestands und die Menge an Getreidevorräten festhielten – Aufzeichnungen, die für eine Gesellschaft am Beginn von Ackerbau und Viehzucht wichtig waren. Über den Zeitraum von ungefähr 500 Jahren wurden die Symbole zunehmend abstrakter, sodass auch Gedanken und Begriffe schriftlich festgehalten werden konnten.

Die ägyptischen Hieroglyphen (wörtlich übersetzt „Schrift der Priesterschaft") haben im Unterschied zur sumerischen Schrift Keilform. Beide entstanden wahrscheinlich unabhängig voneinander, doch wie im Falle Sequoyahs dürften auch sie auf der Idee beruhen, von anderen Gesprochenes zeichenhaft festzuhalten. Die Harrapa-Schrift der Industal-Kultur im Gebiet des heutigen Pakistan und Westindien dürfte sich ebenfalls eigenständig entwickelt haben, wenngleich es bis heute nicht gelungen es, sie zu entziffern. Die Zivilisation, aus der die Schrift einst hervorging, verschwand um 1900 v. Chr., sodass die Schrift sich nicht weiterentwickelte.

Als Erfinder des Schreibens ist Sequoyah in guter Gesellschaft. Die Ägypter sagen, der Gott Thoth (der Schreiber und Chronist der altägyptischen Götterwelt) habe die Hieroglyphen erfunden; die Sumerer schrieben die Erfindung der Schrift entweder einer namenlosen Gottheit oder dem Gott Enlil zu; die Assyrer und Babylonier hielten ihren Gott Nabu für den Erfinder der Schrift; die Mayas schließlich verdankten ihr Schriftsystem der höchsten Gottheit Itzamna, einem Schamanen und Zauberer, der nach ihrem Glauben die Welt erschuf. Die rationaleren Chinesen schreiben in ihrer Tradition die Erfindung der Schrift dem Weisen Tsáng Chieh zu, einem Minister unter Huang Ti, dem legendären Gelben Kaiser.

Welche Schrift ist nun die beste? Die Frage ist ein bisschen wie die nach dem optimalen Auto, wenn man nicht präzisiert, ob der Wagen auf der Autobahn oder im Gelände benutzt werden soll. Die Japaner verwenden zwei Silbenschriften (Hiragana und Katakana) sowie chinesische Ideogramme (Kanji), was perfekt funktioniert. In China gibt es einen Bestand an Schriftzeichen, der von Sprechern unterschiedlicher chinesischer Sprachen gelesen werden kann. In Sprachen wie dem Englischen wiederum, wo es ähnlich klingende Wortformen (paint, painter, painting) gibt, oder auch im Indonesischen, wo ein Wortstamm durch Vor- und Nachsilben variiert werden kann, ist die alphabetische oder Buchstabenschrift am besten geeignet.

Das Basrelief zeigt einen ägyptischen Schreiber bei der Arbeit (ca. 2494–2345 v. Chr.).

Die ältesten bekannten Alphabete entstanden wohl in Ägypten um 1800 v. Chr. Sie wurden von Menschen entwickelt, die eine semitische Sprache sprachen, und bestanden nur aus Konsonanten. Aus diesen Alphabeten gingen andere Schriftsysteme hervor: ein proto- kanaanitisches um 1400 v. Chr. und ein südarabisches rund 200 Jahre später. Es gab weitere; das Prinzip ist jetzt sicher deutlich geworden.

Die Phönizier übernahmen das proto-kanaanitische Alphabet, auf dem später das Aramäische und das Griechische aufbauten. Über das Griechische beeinflusste es weitere Schriftsysteme in Anatolien und Italien, und möglicherweise verdanken wir ihm das lateinische Alphabet, welches die Grundlage unserer heutigen Schrift wurde. Das Aramäische dürfte von verschiedenen indischen Schriften beeinflusst worden sein und entwickelte sich zum Hebräischen und Arabischen weiter. Das Griechische und das Lateinische flossen in das Altnorwegische sowie in die gotische und die kyrillische Schrift ein.

Vieles konnte nun schriftlich festgehalten und an spätere Generationen weitergeben werden: Poesie, Literatur, Geschichte, Philosophie, Mathematik, Rezepturen und technische Informationen, Steuer-, Wetter- und astronomische Aufzeichnungen, Glaubenslehren und vieles mehr.

GLAS

Von Glasuren auf Tongefäßen zu einem universellen Gebrauchsmittel der Naturwissenschaft

09

Wann: 2500 v. Chr.

Wo: Mesopotamien.

Wer: Unbekannt.

Was: Die Fertigkeit, durch Erhitzen von sauberem Sand und Natron Glas herzustellen.

Folgen: Aus Glas macht (oder machte) man Fensterscheiben und Laternen, Glühbirnen und Bildröhren, Linsen für Brillen, Teleskope, Mikroskope und Theodolite. Reagenzgläser, Kolben und Petrischalen im Labor bestehen aus Glas, ebenso Thermometer, Barometer, optische Fasern, Kathodenstrahlröhren und unzähliges mehr. Die moderne Naturwissenschaft wäre ohne Glas schier undenkbar.

Die Menschen kannten Glas schon lange, bevor sie herausfanden, wie sie es unter kontrollierten Bedingungen herstellen können. Obsidian ist ein Glas vulkanischen Ursprungs. Es entsteht, wenn eine bestimmte Art von Lava sehr schnell abkühlt. Kleine Klumpen eines glasartigen Materials (Fulgurit) bilden sich, wenn ein Blitz in sandigen Boden einschlägt.

Natron ist historisch eine etwas unscharfe Bezeichnung für Gemische vor allem aus Natriumcarbonat und Natriumbicarbonat, die man in ausgetrockneten Flussbetten in Ägypten fand und überall im Mittelmeerraum handelte. Mit Öl vermengt, entstand Seife; außerdem präparierte man damit Mumien. Plinius der Ältere glaubte, phönizische Seefahrer hätten die Kunst des Glasmachens entdeckt, als sie die Küste des heutigen Libanon entlangsegelten. An einer Flussmündung seien sie vor Anker gegangen, hätten aber keine Steine gefunden, um eine Feuerstelle zu bauen. Stattdessen verwendeten sie Natronblöcke aus ihrer Ladung. Als das Feuer brannte, beobachteten sie, wie aus der weißen Substanz eine klare Flüssigkeit herausfloss: Glas!

Vielleicht waren die Erfinder des Glases weder Phönizier noch Seefahrer an der Küste des Libanon, aber irgendwo muss irgendjemandem etwas Derartiges passiert sein – wenn es auch unwahrscheinlich ist, dass die Flüssigkeit gleich durchsichtig war. Obsidian wurde in prähistorischer Zeit von den Menschen sehr geschätzt, weil er so scharfe Kanten hatte. Jemand, der zufällig etwas Obsidianähnliches herstellte, wird diese höchst nützliche Erfindung sicherlich weitergegeben haben. Sie musste sich also nur einmal (jedenfalls nicht oft) ereignen.

Tatsächlich gab es Glas zu dieser Zeit schon lange, und zwar seit ungefähr 3500 v. Chr., als man in Ägypten und Mesopotamien begann, Töpferwaren mit glänzenden Glasuren zu versehen. Tausend Jahre später kannten beide Kulturen Glasperlen. Archäologen meinen, die Glasbläserei sei etwa im ersten Jahrhundert vor Christus im syrischen Raum erfunden worden. Dieses Glas war jedoch minderwertig, nicht zu vergleichen mit dem, was wir uns heute darunter vorstellen. Wenig später schrieb der Apostel Paulus über die religiöse Unvollkommenheit mit den Worten: „Wir sehen durch Glas ein dunkles Bild“ (1. Kor. 13, 12). „Dunkel“ ist hier im Sinne von „undeutlich“ gemeint, und das Glas wird in neueren Übersetzungen meist durch den Spiegel ersetzt (das Bild, das ein antiker Spiegel lieferte, war nicht weniger verschwommen). Jedenfalls wollte Paulus zum Ausdruck bringen, dass man nicht viel sah, wenn man ein Stück Glas vor die Augen hielt. Dabei war die Glasherstellung zu Paulus' Zeiten schon lange bekannt.

Im Jahr 1306 v. Chr. sank bei Uluburun in der Nähe der heutigen Stadt Ka im Süden der Türkei ein Schiff. Dieses „Wrack von Uluburun“ lag bis zu seiner Entdeckung und Erforschung (1984–1994) in etwa 45 Metern Wassertiefe. Sein Alter konnte aus den Jahresringen des geladenen Brennholzes so genau bestimmt werden, aber noch viel interessanter war die verbliebene Fracht aus

Aufwendige Buntglasfenster wie dieses zieren Orte der Anbetung und sogar Privathäuser auf der ganzen Welt.

Glas- und Kupferbarren. Das Kupfer stammte wahrscheinlich aus Zypern und das Glas aus Schmelztiegeln, die man in Pi-Ramesse, nahe dem heutigen Qantir in Ägypten, gefunden hat. Die Barren waren tiefblau (von Cobalt), türkis (Kupfer) und lavendelfarben. Offensichtlich befanden sie sich auf dem Weg zur Weiterverarbeitung.

Pharao Ramses II. (Ramses der Große) herrschte von 1279 bis 1213 v. Chr. über Ägypten und ließ im Nildelta die Hauptstadt Pi-Ramesse („Haus des Ramses") bauen, die, wie Ausgrabungen zeigten, eine Ausdehnung von 26 Quadratkilometern hatte. Edgar Pusch gräbt dort seit 1984. 2005 stieß er auf eine Werkstätte, in der offenbar Keramik, Glasperlen und Glasbarren für Glasgefäße hergestellt wurden – aber er fand kein einziges Glasgefäß.

Die Überreste lassen darauf schließen, dass die Handwerker quarzreichen Sand zu Puder gemahlen, diesen bei 900–950 °C geschmolzen und mit Soda versetzt haben. Dann wurde das Produkt zerkleinert, gewaschen – um Verunreinigungen zu beseitigen – und mit Chemikalien eingefärbt (unter den Glasbarren gab es farblose genauso wie rote, cobaltblaue und durchscheinend purpurfarbene). Schließlich wurde das Gemisch wieder auf 980–1100 °C erhitzt, um Glasbarren zu erzeugen, die verkauft oder exportiert wurden.

Heute besteht Glas meist aus ungefähr 70 Prozent Siliciumdioxid (Quarz oder Sand). In Kalknatrongläsern ist der Rest hauptsächlich eine Mischung aus Calcium- und Natriumoxiden oder -carbonaten. Jenaer Glas (Pyrex®) ist ein Borsilicatglas und enthält ungefähr zehn Prozent Boroxid. Bleikristall besteht aus mindestens 24 Prozent Bleioxid, genug, um bei einer Röntgenkontrolle am Flughafen sichtbar zu werden, wenn Sie es als Souvenir in Ihrem Handgepäck haben sollten.

Dass Glas im Labor eine zentrale Rolle spielt, ist offensichtlich. Weniger bewusst ist den meisten Leuten, dass viele andere Entdeckungen durch den Gebrauch von Glas erst ermöglicht wurden – zum Beispiel Kathodenstrahlröhren und auch die Pumpen, die darin das nötige Vakuum erzeugt haben. Diese Entwicklungslinie führt unter anderem zur Röntgenstrahlung.

Noch wichtiger ist vielleicht, dass wir ohne Glas für Prismen und andere optische Geräte das Phänomen Licht niemals verstanden hätten, ganz abgesehen von der Spektrometrie, die uns in die Lage versetzt, kosmische

Rotverschiebungen, die chemische Zusammensetzung weit entfernter interstellarer Wolken und andere seltsame Dinge zu untersuchen.

Wie gern behauptet wird, antworten Naturwissenschaftler auf die Frage „Wozu ist das gut?“ erst mit Gegenfragen wie „Wozu ist ein Baby gut?“, um dann vermutlich etwas hinzuzufügen wie: „Eines Tages werden Sie vielleicht gelernt haben, das Ding zu schätzen.“ Glas ist, wie wir noch sehen werden, eine von vielen Entdeckungen oder Erfindungen, die die Welt wirklich verändert haben, obwohl sein Wert anfangs gar nicht offensichtlich war. Die tatsächliche Bedeutung eines technologischen Durchbruchs zeigt sich oft erst dann, wenn die Politiker und Erbenszähler, die ihn infrage gestellt haben, längst tot sind.

Alle guten Wissenschaftler halten Erbsenzähler für böse, doch unser nächster Wissenschaftler und seine Anhänger haben sogar die Hülsenfrüchte selbst gehasst.

SATZ DES PYTHAGORAS

Wie einfache Geometrie mit rechten Winkeln das Leben erleichterte

10

Wann: Zwischen 1900 und 1600 v. Chr.

Wo: Babylon.

Wer: Nicht Pythagoras. Schon bevor er geboren wurde, war das Gesetz in vielen Kulturen bekannt.

Was: Für jedes rechtwinklige Dreieck gilt, dass die Fläche des Quadrats über der „Hypotenuse“ (der Seite gegenüber dem rechten Winkel) genauso groß ist wie die Summe der Quadrate über den beiden anderen Seiten („Katheten“). Wenn also die Seiten eines Dreiecks drei, vier bzw. fünf Einheiten lang sind, müssen die beiden kurzen Seiten einen rechten Winkel einschließen.

Folgen: Hauptsächlich im Bauwesen und in der Architektur, aber auch in der Geometrie selbst.

Eine alte griechische Überlieferung lautet, Pythagoras (etwa 580–500 v. Chr.) habe einen Ochsen geopfert, um die Entdeckung des Lehrsatzes zu feiern, den wir heute nach ihm benennen. Zwei Punkte lassen uns am Wahrheitsgehalt dieser Legende zweifeln: Pythagoras wusste selbst, dass er nicht der Entdecker des Satzes war; und er führte eine Gruppe von Gefolgsleuten („Pythagoräer“) an, die Tieropfer vehement ablehnten.

Die Pythagoräer glaubten einige (für uns) seltsame Dinge. Sie aßen keine Bohnen, bissen niemals von einem ganzen Laib Brot ab und schürten das Feuer nicht mit Eisen. Auch hier wissen wir natürlich nicht, was Wahrheit und was Dichtung ist; und wir kennen die Bedeutung nicht, die diesen Gewohnheiten beigemessen wurde. Dass sie Bohnen nicht mochten, könnte besagen, dass sie sich demonstrativ aus der Politik heraushielten – die Griechen stimmten oft ab, indem sie Bohnen in Gefäße legten –, vielleicht ging es aber auch um die Wirkung der Hülsenfrüchte auf die Verdauung.

Neben vielem anderen wird Pythagoras zugeschrieben, sich als Erster wissenschaftlich mit Musik auseinandergesetzt zu haben. Er untersuchte das Verhältnis zwischen der Länge einer Saite und der Höhe des Tons, der beim Anzupfen erklingt. Er war auch der Erste, dem auffiel, dass Abendstern – damals Hesperos genannt – und Morgenstern – Aphrodite – ein und derselbe Himmelskörper sind. (Aphrodite ist der griechische Name der Göttin Venus. Unter diesem Namen kennen wir den Planeten heute.)

Babylonische Schreibtäfelchen ungefähr aus den Jahren 1900 oder 1600 v. Chr. beziehen sich offensichtlich auf den heute nach Pythagoras benannten geometrischen Lehrsatz, der vor Pythagoras schon indischen und chinesischen Mathematikern bekannt war, vielleicht auch den Ägyptern, bei denen Pythagoras die Grundlagen der Geometrie studiert hatte. Möglich, dass er den Satz dort kennengelernt hat und später nur einen hübschen Beweis dafür fand. Erst vor 100 Jahren veröffentlichte Elisha Scott Loomis ein Buch mit 256 verschiedenen gültigen Beweisen. Einer davon stammt sogar von einem

Die Cheopspyramide bei Nacht.

Präsidenten der Vereinigten Staaten von Amerika (James Garfield, 1876). Die 1940 erschienene Neuausgabe von Loomis' Buch umfasste bereits 367 Beweise!

Vor 4500 Jahren legten die Ägypter großen Wert darauf, ihre Pyramiden genau auszurichten: Die östliche und die westliche Seite der Cheopspyramide weichen im Mittel nur drei Bogenminuten von der exakten Nord-Süd-Achse ab. Kate Spence, eine Ägyptologin aus Cambridge, zog aus kleinen Ungenauigkeiten der Ausrichtung der Wände mit ein bisschen Astronomie und Logik interessante Schlüsse. Die Ägypter orientierten ihre Bauwerke mit erstaunlicher Exaktheit an den Sternen. Sie wussten aber nicht, dass diese sich am Himmel bewegen, weil die Erdachse „präzediert" (ihre gedachte Spitze beschreibt im Laufe von 26000 Jahren einmal einen Kreis). Wenn man die Fehler in der Ausrichtung der Gebäude zum Alter der Mauern in Beziehung setzt, ergibt sich eine gerade Linie. Dies zeigt, wie sehr die ägyptischen Baumeister auf die Sterne vertrauten: Sie machten eigentlich gar keine handwerklichen Fehler, aber die vermeintlichen Fixpunkte, auf die sie sich bezogen, bewegten sich.

Nachdem sie die Nord-Süd-Richtung festgelegt hatten, mussten die Bauleute die Ost-West-Achse bestimmen. Dazu war das Dreieck von Pythagoras sehr nützlich. Die Steinmetze konnten es verwenden, um die 2,5 Millionen Kalksteinblöcke, die benötigt wurden, genau rechtwinklig zu brechen, und auch, um das Bauwerk genau so zu orientieren, dass dem begrabenen Pharao ein angenehmes Leben nach dem Tod sicher war.

In den westlichen Ländern lernt man den Satz des Pythagoras in der Schule, und die meisten Erwachsenen können ihn aufsagen: In einem rechtwinkligen Dreieck ist das Quadrat der Hypotenuse gleich der Summe der Quadrate der Katheten. Nur wenige können wohl auch nur einen der gültigen Beweise dafür hinschreiben. Und nur sehr wenige wissen etwas über Euklid, der um 300 v. Chr. lebte und für die Entwicklung der Geometrie viel wichtiger war als Pythagoras. Euklid begann seine Arbeit mit einigen wenigen grundsätzlichen Annahmen – fünf „Axiomen" und fünf „Postulaten" – und bewies auf diesem Fundament die ganze restliche Geometrie.

Axiome sind „unmittelbar einleuchtende Grundsätze", zum Beispiel Aussagen wie: „Zwei Größen, die beide gleich einer dritten sind, sind auch einander gleich" und „Wenn man zu zwei gleichen Größen das Gleiche addiert, sind die beiden Summen gleich". Die Postulate leuchten nicht ganz so schnell von selbst ein. Beispiele sind: „Zwei Punkte lassen sich stets durch eine gerade Linie verbinden" und „Jede gerade Strecke kann unendlich zu einer geraden Linie fortgesetzt werden". Aus diesen Grundbausteinen errichtete Euklid ein überraschend umfangreiches, auf logischen Folgerungen beruhendes Gedankengebäude.

Theorem Nr. 47 im ersten Buch der „Elemente" des Euklid ist der Satz des Pythagoras. Er bezieht sich auf einige zuvor bewiesene Sätze als notwendige Voraussetzungen. Diese wiederum greifen ihrerseits auf Bewiesenes zurück, und so geht es weiter bis zum Anfang des Buches.

Eine kuriose Wirkung hatte Euklids eigener Beweis auf den Philosophen Thomas Hobbes. Hobbes' exzentrischer Freund John Aubrey beschrieb die denkwürdige Begebenheit so (beachten Sie die Nummer des Satzes, der Hobbes so beeindruckt hat: Es geht um den Satz von Pythagoras!):

Er war 40 Jahre alt, als er sich zum ersten Mal mit Geometrie beschäftigte; und das passierte zufällig. Er befand sich in der Bibliothek eines Bekannten. ... Euklids „Elemente", Buch I, lag dort, aufgeschlagen auf der Seite mit dem Satz 47. Er las den Satz und sagte sich: „Bei Gott, das ist unmöglich!" Deshalb las er den Beweis, der ihn allerdings auf einen vorherstehenden Beweis verwies, jener wiederum auf einen weiter vorne verzeichneten Beweis. Auch diesen las er. Et sic deinceps (lat: und so weiter bis zum Anfang), bis er sich endgültig von der Wahrheit überzeugt hatte. So verliebte er sich in die Geometrie.

Die Geometrie hat noch mehr Anwendungen. Mit den richtigen Informationen können wir unseren ganzen Planeten vermessen.

FORM UND GRÖSSE DER ERDE

Wie wir mehr über unseren Heimatplaneten herausfanden

11

Wann: Um 500 v. Chr., in mehreren Schritten.

Wo: Griechenland (im weiteren Sinn, einschließlich der von Griechen besiedelten Gebiete).

Wer: Pythagoras (ca. 582–497 v. Chr.) oder Parmenides von Elea (ca. 540 v. Chr.–??) für die Form, Eratosthenes (ca. 276–196 v. Chr.) für die Größe.

Was: Die Welt, auf der wir leben, ist ein Globus, und wir können seine Größe messen.

Folgen: Wissenschaft läuft oft unserem instinktiven Empfinden zuwider. Akzeptieren zu lernen, dass die Erde eine kugelförmige Gestalt besitzt, bereitete uns auf noch größere Überraschungen vor. Die Erkenntnis inspiriert uns außerdem dazu, unsere Welt zu erkunden.

Echte Wissenschaft begann, als Menschen anfingen, Verallgemeinerungen zu treffen – Faustregeln, die Voraussagen darüber ermöglichen, was in einer neuen Situation geschehen könnte und warum. Wissenschaft bedient sich der genauen Beobachtung, um Dinge abzuleiten, die sonst nicht erkannt oder gemessen werden könnten. Der Satz „Segelt man von Europa westwärts, so gelangt man nach China" war in diesem Sinne schon fast „wissenschaftlich"; als Columbus (→21) ihn aussprach, berief er sich auf Erkenntnisse der alten Griechen, die schon 2000 Jahre älter waren.

Pythagoras war wahrscheinlich der Erste, der von der Erde als einem mehr oder weniger kugelförmigen Gebilde sprach, wenngleich die meisten griechischen Philosophen die Kugelgestalt an irgendeiner Stelle erwähnten. Aristoteles wusste davon, und Archimedes war sich dessen völlig sicher, wie sein zweiter Lehrsatz verdeutlicht:

Die Oberfläche jeder in Ruhe befindlichen Flüssigkeit ist die Oberfläche einer Kugel, deren Mittelpunkt mit dem Mittelpunkt der Erde zusammenfällt.

Auch Herodot (ca. 485–425 v. Chr.), der erste Geschichtsschreiber, scheint von einem Beweis für die kugelförmige Erdgestalt gewusst zu haben. Er beschrieb die Umsegelung Afrikas durch die Phönizier und erwähnt dabei, dass die Seefahrer die Sonne im Norden sahen, als sie die Südspitze des Kontinents umfuhren.

Diese Männer berichteten von etwas, was ich persönlich nicht glauben kann, auch wenn andere dies tun, nämlich dass sie, als sie auf westlichem Kurs um das südliche Ende von Libyen [Afrika] segelten, die Sonne zu ihrer Rechten hatten – von ihnen aus gesehen nördlich. So wurde zuerst entdeckt, dass Libyen vom Meer umgeben ist ...

Im zweiten Jahrhundert nach Christus fasste der Astronom Ptolemäus die Belege zusammen: Segelt man nordwärts, steht der Polarstern höher am Himmel; Mondfinsternisse werden im Osten später gesehen als im Westen, wobei die zeitlichen Unterschiede proportional sind zur Entfernung, die man nach Osten oder Westen zurückgelegt hat; nähert man sich mit dem Schiff einer gebirgigen Küste, sieht man die Bergspitzen zuerst; während einer Mondfinsternis wirft die Erde immer einen kreisförmigen Schatten auf den Trabanten.

Nimmt man alle diese Beobachtungen zusammen, kommt man zu dem Ergebnis, dass die Erde die Gestalt einer Kugel oder zumindest eine kugelähnliche Form aufweisen muss. Weder ein Zylinder noch eine Scheibe oder eine Tellerform könnten diese Phänomene hervorrufen. Was den Griechen jetzt noch fehlte, war eine Methode, um die Erde zu vermessen.

Eratosthenes war ein griechischer Astronom, geboren im heutigen Libyen, gestorben in Alexandria in Ägypten. Grieche zu sein, war damals mehr eine Frage der Kultur als des Wohnorts. Wer griechisch sprach, war Grieche, besonders wenn er wie Eratosthenes – oder Archimedes – in griechischer Tradition erzogen wurde und unter Griechen lebte. Eratosthenes hörte von

Auf der spektakulären Weltraumaufnahme der Erde sind das nördliche Afrika und der Indische Ozean zu erkennen.

einem senkrechten Brunnenschacht in Syene (dem heutigen Assuan am Nil). An einem bestimmten Tag des Jahres fielen die Sonnenstrahlen zu Mittag bis auf den Grund des Schachtes. Am selben Tag stand die Mittagssonne in Alexandria bei sieben Grad und zwölf Minuten, bezogen auf die Senkrechte.

Dividiert man den Vollkreiswinkel von 360° durch 7° 12′, so erhält man 50. Die Entfernung zwischen Syene und Alexandria beträgt also ein Fünfzigstel des Erdumfangs. Die Ägypter hatten diese Abweichungen des Sonnenstandes lange vor Eratosthenes bemerkt; da sie jedoch glaubten, die Erde sei eine Scheibe, errechneten sie mit dieser Winkeldifferenz eine Entfernung zwischen Erde und Sonne von ungefähr 8000 Kilometern.

Eratosthenes wusste, dass die Sonne sehr viel weiter von der Erde entfernt ist und alle Sonnenstrahlen deshalb parallel bei uns eintreffen. Die Abweichung musste folglich durch die Erdkrümmung bedingt sein. Misst man die Entfernung von Syene nach Alexandria und multipliziert diese mit fünfzig, so erhält man in der Tat den Umfang der Erde.

Die Winkel waren ziemlich präzise: Das heutige Assuan liegt auf 31° 5′ 23″ nördlicher Breite und die geographische Lage von Alexandria ist 31° 13′ Nord, die Abweichung vom exakten Wert betrug also nur ungefähr ein Prozent. Problematischer war dagegen die Entfernungsmessung. Syene lag nicht exakt nördlich von Alexandria, das heißt, die beiden Städte befanden sich nicht auf demselben Längengrad. Maß man die Entfernung korrekt, erhielt man deshalb einen Wert, der für die Berechnung des Erdumfangs zu groß ist.

Der größte Haken aber ist, dass Eratosthenes die Distanzen in „Stadien" angab. Angesichts dessen, dass die Maßeinheiten noch nicht standardisiert waren, nahm daran niemand Anstoß. Da die Länge eines Stadions aber von Stadt zu Stadt variierte, wissen wir heute leider nicht mehr, welches Maß Eratosthenes ansetzte. Wenn wir vom wahrscheinlichsten Wert ausgehen, so wich der von ihm bestimmte Erdumfang nur wenige Prozent von seiner tatsächlichen Länge ab. Das kann allerdings auch gut ein Zufall sein, weil einige Fehler in seinen Berechnungen sich gegenseitig ausglichen und größere Abweichungen egalisierten.

Jedenfalls kam Eratosthenes zu folgendem Schluss: „Wenn die Größe des Atlantischen Ozeans dem nicht entgegenstünde, könnten wir, immer demselben Längengrad folgend, auf dem Seeweg leicht von Iberien [Spanien] nach Indien gelangen."

Columbus musste dann eigentlich nur noch lesen. Wie wir aber an anderer Stelle sehen werden, stand er wieder vor anderen Problemen.

HEBEL

Wie ein Trick die Menschen stärker machte

12

Wann: Unbekannt, aber wir werden uns eine berühmte Anwendung davon aus dem Jahr 213 v. Chr. ansehen.

Wo: Unbekannt; vermutlich in Afrika. Unser Fallbeispiel passierte in Syrakus auf Sizilien.

Wer: Unbekannt; das Beispiel in Syrakus war eine Idee von Archimedes.

Was: Eine lange Stange kann dabei helfen, ein schweres Gewicht zu heben.

Folgen: Seit es den Menschen gibt, war er fast stets auf die Kraft seiner eigenen Muskeln angewiesen. Im Laufe der Zeit lernte er, Tiere einzuspannen, dann Dampf und andere Energiequellen zuhilfe zu nehmen. Stets aber halfen Hebel dabei, die maximale Wirkung aus dieser Energie herauszuholen.

Glaubt man der Legende, dann sagte der griechische Mathematiker und Wissenschaftler Archimedes einst: „Gebt mir einen Hebel, der lang genug ist, sowie einen festen Punkt, auf den ich ihn stützen kann, und ich werde die Welt aus den Angeln heben." Vielleicht hat er das wirklich gesagt, aber ganz sicher wusste er sehr wohl, wie nützlich ein Hebel sein kann. Dafür haben wir unabhängige Zeugen – die Römer.

Bevor die Macht des alten Rom erstarkte, hatten die Griechen im ganzen Mittelmeerraum Kolonien errichtet, einige davon in Gebieten, die die Römer später als eigenes Staatsgebiet beanspruchten. Archimedes lebte in Syrakus, einer griechischen Stadt auf Sizilien. Der Herrscher der Insel hielt große Stücke auf ihn: Immer, wenn die Römer versuchten, Syrakus von der See her anzugreifen, hatte Archimedes einige schlaue Überraschungen vorbereitet, um sie zurückzuschlagen (oft im wörtlichen Sinne). Bei einigen dieser Tricks spielten Hebel eine Rolle.

Schon vor Archimedes haben die Menschen vieler Kulturen Hebel angewendet, zum Beispiel in Form von Schubkarren oder Rudern. Auch ein Bewässerungsgerät namens Schaduff gehört dazu, das nach dem gleichen Prinzip funktioniert wie heute noch benutzte Ziehbrunnen in der ungarischen Puszta: Eine lange Stange ruht drehbar auf einer Stütze; am längeren Ende ist ein Eimer befestigt, der in den Brunnenschacht hinabgelassen wird, am kürzeren Ende ein Gegengewicht. Damit bewässerte man in Trockenzeiten die Felder entlang des Nils. Weitere allgegenwärtige Anwendungen des Hebels sind Schraubenzieher, Brecheisen, Angel, Wippe, Schere, Kneifzange, Nussknacker und viele mehr.

Warum assoziieren wir dann ausgerechnet Archimedes mit dem Hebel? Vielleicht, weil er der Erste war, der seine Gedanken dazu systematisch niedergeschrieben und veröffentlicht hat. Außerdem konnte man viel öffentliche Aufmerksamkeit erringen, wenn man die Römer ärgerte. Leider hatte dieses Interesse auch seinen Preis: Als die Römer Syrakus letztendlich doch erobert hatten, wurde Archimedes von einem römischen Soldaten getötet.

Ein Hebel besteht aus drei Teilen: dem Drehpunkt, dem Kraftarm und dem Lastarm. In der Technik unterscheidet man ein- und zweiseitige Hebel. Bei Ersterem liegt der Drehpunkt außen und Kraft- und Lastarm auf einer Seite (Schubkarre); bei Letzterem liegt der Drehpunkt in der Mitte (Wippe).

Der Hebel des Archimedes in Syrakus, die berühmte „Eiserne Hand", war ein zweiseitiger Hebel mit dem Drehpunkt in der Mitte und einem Enterhaken am Ende des Lastarms. Wenn sich ein römisches Schiff den Hafenmauern von Syrakus näherte, packte es der Enterhaken, hob den Bug hoch und ließ das Fahrzeug dann wieder fallen. Dadurch fiel die Besatzung ins Wasser, das Schiff selbst lief voll oder brach gar auseinander – zurück blieben jedenfalls entmutigte, nasse oder ertrunkene Römer, die ihre Angriffe auf Syrakus von der Seeseite her einstellten. Sie belagerten Syrakus in der Folgezeit auf dem Landweg und benutzten ihre Schiffe nur noch, um den Nachschub abzufangen, den die Griechen übers Wasser in die Stadt schaffen wollten.

Ein Haken an dieser hübschen Geschichte ist, dass wir nur römische Quellen haben, manche davon erst 300 Jahre später verfasst, zum Glück aber recht ergiebig. Die römischen Kriegsschiffe waren Quinqueremen (lat. quinque, „fünf" und remus, „Riemen", also Fünfruderer), ungefähr 34 Meter lang und etwas über vier Meter breit. Die Besatzung bestand aus 30 Seeleuten und Offizieren, 120 Soldaten und 270 Ruderern. Jedes Schiff muss vollbesetzt und -bewaffnet ungefähr 102 Tonnen gewogen haben.

Das ist eine ganze Menge, aber der Hebel musste nicht das ganze Schiff hochheben; den Großteil der Masse glich der Auftrieb des Wassers aus. Die älteste Beschreibung stammte von Polybius, der berichtete, die Griechen ließen mithilfe von Hebeln Felsbrocken auf den Bug der Schiffe fallen, um zu erreichen, dass die Soldaten alle zum Heck rannten und der (von den Steinen mal abgesehen) erleichterte Bug sich aus dem Wasser hob. Danach wusste jedermann, dass der Hebel ein nützliches Ding ist.

Auch heute begegnet man Hebeln auf Schritt und Tritt; manchmal erkennt man sie nicht. Bestimmte Eisenbahnräder sind zum Beispiel Hebel. Die Räder von Waggons rollen nur mit, um die Reibung zu minimieren, aber die Antriebsräder an den Lokomotiven funktionieren als Hebel. Stellen Sie sich vor, Sie hocken in einem Einkaufswagen, sind von gefährlichen Tieren umgeben (Hunden, Krokodilen, Kaninchen, was Sie wollen!) und haben nichts weiter als eine zwei Meter lange Stange. Sie können Ihren Einkaufswagen dann genauso voranschieben, wie Gondeln in Venedig mit einer Stange gestoßen werden, eben mithilfe des Hebelkraft: Dabei hält einer Ihrer Arme die Stange am Drehpunkt, der andere übt die Kraft aus. Stellen Sie sich nun vor, Sie drehen den Stab immer wieder um und fassen am anderen Ende an. Die Antriebsräder einer Lokomotive sind genau wie Ihre Stange kontinuierliche Hebel. Sie „greifen" die Schienen, um die Lok weiterzuschieben.

Im gleichen Sinn sind die Antriebsräder eines Autos Hebel. Wenn Sie wissen wollen, wo Lastarm, Kraftarm und Drehpunkt sind, müssen Sie ein bisschen überlegen. (Hinweis: Der Drehpunkt ist dort, wo das Rad die Straße berührt.) Auch das Lenkrad eines Autos ist ein Hebel, genau wie die Ruderpinne eines kleinen Bootes oder der Ausleger eines Krans.

Wir sind umgeben von Hebeln, man muss sich nur unvoreingenommen umsehen. Sie werden bemerken, dass der Schlüssel in einer Tür und die Türklinke selbst Hebel sind. Hebel und schiefe Ebene (als Rampen, Schrauben, Keile...) bewegen unsere Welt.

Diese Hebel gehören zu einem alten Eisenbahn-Stellwerk im Yukon Territory, Kanada.

Die Wissenschaft des Hebels begann mit Archimedes, doch die einfallsreichsten Hebelsysteme sind Zahnradgetriebe. Aber das ist schon eine andere Geschichte – nämlich ganz zufällig unsere nächste.

ZAHNRADGETRIEBE

Wie wir Geschwindigkeit, Stärke und Richtung einer Kraft zu steuern lernten

13

Wann: Vermutlich im ersten Jahrhundert vor Christus.

Wo: Antikythera, zwischen Kythera und Kreta.

Wer: Elias Stadiatis, ein griechischer Taucher.

Was: Eine ungewöhnlicher astronomischer „Computer", der wohl vor 80 v. Chr. gebaut worden ist.

Folgen: Zeigt, dass es in der Antike raffiniertere technische Geräte gab, als wir gedacht haben.

Das östliche Mittelmeer kann heimtückisch oder freundlich sein. Meistens bringen Stürme im flachen Wasser um die griechischen Inseln Pech, doch gelegentlich auch großes Glück. Kurz vor Ostern des Jahres 1900 arbeiteten einige Schwammtaucher in der Nähe von Kythera, als ein Sturm sie zwang, im nahen Antikythera („gegenüber von Kythera") Schutz zu suchen.

Die Männer hatten schon mehrfach in diesem geschützten Meeresgebiet Schwämme geerntet, doch diesmal trugen sie Taucheranzüge und konnten deshalb tiefer gehen als sonst. So fanden sie in 43 Metern Tiefe das Wrack eines römischen Schiffes. Es lag dort seit ungefähr 80 v. Chr. vollkommen ungestört; während der folgenden eineinhalb Jahre wurde es dann völlig auseinandergenommen. Die Fundstücke wanderten in griechische Museen.

In einem „Steinbrocken" aus dem Wrack entdeckte man Zahnräder, die man ganz vorsichtig herauslöste. 1951 und 1959 nahm Derek Price die Einzelteile genauer unter die Lupe und verblüffte dann die Fachwelt mit der These, die Vorrichtung habe dazu gedient, Zeiger auf astronomischen oder astrologischen Zifferblättern zu bewegen. Man wusste bereits, dass die Griechen Zahnräder aus Holz benutzt haben, doch der „Mechanismus von Antikythera" war und bleibt ein Rätsel. Er enthält feine Zahnräder aus Metall, die eher an ein Uhrwerk aus dem 18. oder 19. Jahrhundert erinnern.

In der Antike hat man Zahnräder verwendet, um Kraft dahin zu übertragen, wo sie gebraucht wurde. 330 v. Chr. beschrieb Aristoteles eine Hebewinde mit Zahnrädern und erwähnte, dabei auch „glatte" Räder verwendet zu haben, um Bewegung durch Reibung zu übertragen. Ungefähr zur gleichen Zeit (vielleicht ein Jahrhundert früher oder später) tauchten wohl die ersten primitiven Getriebe auf, mit denen die vertikale Bewegung eines Mühlrades in die horizontale Drehung des Mühlsteins übersetzt wurde.

Die ersten Zahnradgetriebe hatten vermutlich alle ein Übersetzungsverhältnis von 1:1, das heißt, beide Räder drehten sich gleich schnell. Die Übersetzung der Geschwindigkeit kam erst mit der Erfindung des Entfernungsmessers auf, des Hodometers (griech. *hodós*, „Weg" und *métron*, „Maß"), das folgendermaßen funktioniert: Mit einem Messrad fährt man den zu vermessenden Weg ab. Jede volle Umdrehung des großen Rades wird in irgendeiner Weise registriert – entweder wird jedes Mal ein kleineres Zahnrad ein bisschen weitergedreht (in neueren Ausführungen sind noch weitere Zahnräder zwischengeschaltet), oder es wird eine Metallkugel fallengelassen, sodass der Landvermesser die abgeschrittene Entfernung durch Zählen der Aufschläge bestimmen kann.

Wir wissen von den frühen Hodometern, weil sie bedeutend genug waren, um beschrieben zu werden. Damit eine Maschine die Zeiten überdauert, genügt es aber nicht, dass jemand sie bemerkt und beschreibt; wenigstens ein Exemplar der Beschreibung muss überdies bis in die Neuzeit überlebt haben. Heute ist es selbstverständlich, dass Bücher in großer Zahl gedruckt werden

TRIEBKRAFT MODE

Als die Damen in den 1850er Jahren begannen, Reifröcke zu tragen, konnte die hohe Nachfrage nur mit Nähmaschinen gestillt werden. Sie wurden von einer Tretkurbel angetrieben, die ein Schwungrad zu Drehen brachte, das wiederum über eine Reihe von Zahnrädern die für die Nadelbewegung benötigte Geschwindigkeit erzeugte. Wenn die Arbeiterinnen ihre Arbeit für eine – wohlverdiente – Tasse Tee unterbrachen, haben manche von ihnen ihren Zucker zwischen zwei Rollen zerbrochen, die mit Zahnrädern verbunden waren.

Die astronomische Uhr am Alten Rathaus von Prag.

und überall zugänglich sind, aber das war natürlich nicht immer so. Früher mag es, wenn es hochkam, ein halbes Dutzend handschriftlicher Kopien eines Schriftstücks gegeben haben, die außerdem in Holzgebäuden aufbewahrt wurden, beheizt und beleuchtet mit offenem Feuer. So ist es nicht unwahrscheinlich, dass wir viele kleine Erfindungen unserer Vorfahren, die nicht weniger intelligent waren als der Mechanismus von Antikythera, nur deshalb nicht kennen, weil die Beschreibung verlorenging. Das Zahnrad selbst verschwand jedenfalls nicht wieder im Dunkel der Geschichte.

Vielleicht benutzte man ursprünglich Wasser, um Zahnräder von Zeitanzeigen zum Laufen zu bringen. Ob es tatsächlich so war, weiß keiner; immerhin könnte man so erklären, wie die Menschen im ausgehenden 14. Jahrhundert auf die Idee kamen, Uhren mit Zahnrädern zu konstruieren. Wie auch immer: Wer sich mit Zahnrädern auskannte, hatte in jener Zeit ein reiches Betätigungsfeld. Die ersten Uhren entstanden zu Beginn des 14. Jahrhunderts. Nur wenige Exemplare sind erhalten geblieben, eine in Rouen aus dem Jahr 1389 und eine in Salisbury (Südengland) von 1386. Letztere hat kein Zifferblatt, sondern schlägt nur die volle Stunde, aber sie verfügt über Zahnräder, die dazu dienen, die Geschwindigkeit zu ändern.

Ein Zahnrad ist im Grunde genommen eine Art Hebel und ein Zahnradpaar (oder ein Getriebe aus mehreren Zahnrädern) ein zusammengesetzter Hebel. Während der Industriellen Revolution konnte man Zahnradgetriebe bereits einsetzen, um Betrag und Richtung von Kräften zu verändern. Mithilfe von Zahnradwinden konnte ein einzelner Mann große Gewichte heben. Als die Dampfmaschinen aufkamen und ohnehin alles schneller wurde, vervielfachten Zahnradgetriebe die Geschwindigkeit noch.

Bevor es Dampfmaschinen gab, lieferten langsame Wasserräder oder ebenso langsame, von Mensch oder Tier bewegte Göpel die Antriebskraft. Dann kamen die nicht viel schnelleren Dampfmaschinen von Boulton und Watt, die ihre riesigen Schwungräder etwa viermal pro Minute drehten. Wollte man auf Drehgeschwindigkeiten kommen, die sich für den Betrieb von Fabrikmaschinen eigneten, brauchte man Zahnräder oder die nach ähnlichem Prinzip funktionierenden Treibriemen. Ein Problem von Riementrieben ist das Wegrutschen des Rades unter dem Riemen. Vor allem, wenn große Kräfte im Spiel waren, bevorzugte man deshalb Zahnräder oder Zahnriemen.

Fahrräder haben Zahnräder, die über eine Kette verbunden sind; Uhrwerke bestehen aus Zahnrädern, und frühe mechanische Spielzeuge bewegten sich, weil ein (zahnradgetriebener) Uhrwerkmechanismus aufgezogen wurde. Als später Batterien aufkamen, konnte man zwar aufs Aufziehen, aber nicht auf die Zahnräder verzichten.

Weil immer das Risiko besteht, dass Finger, Haustiere oder andere empfindliche Dinge zwischen Zahnräder geraten, sind diese normalerweise gut versteckt und eingepackt. Uns ist meist gar nicht bewusst, dass Bohrmaschinen, Handrührgeräte, Mikrowellenöfen, Waschmaschinen und viele Dinge, die wir täglich gebrauchen, mit einem Zahnradgetriebe funktionieren.

Ob große Maschine oder winziges Uhrwerk: Zahnräder haben unsere Welt verändert.

WASSERRÄDER

Die erste Energiequelle, die ohne Mensch und Tier auskam

14

Wann: Vor 80 v. Chr.

Wo: Vermutlich irgendwo in Griechenland.

Wer: Unbekannt.

Was: Mit Wasser kann man eine Mühle oder ein Mühlrad zum Drehen bringen.

Folgen: Wassermühlen waren die ersten Vorrichtungen, die kostenlos Energie lieferten, denn bei Maschinen, die von Tieren oder Menschen angetrieben wurden, benötigte man Nahrung.

Solange der Wasserspeicher nicht versiegt, liefern Wasserräder sehr zuverlässig Energie, ohne wie Tiere gefüttert werden zu müssen. Die ersten Wasserräder wurden aber vermutlich dazu verwendet, Wasser aus einem Fluss zu schöpfen und zu höher gelegenen Feldern zu befördern. Wenn ein Raddampfer in einem Fluss vor Anker liegt und das Rad nicht mit dem Motor verbunden ist, dreht es sich frei. Ähnliches passierte mit Schöpfrädern, die in Flüssen installiert waren, um die Felder zu bewässern.

Der früheste Hinweis auf Wasserräder stammt aus dem Jahr 80 v. Chr., als der griechische Dichter Antipatros von Thessalonike in einem seiner Epigramme erwähnte, junge Mädchen müssten sich nicht mehr mit der Handmühle abmühen, seit Wasser die schwere Aufgabe übernommen habe. Schon bald wurden überall Wasserräder aufgebaut, wo es das ganze Jahr über genügend Regen gab (und Sklaven knapp waren).

Es gibt drei Arten von wassergetriebenen Mühlrädern. Die einfachste Variante ist ein waagerecht im Wasserlauf liegendes Schaufelrad, das über eine senkrechte Achse direkt den Mühlstein antreibt. Daneben gibt es Mühlen mit senkrecht stehendem Rad und waagrechter Achse, die in zwei Typen unterteilt werden. Beim oberschlächtigen Wasserrad fließt oder fällt das Wasser von oben auf das Rad, drückt die Schaufeln nach vorn und unten und dreht die Achse damit. Beim unterschlächtigen Wasserrad wird das Rad gedreht, indem das Wasser unten an den Schaufeln vorbeiströmt. Im einfachsten Fall wird ein unterschlächtiges Rad schlicht in die Strömung des Flusses gesetzt. Alle senkrechten Wasserräder brauchen mindestens zwei

Schönheit in Funktion: Zwei oberschlächtige Wasserräder.

Zahnräder, weil die Richtung der Drehbewegung mindestens einmal umgelenkt werden muss.

Wasserräder sind keine besonders effizienten Energielieferanten, zumindest wenn man sie mit den Turbinen in modernen Wasserkraftwerken vergleicht. Aber man musste wenigstens keine Tiere füttern, und wenn man ein genügend großes Mühlrad an einen Wasserlauf mit hinreichend großem Gefälle baute, lieferte es doch ziemlich viel Energie.

Bei Wassermühlen mit oberschlächtigem Rad musste der Betreiber das Wasser flussaufwärts aus dem Flusslauf abzweigen und über ein Kanalsystem, das ein geringeres Gefälle hatte als der Fluss, zur Mühle führen. Manchmal verwendete man dazu auch ein Wehr oder einen Damm, die den Wasserspiegel anhoben. Doch wenn es an einem Fluss mehrere Mühlen gab, fingen diese Systeme früher oder später an, sich gegenseitig zu stören.

Das Domesday Book (engl. *domesday*, Tag des Jüngsten Gerichts – der Tag, bis zu dem alle Einträge in diesem Buch gelten sollten) ist ein großes englisches Reichsgrundbuch, das 1086 von den normannischen Eroberern angelegt wurde. Darin sind unter anderem 5624 Wassermühlen festgehalten, ungefähr eine für je 50 Haushalte. Brot war ein Hauptnahrungsmittel, und deshalb brauchte man im ganzen Land Mühlen. Im Domesday Book werden auch zwei Mühlen in Somerset aufgeführt, die ihre Pacht vor 1086 in Blöcken aus Schmiedeeisen bezahlt haben. Daraus lässt sich ziemlich sicher schließen, dass es sich um wasserradgetriebene Schmieden handelte.

Französische Zisterziensermönche betrieben im 12. Jahrhundert zahlreiche Wassermühlen, um Getreide zu mahlen, Mehl zu sieben, Kleidung zu bearbeiten und Leder zu gerben. Anderswo presste man mit Wasserkraft Oliven, betrieb Schmiedehämmer oder Blasebälge für Feuer in Brauereien. 1238 gab es in Spanien eine wasserbetriebene Papiermühle, und sieben solcher Mühlen arbeiteten 1268 in Italien. Zu Papierherstellung wurde damals Leinen per Hand, Fuß oder eben Wasserkraft zerstampft; Wasserkraft war natürlich am bequemsten, sofern sie zur Verfügung stand.

An der Robec, einem kleinen Nebenfluss der Seine, konnte man im 10. Jahrhundert zwei Mühlen zählen, im 11. Jahrhundert vier, 200 Jahre später bereits zehn und Anfang des 14. Jahrhunderts zwölf. Allmählich wurde der Platz für neue Mühlen im Land knapp, und es kam zu heftigen Diskussionen, als Dämme und Wehre immer weiter in die Höhe wuchsen, denn sie stauten das Wasser im Oberlauf der Flüsse und verringerten die Wassermenge weiter unten.

Durch die Garonne bei Toulouse strömten bis zu 9200 Tonnen Wasser pro Sekunde, fast ein Kubikkilometer pro Tag. Um einen Damm in einen derartig mächtigen Strom zu bauen, mussten Tausende von sechs Meter langen Eichenstämmen in zwei Reihen in das Flussbett getrieben werden. In den Zwischenraum wurden Steine, Kies, Öl und Holz geschüttet, um einen wasserdichten Wall zu erzeugen.

Dreimal wurde die Garonne zu jener Zeit aufgestaut: bei Château-Narbonnais, La Daurade und Le Bazacle. Zwischen 1278 und 1409 gab es mehrere Dammerhöhungen, was zu Rechtsstreitigkeiten führte, die damit endeten, dass die Erweiterungen wieder abgebaut und Entschädigungen gezahlt werden sollten (was meist ignoriert wurde). 1408 ging schließlich das Unternehmen bei La Daurade bankrott, die Besitzer von Le Bazacle kauften die letzten Anteile, und damit endete der Streit.

Später setzten sich Windmühlen durch. Sie waren zwar weniger leistungsfähig als Wasserräder, konnten aber auch dort aufgestellt werden, wo es nicht zuverlässig genügend Wasser gab. Frühe Industriebetriebe entstanden zwar möglichst in der Nähe von Wasser(kraft), aber mit der Zeit wurden die Wasserräder durch Dampfmaschinen ersetzt.

Damit konnte die Industrie von den Flüssen wegziehen, vorausgesetzt, man hatte genug Brennstoff und Wasser für die Dampfkessel. All der Brennstoff, der verfeuert wurde, ließ das industrialisierte England in einer Wolke aus Ruß und Qualm versinken, weshalb der Dichter William Blake von „düsteren, satanischen Mühlen“ spricht. Inmitten von Rauch und Teer aber entwickelten sich Verfahren, Maschinen und Technologien, die sich über die ganze Welt verbreiteten.

Da Energie und die nötige Technik nun zur Verfügung standen, konnte sich die Naturwissenschaft schneller entfalten. 2000 Jahre Entwicklungsarbeit hatten die Grundlagen geschaffen.

Daher ist es jetzt vielleicht an der Zeit, die wichtigste Grundlage der modernen Naturwissenschaft selbst zu betrachten: das Atom.

ATOME

Wie das Geheimnis der modernen Chemie entdeckt wurde

15

Wann: 470 v. Chr. bis 1808.

Wo: Griechenland und England.

Wer: Leukipp (5. Jhd. v. Chr.); Demokrit (ca. 460–370 v. Chr.); Daniel Bernoulli (1700–1782); John Dalton (1766–1844).

Was: Die Materie besteht aus kleinen, sehr harten Teilchen, den Atomen.

Folgen: Seit wir wissen, dass Materie aus Atomen besteht, ist es viel einfacher zu verstehen und vorauszusagen, wie sich chemische Substanzen verhalten. Die Atomtheorie ist letztendlich auch die Basis aller modernen Medizin und Genforschung.

Wie findet man heraus, ob es Atome gibt? In der griechischen Antike leiteten die Mathematiker alles durch wohlüberlegte, logische Schlüsse aus bereits bewiesenen Fakten her, und die Philosophen bildeten sich ein, genauso vorzugehen. Die Idee des Atoms aber war nur entstanden, weil Leuten wie Leukipp und Demokrit der Gedanke nicht gefiel, Materie ließe sich immer weiter, unendlich viel weiter, in immer kleinere Teile zerschneiden. Es musste, so dachten sie, eine unter Grenze geben, ein unteilbares (*a-tomos*) Teilchen, für dessen Existenz sie aber keinerlei Beweise hatten.

Einem Nachweis recht nahe kam Lucretius (ca. 99–55 v. Chr.), der im Sonnenlicht tanzenden Staub für Atome hielt. Nicht schlecht, aber auch nicht richtig. René Descartes (1596–1650) dagegen stellte sich die Materie lieber als eine Art kontinuierlichen Brei vor. Beweisen konnte er das ebenso wenig.

Robert Boyle (1627–1691) untersuchte die Wirkung von Druck auf Gase und schrieb von der „Luftfeder“: Komprimierte Luft drückt zum Beispiel zwei Kolben auseinander wie eine zusammengepresste Feder. Isaac Newton (1643–1727) dachte, dies beweise, dass Gas aus kleinen Teilchen besteht – was richtig war –, die stillstehen und einander abstoßen – was falsch war. Ein Beweis ist manchmal nur so gut wie seine Interpretation.

Unser heutiges Modell geht auf Daniel Bernoulli (1700–1782) zurück, der 1738 erklärte, das elastische Verhalten von Gasen komme dadurch zustande, dass die kleinen Teilchen herumschwirren und ständig aneinander und gegen die Wände stoßen, wodurch sich ein Druck aufbaue. Das Modell war gut. Weil es dafür aber wieder keine Beweise gab, wurde es hundert Jahre lang von niemandem beachtet.

Auf dem richtigen Weg war Johannes Kepler (1571–1630) (→23), als er Anfang des 17. Jahrhunderts Kristalle betrachtete. Er erkannte, dass man nur gleichförmige Teilchen wirklich regelmäßig anordnen kann: Orangen lassen sich gut in eine Kiste stapeln, Trauben aber nicht, weil sie unterschiedlich groß und verschieden geformt sind.

1781 ließ René Haüy (1743–1822) einen Calcit fallen, der einem Freund gehörte. Die Kristallstufe zerbrach dabei in zwei Hälften. Statt verärgert zu sein, schenkte der Freund Haüy das kleinere Stück. Als er es später untersuchte, stellte Haüy fest, dass sich die Anordnung der Außenflächen des Kristalls erklären ließ, wenn man sich viele kleine, gleichmäßig gestapelte Grundbausteine vorstellte. Ließ man in regelmäßiger Folge bestimmte Schichten dieser Bausteine weg, so ergaben sich andere Außenflächen, etwa die eines Oktaeders oder Dodekaeders.

Dieser Beweis für die Existenz von Atomen war schon ziemlich deutlich, wurde aber trotzdem ignoriert – bis 1808 der Chemiker John Dalton (1766–1844) eine Erklärung dafür suchte, dass Stoffe nur in bestimmten Verhältnissen miteinander zu Verbindungen reagieren, und so das Atom in die Chemie einführte. Dalton behauptete, die Materie bestehe aus unterschiedlich schweren Atomen, und betrachtete chemische Reaktionen als eine Art Partnertausch, wobei sich manche Atome zu kleinen Gruppen verbanden. Es dauer-

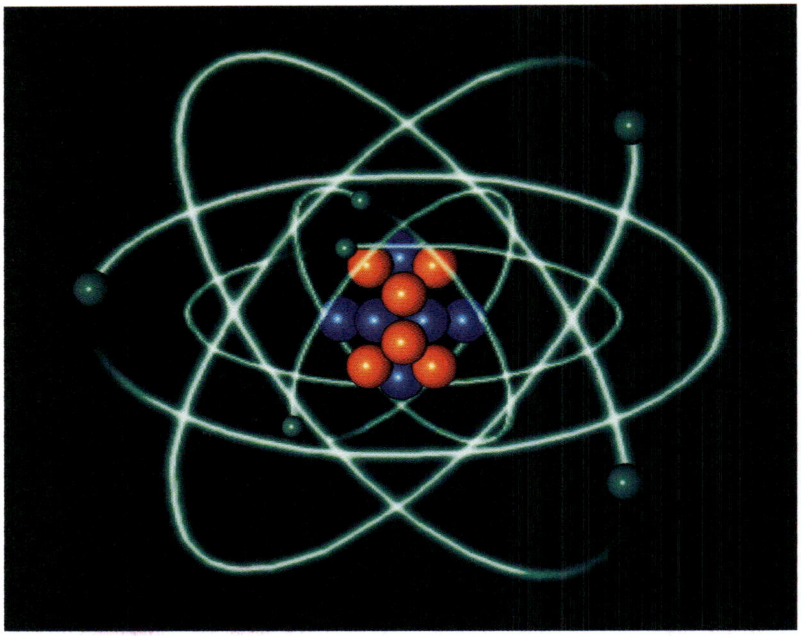

Heutzutage ist ein Atommodell wie dieses ein gewohnter Anblick, auch wenn es mit dem Atombau, wie ihn theoretische Physiker inzwischen begreifen, nicht sehr viel zu tun hat.

te zwar noch einige Zeit, aber im Prinzip verdanken wir Dalton Formeln wie H_2O – wobei die noch heute gebräuchliche Buchstabenschreibweise nicht von Dalton selbst erfunden wurde, sondern von einem seiner ersten Anhänger, dem Schweden Jöns Jacob Berzelius (1779–1848) – übrigens zum Ärger des Engländers, der lieber Bildsymbole haben wollte.

Noch immer aber gab es Leute, die sich weigerten, an Atome zu glauben. Sie waren vielleicht eine bequeme Idee, doch wo war der Beweis, dass es sie wirklich gab? Noch hatte niemand je ein Atom wirklich gesehen! Sogar führende Chemiker wie Wilhelm Ostwald (1853–1932) zählten zu den Zweiflern. Ostwald meinte, er brauche keine Atome, um sinnvoll arbeiten zu können.

Dabei existierte der Beweis schon seit 1827! Damals untersuchte der schottische Botaniker Robert Brown (1773–1858) einige Gräserpollen unter dem Mikroskop. Viele Pflanzenarten haben Pollen, die leicht wiederzuerkennen sind. Als Brown nun in eine Suspension von Pollen in Wasser schaute, merkte er, dass einige davon sich bewegten, und zwar nicht geordnet in einer Strömung, sondern zufällig. Manchmal drehte sich ein ganzes Pollenkorn herum oder zur Seite wie ein hart getroffener Boxsack.

Es war ein Rätsel. Brown sah, dass sich alle Pollenkörner bewegten, ganz egal, wie alt sie waren. Er überlegte schon, ob die Pollen vielleicht wie Spermien schwimmen. (Das ist nicht so dumm, wie es sich anhört. Manche Pflanzen wie Farne und Moose haben tatsächlich Keimzellen, die sich bewegen können.) Um dies auszuschließen, zermahlte er ein Stückchen Fels, das er von der Sphinx aus Ägypten mitgebracht hatte, und betrachtete den Staub. Auch diese Körner bewegten sich. Jedermann staunte; man nannte das Rätsel die „Brown'sche Bewegung". Es blieb ungelöst, bis 1905 Albert Einstein (→83) argumentierte, die Bewegung werde von energiereichen Molekülen verursacht, die die Teilchen treffen und „anstupsen". 1911 schätzte Jean Perrin im Rahmen der Theorie der Brown'schen Bewegung die Größe von Atomen ab, und schließlich musste auch Ostwald zustimmen: Es gibt Atome wirklich.

Auf einen Kaffeelöffel passen ungefähr fünf Milliliter Flüssigkeit. Ein Kaffeelöffel voll Gas enthält ungefähr 100 Millionen Millionen Millionen Gasmoleküle. Ein Kaffeelöffel voll Wasser enthält tausendmal so viele Moleküle. Wenn das Wasser verdampft, braucht es also sehr viel mehr Platz. Auf dieser Grundlage arbeiten Dampfmaschinen. Das heißt, man kann die Funktionsweise von Dampfmaschinen leicht erklären, wenn man davon ausgeht, dass es Atome gibt.

Man kann sogar Raketenantriebe erklären, wenn man davon ausgeht, dass es Atome gibt.

RAKETENANTRIEB

Wie wir ein Fluggerät erfanden, das sogar ins All fliegen kann

16

Wann: Ungefähr 1180.

Wo: China.

Wer: Unbekannt. Die erste moderne Rakete mit Flüssigkeitstriebwerk wurde 1926 von R. H. Goddard aus Worchester, Massachusetts gestartet.

Was: Schießpulver in einem Rohr kann einen Gegenstand zum Fliegen bringen.

Folgen: Bis zum 2. Weltkrieg wurden Raketen als Brandgeschosse genutzt, dann als ballistische Raketen. Kurz darauf brachten sie Menschen in den Weltraum.

Schießpulver gab es wahrscheinlich schon um 700 v. Chr. Zumindest benutzten die Chinesen etwas Ähnliches, um zum Neujahrsfest ihre Häuser auszuräuchern. Raketen haben sich vermutlich aus Feuerwerkskörpern entwickelt, die am Boden entlangzischten, Ti Lao Shu oder „Bodenratten" genannt wurden und mit denen man seine Mitmenschen neckte oder erschreckte. Überliefert ist, dass Kaiserin-Mutter Kung Sheng 1264 sehr beleidigt war, als eine „Bodenratte" bei einem Feuerwerk am Hofe direkt auf sie zugeschossen kam.

Schon war auch jemand auf die Idee gekommen, solche „Ratten" an Pfeilen zu befestigen und damit die gegnerische Reiterei zu beschließen. Erste schriftliche Belege für den Einsatz von Raketen kommen vielleicht schon aus dem Jahr 969 n. Chr., aber gesichert ist ihr Einsatz 1232 gegen die Mongolen. Wenn man all das berücksichtigt, scheint das Jahr 1180 n. Chr. eine vertretbare Schätzung zu sein, wenn es um die Erfindung der Feststoffrakete geht. Die Mongolen übernahmen stets bereitwillig neue Technik, vor allem, wenn es sich um Kriegsgerät handelte. Schon 1241 beschossen sie mit Raketen die Ungarn in Buda (einer der beiden Hälften des heutigen Budapest).

Am 17. Juli 1969 entschuldigte sich die New York Times für einen Artikel vom 13. Januar 1920, in dem Robert H. Goddard (1882–1945) heftig angegriffen worden war. Der Verfasser hatte unter anderem behauptet, Raketen könnten im Vakuum nicht fliegen, weil sie sich dort an nichts abstoßen könnten, und Goddard gehe „offensichtlich das Wissen ab, das täglich in unseren Gymnasien gelehrt wird." Als sich das erste Apollo-Team auf die erste Mondlandung vorbereitete, musste die Zeitung eingestehen:

„Weitere Untersuchungen und Experimente haben die Ergebnisse von Isaac Newton aus dem 17. Jahrhundert bestätigt. Es besteht endgültig kein Zweifel mehr daran, dass eine Rakete sowohl im Vakuum als auch in der Luft funktionieren kann. Die Times bedauert den Irrtum."

Zwischen Buda und New York (oder Massachusetts, wo Goddard arbeitete) haben wir ein ganzes Stück Geschichte übersprungen. Im 18. Jahrhundert führten die Mongolen, die sich nun Moguln nannten, Pulverraketen als Waffen in Indien ein. Die britischen Streitkräfte konnten einige dieser Raketen erbeuten und nach England bringen, wo sie William Congreve verbesserte. Solche Congreve-Raketen wurden 1807 bei einem Marineangriff auf Kopenhagen als Brandsätze abgeschossen. Sie enthielten Pulver zu zweierlei Zwecken: als Treibsatz und als Brandmittel. Das Brandpulver befand sich in einem Behälter mit Löchern, die mit Stoff verschlossen waren. Wenn die Rakete herunterfiel, begann der Stoff zu brennen, das Brandpulver entzündete sich und Flammen schossen aus dem Behälter.

Raketen sind viel leichter als Kanonen. Deshalb wurden sie als Artilleriegeschosse in manchen Gefechten während der Napoleonischen Kriege und, gemeinsam mit Mörsergeschossen, 1814 von den Briten beim Angriff auf Fort Henry bei Baltimore (Maryland) benutzt. Später dienten sie vor allem als Signale oder zur Beförderung von Rettungsleinen zu gestrandeten Schiffen. Die große Zeit der Raketen schien schon vorbei zu sein. Manche Leute erfanden zwar Geschichten über Reisen in den Weltraum, aber an Raketen dachte dabei niemand.

Nur der Russe Konstantin Ziolkowski (1857–1935) überlegte, ob man mit Raketen ins All fliegen könnte. 1903 kam er auf die großartige Idee, flüssigen Wasserstoff als Raketentreibstoff zu verwenden – eine schnelle Reaktion, wenn man bedenkt, dass flüssiger Wasserstoff damals erst seit fünf Jahren bekannt und erst seit zwei Jahren in größerer Menge herstellbar war.

Das Angenehme an flüssigen Treibstoffen ist, dass ihre Zufuhr an- und abgeschaltet werden kann. Feste Brennstoffe wie Pulver dagegen brennen weiter, bis sie vollkommen verbraucht sind. Eine Feststoffrakete kann man deshalb kaum steuern; man kann sorgfältig zielen und dann hoffen. Ziolkowski verfolgte seinen Gedanken übrigens niemals weiter.

Kurz darauf aber kam Goddard auf die gleiche Idee. 1914 ließ er sich eine Rakete mit Flüssigkeitsantrieb patentieren. Lehrverpflichtungen und der Krieg behinderten seine Arbeit zunächst; dann musste er Geldgeber finden. 1922 begann er erstmals ernsthaft, eine Rakete zu konstruieren, und das erste Modell flog 1926 mit Flüssigsauerstoff und Benzin. Den Start wollte seine Frau Esther mit einer einfachen Kamera filmen, aber der Film lief nur sieben Sekunden. Zuerst war die Rakete zu schwer, um abzuheben, doch nach 13 Sekunden hatte sie so viel Treibstoff verbraucht, dass der Schub größer wurde als die Gewichtskraft, und sie flog (leider nicht mehr gefilmt) immerhin 2,5 Sekunden lang. Dabei stieg sie auf 12,5 Meter Höhe und landete schließlich in 56 Metern Entfernung in einem Kohlfeld.

In den 1930er Jahren begannen deutsche Wissenschaftler, Raketen mit Flüssigkeitstriebwerk zu erforschen. Noch während des Zweiten Weltkriegs brachten sie die V2 in die Luft, das erste von Menschen gebaute Objekt, das den Weltraum erreichte. Als Waffe war die V2 wenig nütze. Sie löste zwar Alarm aus, doch sie war zu ungenau, um wirklich großen Schaden anzurichten. Immerhin bewies sie, dass Raketen mit Flüssigkeitsantrieb bis ins All fliegen können.

Nach dem Krieg ließen die USA und die Sowjetunion viele deutsche Raketeningenieure an ihren Weltraumprogrammen arbeiten. Die Flüssigkeitsrakete wurde größer und komplexer, aber um ein Raumschiff

Sojus TMA-8, der 29. bemannte Flug zur Internationalen Raumstation ISS mit drei neuen Crewmitgliedern aus Russland, den USA und Brasilien.

abheben zu lassen, braucht man enorm viel Schub. Darum setzt man heute zur Unterstützung zusätzlich Feststoffraketen ein. Diese „Booster" sind im Wesentlichen 15 Meter lange, 1,5 Meter breite Röhren, gefüllt mit einer Masse aus hochexplosiven Stoffen und einer Art Klebstoff.

Jedes Mal, wenn Sie eine Rakete beim Start beobachten, sehen Sie das rotgelbe Leuchten der Feststoffraketen, wie es vor Ihnen schon Chinesen, Mongolen und die Soldaten bei den Angriffen auf Fort Henry und Kopenhagen erblickt haben. Ist die Startphase aber vorbei, übernehmen flüssige Treibstoffe das Regiment, die wir Robert Goddards 2,5-Sekunden-Flug und der deutschen V2 zu verdanken haben.

MAGNETISMUS

Wie wir herausgefunden haben, dass manche Steine und magnetisiertes Eisen immer nur in eine Richtung zeigen

17

Wann: 200 v. Chr. bis 200 n. Chr.

Wo: Vermutlich in China.

Wer: Vermutlich ein unbekannter chinesischer Gelehrter.

Was: Magnetische Objekte richten sich entlang der Nord-Süd-Achse aus. Sie ziehen einander an oder stoßen einander ab.

Folgen: Der Kompass ermöglichte längere Reisen. Schiffe konnten das ganze Jahr über auf dem Mittelmeer fahren, statt wie früher bei schlechter Sicht (oft das ganze Winterhalbjahr lang) im Hafen bleiben zu müssen. Auch große Ozeane konnten nun überquert werden, weil die Kapitäne den richtigen Kurs halten konnten.

Mindestens seit dem 4. Jahrhundert n. Chr. ist in China bekannt, dass Eisen und Magnetit (Magneteisenstein) einander anziehen. Der Kompass könnte sogar noch deutlich älter sein. In Aufzeichnungen aus der Han-Dynastie (200 v. Chr. bis 200 n. Chr.) findet sich ein Hinweis auf einen Löffel, der immer nach Süden zeigte. Er wurde jedoch nicht für die Navigation genutzt, sondern zur zeitlichen und örtlichen Planung von Beerdigungen – und später für Feng Shui.

Während der Tang-Dynastie (7.–8. Jhd. n. Chr.) fanden chinesische Gelehrte eine Methode, um Eisennadeln zu magnetisieren. Zuerst rieben sie sie an Magnetit, doch später fanden sie heraus, dass die Nadeln auch magnetisch wurden, wenn man sie bis zur Rotglut erhitzte und während der Abkühlung in Nord-Süd-Richtung hielt. Bald schon setzten sie solche Nadeln auf Stifte oder hängten sie an seidene Fäden. Schiffe aus der Song-Dynastie fuhren um 1000 n. Chr. regelmäßig und zielsicher nach Arabien und zurück.

1975 beschrieb der amerikanische Astronom John Carlson ein Gerät der Olmeken, das in San Lorenzo im Süden von Veracruz (Mexiko) gefunden worden war. Das Objekt mit der Bezeichnung M-160 besteht aus Hämatit und könnte als Kompass verwendet worden sein; jedenfalls hätte es sich dafür geeignet. Carlson stellte fest, dass eine Reihe olmekischer Bauwerke einheitlich nach 8° Nordwest ausgerichtet sind.

Da sich die Lage des magnetischen Nordpols relativ zum geografischen Nordpol im Laufe der Zeit verschiebt, scheint plausibel, dass die Bauwerke mithilfe eines Kompasses ausgerichtet wurden. Das ist, wie Carlson klar war, kein Beweis, aber immerhin ein erstaunlicher Hinweis darauf, dass in den Urvölkern Mittelamerikas der Magnetit-Kompass schon 1000 v. Chr. bekannt gewesen sein könnte. Carlson animierte seine Kollegen, weitere Beweise zu suchen, doch bisher wurden keine gefunden.

Viel mehr wissen wir über die Verwendung des Kompasses in Asien und Europa. Der Schiffskompass mit der berühmten „Rose" wurde ungefähr um 1300 n. Chr. in Europa erfunden. Vermutlich kannten die Europäer den Kompass aber mindestens seit 1190, als ihn Alexander Neckham in einer Schrift erwähnte.

Von einem Gerät zu wissen und es zu benutzen, sind aber zwei verschiedene Dinge. Bevor Kompasse allgemein üblich wurden, mussten sich die Seeleute ausschließlich auf die Beobachtung von Sternen, Sonne und Küstenlinien verlassen. Auch Lotungen halfen. Dabei wurde ein Bleigewicht zum Meeresboden gelassen, das an einem Ende ausgehöhlt und mit Talk gefüllt war, sodass Bodenteilchen daran haften blieben. Wo das Wasser seicht genug war, konnten sich die Schiffer daran orientieren, ob der Boden sandig, kiesig oder schlammig war; an klaren Tagen halfen Sonne, Sterne und Küsten. Im tiefen Wasser, bei bewölktem Himmel oder Nebel aber machte der Kompass das Leben der Seefahrer um einiges einfacher.

Ein Schiffskompass kann das Leben von Seeleuten sehr erleichtern, vor allem bei schlechtem Wetter.

1269 kämpfte der Gelehrte Petrus Peregrinus, Pilger von Maricourt, in einem Krieg in Italien. In den Kampfpausen fand er Zeit, die Abhandlung *Epistola de Magnete* („Brief über den Magnetismus") zu verfassen. Er beschrieb darin die magnetischen Pole und erklärte, wie man einen Kompass bauen kann, indem man einen Eisendraht an Magnetit magnetisiert und auf ein Holzstück montiert, das im Wasser schwimmt. Der Krieg muss ziemlich langweilig gewesen sein.

Magnet und Kompass blieben bei Unwissenden und Verwirrten beliebt. Um 1600, als William Gilbert in der Gelehrtenwelt an Ansehen gewann, war der Kompass, aber auch die Wirkung der statischen Elektrizität allgemein bekannt. Gilbert praktizierte seit 1573 in London als Arzt, wurde 1599 zum Präsidenten des Ärztekollegiums gewählt und zum Hofarzt von Queen Elisabeth ernannt.

Er lebte gerade noch lange genug, um (wenn auch nur kurz) Leibarzt des Königs James VI. von Schottland zu werden, nachdem dieser als James I. den englischen Thron bestiegen hatte. Gilbert starb 1603, im selben Jahr wie die Königin, doch zuvor durfte er einige ruhmvolle Jahre erleben. 1600 veröffentlichte er *De Magnete* („Über Magnetismus") in lateinischer Sprache, worin er erklärt, inwiefern sich Bernstein und Magnetit (also statische Elektrizität und Magnetismus) unterscheiden. Er zeigte, dass die Erde ein Magnetfeld besitzt und wies sogar mit einem Neigungsmesser nach, dass die Erde ein riesiger Magnet ist, dessen Pole in der Nähe der geografischen Pole liegen.

An einer von Gilberts Anmerkungen können wir nachempfinden, welche Fortschritte die experimentelle Wissenschaft seit der Zeit des Aristoteles bereits gemacht hatte. Gilbert war zu Ohren gekommen, dass Seeleute glaubten, der Geruch von Knoblauch beeinträchtige die Funktionsweise eines Kompasses. Um dies zu überprüfen, bedeckte er Kompassnadeln mit Knoblauch und fand, dass dies keinerlei Effekt hatte:

Ich habe all diese Dinge ausprobiert und musste herausfinden, dass sie vollkommener Unsinn waren: Weder Hauchen noch Rülpsen in Richtung des Magnetits, nachdem ich Knoblauch gegessen hatte, beeinträchtigte seine Funktionsfähigkeit; ich habe ihn sogar vollkommen mit Knoblauchsaft bedeckt, und trotzdem erledigte er seine Aufgabe, als wäre er niemals damit in Berührung gekommen.

Gilbert befragte dazu auch Seeleute und fand heraus, sie würden „lieber ihr Leben lassen, als auf den Genuss von Knoblauch und Zwiebeln zu verzichten". Die Gerüchte entsprachen also nicht der Wahrheit. Es dauerte eine Weile, bis Hans Ørsted (→46) Elektrizität und Magnetismus wieder miteinander in Verbindung brachte, aber der Magnetismus war immerhin aus dem Schatten der Magie und des Aberglaubens herausgetreten.

Langsam hatten die Wissenschaftler gelernt, skeptisch zu sein – alles infrage zu stellen –, ihr Wissen zu erkennen und einzuordnen.

OPTISCHE LINSEN

Wie es uns gelang, Licht gezielt zu brechen, um Feuer zu entzünden und das Unsichtbare sichtbar zu machen

18

Wann: Um 1285 n. Chr.

Wo: Pisa oder Florenz.

Wer: Alexandro della Spina oder Salvino d'Armati.

Was: Die Verwendung von Brillen, um besser zu sehen, als erste bekannte Anwendung von Linsen zur Betrachtung von Gegenständen.

Folgen: Linsen sind Bestandteile von Brillen, Kameras, Projektoren, Leuchttürmen, CD-Spielern, Teleskopen und Mikroskopen.

Im Jahre 424 v. Chr. erwähnte der griechische Dramatiker Aristophanes in der Komödie „Die Wolken" einen „ziemlich durchsichtigen Stein, mit dem sie Feuer entzündeten". In dem Stück kommt Strepsiades auf die Idee, mit einem Brennglas Wachstafeln zu schmelzen, auf denen seine Schulden verzeichnet sind, um so jeden Beweis zu tilgen. (Bis ins Mittelalter verwendete man als Schreibtafel ein gewachstes Brett, in das die Schrift mit einem spitzen Stift geritzt wurde. Eine ähnliche Tafel erwähnt Geoffrey Chaucer in „Die Erzählung des Kirchenbüttels", die er 1800 Jahre später verfasste.)

Bereits im antiken Griechenland kannte man zumindest eine Art Linse, die sich allerdings nicht als Sehhilfe eignete, da das verwendete Glas zu schlecht war und man noch nicht über eine geeignete Technologie zum Schleifen verfügte. Man benutzte stattdessen mundgeblasene, wassergefüllte Kugeln, die das Sonnenlicht bündeln und trockene Materialien entzünden konnten.

Die ersten Linsen datieren um etwa 2000 v. Chr. Sie bestehen aus Bergkristall und scheinen geschliffen worden zu sein; über ihren Verwendungszweck lässt sich jedoch nur spekulieren. Vielleicht sollten sie Licht einer Kerze oder einer Lampe bündeln. Noch im späten 19. Jahrhundert arbeiteten belgische Klöpplerinnen bis spät in die Nacht unter dem hellen Lichtfleck, den eine Linse, die vor einer Lampe oder einer Kerze montiert war, auf ihre Spitzen warf.

Ein solches Vergrößerungsglas wird als Sammellinse bezeichnet. Der römische Philosoph und Schriftsteller Seneca (4 v. Chr. bis 65 n. Chr.) erwähnt die Verwendung einer dem Brennglas von Aristophanes ähnlichen Linse zur Vergrößerung kleiner Buchstaben, die damit lesbar wurden. Dies deutet auf

den Einsatz einer Linse als Brille hin, doch könnte auch einfach Licht gebündelt und auf die Seite gelenkt worden sein.

Eine andere Art von Linse, die Zerstreuungslinse, lässt Lichtstrahlen auseinanderlaufen. Solche Linsen sind für kurzsichtige Menschen (wie Piggy in William Goldings brillantem Roman „Herr der Fliegen“) hilfreich; ein Feuer anzuzünden, versucht man damit allerdings vergebens, weil diese Linsen keinen Brennfleck erzeugen. Daraus lässt sich ableiten, dass Golding in Physik nicht sonderlich bewandert war, und wir können vermuten, dass die Verwendung eines Brennglases zur Verbesserung der Sehkraft eine zufällige Entdeckung eines Weitsichtigen war.

Eine optische (Sammel-)Linse funktioniert nur, wenn sie Lichtstrahlen aus einer Quelle sammelt und so bricht, dass sie in einem Punkt zusammenlaufen. Ein scharfer Brennpunkt ist notwendig, außerdem ein klares, durchsichtiges Material, frei von Blasen, die das Licht beim Durchtritt streuen könnten.

Im späten 13. Jahrhundert stand in Venedig Glas von guter Qualität zur Verfügung, das bis nach Oxford exportiert wurde, wo ein englischer Gelehrter namens Roger Bacon (1210–1294) mit Schießpulver und Flugmaschinen experimentierte und Dinge durch „einen Teil einer Kugel aus Glas oder Kristall“ (mit anderen Worten: eine Linse) betrachtete. Als studierter Mann

Linsen haben einen langen Weg hinter sich. Dieses Fotos zeigt das Innere einer Fresnel-Stufenlinse im Leuchtturm von Grays Harbor, USA.

schrieb Bacon alle Erkenntnisse in lateinischer Sprache nieder, doch die noch erhaltenen Berichte sind verwirrend. Wahrscheinlich nutzte er seine Linsen als Lupen, um besser sehen zu können.

Im 13. Jahrhundert entfernten sich die meisten Menschen ihr ganzes Leben lang nicht weiter als wenige Kilometer von ihrem Wohnort. Nur eine Minderheit, zu der zum Beispiel Händler, Pilger, Soldaten und Gelehrte zählten, unternahm weite Reisen. Es war daher durchaus denkbar, dass man in Italien von Bacons Experimenten erfuhr und vice versa. Dieser lateinische Ausdruck bedeutet „das Gleiche, nur in umgekehrter Richtung", was zu Bacons Zeiten keiner Erklärung bedurfte; wie heute Englisch die Sprache der internationalen Kommunikation ist, so beherrschten bis ins 17. Jahrhundert alle europäischen Gelehrten Latein in Wort und Schrift.

Es war also möglich, dass zwei italienische Freunde, Spina und Armati, von Bacons Arbeit hörten, sie weiterführten und zwei Gläser in ein Brillengestell fassten, das auf der Nase getragen werden konnte. Andererseits könnte aber auch Bacon erfahren haben, womit sich Spina und Armati beschäftigten, und sich entschlossen haben, daran weiterzuforschen. Die noch erhaltenen Aufzeichnungen geben nur Ausschnitte des Geschehens wieder. Was wir wissen ist, dass mittlerweile besseres Glas zur Verfügung stand, dass man sich mit dem Gedanken trug, Brillengläser herzustellen, und dass auf Armatis Grabstein dieser als „Erfinder der Brille" bezeichnet wird (während eine Überlieferung aus Pisa Spina den Erfinder nennt). Wie auch immer, die Zeit war reif für Brillen und immer mehr Menschen trugen sie, um besser lesen zu können.

In einer Zeit, in der es nur wenig Beleuchtung gab, war diese Erfindung ein Segen. Wie Fotografen wissen, ist das Fokussieren mit kleiner Blende leichter und man erhält eine bessere Schärfentiefe. Unsere Augen sind mit einer Iris ausgestattet, die in der Mitte die Pupille als Öffnung für den Lichteinfall ausspart. Bei schwachem Licht ist die Pupille weiter geöffnet, wodurch mehr Licht ins Auge fällt, doch ist es schwieriger, bei einer solch großen Blende scharf zu sehen. Verhältnismäßig einfach ist es dagegen, bei hellem Licht einen Faden durch ein Nadelöhr zu ziehen, da sich die Pupille und damit die Blendenöffnung verkleinert. Wir haben schon fast vergessen, wie anstrengend das Lesen im Licht von ein oder zwei Kerzen ist, doch damals war es der Normalfall. Man brauchte ein Gerät, das entweder die Augen beim Scharfstellen unterstützte (eine Brille) oder das Licht gezielt bündeln konnte.

Wer des Linsenschleifens kundig war, verfügte quasi über eine Lizenz zum Gelddrucken. Wo auch immer in der Welt Lesen eine wichtige Rolle spielte, begann man damit, Linsen zu schleifen und zu polieren, damit Menschen mit schlechten Augen, insbesondere reiche alte Männer, weiterhin lesen konnten.

Als sich der Buchdruck in Europa verbreitete, beschaffte sich nahezu jeder, der nur ein wenig Geld erübrigen konnte, eine Brille. So gab es viele Linsenschleifer und damit einen üppigen Nährboden für die Entdeckung neuer Anwendungen wie des Teleskops. Hätte nicht der Schwarze Tod Europa heimgesucht und in die Mitte des 14. Jahrhunderts zurückversetzt, das Fernrohr wäre sicherlich schon früher erfunden worden.

Doch man kann diese Entwicklung auch von der guten Seite sehen: Die Pest rückte die Medizin wieder in den Fokus des öffentlichen Bewusstseins.

ANATOMIE

Wie wir durch das Sezieren von Toten den lebenden Körper entdeckten

Etwa um 330 v. Chr. schrieb Aristoteles, das menschliche Gehirn sei notwendig, um das Blut zu kühlen, da es sich immer kühl anfühle, wenn man es berühre. In der Komödie „Die Wolken", in der auch das Brennglas eine Rolle spielt, lässt der griechische Dramatiker Aristophanes den Strepsiades behaupten, Amynias sei nicht bei Sinnen, als ob sein Gehirn geschüttelt worden sei. Offensichtlich hatten die Griechen eine gewisse Vorstellung von Anatomie.

Etwa 500 Jahre später zeigte sich das alte Rom als grausamer Ort, an dem das Sterben, besonders von Gladiatoren, an der Tagesordnung war. Die Männer wurden in ihren Kämpfen häufig aufgeschlitzt und verwundet, danach wieder zugenäht – und wenn sie diese Prozedur überlebten, standen sie erneut für Kämpfe bereit. Die Ärzte, die sich ihrer annahmen, bekamen bei ihrer Tätigkeit einen gewissen Teil der Anatomie des Lebenden zu Gesicht, das Öffnen von Toten war jedoch nicht erlaubt.

Einer dieser Ärzte war Galen (129–199 n. Chr.), der in Pergamon, einer antiken griechischen (heute türkischen) Stadt, seiner Tätigkeit nachging. Im Jahre 161 zog es ihn nach Rom; er verließ die Stadt wegen der Pest 165 wieder, kehrte jedoch 166 zurück und wurde Leibarzt von Commodus, dem Sohn von Kaiser Marcus Aurelius. (Uns ist Commodus am ehesten aus dem Film „Gladiator" bekannt, in dem er als ziemlich übler Bursche dargestellt wird.) In seiner freien Zeit verfasste Galen Werke über die Anatomie des Menschen, einen Großteil seiner Untersuchungen nahm er jedoch an Tieren vor. Mithilfe von Sektionen am lebenden Körper analysierte er die Folgen einer Durchtrennung des Rückenmarks an verschiedenen Stellen.

Galen befasste sich sicherlich auch mit menschlichen Knochen. Was er als menschliche Leber beschrieb, stammte aber tatsächlich von einem Hund, die das Auge umgebenden Muskeln und der Kehlkopf sind typisch für einen Ochsen und die Zunge stammt von einem Berberaffen. Galen erkannte, dass Hoden und Eierstöcke einander entsprechen. Eine vermutlich sehr treffende Beschreibung für das Verständnis der Anatomie im alten Rom ist folgende Äußerung von Plinius dem Älteren:

Viele erfahrene Lehrmeister der Chirurgie und die am besten ausgebildeten Anatomen sind der Meinung, dass die Nerven des Auges in das Gehirn reichen. Ich glaube aber, sie ziehen auch bis in den Magen, denn so viel ist sicher, ich habe noch niemanden gesehen, der nicht erbricht, wenn ihm ein Auge aus dem Kopf gerissen wird.

Nach Galen schlief die Anatomie als Wissenschaft vorübergehend ein. Galen hatte alle notwendigen Einzelheiten niedergeschrieben, und es gab dem „König der Ärzte" nichts mehr hinzuzufügen. Als der berühmte Arzt Avicenna (geboren mit dem persischen Namen Abu-Ali al-Husain ibn Abdullah ibn Sina) um das Jahr 1010 sein großes medizinisches Werk veröffentlichte, stammt dessen anatomischer Teil unmittelbar von Galen.

Das aus dem Arabischen übersetzte und in Europa verbreitete Werk Avicennas wurde zum neuen medizinischen Standard erhoben, hinsichtlich der Anatomie jedoch enthielt es nur wenige neue Erkenntnisse. Doch

19

Wann: Um 1300.

Wo: Bologna.

Wer: Möglicherweise Mondino de Luzzi (1275–1326).

Was: Die Kunst des Öffnens und der Untersuchung einer menschlichen Leiche, um zu erfahren, wie der Körper funktioniert.

Folgen: Durch das Sezieren erhielten Ärzte eine Vorstellung von den Vorgängen im menschlichen Körper.

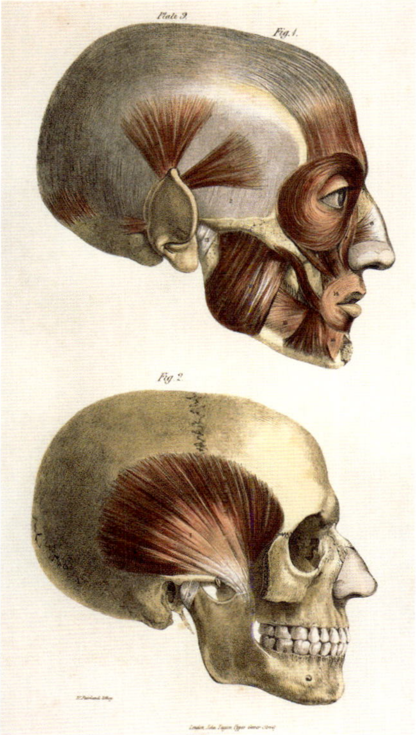

Durch detaillierte anatomische Untersuchungen konnten Künstler genaue (und sehr hilfreiche) Darstellungen der Strukturen im menschlichen Körper anfertigen.

Avicenna entdeckte auch bislang Unbekanntes. So fand er durch die Beobachtung von Ameisen, die von dem Urin eines Mannes mit Diabetes angelockt wurden, heraus, dass der Urin von Diabetikern süßlich schmeckt.

Um etwa 1300 änderte sich die Einstellung der Öffentlichkeit zu Leichenöffnungen, und in Italien führte man die ersten Sektionen vor Publikum durch. Diese waren zunächst nicht sehr umfassend. Mondino de Luzzi saß auf einem hohen Stuhl und las aus Avicenna, während ein Bader die Körper aufschnitt. Auf diese Weise prüfte man zunächst die Aussagen von Galen und Avicenna. Nachdem aber die Sektion an sich akzeptiert worden war, konnte die echte Anatomie folgen.

Als im Jahre 1302 ein angesehener Bürger namens Azzolino in Bologna starb, gab es Hinweise auf eine Vergiftung. Ein Richter ordnete daraufhin eine Öffnung und Untersuchung der Leiche an. Liest man zwischen den Zeilen, dann wird deutlich, dass ein solches Verfahren zu dieser Zeit nichts Ungewöhnliches war. Als Papst Alexander V. im Jahre 1410 unerwartet verstarb, stand sein Nachfolger Cossa im Verdacht, ihn vergiftet zu haben. Pietro d'Argellata untersuchte damals den Leichnam und konnte Cossa mit den gewonnenen Erkenntnissen entlasten.

Mit Untersuchungen nach dem Tode hatte offenbar niemand ein Problem. Trotzdem behauptet eine hartnäckige Legende, Papst Bonifatius VIII. habe im Jahre 1300 Leichensektionen verboten. Tatsächlich belegte er mit seinem Bann jedoch die alte Gewohnheit von Kreuzfahrern, die Körper ihrer toten Kameraden zu kochen, um die Knochen mitnehmen und zu Hause beerdigen zu können – ein Verfahren, das mit dem Abkochen der Knochen zur Reinigung vor einer anatomischen Untersuchung verwechselt wurde. Wie dem auch sei, das Verbot hatte nur geringe Auswirkungen: Sowohl die Knochen von Henry V. von England als auch jene von Philip IV. von Frankreich wurden nach deren Tod gekocht.

Auch die Maler und Bildhauer Leonardo da Vinci (1452–1519), Albrecht Dürer (1471–1528), Michelangelo (1475–1564) und Raphael (1483–1521) führten Sektionen an Leichen durch. Ihr Ziel war die lebensechtere Darstellung menschlicher Körper; medizinische Sektionen waren dagegen immer noch darauf beschränkt, Avicenna zu prüfen und zu bestätigen. Als junger Mann veröffentlichte Vesalius (1514–1564) im Alter von 23 Jahren eine Zeichnung eines Menschen mit dem Brustbein eines Schweins, der Leber eines Hundes und dem Steißbein eines Affen. Im Jahre 1543 leistete er jedoch mit einer Reihe von exzellenten Darstellungen des menschlichen Körpers Wiedergutmachung, die unter dem Namen *De humani corporis fabrica* („Über den Bau des menschlichen Körpers") erschienen.

Von da an standen allen Menschen, die nicht selber sezierten und Zugang zu Leichen hatten, realistische und detailgetreue Abbildungen zur Verfügung, und niemand wäre mehr auf die Idee gekommen anzunehmen, dass die Nerven des Auges eine Verbindung zum Magen haben könnten. Diese Lösung war nicht perfekt, da Medizinstudenten dringend selbst Erfahrungen mit Körpern sammeln mussten. Geeignete Leichen wurden nicht nur von Henkern angeboten, sondern auch von sogenannten „Leichenräubern" oder „Körperfressern", also Grabräubern, die Körper aus frischen Gräbern stahlen. Einige dieser Schufte wurden bei der Materialbeschaffung ein wenig unvorsichtig. In den Jahren 1827 und 1828 verkauften William Burke und William Hare ihre 17 Mordopfer an die Medical School der Universität von Edinburgh. Als sie gefasst wurden, sprach man Hare frei, weil er gegen Burke aussagte, dieser wurde verurteilt, gehängt und an eben dieser Medical School seziert.

BEWEGLICHE LETTERN

Wie eine einzige Idee jedermann ermöglichte, Bücher zu besitzen

Zwei oder drei Generationen, nachdem in Griechenland die Schrift eingeführt worden war, tauchten dort erste Ansätze von Logik, Mathematik und Naturphilosophie auf. Zwei oder drei Generationen, nachdem in Europa der Buchdruck erfunden worden war, entstand dort die Naturwissenschaft. Zufall oder Notwendigkeit?

Der Druck mithilfe von Holzschnitten war bereits verbreitet. Doch stellen Sie sich den Aufwand vor, eine ganze Textseite als Negativ in Holz zu schnitzen! Gelegentlich tat man das, aber einfacher war es, ein Skriptorium zu betreiben, einen Raum, in dem Mönche Bücher viele Male von Hand abschrieben. Man kann sich denken, dass dabei hauptsächlich religiöse Werke kopiert wurden. Davon abgesehen waren, selbst wenn Mönche die Arbeit taten, die Kosten dafür so hoch, dass sich die meisten Menschen nicht einmal ein einziges Buch leisten konnten. Daher machte sich kaum jemand die Mühe, lesen zu lernen.

Einige wenige Bücher wurden mithilfe des Holzdrucks hergestellt. Dabei übertrug man ganze Seiten von eingefärbten Holzschnitten mit einer Presse auf Papier. Den Schritt von dieser Xylographie zur Typographie tat Gutenberg, der auf die Idee kam, einzeln als Abguss angefertigte Buchstaben zu Wörtern, Sätzen, Absätzen und ganzen Seiten zu gruppieren. Das war gar nicht so leicht: Er musste eine Methode entwickeln, die Lettern zu gießen, eine Technik erfinden, sie zusammenzuhalten, und eine geeignete Druckfarbe auf Ölbasis anmischen. Schließlich brauchte er eine Presse, um alle Teile zu verbinden. Dazu verwendete er eine Schraubenpresse, wie sie auch zum Keltern von Wein und zum Auspressen von Oliven üblich war.

Ein Goldschmied wie Gutenberg, jemand, der mit Metallen umzugehen verstand, war nötig, um die Welt mit einem Verfahren zu revolutionieren, das aus vielen Kopien von Buchstabendruckstöcken, in Rahmen gesetzt, ganze Seiten aufbaut. Gutenbergs geniale Methode für die Herstellung der Lettern stellte sicher, dass alle die gleiche Höhe hatten, also garantiert jeder eingefärbte Buchstabe auf das dagegengepresste Papier abgedruckt wurde.

Es ist nicht ungewöhnlich, dass eine Technologie zwei Generationen braucht, um voll auszureifen. Die Ergebnisse der ersten fünfzig Jahre Druck werden Inkunabeln genannt, in Anlehnung an das lateinische *incunabula* für Windeln, weil die Technik sozusagen noch in den Windeln lag. Doch die Grundlagen waren geschaffen.

Manche glauben, vor Gutenberg habe es hauptsächlich Schriftrollen gegeben. Doch das gebundene Buch entstand vor dem Druck. Die Seiten dafür mussten mit der Hand in schönster Schrift auf unliniertes Papier geschrieben werden. Stets bestand die Gefahr, dass sich Fehler einschlichen oder der Kopist gar vorsätzlich etwas änderte. Der Druck war einfach die bessere Methode, Seite für Seite identische Kopien herzustellen, die zu einem Buch gebunden werden konnten. Gutenberg hat also nicht das Buch erfunden, sondern einen Weg, Bücher schneller, verlässlicher und billiger herzustellen.

Die Schriftart, die in Venedig von Aldus Manutius (ca. 1450–1515) verwendet wurde, orientierte sich an der Handschrift eines Gelehrten mit Namen

20

Wann: Vermutlich 1448; das erste noch existierende Buch, das mit Sicherheit von Gutenberg gedruckt wurde, stammt aus dem Jahr 1454.

Wo: Mainz.

Wer: Johannes Gutenberg (1400–1468).

Was: Die Kunst, mit einzelnen Drucktypen ganze Seiten zu drucken.

Folgen: Wahrscheinlich hat Gutenbergs Idee die Renaissance ausgelöst. Der Buchdruck machte es jedem möglich, eine Ausgabe der Bibel zu besitzen; dies ebnete der Reformation den Weg. Es führte dazu, dass mehr Menschen lesen lernten und sich Ideen und Methoden schneller ausbreiten konnten.

Frühe Druckerpresse um 1550, im Bild festgehalten von Philip Galle.

Alkuin (737–804), wie sie der italienische Dichter Francesco Petrarca (1304–1374) verwendete. Um 1500 wurde sie Aldine genannt. Noch heute weist der englische Begriff *italics* für die Kursivschreibung auf die italienische Herkunft hin.

Auch nach der Erfindung des Buchdrucks wurden noch Bücher von Hand abgeschrieben. Erhalten sind zum Beispiel insgesamt 85 vor 1500 entstandene Exemplare von *Wife of Bath's Prologue* (Prolog und Erzählung der Frau aus Bath) aus den Canterbury Tales von Geoffrey Chaucer. 1998 bemühten sich Wissenschaftler, die „verwandtschaftlichen Beziehungen" zwischen diesen Kopien herauszufinden, wie es Biologen mit Tier- und Pflanzengattungen machen. Daher weiß man jetzt, welche Kopie dem Original von Chaucer am nächsten steht.

Nachdem sich der Buchdruck wirklich durchgesetzt hatte, gab es noch einige kleinere technische Abwandlungen. Vor allem aber konnte man nun jedes wissenschaftlich interessante Werk hunderte Male kopieren. Bücher verbreiteten sich weithin und trugen Ideen schneller in die Ferne, als sie verboten werden konnten. Und auch die Technik des Buchdrucks verbreitete sich. Überall begannen die Leute, Bücher zu drucken, sei es in Latein oder ihrer eigenen Muttersprache.

Diese Veränderungen waren allerdings ein längerer Prozess. Noch 1460, einige Jahre nach seinem ersten Buch, erklärte Gutenberg bei der Vorstellung des Catholicon (einer Art Konversationslexikon):

... dieses prächtige Buch „Catholicon" wurde gedruckt und vollendet nicht mit Rohr, Stift oder Feder, sondern mit dem wundervoll harmonischen Zusammenspiel von Stempeln und Lettern, im Jahr 1460 nach der Geburt des Herrn in der vornehmen Stadt Mainz im berühmten deutschen Land, das Gott gnädig gesegnet und über alle anderen Nationen der Erde erhoben hat mit erhabenen Geistern und großzügigen Gaben.

Die Zeit der Inkunabeln endete 1500, doch erst nach 1540 hatte der Druck die ersten wirklich bedeutenden Auswirkungen. Um 1541 veröffentlichte Paracelsus sein Werk *De Natura Rerum* („Über die Natur der Dinge"). Als Nächstes ließ 1542 Leonhard Fuchs *De Historia Stirpium commmentarii insignes* drucken, ein Buch, in dem er 400 europäische und 100 exotische Pflanzen, wie Pfeffer, Kürbisse und Mais aus der Neuen Welt, beschreibt.

Vesalius (→19) veröffentlichte 1543 sein staunenswertes Anatomiebuch *De Humani Corporis Fabrica* („Über den Aufbau des menschlichen Körpers"), das viele Zeichnungen und Beschreibungen enthält, die bis heute als hervorragende Orientierungshilfe gelten. Im gleichen Jahr publizierte Kopernikus (→22) *De Revolutionibus Orbium Coelestium*, in dem er sein Modell des Sonnensystems beschrieb.

Das alles waren tiefgründige Werke, von Spezialisten in ihrer Fachsprache verfasst. Wissenschaftler schrieben für Menschen, die an denselben Themen Interesse hatten wie sie selbst. Wenn sie Aufmerksamkeit erregen wollten, mussten sie mit neuen Fakten aufwarten. Es genügte nicht mehr, ein Buch zu „schreiben", indem man Aussprüche antiker Autoritäten aneinanderreihte. Neue Fakten bedeuteten neue Experimente; 1544 veröffentlichte Sebastian Münster das weltweit erste Kompendium der Geografie, seine *Cosmographia universalis*. Dieser Prozess setzte sich mit Georgius Agricolas (→44) Handbuch der Mineralogie *De Natura Fossilium* (1546) fort.

Ideen wurden in die Welt entlassen, und diese Welt wurde immer größer. Vielleicht sollten Sie einmal darüber nachdenken, welche Auswirkungen das Internet bis 2069, dem Jahr seines 100. Geburtstags, bereits gehabt haben wird.

DER WEG ÜBER DEN ATLANTIK

Wie eine gut dokumentierte Reise über den Ozean die Europäer auf Amerika aufmerksam machte

21

Wann: 1492.

Wo: Zwischen Europa und Nordamerika.

Wer: Christoph Columbus (1451–1506).

Was: Jenseits des Atlantiks, westlich von Europa, gibt es Land.

Folgen: Entstehung von Weltreichen, Basis für ökonomische und industrielle Entwicklung, neue Gründe für Kriege in Europa und – im 20. Jahrhundert – eine neue Weltordnung.

Der aufmerksame Leser hat sicher gemerkt, dass ich Columbus' Entdeckung eine ungewöhnliche Überschrift gegeben habe. So kann ich vermeiden, die Verdienste von hypothetischen Phöniziern, legendären irischen Mönchen, nachgewiesenen Nordmännern und absolut sicheren Basken gegeneinander abzuwägen oder sonst jemanden zu vergessen, der in alten Zeiten aus dem einen oder anderen Grund über den Atlantik gesegelt ist. Viele Seefahrer stießen schon vor 1480 zu den nördlichen Teilen Amerikas vor, manche für einen kurzen Besuch, manche um zu fischen und einige, um sich dort niederzulassen, aber nur Christoph Columbus gilt als ruhmvoller „Entdecker" Amerikas. Warum eigentlich?

Columbus, wahrscheinlich ein gebürtiger Genueser, suchte in spanischen Diensten einen Weg nach Indien (jedenfalls nach Süd- und Südostasien). Stattdessen kam er in der Neuen Welt an. Als er meinte, mit den Karibischen Inseln Indien gefunden zu haben, lag er ziemlich weit daneben, doch das war nicht nur seine Schuld. Seine Berechnungen und Überlegungen stützten sich auf konfuse Reiseberichte arabischer Händler. Als Columbus nun Menschen mit brauner Haut ungefähr dort fand, wo er sie erwartet hatte, erklärte er, dies sei Indien. Wie konnte er sich in der Entfernung so verschätzen?

Der wichtigste Grund war, dass er sich bei der Schätzung des Erdumfangs auf Eratosthenes (→11) verlassen hatte. Mit dem griechischen Wort *Stadion* meinen wir heute eine Sportanlage; in der Tat bezeichnete es im antiken Griechenland die Strecke, die ein Läufer auf einer dafür bestimmten und abgemessenen Bahn bei einem Rennen zurücklegen musste. Ein *stadion* konnte aber zwischen 157,5 und 192,3 Metern, in Ägypten sogar 222 Meter lang sein.

Da sich spätere Gelehrte eher an die kürzeren Werte hielten, rechnete man zu Columbus' Zeiten mit einem Erdumfang von 29 000 Kilometern. In Wirklichkeit sind es rund 40 000 Kilometer.

Als Columbus also die Entfernung von Spanien bis Indien bei der Reise westwärts über den Atlantik überschlug, rechnete er mit einem falschen Erdumfang. Ein weiterer Haken war, dass Leute, die auf dem Landweg von Europa aus China (das die Europäer damals mit Indien in einen Topf warfen) erreicht hatten, die zurückgelegte Strecke gewöhnlich überschätzten.

Beides zusammen – die nur grob und außerdem zu lang geschätzte Entfernung von Europa ostwärts bis China und der zu klein geratene Globus – ließen Columbus Indien ungefähr dort vermuten, wo er bei der Reise nach Westen auf Amerika stieß. Diese Landmasse war aber auch kaum zu verfehlen. Warum war „Indien" dann nicht längst entdeckt worden?

Die Antwort lautet, kurz und bündig: Weil die Schiffe vor Columbus für dieses Unterfangen nicht seetüchtig genug waren. Jetzt wurden sie immer größer, waren besser zu steuern, und die Hilfsmittel für die Navigation wie Astrolabien und Kompasse wurden verbessert. Der Heilige Brendan mag den

Nachbauten der Schiffe *Santa Maria*, *Nina* und *Pinta*, mit denen sich Columbus und seine Mannschaft in die Neue Welt aufmachten.

Atlantik in einer lederbespannten Nussschale überquert haben, und die Wikinger befuhren den Ozean mit offenen Booten, die hauptsächlich gerudert und nur bei günstigem Wind von hinten angetrieben wurden. Die neuen Schiffe aber konnten kreuzen und sogar, wenn auch langsam, gegen den Wind vorankommen.

Ab etwa 1400 begannen Schiffe aus Spanien und Portugal, in den Atlantik hinauszufahren und die afrikanische Küste entlangzusegeln. Langsam dehnten sich die Reisen in Gebiete aus, die vorher weiße Flecken auf der Landkarte gewesen waren. Schon die Römer hatten 40 v. Chr. die Kanarischen Inseln entdeckt, doch sie blieben von den Europäern unberührt, bis 1334 ein französisches Schiff auf der Heimfahrt dorthin geweht wurde. Daraufhin sendete man weitere Schiffe aus, und einige Jahrzehnte später hatten die Spanier bereits die Herrschaft über die Kanaren übernommen.

Die Portugiesen gingen 1421 auf dem unbesiedelten Madeira an Land. Auch Columbus war, lange bevor er nach „Indien" in See stach, schon dort gewesen, um Zuckerrohr für die Pflanzungen seiner Schwiegermutter zu bringen. Weiter in den Altantik hinauszusegeln war an sich keine große Sache: Die Kanarischen Inseln oder Madeira liegen zwar nur bei etwa einem Zehntel des Weges von der spanischen zur amerikanischen Küste, aber schon wenn man dorthin wollte, segelte man ein ganzes Stück, ohne Land in Sicht zu haben.

Eine alte Geschichte erzählt von sechs blinden Männern, die einen Elefanten untersuchten. Einer befühlte das Bein, einer die Flanken des Tieres, einer die Stoßzähne, ein anderer den Rüssel, einer das Ohr und der letzte den Schwanz. Anschließend gefragt, wie ein Elefant aussieht, antwortete jeder der Männer natürlich ganz anders. Ähnlich unterschiedlich waren die Berichte der Wikinger, der Basken und der Männer des Columbus über das neue Land im Westen, aber nur Columbus' Geschichte interessierte die Leute so, dass sie ihr weiter nachgehen wollten. Der Seefahrer aus Genua war zur richtigen Zeit am richtigen Ort.

Als Columbus zurückkam und berichtete, er habe Indien gefunden, war die Zeit reif: Die Schiffe waren gut genug ausgerüstet, die Navigation war weit genug entwickelt, und man konnte Bücher über die neue Welt verbreiten. Eine Flut von Europäern ergoss sich über Amerika. Neue Tiere und Pflanzen, Arzneien und Handelswaren wurden entdeckt.

Vorher unbekannte Horizonte hatten sich geöffnet, und die Menschen waren offen genug für die neuen Ideen.

PLANETENBEWEGUNG I

Auf der Suche nach Vollkommenheit im Universum veränderte Kopernikus unser Verständnis des Weltalls

22

Wann: 1514–1543.

Wo: Frombork (Frauenburg), Ostpreußen (heutiges Polen)

Wer: Nikolaus Kopernikus (1473–1543).

Was: Nicht die Erde steht im Mittelpunkt unseres Sonnensystems, sondern die Sonne.

Folgen: Gelehrte passten einen ungenauen Kalender an und verstanden das Sonnensystem besser. Dieses Wissen ebnete außerdem dem Weg für Keplers Erklärung der Planetenbewegung und für Newtons Gravitationsgesetze.

Um 1500 n. Chr. wussten viele Gelehrte in Europa und dem Nahen Osten, dass der Kalender falsch war. Er stimmte nicht mehr mit den Bewegungen der Sterne überein, und astronomische Ereignisse wie die Tag-und-Nacht-Gleichen fielen nicht mehr auf denselben Tag jedes Jahres.

Julius Cäsar ließ den Julianischen Kalender im Jahr 45 v. Chr. in Kraft setzen. Er beruhte auf einem Jahr mit 365,25 Tagen. Tatsächlich aber ist ein Jahr elf Minuten und 14 Sekunden kürzer, und diese kleine Abweichung addierte sich im Lauf der Zeit. Um 1500 trat das Frühlings-Äquinoktium nach dem Kalender zehn Tage zu früh ein, und es wurde zunehmend schwieriger, das richtige Datum religiöser Feste und wichtiger Feierlichkeiten zu bestimmen.

Im Jahr 1512 beschloss das fünfte Lateranische Konzil in Rom, eine Korrektur des Kalenders in Angriff zu nehmen. Unter den zu Rate gezogenen Fachleuten war ein Pole, der von seinen Freunden Mikołaj Koppernigk, in der Latein bevorzugenden Gelehrtenwelt dagegen Nikolaus Kopernikus genannt wurde. Kopernikus antwortete, die Länge des Jahres und der Monate sowie die Bewegungen der Sonne und des Mondes seien nicht gut genug bekannt, um einen genaueren Kalender zu schaffen. Dann widmete er sich wieder seinem Alltagsgeschäft.

Kopernikus wurde in Polen geboren, wo er auch seine Schulbildung erhielt. Im Jahr 1496 ging er nach Bologna, um kanonisches Recht zu studieren, interessierte sich aber bald mehr für die Astronomie. Von seinem Amt als Kanoniker im Domkapitel zu Frombork (Frauenburg) in Ostpreußen (heute Polen) ließ er sich beurlauben. Als seine Freistellung auslief, erhielt er eine zweijährige Verlängerung für ein Medizinstudium in Padua. Mit einem

Abschluss in Kirchenrecht der Universität Ferrara kehrte er nach Polen zurück. Er nahm seine Tätigkeit als Kanoniker wieder auf, betrieb jedoch weiter astronomischen Studien.

Die Gestalt der Erde war zu jener Zeit schon bekannt, es herrschte aber immer noch die Auffassung, dass das Universum sich um die Erde bewegt. Diese damals verbreitete Vorstellung verärgerte Gelehrte wie Kopernikus, die an mathematische Modelle und an eine Natur glaubten, die regelmäßige, symmetrische Strukturen zeigt. Die herrschende Theorie wies zu große Unregelmäßigkeiten und Unstimmigkeiten auf.

Die Planeten schienen auf eigenen Bahnen zu laufen, die nicht zu der gleichförmigen Kreisbewegung aller anderen Gestirne passten. Gelegentlich sah es sogar aus, als würden sich die Planeten rückwärts bewegen. Das war bereits im alten Griechenland bekannt. (Die Bezeichnung „Planet“ kommt aus dem Griechischen und bedeutet „Wanderer“.) Im Jahr 150 n. Chr.

Die Abbildung zeigt die Komplexität des Kopernikanischen Systems zur Erklärung der Planetenbewegung. In ihr erscheinen alle Planeten, von Merkur bis Saturn. Man beachte die vier Jupitermonde (→24).

„erklärte" der griechische Astronom Claudius Ptolemäus diese Erscheinung damit, dass sich Planeten anders bewegen als Sterne und insbesondere von Zeit zu Zeit Loopings vollführen. Diese Schleifen nannte er „Epizykel".

Ptolemäus' Modell war zur Erklärung der Beobachtungen recht brauchbar. Kopernikus war jedoch davon überzeugt, dass das Universum eine höhere Ordnung besaß, und hielt kreisförmige Bahnen für viel wahrscheinlicher. Als er an einer Theorie arbeitete, welche die Sonne in den Mittelpunkt rückte, während sich anderen Himmelskörper auf präzisen Kreisbahnen um sie herum bewegten, wurde ihm klar, dass dieses Modell auch die Vor- und Rückwärtsbewegungen der Planeten weitgehend erfasste. Akzeptierte man seine Theorie, so wurde deutlich, dass die Planeten in geringerem Abstand zur Sonne kürzere Umlaufbahnen oder „Jahre" aufweisen.

Damit wiederum ließen sich die gelegentlichen scheinbaren Rückwärtsbewegungen der Planeten erklären. Die inneren Planeten kreisen schneller um die Sonne, sodass sie die äußeren Planeten ein- und überholen. Stellen wir uns eine Straße vor, auf der ein schnell fahrendes Auto ein langsameres überholt. Wenn eine Person in dem schnelleren Auto zu einem Hügel hinüberschaut, der sich in einiger Entfernung hinter dem langsameren Auto befindet, so wird es für diese Person aussehen, als ob sich der langsamere Wagen rückwärts bewegt. Mit den Planeten verhält es sich genauso: Blickt man von der um die Sonne kreisenden Erde auf die anderen Planeten, scheinen sich diese vor dem Hintergrund des Sternenhimmels gelegentlich rückläufig zu bewegen.

Die Theorie wurde heftig diskutiert. Im Jahr 1533 wurde Papst Clemens VII. von dem Kopernikanischen Modell unterrichtet. 1536 drängte Kardinal Nikolaus Schönberg von Capua Kopernikus, seine Ideen zu veröffentlichen. Das tat er schließlich auch, kurz vor seinem Tod 1543, in dem Buch *De Revolutionibus Orbium Coelestium* („Von den Drehungen der Himmelskreise"). Kopernikus' Theorie war ein Modell, mit dem niemand ein Problem hatte, denn es folgte den Gesetzen der Mathematik und wurde von einem Kirchengelehrten vorgeschlagen.

Kopernikus' Weltsystem wurde von der katholischen Kirche gebilligt, doch hundert Jahre später sollte Galilei (1564–1642) für eine ganz ähnliche Theorie die Aufmerksamkeit der Inquisition auf sich ziehen. Waren zu Kopernikus' Lebzeiten noch keinerlei religiöse Bedenken aufgekommen, obwohl die Reformation begonnen hatte, so fielen Galileis Arbeiten in die Zeit des Dreißigjährigen Krieges, als es einfach undenkbar war, die Autorität der Obrigkeit – in welcher Weise auch immer – in Frage zu stellen.

Kopernikus' entdeckte im Grunde nichts Neues, denn ein, zwei alte Griechen hatten seine Idee auch schon gehabt. Interesse erregte jedoch sein „Was wäre wenn?"-Spiel, und er war zu wichtig, zu gut bekannt, besaß zu viele Kontakte und genoss zu hohes Ansehen, als dass man ihm keine Aufmerksamkeit hätten schenken können. Sein Verdienst ist es, nach ihm kommende Generationen in dem Gedanken bestärkt zu haben, es könne eine andere, bessere Theorie geben, mit der sich die Dinge einfacher erklären ließen.

Nach der Legende wurde dem sterbenden Kopernikus ein Exemplar seines Buches ans Bett gereicht. Er hatte einen Hirnschlag erlitten und nahm womöglich gar nicht wahr, dass es ihm in die Hände gelegt wurde. Er dürfte auch nicht bemerkt haben, dass sein lutherischer Herausgeber Osiander aus Furcht vor dem Zorn der Kirche dem Buch ein anonymes Vorwort vorangestellt hatte, von dem man glaubte, es stamme aus der Feder des Verfassers. Darin steht, dass es sich bei der im Buch dargestellten Theorie nur um eine Vorstellung handelt, die keinen Anspruch auf Wahrheit erhebt. Das Kopernikanische Modell sollte jedoch schon bald weitaus ernster genommen werden.

PLANETENBEWEGUNG II

Wie die Rätsel unseres Sonnensystems gelöst wurden

Indizien können uns manchmal in die Irre führen. Die Griechen wussten, dass die Erde eine kugelförmige Gestalt besitzt und Gegenstände, egal wo, immer lotrecht nach unten, also zum Erdmittelpunkt hin fallen. Das war nicht ganz exakt; eindeutig *falsch* war jedoch die daraus gezogene Schlussfolgerung: *Wenn alles in Richtung des Erdmittelpunkts fällt, muss unser Heimatplanet das Zentrum des Universums sein.*

Dem Philosophen Ludwig Wittgenstein sagte einmal jemand, frühere Generation müssten ziemlich töricht gewesen sein, an das geozentrische System zu glauben, in welchem alles sich um die Erde dreht. Wittgenstein soll geantwortet haben: „Dem kann ich nur zustimmen, aber ich frage mich, wie es sich wohl anfühlte, wenn die Sonne tatsächlich um die Erde kreisen würde." Die Geschichte ist wahrscheinlich erfunden, Wittgensteins Frage war indes durchaus berechtigt.

Die Dinge hätten nicht sehr viel anders ausgesehen, zumindest für alle, die nur hin und wieder einen Blick zum Himmel geworfen hätten. Bei genauerem Hinsehen wäre es jedoch schwieriger geworden. Kopernikus hatte gezeigt, dass er den Kalender ziemlich leicht hätte anpassen können, wenn die Erde um die Sonne kreisen würde. Allerdings war er von kreisförmigen Umlaufbahnen ausgegangen, die es in Wirklichkeit nicht gibt, jedenfalls nicht, wenn man exakt misst.

Kepler studierte als junger Erwachsener Theologie und wollte evangelischer Geistlicher werden. Stattdessen wurde er Mathematiklehrer und verfasste ein Buch, in dem er mit seinen mathematischen Fähigkeiten glänzte. Tycho Brahe (1546–1601) war beeindruckt und lud Kepler zu sich nach Prag ein, damit er als sein Assistent für ihn arbeitete. Als Brahe starb, übernahm Kepler dessen Berge von für die damalige Zeit unglaublich genauen Messergebnissen, fügte weitere hinzu und machte sich an die Analyse der Daten.

Er nahm sich – glücklicherweise – zuerst den Mars vor, der unter den Planeten die am stärksten exzentrische Umlaufbahn besitzt. Glücklicherweise, weil er so leichter erkennen konnte, dass die Umlaufbahnen der Planeten eine Ellipse und keinen Kreis beschreiben. Damit war der Durchbruch geschafft. Die ersten beiden Gesetze ergaben sich nun fast wie von selbst:

Die Planeten bewegen sich auf Ellipsen, in deren einem Brennpunkt die Sonne steht. Der Fahrstrahl von der Sonne zum Planeten überstreicht in gleichen Zeiten gleiche Flächen.

Das Fernrohr kam ungefähr zu jener Zeit auf, als Kepler im Jahr 1609 diese beiden Gesetze formulierte, und war mit Sicherheit weithin verfügbar, bevor er 1619 sein drittes Gesetz aufstellte. Damals war das Teleskop jedoch kaum mehr als ein Spielzeug und nicht annähernd so präzise wie die Beobachtungsinstrumente, die Tycho Brahe und Kepler benutzt hatten, um eine Karte der Sterne und der Planetenbahnen über den Sternenhimmel zu erstellen. Im Wesentlichen handelte sich um Winkelmesser, doch ein raffi-

23

Wann: 1609–1619.

Wo: Prag (heutige Tschechische Republik); Linz (Österreich); Württemberg.

Wer: Johannes Kepler (1571–1630).

Was: Die drei Gesetze der Planetenbewegung.

Folgen: Das Kopernikanische Modell konnte als „bloße Theorie" abgelehnt werden, die Vorstellungen Galileis waren anfechtbar und wurden angezweifelt, Keplers Gesetze jedoch sprachen für sich selbst. Das geozentrische Universum war tot.

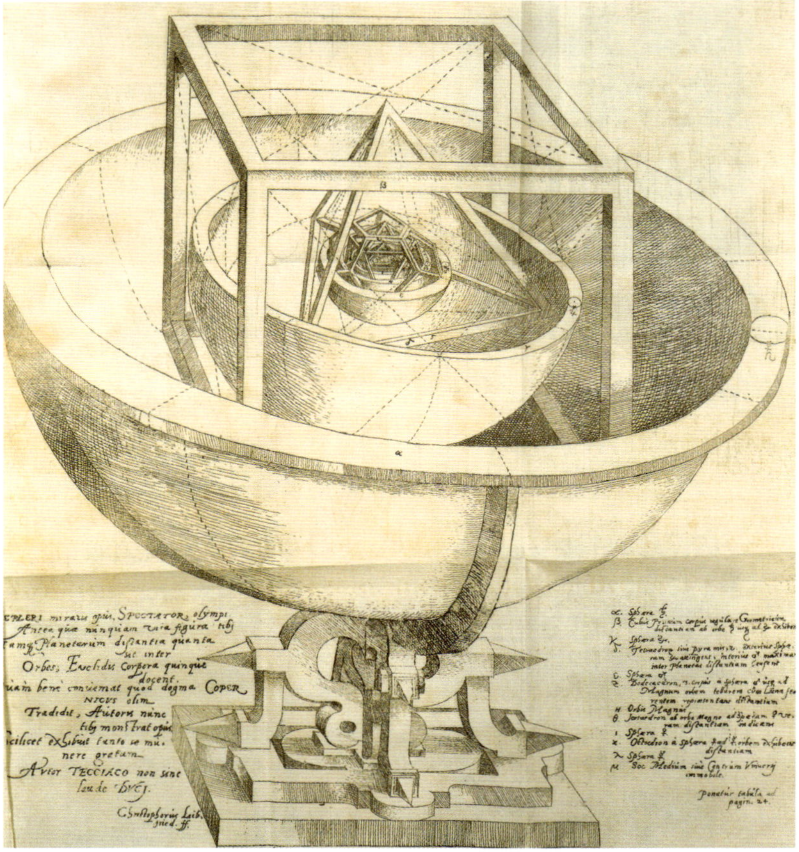

Keplers Darstellung seines ersten kosmologischen Modells, veröffentlicht in seinem Werk *Mysterium cosmographicum*.

nierter Zahlenschieber konnte viel leisten, vorausgesetzt er hatte genügend Winkel, mit denen er arbeiten konnte.

Die Ellipse war ein Schock, denn seit den alten Griechen galt der Kreis als etwas Besonderes und Perfektes. Das Zweite Kepler'sche Gesetz bedeutete eine Art Befreiungsschlag, war es doch offensichtlich, dass die Planeten sich manchmal schneller über den Himmel bewegen als sonst: Ähnlich einer Flügelspitze, die an jedem Wendepunkt von der Aufwärts- in eine Abwärtsbewegung abbremst, bewegen die Planeten sich langsamer, wenn sie weiter entfernt sind. Daraus folgt: Wenn der Planet sich am weitesten von der Sonne entfernt befindet, ist die vom Fahrstrahl Sonne – Planet überstrichene Fläche an jedem Tag dennoch gleich groß, weil die Bewegung des Planeten sich verlangsamt.

Das dritte Gesetz ließ deutlich länger auf sich warten: Kepler veröffentlichte es erst 1619. Es waren unruhige Zeiten, im Jahr 1618 hatte der Dreißigjährige Krieg begonnen – hauptsächlich, wenn auch nicht ausschließlich aus religiösen Motiven, wurde er die meiste Zeit zwischen katholischen und protestantischen Ländern ausgetragen.

Da der Krieg vor allem ein Religionskrieg war, waren diejenigen besonders gefährdet, die kein Blatt vor den Mund nahmen. Als Heere kreuz und quer durch Europa zogen, waren Freidenker gezwungen, sich auf sicheren Boden zu begeben. Kepler, der sich bisweilen sehr offen äußerte, musste sich zweimal in Sicherheit bringen (und seine Mutter gegen die Anklage der Hexerei verteidigen!). Wir können ihm also nachsehen, dass manches ein wenig länger dauerte.

Das Dritte Kepler'sche Gesetz lautet:

Das Verhältnis aus den Quadraten der Umlaufzeiten und den dritten Potenzen der Entfernungen von der Sonne ist für alle Planeten konstant.

Das war ein Volltreffer, denn die Perioden und damit alle mit ihnen verbundenen Distanzen ließen sich durch Beobachtungen von der Erde aus ermitteln. Hätte man einmal die Entfernung von der Erde zu Sonne bestimmt, könnte man die Distanzen aller übrigen Planeten durch einfache Arithmetik herausbekommen.

Kepler war zwischen den Gesetzen nicht untätig. Im Jahr 1611 veröffentlichte er eine kleine Abhandlung, „Vom sechseckigen Schnee". Darin schloss er aus der Form von Schneekristallen, dass Schnee aus dicht gepackten Kugeln – Partikeln gleicher Größe und Form (→15) – besteht. Tatsächlich sind Wassermoleküle zwar alles andere als kugelförmig, aber er war auf der richtigen Spur. Wir können nur ahnen, wozu Kepler in der Lage gewesen wäre, wenn er ein anständiges Fernrohr gehabt hätte.

FERNROHR

Ein Apparat, der uns weit entfernte Dinge erkennen ließ, die zuvor unsichtbar waren

24

Wann: 1610.

Wo: Florenz oder möglicherweise in den Niederlanden.

Wer: Galileo Galilei (oder Hans Lippershey).

Was: Linsen lassen sich so kombinieren, dass weit entfernte Dinge sichtbar werden.

Folgen: Eine enorme Erweiterung der Perspektiven und Möglichkeiten aufgrund der Erkenntnis, dass es im Universum weit mehr zu entdecken gibt, als man früher geglaubt hatte.

Ich mag schräge Dinge, also gefällt es mir, einer von wenigen Zeitgenossen zu sein, die ein kleines Stück von Galileo Galilei gesehen haben. Im Jahr 1986 stieg ich, ausgestattet mit dem nötigen Wissen, die Stufen eines betagten Gebäudes am Arno in Florenz hinauf. Im obersten Stockwerk fand ich den unaufgeräumten Kasten, nach dem ich gesucht hatte.

Das Stück befindet sich gewöhnlich unter Verschluss, doch heute kann man es sogar im Internet finden – einen der Finger Galileis, aufbewahrt in einem Reliquienschrein im Museum für Wissenschaftsgeschichte in Florenz. Der Finger wurde zusammen mit vielen anderen Gegenständen in den Kasten gestopft. Als ich ihn betrachtete, beschlich mich ein seltsames Gefühl bei dem Gedanken, dass es dieser Finger war, den Galilei in die Höhe hob, als er, *sotto voce*, „und sie bewegt sich doch" murmelte. Er sprach natürlich nicht deutsch, sondern dürfte auf Italienisch gesagt haben: „Eppur si muove."

Noch wahrscheinlicher ist, dass er nichts dergleichen sagte. Dennoch ist Galilei wichtig. In Florenz hält man deshalb die Erinnerung an ihn wach, und auch schon zu Lebzeiten wurde er bewundert, denn alle wussten um seine Bedeutung – einschließlich Galilei selbst. Das Unangenehme an Galilei war, monierten seine Zeitgenossen, dass er ständig mit seiner Klugheit prahlte. Und mit seiner Wichtigkeit.

Ein Niederländer, wahrscheinlich Hans Lippershey (1570–1619), dürfte das erste Fernrohr gebaut haben, doch Galilei machte es bekannt. Er richtete es auf den Jupiter, um dessen vier größte Monde, die wir heute Galileische Monde nennen, zu beobachten:

Am siebten Tag im Januar dieses Jahres, 1610, präsentierte sich mir in der ersten Stunde der darauf folgenden Nacht, als ich die Sternbilder durch ein Fernrohr betrachtete, der Planet Jupiter, und ... ich bemerkte ... dass drei kleine, jedoch sehr helle Sterne in seiner Nähe waren, und wenngleich ich glaubte, sie gehörten zu den Fixsternen, taten sie doch etwas Merkwürdiges, denn sie schienen exakt in einer geraden Linie, parallel zur Ekliptik, angeordnet zu sein und heller als all die andern Sterne zu strahlen.

Galilei nannte die von ihm entdeckten Himmelskörper nach der einflussreichen Florentiner Familie „Medici-Sterne". Er erkannte auch ihre wahre Bedeutung: Sie waren Monde eines anderen Planeten. Nun konnte niemand mehr behaupten, das ganze Universum bewege sich um die Erde, denn es gab einen für alle sichtbaren Gegenbeweis. Galilei wusste sehr wohl, dass Jupiter, genau wie die Erde, ein Planet ist, und er vermutete sogar, dass Menschen auf ihm leben, welche dieselben Monde sehen, die er gesehen hatte, nur von der Oberfläche des Jupiter aus:

... während nur ihre der Sonne zugewandte Hemisphäre beleuchtet wird, erscheinen die Monde für uns, die wir uns außerhalb ihrer Umlaufbahn und näher an der Sonne befinden, vollständig angestrahlt, doch für jemanden auf dem Jupiter würden sie nur dann ganz beleuchtet erscheinen, wenn sie an den höchsten Punkten ihrer Kreisbahnen stehen. In ihrem niedrigsten Abschnitt, wenn sie sich zwischen Jupiter und Sonne befinden, würden sie vom Jupiter aus sichelförmig erscheinen. Mit einem Wort, sie würden für Jovianer dieselben Veränderungen ihrer Gestalt zeigen wie der Mond für uns Erdbewohner.

Im Unterschied zu Galilei war Francesco Sizi Aristoteliker und sammelte eifrig Belege, um zu zeigen, dass Galileis Jupitermonde gar nicht existieren konnten. Die Woche habe sieben Tage, sagte er, der Kopf sieben Öffnungen (Augen, Nasenlöcher, Ohren und Mund), sieben Metalle seien in der Bibel erwähnt, und es gäbe sieben Planeten, von welchen nach der Astrologie jeder eine bestimmte Rolle spiele. Diese „Monde" hatten keinerlei Wirkung auf den Menschen, weshalb es sie, nach Sizis Überzeugung, auch nicht gab!

Obwohl Galilei in vielerlei Hinsicht ein moderner Wissenschaftler und ernstzunehmender Gegner der Aristoteliker war, weigerte er sich dennoch eine Zeit lang, an Johann Keplers elliptische Planetenbahnen zu glauben. Galilei war in dem Glauben erzogen worden, kreisförmige Umlaufbahnen seien perfekt; mehr gab es dazu nicht zu sagen. Letztlich akzeptierte er elliptische Bahnen doch, aber das Beispiel lehrt uns, dass überkommene Gedankengebäude sich noch lange in den Köpfen halten.

Während die Anfänge des Fernrohrs im Dunkeln liegen, haben wir bezüglich der Bezeichnung „Teleskop" eine gute Quelle. Auf einem Bankett, das am 14. April 1611 zu Ehren Galileis in Rom gegeben wurde, erwähnte der Dichter Johannes Demisiani aus Kefalonien den Begriff. Dies war der Beginn der wissenschaftlichen Tradition, für neue Instrumente aus griechischen Wortstämmen zusammengesetzte Namen zu verwenden.

Mit den Jahren wurden unterschiedliche Fernrohre entwickelt. Isaac Newton erfand einen Reflektor, welcher störende, durch das – ebenfalls von Newton entdeckte – Spektrum hervorgerufene Farbringe weitgehend vermied. Die Teleskope wuchsen: Linsen und Spiegel nahmen an Größe zu, so weit, bis sich Glas durch sein schieres Gewicht verformt und ein verzerrtes Bild entsteht; das Palomar-Teleskop reicht mit seinem Durchmesser von fünf Metern dicht an die Grenze für optische Fernrohre heran.

Astronomen setzen bei der Beobachtung des Sternenhimmels schon seit geraumer Zeit Kameras ein. Heute bringen wir Teleskope in den Weltraum (zum Beispiel Hubble) oder in die Antarktis (das PLATO-Teleskop auf dem

„Dome Argus“), und mit Radioteleskopen und Interferometern gewinnen wir Bilder, die auf anderen Wellenlängen beruhen. Seit Galilei haben wir einen weiten Weg zurückgelegt, aber alles nimmt irgendwo seinen Anfang.

Wir mussten vor allem lernen, wie man Dinge misst.

Jupiter mit vier seiner Monde, aufgenommen von der Weltraumsonde *Voyager 1*.

THERMOMETER

Wie wir herausfanden, wie man Temperaturen messen kann

25

Wann: 1612.

Wo: Padua in Italien.

Wer: Sanctorius Sanctorius (Santorio Santorio, 1561–1636); Gabriel Fahrenheit (1686–1736).

Was: Temperaturen können gemessen und verglichen werden.

Folgen: Allgemein erlaubte das Thermometer die Untersuchung der Wärme und stellte sicher, dass Experimente vergleichbar abliefen. Für die moderne Medizin ist es unverzichtbar, Temperaturen, Puls, Hormonspiegel, Blutdruck, Blutzucker und vieles mehr quantitativ zu bestimmen. All das begann mit Santorio.

1592 baute Galileo Galilei (→24) ein einfaches Thermometer mit Luft in einem Röhrchen, das von einem Tropfen Wasser abgeschlossen wurde, der zugleich als Anzeige diente. Leider war es nicht von besonders großem Wert, denn es hing vom Luftdruck ab, welche Temperatur angezeigt wurde. Wie Galilei verwendete auch Sanctorius ein Luftthermometer.

Sanctorius wurde von seinen italienischen Freunden, zu denen auch Galilei zählte, Santorio gerufen. Er tauschte sich rege mit Galilei aus, weshalb es manchmal schwer fällt zu entscheiden, wer von beiden etwas erfunden hat.

Die Legende behauptet, Galilei habe das Pendelprinzip entdeckt, als er einen Kronleuchter in einer Kirche beobachtete, dessen Schwingungsfrequenz er mit seinem eigenen Puls maß. Doch es war Sanctorius, der das Pulsilogium erfand – ein hübsches kleines Gerät mit einem Pendel, dessen Länge der Arzt änderte, bis es im Takt des Patientenpulses schwang. Dann musste der Mediziner nur die Pendellänge messen und hatte ein (relatives) Maß für den Pulsschlag.

Bevor Gabriel Fahrenheit das Quecksilberthermometer mit zwei festen Referenzpunkten und einer Skala einführte, gab es nur Luftthermometer. Ganz offensichtlich war das Bedürfnis nach einem Standardverfahren für Temperaturmessungen nicht neu. Warum kam erst Fahrenheit auf die Idee, Quecksilber als Thermometerflüssigkeit zu benutzen? Schon die alten Römer kannten sowohl Quecksilber als auch Glas, und Evangelista Torricelli, der Erfinder des Barometers (→28), war schon 40 Jahre vor der Geburt Fahrenheits gestorben. Wenn man Quecksilber in einem Barometer verwendete, warum nicht auch in einem Thermometer?

Die Antwort findet man, wenn man sich überlegt, wie Thermometer gemacht sind. Quecksilber dehnt sich bei einer Erwärmung um 1 °C nur sehr wenig aus, deshalb füllt man eine größere Menge in ein Reservoir, den Kolben, der in einer Kapillare (einem sehr dünnen Röhrchen) ausläuft. Auf diese Art und Weise wird die geringe Ausdehnung so weit vergrößert, dass man sie bequem messen kann.

Quecksilber wird durch Wasserdampf und Oxidation sehr schnell verunreinigt, und verunreinigtes Quecksilber benetzt das Glas, mit dem es in Berührung kommt, klebt also daran fest. Beim Barometer kann man diesen Klebeeffekt gegen die Gewichtskraft des gesamten Quecksilbervorrats vernachlässigen.

Das ist jedoch bei der ultradünnen Röhre eines Thermometers nicht der Fall. Die zufällige Benetzung durch verunreinigtes Quecksilber führt zu zufälligen, unwissenschaftlichen Ergebnissen, weshalb der Stoff lange nicht als Flüssigkeit für die Temperaturmessung in Frage zu kommen schien. Dann kam Fahrenheit, der wusste, dass Barometerwerte von der Außentemperatur abhängig waren, und außerdem in der Lage war, Quecksilber zu reinigen. Mit sauberem Quecksilber konnte er ein zuverlässiges Thermometer bauen.

Fahrenheit wusste um seine Vordenker, die er auch nicht verschwieg, als er freudig von seiner Errungenschaft berichtete:

IMMER DIESE LATEINISCHEN NAMEN!

Warum brauchten die Leute nur zusätzliche lateinische Namen? In Latein ändern Nomen und Namen ihre Endungen, um verschiedene Bedeutungen anzuzeigen, genau wie im Deutschen zum Beispiel das „s" oft mit einem Genitiv den Besitz anzeigt („des Forschers"). Diese Art von Veränderung nennt man Beugung. Dabei werden einige wenige Standardformen mit Standardendungen verwendet. So enden viele Namen berühmter römischer Männer mit „us" und die von Frauen oft mit „a". Wenn Sie noch mehr darüber wissen wollen, sollten Sie über Deklination, Kasus und Genus nachlesen.

Vor etwa zehn Jahren las ich in der Geschichte der Wissenschaften, herausgegeben von der Königlichen Akademie Paris, wie der berühmte Amontons mit einem von ihm selbst erfundenen Thermometer entdeckte, dass Wasser immer bei der gleichen Temperatur zu kochen beginnt. Ich war sofort Feuer und Flamme für die Idee, mir selbst ein Thermometer der gleichen Art zu bauen, um mit meinen eigenen Augen dieses wunderbare Naturphänomen zu erblicken und mich von der Richtigkeit des Experiments zu überzeugen.

Er setzte einen Punkt fest – den Siedepunkt des Wassers – und legte relativ dazu den Gefrierpunkt bei 32 Grad fest, um negative Werte zu vermeiden, die er für das gemeine Volk zu kompliziert fand. Dabei hatte Michel Stifel (1487–1567) schon ein Jahrhundert zuvor die Öffentlichkeit in seinem Buch *Arithmetica Integra* mit negativen Zahlen vertraut gemacht, die er *numeri ficti* (fiktive Zahlen) nannte.

Fahrenheits Versuch, negative Zahlen zu vermeiden, ging schief; durch den ungewöhnlichen Wertebereich sieht man auch nicht gleich, dass seine Skala, wie die von Celsius später, in 100 Grad-Schritte unterteilt war, nämlich von „...der intensivsten künstlich erzeugten Kälte in einer Mischung aus Wasser, Eis, Ammoniumchlorid oder sogar Meersalz ...", also 0 °F, bis zu Fahrenheits eigener Körpertemperatur, die er auf 100 °F festsetzte. Später, nachdem der Siedepunkt von Wasser bei 212 °F festgelegt worden war, betrug die Körpertemperatur nur noch 98,4 °F und wurde sogar noch einmal auf 98,6 °F geändert, um die Umrechnung auf 37 °C zu erleichtern.

Wichtig an der Erfindung des Thermometers durch Fahrenheit war, dass Forscher nun, da sie Temperaturen messen konnten, auch erkennen konnten, dass es einen Unterschied zwischen Temperatur und Wärme gibt – wenngleich diese Erkenntnis noch auf Joseph Black (1729–1799) warten musste. Einerlei, Fahrenheit konnte nun jedenfalls mit seiner Skala messen, dass Regenwasser bei 212 °F zu kochen begann, Vitriolöl (Schwefelsäure) dagegen bei 546 °F. Wissenschaftliche Messmethoden begannen sich durchzusetzen.

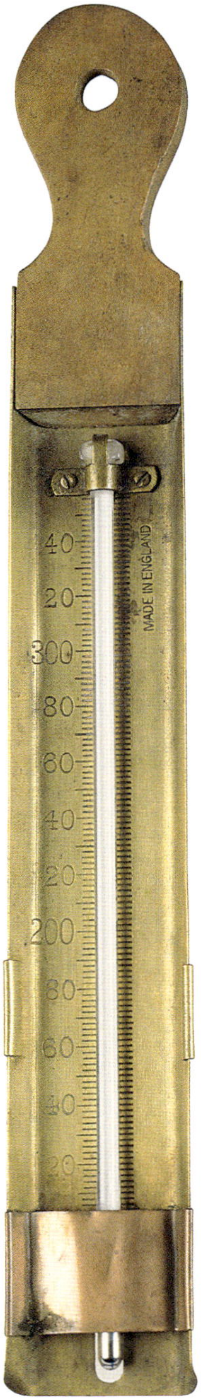

Die Entwicklung zuverlässiger Thermometer machte wissenschaftliche Messungen brauchbarer.

BLUTKREISLAUF

Wie wir entdeckten, dass das Blut im Körper zirkuliert

26

Wann: 1628 veröffentlicht, entdeckt vermutlich früher.

Wo: London.

Wer: William Harvey (1578–1657).

Was: Das Blut zirkuliert im Körper und gelangt zum Herzen, das es wieder in den Körper pumpt.

Folgen: Harveys revolutionäres Werk, das auf der Anatomie von Vesalius aufbaut und den Beginn der modernen Physiologie darstellt, überzeugte spätere Forscher von der Notwendigkeit einer neuen Basis für die medizinischen Wissenschaften.

William Harvey begann im Alter von nur 15 Jahren mit seinen medizinischen Untersuchungen und ging im Jahre 1599 ins italienische Padua. Dort besuchte er Vorlesungen, denen er, des Lateinischen mächtig, mühelos folgen konnte. Er studierte bei dem Anatomen Fabricius (1537–1619) und wohnte sogar in dessen Haus vor der Stadtgrenze von Padua, bis er im Jahre 1602 nach England zurückkehrte.

Realdo Colombo (1510–1559), Nachfolger des Vesalius (→19) in Padua, hatte gezeigt, dass das Blut von der rechten Seite des Herzens in die Lunge gepumpt wird und von dort zur linken Seite des Herzens strömt, was heute als Lungenkreislauf oder kleiner Kreislauf bezeichnet wird. Seine Untersuchungen ergaben auch ein klareres Bild von der Wirkungsweise des Herzens als Pumpe, und er stellte fest, dass sich die Arterien erweitern, wenn das Herz kontrahiert, und umgekehrt. Durch diese Vorarbeit vermochte Harvey die tatsächlichen Vorgänge zu erkennen und zu erklären.

Im Jahre 1603 verfasste Fabricius eine Beschreibung der Venenklappen, die Harvey beeinflusst haben muss. Jedem Pumpenfachmann (wenn es damals schon welche gegeben hätte) wäre die Funktion dieser Ventile auf den ersten Blick klar gewesen. Harveys Aufzeichnungen und Notizen existieren noch heute und zeigen, dass er seine grundlegenden Ideen zum Blutkreislauf bereits 1615 geordnet hatte, bis zum Jahre 1628 aber nicht veröffentlichte, weil er weitere Hinweise zusammentragen wollte.

Harvey ließ einen Holzschnitt anfertigen, der ein einfaches Experiment zur Wirkungsweise der Venenklappen am Beispiel einer sichtbaren Vene im Unterarm zeigt. Man drückt mit einem Finger in der Nähe des Handgelenks auf eine Vene und verhindert so den Blutfluss zurück zum Herzen. Dann gleitet man mit einem zweiten Finger den Arm hinauf und presst das Blut aus der Vene hinaus. Verbleibt der erste Finger an seiner Position, kann kein Blut in die Vene strömen, weil die Klappen den Rückstrom verhindern. Wird der erste Finger von der Vene genommen, füllt sich diese sofort wieder mit Blut.

Eine Eigenheit von Harveys Werk verstörte die Anhängerschaft von Galen über alle Maßen – wie Sanctorius ging Harvey dazu über, Vorgänge zu messen, was ihm den Vorwurf einbrachte, er habe den „Gepflogenheiten des Anatomen entsagt", um den Mathematiker zu spielen. Man bezog sich mit dieser Kritik auf seine Messungen der Pumpleistung des Herzens an lebenden Tieren, die darauf hindeuteten, dass sich das Blut nicht kontinuierlich aus der Nahrung bildet, die der Organismus zu sich nimmt, weil die Nahrungsmenge dafür einfach nicht ausreicht.

Harvey wendete erstmals die Mathematik auf die Biologie an und führte in einem Rechenexempel auf, dass eine Herzkammer nur 57 Gramm Blut enthält und in der Minute 72-mal kontrahiert. Das Herz pumpt demzufolge in einer Stunde 245 000 Gramm – 245 Kilogramm – Blut, also das Dreifache des Gewichts eines schweren Mannes. Wohin, fragte Harvey sich, verschwindet all dieses Blut? So konfrontierte er seine Kollegen mit einer wissenschaftlichen Beweisführung der besonderen Art, die auf einer Frage und nicht auf einer Antwort beruhte.

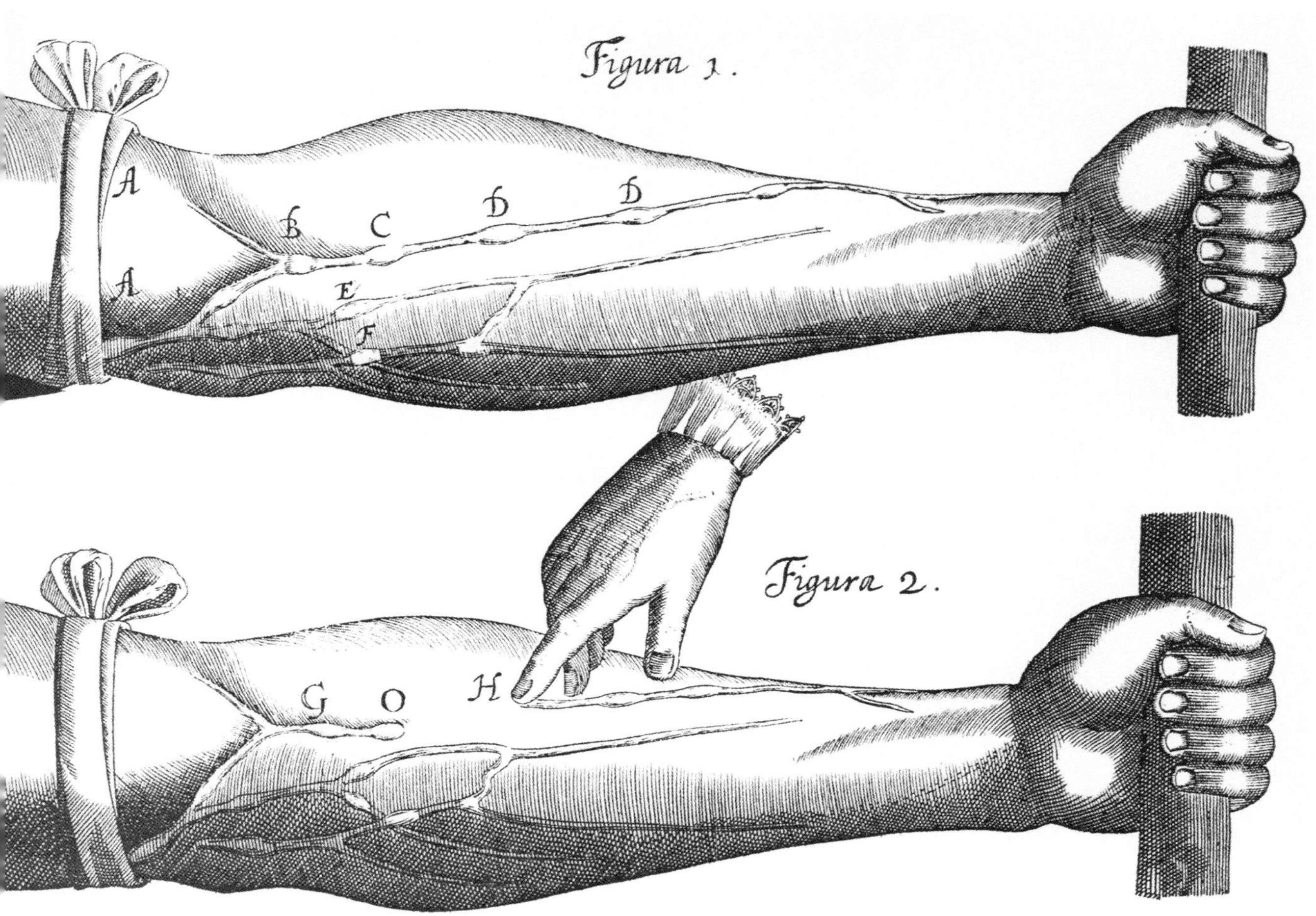

Harvey vermutete, dass das Blut auf irgendeine Art und Weise zirkuliert; auch wenn nicht zu erkennen sei, wie dies geschehe, so zeigten die Messungen doch, *dass* es so sein musste. Für die Traditionalisten unter den Medizinern war dieser Ansatz ungeheuerlich. Die einzig wahre und richtige Herangehensweise an die Erforschung des menschlichen Körpers sei, Avicenna, Galen und Aristoteles zu lesen und ihre Aussagen anzuwenden.

Letztendlich sollte sich der mathematische Ansatz durchsetzen. Vorläufig jedoch hielten es die Mediziner eher mit der Mystik, weil sie hilfreich war, wenn man Fehler vertuschen wollte. Solange aber weder ein klares Modell noch eine Theorie vorhanden war, würde man immer neue Fehler machen. Man befand sich also in einer Sackgasse.

Harvey argumentierte ausschließlich logisch, da ihm eine wichtige Erkenntnis fehlte. Er konnte die Kapillaren nicht sehen, feinste Blutgefäße, die Arterien und Venen miteinander verbinden. Für uns sind sie heute mithilfe eines nur mäßig auflösenden Mikroskops zum Beispiel im Schwanz eines Fisches oder einer Kaulquappe zu erkennen. Harvey hatte zwar eine

Der von Harvey angefertigte Holzschnitt zeigt die Funktionsweise von Venenklappen.

Lupe, aber kein Mikroskop und scheiterte deshalb an der Formulierung einer wirklich wissenschaftlichen Hypothese. Stattdessen war er gezwungen, sich auf verschiedene Indizien zu berufen. Im Folgenden zieht er einen Analogieschluss; mit der Sonne, von der im zweiten Abschnitt die Rede ist, ist die Sonne von Kopernikus, Kepler und Galilei gemeint, den Begründern des heliozentrischen Weltbildes:

Wir haben genauso das Recht, diese Bewegung des Blutes als Kreislauf zu bezeichnen, wie Aristoteles behaupten durfte, dass Luft und Regen die kreisförmigen Bewegungen des Himmelskörpers nachahmen. Die feuchte Erde, schrieb er, wird durch die Sonne erwärmt und es entsteht Wasserdampf, der kondensiert, wenn er in große Höhen aufsteigt. Als Regen fällt der kondensierte Wasserdampf wieder auf die Erde und befeuchtet sie, sodass auf ihr immer wieder neues Leben entstehen kann. In einer ähnlichen Art und Weise wirken die kreisförmigen Bewegungen der Sonne, also ihre Annäherung und wieder zunehmende Entfernung, wodurch Stürme und andere atmosphärische Phänomene entstehen...

Dieses Organ verdient es, als Urquell des Lebens bezeichnet zu werden, als Sonne unseres Mikrokosmos, genauso, wie die Sonne das Herz der Welt ist.

Papst Innozenz VIII. sollte im Jahre 1492 in Rom eine Bluttransfusion erhalten, und auch Andreas Libavius empfahl im Jahre 1615 Transfusionen. Etwa 37 Jahre nachdem Harvey seine Erkenntnisse veröffentlicht hatte, begann Richard Lower im Jahre 1665 in Oxford mit Experimenten zur Bluttransfusion von einem Tier auf ein anderes – zunächst von einem Hund auf einen anderen und dann, im Jahre 1666, vom Schaf auf den Menschen. Ein Jahr später übertrug Jean-Baptiste Denis in Frankreich Blut vom Kalb auf Hunde und dann von Lämmern oder Schafen auf den Menschen, wobei zwei Menschen starben, zwei andere jedoch überlebten.

Bluttransfusionen zwischen verschiedenen Spezies sind normalerweise für den Patienten tödlich, da sich Gerinnsel bilden. Da jedoch einige der Patienten diese ersten Experimente überlebten, ist zu vermuten, dass das Blut in den Probengefäßen verklumpte, noch bevor es der Empfänger erhielt; so wurde tatsächlich nur wenig Blut übertragen und der Patient konnte sich glücklich schätzen. Bis 1678 hatte es jedoch so viele Tote gegeben, dass sich die Gesellschaft der Ärzte in Paris gezwungen sah, Bluttransfusionen ohne Genehmigung der Medizinischen Fakultät der Pariser Universität zu verbieten. Bislang hatte man nur wenig Einblick in die tatsächlichen Vorgänge, doch der Grundstein war gelegt.

PHOTOSYNTHESE

Wie wir lernten, woraus Pflanzen ihre festen Bestandteile aufbauen

Die vorwissenschaftlichen Aristoteliker hatten fest gefügte Ansichten, von welchen sie nicht leicht abzubringen waren. Johann van Helmonts berühmtes Weidenbaum-Experiment lieferte wichtige und stichhaltige Ergebnisse. Darin, wie er sie interpretierte, war er allerdings noch ganz dem traditionellen Denken seiner Zeit verhaftet. Bei jedem wissenschaftlichen Paradigmenwechsel gibt es einige, die an den alten Erklärungsmustern festhalten und krampfhaft versuchen, die Daten mit hergebrachten Theorien zu erklären.

Van Helmont hatte von vielem etwas: Er war Physiker und Alchimist, aber auch ein penibler und sorgfältiger Experimentator. Sein Problem war, dass er glaubte, es gebe nur ein Element – Wasser –, aus dem alles andere gemacht sei. Der griechische Philosoph Thales (ca. 624–545 v. Chr.) hatte diese Theorie vertreten, und van Helmont machte sich Anfang des 17. Jahrhunderts auf die Suche nach Beweisen, die ihre Richtigkeit untermauern könnten.

Ich nahm ein Gefäß aus Steingut und gab 200 Pfund getrocknete Erde hinein. Ich befeuchtete die Erde mit Regenwasser und pflanzte in sie ein kleines Weidenbäumchen, das fünf Pfund wog. Fünf Jahre später wog die Pflanze 169 Pfund und drei Unzen ... Ich trocknete die Erde in dem Gefäß und bestimmte ihr Gewicht am Ende des Experiments auf 200 Pfund weniger zwei Unzen. Der Gewichtsunterschied zwischen der alten und der jungen Pflanze rührte somit eindeutig vom Wasser her.

Van Helmont hatte nichts dem Zufall überlassen: Eine Blechabdeckung verhinderte, dass Staub in das Gefäß gelangen konnte, das Wasser war so frei von Salzen, wie nur irgend möglich – bloß an Gase hatte er nicht gedacht. Das ist merkwürdig, denn ausgerechnet van Helmont verdanken wir den Begriff „Gas". Eigentlich meinte er „Chaos", doch in der flämischen Aussprache des griechischen Wortes wurde daraus „Gas".

Ironischerweise identifizierte er sogar ein besonderes Gas, nämlich jenes, das die Quelle für die Gewichtszunahme des Weidenbäumchens war und auf zwei verschiedene Weisen gebildet wurde: aus brennender Holzkohle und bei der alkoholischen Gärung. Dieses Gas bezeichnete er als *gas sylvestre* oder „Waldgas". Heute kennen wir es als Kohlendioxid.

Van Helmont glaubte auch an die spontane Erzeugung von Lebewesen und berichtete, dass lebendige Mäuse entstehen, wenn ein in menschlichen Schweiß getränktes Hemd 21 Tage lang mit Weizen in Kontakt ist. Man kann sich ungefähr vorstellen, wie diese „Rezeptur" zustande kam: ein verschwitztes Hemd, abgelegt in einem Küchenschrank, darin einige Weizenkörner, Mäuse, die heimlich in den Schrank schlüpfen, um darin ein Nest zu bauen oder den Weizen zu fressen – und drei Wochen später öffnet jemand die Tür.

In den 1770er Jahren begannen sich allmählich modernere Auffassungen von chemischen Prozessen und Methoden sowie manchen biologischen Vorgängen durchzusetzen. Stephen Hales (1677–1761) hatte 1727 nachgewiesen, dass im Innern von Pflanzen Wasser zirkuliert, ähnlich wie Blut in tierischen Organismen. Die Resultate lagen vor, nur mit der Beweisführung tat man sich noch schwer.

27

Wann: Im frühen 16. Jahrhundert.

Wo: Vilvoorde bei Brüssel.

Wer: Johann Baptist van Helmont (1579–1644).

Was: Ein Teil der Gewichtszunahme von Pflanzen kommt nicht aus der Erde, in der sie wurzeln.

Folgen: Zunächst nur geringe, obwohl die Entdeckung ein Problem sichtbar machte und damit andere zu weiteren Forschungen anregte.

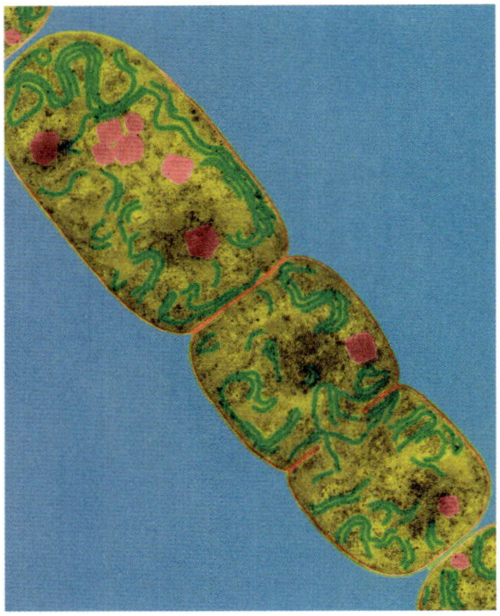

Fadenförmig aneinandergereihte Zellen eines Cyanobakteriums. Cyanobakterien (früher auch Blaualgen genannt) binden Luftstickstoff und reichern so Böden und Meere mit nützlichen Stickstoffverbindungen an.

Sauerstoff war noch unbekannt. Joseph Priestley (1733–1804) kam diesem Gas jedoch im Jahr 1772 auf die Spur, als er eine brennende Kerze zusammen mit einem Minzezweig in einen luftdichten Behälter brachte. Die Kerze erlosch nach kurzer Zeit, weil nicht mehr genügend Sauerstoff vorhanden war. Zehn Tage später entzündete Priestley die Kerze erneut, indem er mit einem Brennglas Sonnenlicht auf den Docht fokussierte. Die Minze hatte mittlerweile einen Großteil des Kohlendioxids in Sauerstoff zurückverwandelt, und die Kerze brannte hell in der „wiederhergestellten Luft". Priestley kam der Lösung recht nahe, aber nicht nahe genug, um auf Sauerstoff zu schließen.

Im Jahr 1797 wurde Sauerstoff „offiziell" entdeckt. Jan Ingenhousz (1730–1799), Hofarzt der Kaiserin von Österreich, reiste nach England, um dort eine Reihe von Experimenten durchzuführen. Er konnte zeigen, dass Pflanzen Kohlendioxid am Tag aufnehmen und in der Nacht wieder abgeben. Was immer auch geschah, es hatte etwas mit Licht zu tun. Dann setzte Ingenhousz eine kleine grüne Wasserpflanze in ein luftdichtes Gefäß, das er in helles Licht stellte. Es bildeten sich Gasblasen, was nicht der Fall war, als er den Versuch bei Dunkelheit wiederholte. Jetzt wusste er, dass Pflanzen durch Licht zur Bildung eines Gases angeregt werden.

Im Jahr 1976 ging Ingenhousz einen Schritt weiter. Pflanzen benötigen Boden, der ihnen Halt gibt, sagte er, und fügte hinzu, dass viele Pflanzen über ihr Wurzelwerk Wasser aus dem Boden gewinnen, einige ungewöhnliche Pflanzen (wie Kakteen oder Agaven) jedoch keine Wurzeln im Boden schlagen und folglich etwas wie Nahrung aus anderen Quellen beziehen müssen.

Dann kam der erstaunliche und entscheidende Schluss: Ingenhousz hatte herausgefunden, warum „Pflanzen so unbeständig hinsichtlich ihrer Effekte auf die Luft sind". Er hatte unterschieden zwischen der Photosynthese, die „Nahrung" produziert, und der Atmung, durch welche diese Nahrung umgewandelt wird:

Ich hatte das Glück, den wahren Grund zu entdecken, warum Pflanzen manchmal schlechte Luft verbessern, aber diese manchmal auch weiter verschlechtern ...

Im Jahr 1782 zeigte Jean Senebier (1742–1809), dass Kohlendioxid bei der Photosynthese aufgenommen wird, und 1804 konnte Nicolas de Saussure (1767–1845) nachweisen, dass Wasser ebenfalls eine Rolle bei der Photosynthese spielt. Als Julius Robert Mayer (1814–1878) im Jahr 1845 noch erklärte, Sonnenenergie werde in chemische Energie umgewandelt, lagen alle wichtigen Fakten auf dem Tisch. Bis zur Entschlüsselung der biochemischen Prozesse sollte allerdings noch einige Zeit vergehen. Immerhin wusste man ungefähr, was ablief, vor allem dank der Art und Weise, wie sich unser Wissen über die der Chemie (zuerst) und die Energie (später) entwickelt hatte.

Im 19. Jahrhunderts nahm die Wissenschaft deutlich Fahrt auf. Bevor wir jedoch dazu kommen, wollen wir an einigen weiteren Meilensteinen Station machen.

BAROMETER

Wie wir lernten, das Gewicht von Luft zu messen und ein Vakuum zu erzeugen

Aristoteles war davon überzeugt, dass die Natur ein Vakuum nicht gestatten würde. Die Natur abhorresziere (verabscheue) das Vakuum, sagte er. Und wenn ein Aristoteles dies sagte, dann war es für die meisten auch so, zumindest eine Zeit lang. Nach 1600 begann man indes die Dinge zu hinterfragen, und ganz besonders die Behauptungen des Aristoteles. Viele der Fragen kamen von einem Mann namens Galilei, der ständig neue Fakten und Beobachtungen anführte, durch welche die Theorien von Aristoteles auf die Probe gestellt wurden.

In seiner Schrift *Über zwei neue Wissenszweige* aus dem Jahr 1638 erwähnt Galilei, dass Wasser durch den Sog einer Pumpe nicht über ein bestimmtes Niveau gehoben werden kann. Um diese Feststellung alltäglicher klingen zu lassen, behauptete er, ein Handwerker, der zu ihm gekommen sei, um eine Pumpe zu reparieren, habe ihm dies erzählt – tatsächlich aber war er durch einen Brief auf das Problem aufmerksam geworden, den ihm sein Wissenschaftlerkollege Giovanni Battista Baliani geschrieben hatte. (Galilei dürfte gespürt haben, dass die Inquisition zögern würde, Tatsachen in Frage zu stellen, die gewöhnlichen Menschen bekannt waren.)

Diese Entdeckung wird manchmal Robert Boyle (1627–1691) zugeschrieben, der allerdings erst elf Jahre alt war, als Galileis Schrift veröffentlicht wurde. Jede Entdeckung hat ihre Legenden. Diese lassen sich oft leicht entlarven, aber die Entdeckung selbst wird dadurch nicht infrage gestellt. Im England der 1630er Jahre war man nicht sehr experimentierfreudig, wohl aber in Italien, und aus Experimenten entstanden Theorien und Erkenntnisse, die zum Vorteil aller waren und die Wissenschaft voranbrachten.

Im Jahr 1641 nahmen Gasparo Berti und andere Forscher in Rom eine lange, an einem Ende verschlossene Röhre, gaben Wasser hinein und stellten sie mit dem offenen Ende nach unten in eine mit Wasser gefüllte Schale. Sie sahen, dass am oberen Ende der Röhre Raum blieb, und maßen für die Höhe der Wassersäule 34 Fuß (10,4 Meter) oder 18 Ellen – genau die Marke, bis zu welcher Pumpen und Saugheber Wasser heben können. Die Aristoteliker suchten krampfhaft eine Begründung dafür, dass dieser Raum kein „wirkliches“ Vakuum sei: Die Lücke enthalte „Geister“, weil Licht durch sie hindurch falle.

Evangelista Torricelli sagte voraus, dass man zu einem ähnlichen Ergebnis leichter gelangen könnte, wenn man Quecksilber verwende, das eine um den Faktor 13,6 höhere Dichte als Wasser besitzt, sodass eine zwei Ellen lange Röhre ausreichen würde. Als der Student Vincenzano Viviani das erste Barometer zusammensetzte, benutzte er dafür eine solche Röhre in der ansonsten gleichen Versuchsanordnung und erhielt dasselbe Ergebnis: Von dem Quecksilber floss so viel ab, dass eine 1,3 Ellen (76 Zentimeter) hohe Säule stehen blieb, über welcher sich ein Vakuum (mit einer geringen Menge Quecksilberdampf) befand.

Torricelli zog daraus weiter reichende Schlüsse: Die Erdatmosphäre reiche bis in eine Höhe von 80 Kilometern und verursache die Abend- und Morgendämmerung, indem sie das einfallende Sonnenlicht breche. Wäre das

28

Wann: 1644.

Wo: Florenz.

Wer: Evangelista Torricelli (1608–1647), unterstützt von Vincenzo Viviani (1622–1703).

Was: Dass man ein Vakuum erzeugen kann, und dass der atmosphärische Druck auf Meereshöhe einer Quecksilbersäule von rund 76 Zentimetern Höhe entspricht.

Folgen: Das erste Barometer zeigte, dass ein Vakuum möglich ist, und führte kurze Zeit später zu einem besseren Verständnis der Atmosphäre.

GALILEOS PUMPENFACHMANN

Galileo war aufgefallen, dass Saugpumpen Wasser nicht über ein bestimmtes Niveau hinaus heben können. Er zitierte einen „Handwerker", der ihm angeblich erzählt habe,

... dass es nicht möglich ist, mittels einer Pumpe oder irgendeiner anderen nach dem Prinzip der Anziehung funktionierenden Maschine Wasser auch nur ein Haarbreit über die Höhe von 18 Ellen zu heben ...

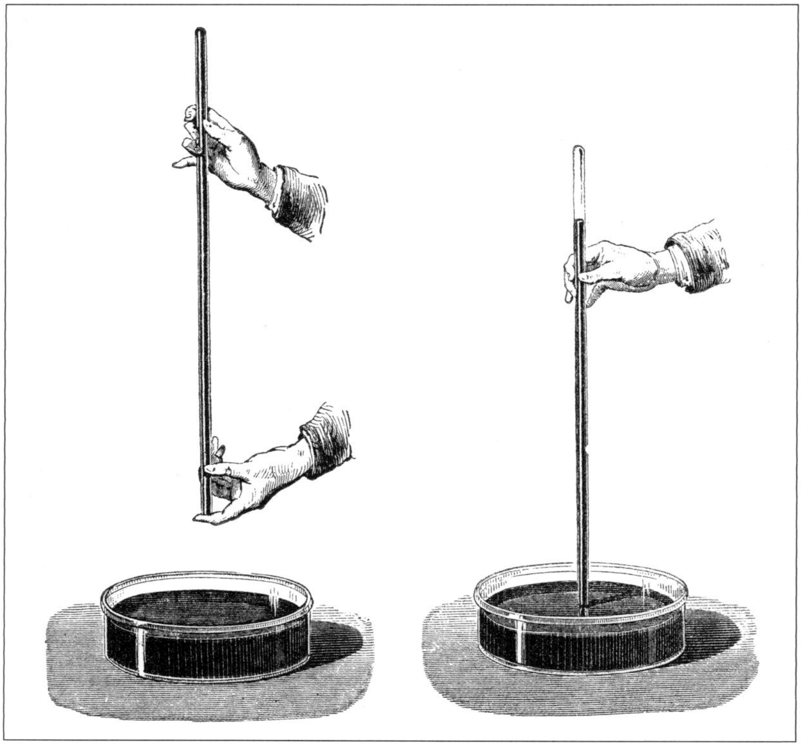

Forscher früherer Zeiten verwendeten bei ihren Versuchen, ein Vakuum zu erzeugen, mit unterschiedlichen Flüssigkeiten gefüllte Glasrohre. Dabei stolperten sie gewissermaßen über die Idee des Luftdrucks. Hier riskiert der Experimentator, der ein einfaches Barometer zusammensetzt, eine Quecksilbervergiftung. In dem Rohr rechts herrscht im oberen Teil ein Vakuum.

All von Luft erfüllt, so wäre es überall erleuchtet; würde die Luft jedoch nicht bis in die berechnete Höhe reichen, so könnte man keine ausgeprägte Dämmerung beobachten. Das Barometer wurde als Instrument zur Erzeugung eines Vakuums konstruiert; die Untersuchungen des atmosphärischen Drucks kamen später. Einmal mehr hatte „reine" Forschung für eine anwendungsfähige Überraschung gesorgt.

Ein wichtiger Punkt ist, dass ein Barometer keinerlei bewegliche Teile enthält. Folglich sind alle Kräfte im Gleichgewicht: Der abwärts gerichtete Druck des Quecksilbers im Barometer entspricht exakt dem nach unten wirkenden Druck der Luft außerhalb des Barometers. Ist der Luftdruck höher als der Druck des Quecksilbers, steigt die Quecksilbersäule an, bis sich erneut ein Gleichgewicht einstellt. Ist der Quecksilberdruck höher, sinkt die Quecksilbersäule, bis die Druckverhältnisse wiederum ausgeglichen sind. Nach Inbetriebnahme stellt sich das Gleichgewicht schon nach wenigen Sekunden ein. Ändert sich der Luftdruck allmählich, entspricht das Niveau des Quecksilbers zu jeder Zeit dem aktuellen Luftdruck und liefert uns ein direktes Maß des Drucks, welchen die Luft auf das Quecksilber in der oben offenen Schale ausübt.

Bald begann man sich überall in Europa für das Quecksilberbarometer zu interessieren, bis Blaise Pascal (1623–1662) im Jahr 1646 Versuche mit einem Barometer anstellte, in dem sich eine Mischung aus Wasser und Wein befand. Damals glaubten immer noch viele, dass Aristoteles mit seiner Auffassung Recht habe, es gebe kein Vakuum, sondern nur „Geister" am oberen Ende des Barometers. In einem lagen sie richtig: Was wir Dampf nennen, ist nicht so verschieden von dem, was sie für „Geister" hielten. Doch

Pascal forderte die Aristoteliker heraus: Sie sollten die Höhe der Wasser-Wein-Säule vorhersagen.

Das war clever, denn Pascal wusste, dass die Mischung eine geringere Dichte besitzt als Wasser und darum die Säule höher sein sollte. Die Aristoteliker glaubten jedoch, dass Wein „geisthaltiger" war und die Säule deshalb kürzer sein würde als eine Wasserbarometersäule. Ein in der Öffentlichkeit durchgeführter Versuch ergab eine Säulenhöhe von 20 Ellen – deutlich mehr als die 18 Ellen der Wassersäule. Ich habe den Verdacht, dass Pascal den Versuch vorher erprobt und bewusst inszeniert hat. Wie dem auch sei, er erzielte die gewünschte Wirkung.

Danach schrieb Pascal einen Brief an seinen Schwager Florin Perier. Darin bat er ihn, ein Quecksilberbarometer auf einen nahe gelegenen Berg, den Puy de Dome, zu bringen und den Luftdruck in größerer Höhe zu messen, um zu sehen, ob er fällt. Ein solches Barometer zu schleppen, war keine leichte Sache. Die Teile waren schwer und zugleich zerbrechlich – kein angenehmes Gepäck für eine Bergwanderung. Doch Perier nahm die Mühe auf sich und führte das Experiment im September 1648 durch. Er konnte bestätigen, dass das Barometer beim Aufstieg sank.

LUFTPUMPE

Wie wir gelernt haben, ein Gerät herzustellen, das Luft komprimieren kann

Nachdem Torricelli gezeigt hatte, dass man in einem Barometer ein gutes Vakuum aufbauen kann, war der Standpunkt der Aristoteliker, die Natur verabscheue das Vakuum, erledigt. Zu wissen, dass ein Vakuum erzeugt werden kann, bedeutete aber noch lange nicht, zu wissen, wie man es tatsächlich macht. Man benötigt eine Luftpumpe, und in unserer Geschichte kommen sogar zwei vor. Beide können den Druck erhöhen oder erniedrigen, deshalb werden wir sie in der Reihenfolge behandeln, in der sie gebaut wurden.

Der Dreißigjährige Krieg endete 1648 mit dem Westfälischen Frieden. Nun hatte Otto von Guericke, vormals Bürgermeister von Magdeburg, endlich Zeit, sich ein wenig mit einer interessanten wissenschaftlichen Frage zu beschäftigen, die mit der Erfindung des Barometers in den 1640er Jahren aufgeworfen worden war. Er plante, mit einer Pumpe das Wasser aus einem gefüllten Fass zu entfernen. Dazu verwendete er anfangs eine Art Feuerwehrpumpe.

Bei seinen ersten Versuchen drang Luft in das Fass. Darum legte er ein kleines Wasserfass in ein großes Wasserfass und pumpte wieder das kleinere leer, aber immer noch sickerte Luft hinein. Schließlich erkannte er, dass der Druck sowohl Wasser als auch Luft durch das Holz in das kleine Fass presste, deshalb ging er dazu über, Behälter aus Metall zu verwenden.

Nachdem er nun das Auspumpen beherrschte, baute Guericke seine berühmt gewordenen Magdeburger Halbkugeln: Er fügte er zwei halbkugelförmige Metallschalen zusammen und pumpte die Luft aus dem eingeschlossenen Hohlraum. Die beiden Halbkugeln konnten dann nicht getrennt wer-

29

Wann: 1650 und 1656.

Wo: Magdeburg und London.

Wer: Otto von Guericke (1602–1686) und Robert Hooke (1635–1703).

Was: Eine Methode, den Großteil der Luft aus einem Behälter zu entfernen.

Folgen: Die Erfindung führte direkt zu vielen Erkenntnissen über Gase und letztlich zum Verständnis der Atome.

Ein Ausschnitt des Titelblatts des Buches, in dem von Guericke seine Erfindung der Luftpumpe und seine Experimente über die Kraft des Luftdrucks veröffentlichte.

den, bis wieder Luft hineingelassen wurde – weder von zwei Gespannen mit je acht Pferden, noch von schweren Gewichten, die man dranhängte.

Robert Boyle (1627–1691) war ein für seine Zeit ungewöhnlicher Wissenschaftler. Er maß verschiedene Größen und trug sie in Diagramme ein, um zu sehen, wie sie voneinander abhängen. Diese (für jene Zeit) merkwürdige Angewohnheit brachte uns das Boyle'sche Gesetz, das besagt: Verdoppelt man den Druck auf ein Gas, so halbiert sich sein Volumen.

Guericke begnügte sich damit, die Auswirkungen des Unterdrucks auf seine Hemisphären zu beschreiben, ohne irgendetwas zu messen. Boyle seinerseits untersuchte, was innerhalb des Vakuums passierte: Ohne Luft verloschen Flammen, erstarben Geräusche, verendeten Tiere. Solche qualitativen Berichte waren üblich; neu an Boyles Vorgehensweise war es, darüber hinaus auch Messungen vorzunehmen.

Zu seinem Glück hatte Boyle einen fähigen Assistenten, Robert Hooke, der sich ihm in Oxford angeschlossen hatte und seine Freundschaft damit vergalt, ihm eine Luftpumpe zu bauen. Im Gegenzug brachte Boyle seinen geschickten Mitarbeiter an der Royal Society als Kurator für Experimente unter.

Boyle profitierte nicht wenig von dieser Partnerschaft. So fand Hooke das nach ihm benannte Gesetz, das die Dehnung von Federn bei Belastung beschreibt. Bemerkenswerterweise sprach Boyle von einer *Luftfeder*, wenn er das Verhalten von Luft unter Druck erörterte. Als Hooke sein Gesetz öffentlich zur Diskussion stellte, erwähnte er, es gelte für Dinge aller Art: Holz, Glas, Horn, gespannte Drähte, Haare, Sehnen, Steine und eben auch zusammengedrückte Luft. Offensichtlich funktionierte die Zusammenarbeit in beiden Richtungen. Allerdings ist das Boyle'sche Gesetz keine direkte Folge der Erfindung der Luftpumpe, sondern „nur" davon inspiriert.

In seinem Experiment schüttete Boyle Quecksilber in ein U-Rohr („Siphon"), dessen kürzeres Ende zugeschmolzen war, maß die Höhe der eingeschlossenen Luftsäule und setzte sie in Beziehung zur eingefüllten Quecksilbermenge. Lassen wir ihn selbst zu Wort kommen:

Wir begannen, Quecksilber in das längere Ende des Siphons zu schütten. Durch sein Gewicht begann es, im kürzeren Ende emporzusteigen und drückte nach und nach die Luft darin zusammen. Wir füllten immer mehr Quecksilber ein, bis die Luft durch die Verdichtung nur noch die Hälfte des ursprünglichen Raumes beanspruchte (ich sage beanspruchte, nicht füllte). Nun wandten wir unsere Aufmerksamkeit dem längeren Ende zu und stellten nicht ohne Freude und Befriedigung fest, dass das Quecksilber hier um 26 Zoll [73,66 Zentimeter] höher stand als auf der anderen Seite. Diese Beobachtung passt sehr gut zu unserer Hypothese und bestätigt leicht jedem, der sich damit beschäftigt, was wir lehren, nämlich, dass Luft dem Druck eines 26 Zoll hohen Quecksilberzylinders entgegenwirken kann und dass sie, wie es das Experiment von Torricelli schon zeigte, dabei auf eine doppelt so hohe Dichte komprimiert wird, wobei gleichzeitig ihre Federkraft doppelt so groß wird wie zuvor. Wenn es aber einem Zylinder von 26 Zoll im längeren Schenkel widerstehen kann, dann können wir mit dem Experiment von Torricelli schließen, dass der zusätzliche Druck der Luftsäule darüber genauso groß ist.

Als die Menschen später begannen, mit dem Druck von Wasserdampf Maschinen anzutreiben, werden Boyles Erkenntnisse sehr nützlich gewesen sein.

Im 19. Jahrhundert setzten sich Quecksilber-Vakuumpumpen durch. Das zu evakuierende Gefäß wurde mit Quecksilber gefüllt und mit einem langen, ebenfalls quecksilbergefüllten Rohr verbunden. Dann wurde die Apparatur herumgedreht, alles Quecksilber lief heraus und ließ ein Vakuum zurück, das

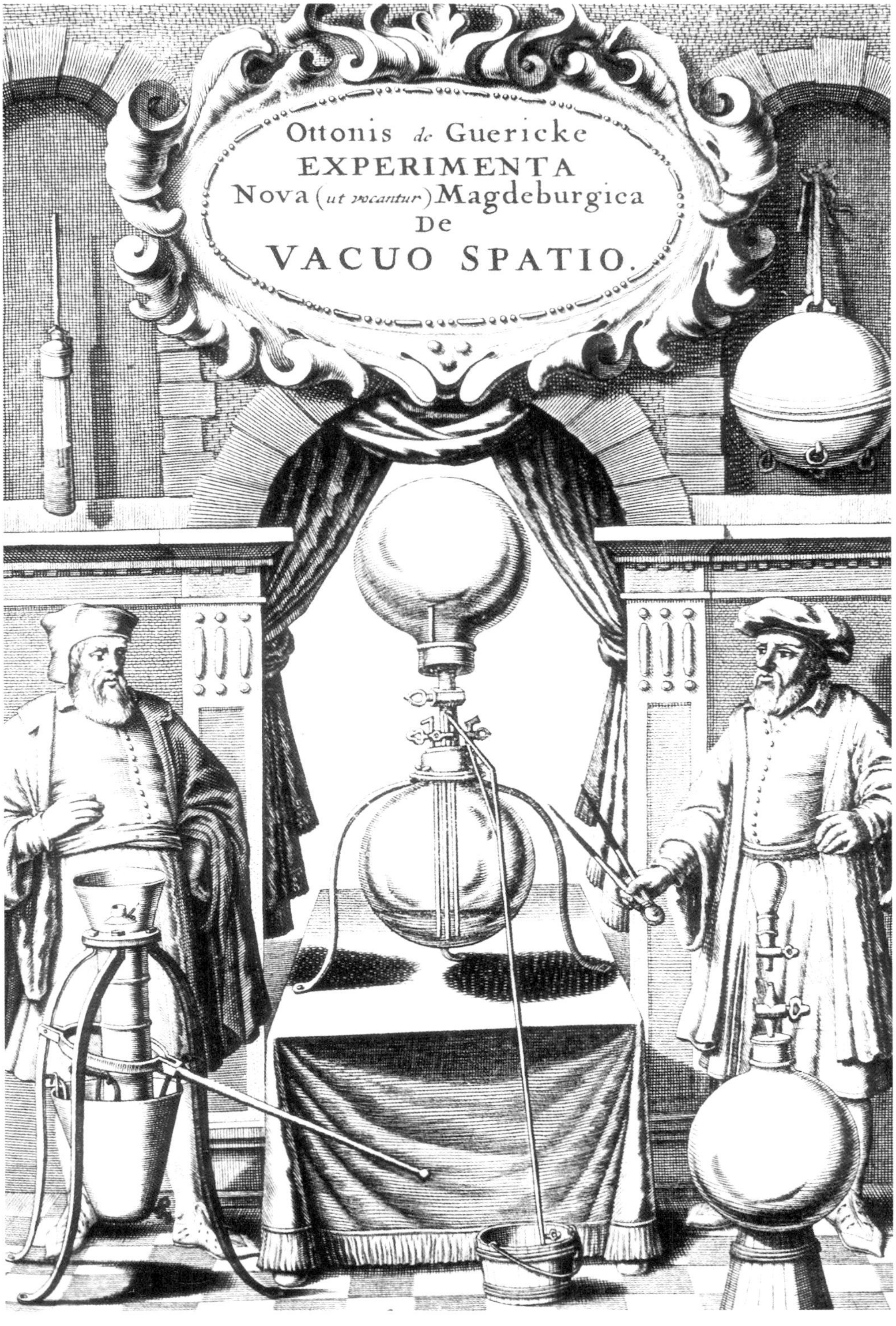
Ottonis de Guericke
EXPERIMENTA
Nova (ut vocantur) Magdeburgica
De
VACUO SPATIO.

so gut war wie jenes im oberen Teil eines Barometers, also noch Spuren von Quecksilberdampf enthielt. Später fand man sogenannte „Getter"-Materialien, Metalle und Legierungen, die auch diese Quecksilberatome noch einfangen.

Alles nimmt irgendwo seinen Anfang: Ideen, Pumpen ... selbst Pflanzen und Tiere.

SEXUELLE FORTPFLANZUNG

Wie wir entdeckten, wie immer neue Generationen von Tieren und Pflanzen entstehen

30

Wann: 1651.

Wo: England.

Wer: William Harvey (1578–1657).

Was: Alle Tiere entwickeln sich aus befruchteten Eiern.

Folgen: Die gewonnenen Erkenntnisse sind die Basis für Systematik, Evolutionstheorie und Genetik.

Die einzelnen Phasen der Aufklärung der sexuellen Fortpflanzung wurden von einer ganzen Reihe von Wissenschaftlern maßgeblich beeinflusst. Im Zentrum des Interesses stand natürlich die Art und Weise der menschlichen Reproduktion, doch jedem Biologen leuchtete ein, dass sich Tiere besser für eine Sektion und eine Untersuchung eignen würden, zumal sie sich – so vermutete man jedenfalls – in einer ähnlichen Weise vermehren.

Aristoteles stellte zwei gegensätzliche Theorien zur Diskussion. Die „Präformationstheorie" besagt: Jedes Elternteil enthält Samen für die nächste Generation, diese wiederum für die nächste und so weiter (wie ineinandergeschachtelte russische Matrjoschka-Puppen). Anders ausgedrückt: Der gesamte Organismus ist in Samen- oder Eizelle bereits angelegt. Die „Epigenese" geht dagegen davon aus, dass ein Fötus aus einem Teil von Mutter oder Vater entsteht (möglicherweise aus dem Sperma), wobei sich während der Entwicklung neue Strukturen bilden. Aristoteles selbst hielt eher für denkbar, dass der Fötus aus einem Klumpen Menstruationsblut hervorgeht.

Die größte Schwierigkeit dabei war, dass man Spermien und Eizellen bis zur Erfindung des Mikroskops nur schwer erkennen konnte. Einen Weg, dieses Problem zu umgehen, fand William Harvey (→26), dem es in seiner Funktion als Leibarzt der Könige Jakob I. und Karl I. von 1625–1647 erlaubt war, Wild aus den königlichen Jagdgründen zu sezieren. Bei einer Sektion stieß er auf einen Fötus von der Größe „eines Taubeneies". Die Parallelen zu den Vögeln waren eindeutig, und Embryonen von Vögeln sind leicht zu untersuchen – man braucht nur zu verschiedenen Zeitpunkten nach dem Bebrüten die Eier zu öffnen.

Obwohl Harvey nie ein Säugetier-Ei zu Gesicht bekommen hatte, zeigte sein Werk *De generatione animalium* („Über die Entstehung der Tiere") auf der Titelseite den griechischen Gott Zeus, der ein eiförmiges Behältnis öffnet, auf dem man liest: *Ex ovo omnia* („Alles kommt aus dem Ei"). Daraus entsteigen Reptilien, Vögel, ein Fisch, Insekten und Säugetiere (darunter ein Mensch).

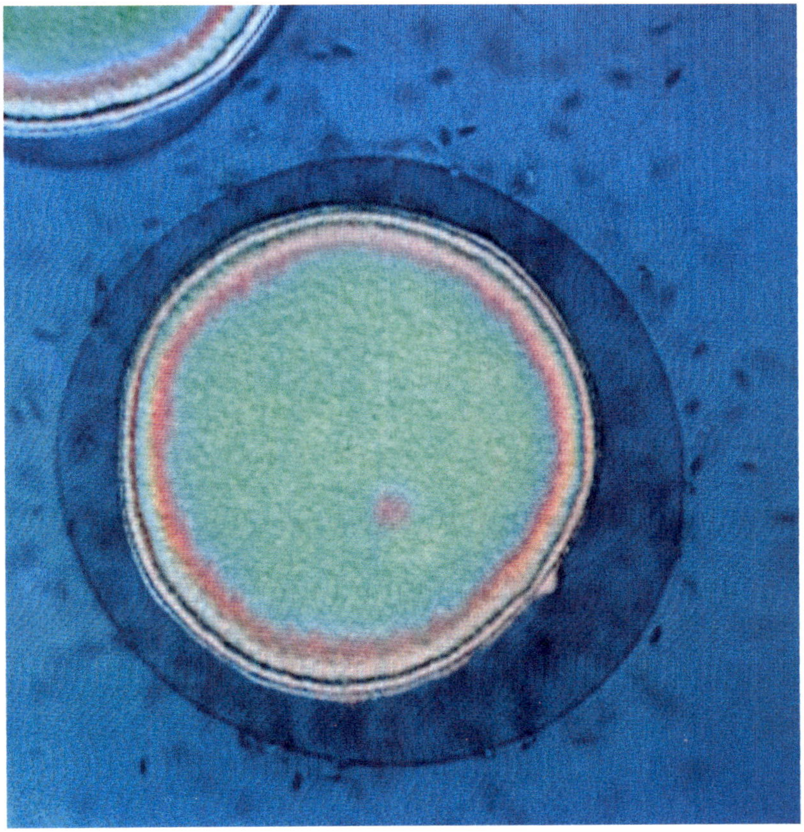

Mit den modernen leistungsfähigen Mikroskopen lässt sich ein befruchtetes Ei sichtbar machen.

Martin Llewellyn, ein Freund Harveys, übersetzte das Werk aus dem Lateinischen ins Englische und fasste den Grundgedanken in Verse:

That both the hen and housewife are so matcht,
That her son born, is only her son hatcht,
That when her teeming hopes have prop'rous been,
Yet conceive, ist but to lay within.

Dass die Lehren des Aristoteles so lange so populär blieben, liegt vermutlich daran, dass sich zwischen vielen mäßig schlüssigen Argumenten auch erstaunlich genaue Beobachtungen fanden. Nicht auszuschließen ist auch, dass die Ungereimtheiten von späteren Kopisten eingefügt wurden. Bis ins späte Mittelalter war es nicht unüblich, die eigene Lieblingsidee der Öffentlichkeit unterzuschieben, indem man sie älteren Gelehrten zuschrieb. Zumindest hätte Llewellyns Lesart von Harveys Werk, die eine Schwangerschaft gleichsetzt mit dem Legen eines Eies im Körperinneren, Aristoteles wohl nicht sonderlich überrascht; er selbst hatte die kuriose Trächtigkeit eines Dornhais beobachtet, eines kleinen Mitglieds der Familie der Grundhaie, das lebende Junge zur Welt bringt.

Noch immer hatte niemand das Ei eines Säugetiers gesehen. Im Jahre 1668 beobachtete jedoch der niederländische Arzt Regnier de Graaf Follikel im Eierstock eines Säugers und hielt sie für sich entwickelnde Eier, vergleichbar mit denen im Eierstock eines Vogels. Obwohl de Graaf Mitglied der Royal

Society of London war und seine Kollegen selbst auf die Arbeiten Antoni van Leeuwenhoek aufmerksam gemacht hatte, benutzte er leider kein Mikroskop, mit dem er die kleine Eizelle im Follikel hätte erkennen können. Er war zwar auf der richtigen Spur, gelangte aber nie ans Ziel.

William Harvey hatte keine Chance, die Bedeutung der Spermien und ihre Funktion bei der Fortpflanzung zu verstehen, denn erst 19 Jahre nach seinem Tod, im Jahre 1676, sollte van Leeuwenhoek seine Arbeit über die Spermatozoen verfassen. „Sperma" bedeutet „Same, Keim"; manche stellten sich die Reproduktion des Menschen so vor, dass der Mann seinen Samen in eine fruchtbare Frau einpflanzt, wie er ein Weizenkorn in den Boden legt. Dieser Same, so dachte man, wächst zu einem Kind heran. Allerdings war bereits aufgefallen, dass Kinder häufig auch der Mutter ähneln. Beirren ließ man sich davon jedoch nicht; man erklärte es mit Einflüssen des mütterlichen „Bodens", also der Ernährung des Fötus im Mutterleib.

Nachdem 1699 berichtet worden war, jede Spermazelle enthalte einen Homunculus (wörtlich: ein „Menschlein"), hielten manche Leute Spermien für eine Art Parasiten. Gut 50 Jahre später wurde aufgeklärt, dass jemand dieses Gerücht in die Welt gesetzt hatte, um sich einen Scherz zu erlauben. Bis dahin hatten jedoch zahlreiche Philosophen schon ernsthafte Theorien auf dieser Basis errichtet.

Im 18. Jahrhundert war also herauszufinden, was es mit dem angeblichen Ei und den angeblichen kleinen Lebewesen, die sich in der Samenflüssigkeit (die aus schwimmenden Spermien und Flüssigkeit besteht) tummelten, auf sich hat. Schließlich, 1770, untersuchte Lazzaro Spallanzani (1729–1799) Sperma und Eier von Fröschen und zeigte, dass sich ohne Sperma keine Kaulquappen entwickeln. Daraufhin filtrierte er das Sperma von Hunden und zeigte mit einer Methode, die wir heute künstliche Besamung nennen würden, dass keine Jungtiere entstehen, wenn die Spermien fehlen.

Die Sache hatte nur einen Haken: Auch Spallanzani hielt die Spermien noch für Parasiten und glaubte, sein Filter habe nicht nur die kleinen Lebewesen aus der Flüssigkeit entfernt, sondern noch etwas anderes, was für die Befruchtung das Eies notwendig sei.

In der Zwischenzeit hatten auch Botaniker die Fährte aufgenommen. 1694 veröffentlichte Rudolf Camerarius (1665–1721) Einzelheiten einiger Versuche, bei denen er die männlichen Geschlechtsorgane einer Pflanze entfernt hatte, wodurch die Bildung von Samen ausblieb. Bestäubte er die Stempel (weibliche Geschlechtsorgane) jedoch mit Pollen, dann bildeten sich Samen.

Die Fortschritte kamen langsam, aber stetig. Joseph Kölreuter (1733–1806) gelang es zwischen 1760 und 1766, zwei Arten von *Nicotiana* (Verwandte des Tabaks) durch Fremdbestäubung miteinander zu kreuzen und zu zeigen, dass die Nachkommen Eigenschaften von beiden Eltern geerbt hatten.

Christian Konrad Sprengel – aus dem Amt des Rektors eines Gymnasiums in Spandau entlassen, weil er seine kirchlichen Verpflichtungen wegen der Forschung vernachlässigt hatte – veröffentlichte 1797 sein Buch „Das entdeckte Geheimnis der Natur im Bau und in der Befruchtung der Blumen". Darin legt er ausführlich dar, dass einige Blumen sich nicht selbst befruchten können, weil die männlichen und weiblichen Geschlechtsorgane zu unterschiedlichen Zeitpunkten reif werden. Von seinem Werk nahm kaum jemand Notiz, bis Charles Darwin sich unter anderem auf Sprengels Arbeiten über die gegenseitige Abhängigkeit von Insekten und Blüten berief, um zu begründen, dass die Evolution durch natürliche Auslese vorangetrieben wird.

Damit stand der Sex offiziell auf der biologischen Tagesordnung.

MIKROSKOP

Wie es uns gelang, sehr kleine Dinge zu sehen

Die Ursprünge des Mikroskops liegen wie die des Fernrohrs im Dunkeln. Erfunden wurde es um 1590 in den Niederlanden, wahrscheinlich von Zacharias Janssen (ca. 1580–1638), der die Idee möglicherweise von seinem Vater übernommen hatte. Hans Lippershey, der die Erfindung des Fernrohrs für sich in Anspruch nahm, könnte auch das Mikroskop gebaut haben, wenngleich Janssen und sein Bruder später behaupteten, Lippershey habe die Idee von ihrem Vater gestohlen.

Die ersten Mikroskope bestanden im Unterschied zu Lupen aus mehreren Linsen, waren jedoch kaum leistungsfähiger als diese. Es sollten noch rund 75 Jahre vergehen, bis man mit den Geräten sichtbar machen konnte, was dem bloßen Auge verborgen war.

Wenn wir uns mit dem Auge einem Gegenstand nähern, vergrößert sich dessen Bild auf der Netzhaut, bis es von einem gewissen Punkt an unscharf erscheint. Ein Mikroskop bringt unser Auge unglaublich nahe an ein Objekt heran, wobei die Bildschärfe jedoch erhalten bleibt. Sieht man in das Okular eines modernen Mikroskops, scheint es, als ob sich das Auge an der Unterseite der Objektivlinse befindet und direkt über dem Objektträger des Mikroskoptischs schwebt.

Jede Linse muss ein klares Bild erzeugen, das von der nächsten Linse weiterverarbeitet wird, so dass jede einzelne Linse perfekt sein muss. Die fortgeschrittenen Methoden des Linsenschleifens und des Kombinierens von Linsen erlaubten es Robert Hooke im Jahr 1665, einen stark vergrößerten Blick auf eine Reihe sehr kleiner Objekte zu werfen. Von diesen fertigte er Zeichnungen an, die graviert und schließlich gedruckt werden konnten. Die bekanntesten Objekte waren ein Floh und eine Laus (was ein Licht auf die damaligen hygienischen Verhältnisse wirft), außerdem Essigwürmer, eine Rasierklinge, die Spitze einer Nadel, die feinen Härchen einer Brennnessel sowie etwas, das er in einer dünnen Korkscheibe sah und als „Zellen“ bezeichnete. Es war das erste Mal, dass Zellen beobachtet wurden:

... gewöhnlich befanden sich um sechzig dieser kleinen Zellen auf der Länge des achtzehnten Teils eines Zolls, woraus ich schloss, dass es fast elfhundert oder mehr als tausend auf der Strecke von einem Zoll und folglich ungefähr eine Million oder 1166400 auf einem Quadratzoll und ungefähr zwölfhundert Millionen oder 1259712000 in einem Kubikzoll waren, ein wahrhaft unglaubliche Sache, könnten wir uns ihrer nicht mittels des Mikroskops durch Augenschein versichern.

Hooke veröffentliche im Jahr 1665 sein Werk *Micrographia* als vollständige Ausgabe mit ausklappbaren Tafeln. In Reproduktionen wurde das Werk auch über London hinaus verkauft, was sich angesichts des großen Brandes, der im darauf folgenden Jahr weite Teile der Stadt zerstörte, als Glücksfall erwies. Denn ein holländischer Tuchhändler, Antoni van Leeuwenhoek, war, als er ein Exemplar zu Gesicht bekam, sogleich Feuer und Flamme für das Instrument.

Van Leeuwenhoek konstruierte Mikroskope mit einer einzigen, allerdings sehr leistungsfähigen Linse. Eine erhalten gebliebene Linse lässt eine 275-

31

Wann: 1665.

Wo: London.

Wer: Robert Hooke (1635–1703).

Was: Mithilfe des Mikroskops lassen sich sehr kleine Objekte beobachten und zeichnen.

Folgen: Während sich kaum jemand ein Mikroskop leisten, noch es gar richtig gebrauchen konnte, zeigte Hookes *Micrographia* jedermann leicht zugänglich das wahre Aussehen sehr kleiner Objekte.

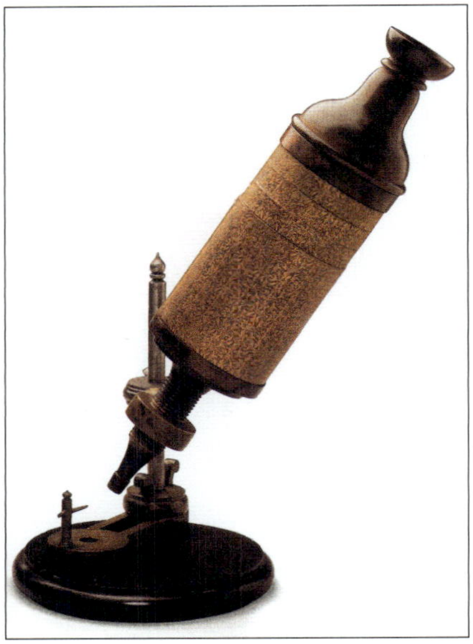

Manche frühen Mikroskope waren trotz ihrer einfachen Bausweise erstaunlich leistungsfähig. Dieses Instrument benutzte Robert Hooke

fache Vergrößerung zu, andere dürften sogar bis zu 500-fach vergrößert haben. Damit untersuchte er alle möglichen Objekte, von menschlichen Spermien (die er, wie er betonte, unter Wahrung der Moral als „Rückstände ehelicher Liebesakte" gewann) bis zu Bakterien. Er schrieb Berichte auf Holländisch nieder und schickte sie an die Royal Society in London, wo alle 190 Protokolle in englischer Übersetzung veröffentlicht wurden.

Van Leeuwenhoek schliff seine Linsen nicht. Er fertigte sie, indem er Glas erhitzte und zu einem feinen Faden auszog, den er zerbrach; das Ende schmolz er zu einem kleinen Kügelchen. Das mag einfach klingen, lässt sich jedoch mit der Flamme eines Bunsenbrenners so gut wie nicht bewerkstelligen. Leser, die das Experiment wagen möchten, dürften mit einem Spiritusbrenner mehr Erfolg haben.

Erstaunlicherweise brauchte man sehr lange, bis man Leeuwenhoeks mikroskopisch kleine Tierchen mit Krankheiten in Verbindung brachte. Andererseits stellten einige diesen Zusammenhang doch her, denn in der Zeit von Hookes *Micrographia* und des großen Londoner Brandes wütete in der Stadt an der Themse die Pest.

Im Jahr 1722 schrieb Daniel Defoe, vor allem bekannt durch *Robinson Crusoe*, das Buch *A Journal of the Plague Year* („Die Pest zu London"). Es stützte sich wahrscheinlich auf Tagebüchern seines Onkels, Henry Foe, der die Seuche selbst erlebt hatte. Darin macht Defoe eine seltsame Bemerkung, die nur dann einen Sinn ergibt, wenn man an „Keime" denkt:

[Ich bin überrascht, dass manche Leute] ... von Infektion reden, die nur über Luft übertragen wird, mit ihren Unmengen von Insekten und unsichtbaren Lebewesen, die über den Atem oder sogar durch Poren in den Körper eindringen, wo sie starke Gifte oder höchst giftige Eizellen oder Eier erzeugen oder absondern, welche sich mit dem Blut vermischen und auf diese Weise den Körper infizieren ...

Eine spätere Entwicklung war die Anwendung der neu entdeckten organischen Farbstoffe (→59), die sich als ausgezeichnete Färbemittel für bestimmte Zelltypen oder Teile von Zellen erwiesen und diese besser sichtbar machten. Achromatische Linsen brachten weiteren Fortschritt. Sie wurden konstruiert, um *chromatische Aberrationen*, durch die spektrale Zerlegung von Licht erzeugte Farbsäume, welche die Bildschärfe beeinträchtigen, zu vermeiden. Später kamen Ölimmersionsobjektive hinzu, bei welchen ein Tropfen Öl die Objektivlinse mit dem Objektträger verbindet und die eine bis zu 1000-fache Vergrößerung erlauben.

Bei solchen Vergrößerungen stößt jedoch die Auflösung an ihre Grenzen. Der Grund dafür ist der Wellencharakter des Lichts. Vereinfacht ausgedrückt, können wir zwei Punkte, die weniger als eine Wellenlänge voneinander entfernt sind, nicht mehr getrennt wahrnehmen (der technische Ausdruck ist „Auflösungsgrenze"). Machen wir auf unserem gemächlichen Spaziergang durch die Zeit einen Sprung nach vorn, so verbesserten sich die Dinge in den 1930er Jahren. Die aus der Quantentheorie gewonnene Erkenntnis, dass Elektronen unter bestimmten Bedingungen als Wellen von extrem kurzer Wellenlänge betrachtet werden können, war die Grundlage für die Konstruktion von Elektronenmikroskopen mit einer erstaunlich hohen Auflösung.

Aber das ist eine andere Geschichte.

GRAVITATION

Was Newton wirklich dachte, als (wenn überhaupt) er einen Apfel fallen sah

Keiner weiß, ob Newton wirklich diesen Apfel vom Baum fallen sah. Selbst wenn, wird er dabei wohl nicht gleich gedacht haben: „Hmm – alles fällt zu Boden!" Dass Dinge stets nach unten fallen, wusste und diskutierte die Menschheit schon seit 2000 Jahren. Dass der Mensch Newton aber ein Spezialfall war, würdigte der französische Dichter Paul Valéry so:

Man musste ein Newton sein, um zu erkennen, dass der Mond herunterfällt, wenn jedermann sieht, dass er nicht fällt.

Die Apfel-Legende wurde von Voltaire verbreitet. William Stukeley, Newtons Biograph und Freund, behauptete, Newton habe ihm die Geschichte selbst erzählt, also mag sie vielleicht einen wahren Kern haben. Entscheidend ist aber, dass Newton sich fragte, warum ein Apfel vom Baum fällt, aber der Mond nicht vom Himmel. Daraufhin erkannte er, dass auch der Mond fällt, doch gerade so, dass er an Ort und Stelle bleibt!

Im Sommer 1665 kam die Pest von London nach Cambridge, und die Universität wurde geschlossen. Newton suchte bis April 1667 im nahen Lincolnshire Zuflucht und kam nur 1666 einmal kurz nach Cambridge zurück. Unterdessen hatte er viel Zeit zum Nachdenken und Rechnen, und vermutlich hat er damals die Ansätze vieler seiner großen Ideen entwickelt.

Später erklärte er das Mondproblem, indem er seine Leser aufforderte, sich eine Kanone auf einem Berg vorzustellen, die eine Kugel sehr schnell abschießt. Während die Kugel fliegt, sinkt sie nach unten; weil aber die Erde selbst eine Kugel ist, entfernt sich dabei die Erdoberfläche von dem Geschoss, das – wenn es nur schnell genug ist – niemals am Boden aufschlägt, sondern weiterfliegt, bis es die Kanone wieder von hinten trifft. Das war ein frühes Gedankenexperiment. Es ignorierte die Luftreibung und die Tatsache, dass es unmöglich ist, eine Kanonenkugel mit einer derart hohen Geschwindigkeit abzuschießen. Aber das machte nichts, denn die Leute verstanden, was er sagen wollte.

Alternativ kann man auch einen Stein an einem Faden betrachten, der im Kreis geschleudert wird. Man fühlt dabei, dass an dem Faden gezogen wird, doch wichtiger ist, dass auch der Stein eine Kraft „verspürt", und zwar in Gegenrichtung – sie hält ihn auf seiner Kreisbahn. Immer wenn er auf dieses Thema kam, kombinierte Newton Ideen von Kepler mit seinen eigenen, um eine Antwort zu finden.

Bis 1666 hatte Newton mehr oder weniger verstanden, welche Rolle Kräfte bei Bewegungen spielen. Insbesondere hatte er sein erstes Bewegungsgesetz formuliert:

1. *Jeder Körper bleibt in Ruhe oder gleichförmiger Bewegung entlang einer geraden Linie, bis Kräfte ihn zwingen, diesen Zustand zu ändern …*

Also wirkt eine Kraft auf den Mond. Kepler hatte gezeigt, dass Himmelskörper elliptische Umlaufbahnen haben. Mehr brauchte Newton nicht, um herauszufinden, dass die Gravitationskraft proportional zum Quadrat des (zunehmenden) Abstands kleiner wird. Wenn Sie Ihren Abstand vom Erdmittelpunkt

Wann: 1666.

Wo: England.

Wer: Isaac Newton (später Sir Isaac Newton), 1643–1727.

Was: Eine Theorie, die die Schwerkraft erklärte.

Folgen: Die Theorie enthüllte den inneren Zusammenhalt des Universums, als ob Newton den Deckel eines Uhrwerks geöffnet hätte.

verdoppeln, zieht Sie die Gravitation nur noch mit 1/Entfernung², also dem Viertel der ursprünglichen Kraft. (Vergessen Sie nicht, dass Sie am Boden in Meereshöhe schon eine Entfernung von 6000 Kilometern zum Erdmittelpunkt haben.)

Mathematisch gesprochen ist die Kraft F, die zwischen zwei Massen m_1 und m_2 wirkt, proportional zum Produkt dieser Massen, geteilt durch das Quadrat ihres Abstands R, also $F \propto m_1\, m_2/R^2$.

Den meisten Leuten hätte das gereicht, aber Newton zog noch zwei Gesetze aus der Tasche, dazu ein hübsches Korollar:

2. *Die Änderung des Bewegungszustands eines Körpers ist proportional zur Kraft, die auf ihn wirkt, und erfolgt geradlinig in Richtung der wirkenden Kraft.*
3. *Zu jeder Aktion gibt es eine entgegengesetzt gerichtete Reaktion; oder die Wirkungen, die zwei Körper aufeinander ausüben, sind stets gleich groß, aber entgegengesetzt gerichtet.*

Korollar: Wenn auf einen Körper zwei Kräfte gleichzeitig wirken, wird er dadurch entlang der Diagonale des Parallelogramms beschleunigt, das von den beiden Kräften aufgespannt wird, auf der er auch beschleunigt würde, wenn die Kräfte einzeln und nacheinander auf ihn einwirken würden.

Bewegungsgesetze, Gravitation und das Korollar waren alles, was die Menschen brauchten, um Kanonenkugeln oder Raketen aufeinander abzuschießen, Satelliten und Raumsonden zu anderen Planeten zu starten und Brücken und Gebäude zu bauen, die auch stehen blieben. Die meisten Leute hätten nun definitiv genug gehabt, aber Newton arbeitete immer weiter. So wurde er noch zur Hauptfigur der nächsten beiden Kapitel.

Neben seiner wissenschaftlichen Tätigkeit war Newton auch noch Mitglied des Parlaments und erfand das Spiegelteleskop. Er stritt sich mit allen möglichen Leuten herum (z. B. mit Leibniz, Hooke, Flamsteed und Stephen Gray); er versuchte sich in Alchimie; er war der erste Leiter und Vorsteher der Königlich-Britischen Münzanstalt, und 24 Jahre lang war er Präsident der Royal Society (was ihm bei seinen Fehden half).

Auch Newtons Lebensdaten sind außergewöhnlich. Suchen Sie sich aus, was Ihnen am besten gefällt! Er wurde nach dem alten Julianischen Kalender am Weihnachtstag 1642 geboren; das ist der 4. Januar 1643 nach dem Gregorianischen Kalender, den wir heute benutzen, der aber in England erst 1752 eingeführt wurde. Sein Todesjahr wird auf seinem Grabstein mit 1726 angegeben, denn damals begann das neue Jahr erst am 25. März. Nach heutiger Zählung starb er am 20. März 1727, und der Geburtstag war dann der 4. Januar 1642! Nach dem Gregorianischen Kalender starb er am 30. März, was so oder so 1727 war.

Welche Daten Sie auch immer verwenden, Newtons Leben war eine ruhmreiche Zeit für die Wissenschaft.

Ein Bild von Sir Isaac Newton aus dem 18. Jahrhundert von Sir Godfrey Kneller.

INFINITESIMALRECHNUNG

Wie Mathematiker gelernt haben, mit Größen zu rechnen, die sich ständig ändern

33

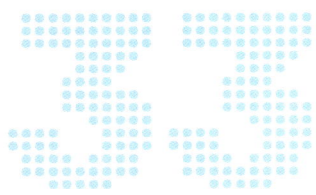

Wann: Irgendwann zwischen 1666 und 1684.

Wo: London oder Cambridge oder Lincolnshire; vielleicht auch Hannover oder Frankreich.

Wer: Entweder Isaac Newton (1643–1727) oder Gottfried Wilhelm Leibniz (1646–1716), am wahrscheinlichsten aber beide unabhängig voneinander.

Was: Eine mathematische Methode, Änderungsraten zu berechnen, die in komplizierten Gleichungen eine Rolle spielen.

Folgen: Mit der Infinitesimalrechnung ließ sich eine Vielzahl mathematischer Probleme mühelos bewältigen. Sie liefert genaue Antworten gerade dort, wo es zuvor den Anschein hatte, es gäbe überhaupt keine Lösung.

Werfen Sie im Geiste einen Ball in die Luft. Kurz bevor er seinen höchsten Punkt erreicht, fliegt er noch aufwärts; kurz danach fällt er nach unten. Wenn man sich immer kürzere Zeitabschnitte rund um den Gipfel ansieht, muss da ein Zeitpunkt sein, zu dem er weder nach oben noch nach unten fliegt, oder? Wenn Sie aber genau genug messen, stellen Sie fest, es gibt keinen solchen Zeitpunkt; der Ball steigt und sinkt die ganze Zeit, und ständig verändert sich dabei seine Geschwindigkeit. Wie können wir also je berechnen, wie schnell er fliegt oder wie lange es dauert, bis er von A nach B kommt?

Unendlich kleine Dinge bereiteten schon den alten Griechen Kopfschmerzen. Sie erfanden den Atombegriff, nur um die Vorstellung von Teilchen loszuwerden, die unendlich oft in zwei Hälften gespalten werden können. Es muss eine Grenze geben, sagten sie. Newton löste dieses Problem, indem er Grenzen betrachtete.

Die Griechen liebten Gedankenspiele, zum Beispiel das *Paradoxon von Achilles und der Schildkröte*. Achilles rennt zehnmal so schnell wie die Schildkröte, gibt aber seiner Konkurrentin zehn Meter Vorsprung. Das Rennen beginnt, und Achilles läuft zehn Meter, erreicht aber die Schildkröte nicht, die in dieser Zeit einen Meter vorwärts gekommen ist; wenn auch Achilles diesen Meter zurückgelegt hat, ist die Schildkröte weitere zehn Zentimeter vorangekommen und so weiter. So kann Achilles die Schildkröte niemals erreichen, argumentierten die Griechen.

Sie wussten aber ganz genau, dass die Schildkröte das Rennen im wahren Leben verlieren würde. Einige von ihnen vermuteten vielleicht intuitiv, dass das tapfere Tier bei 11,111... Metern überholt werden würde, vielleicht aber auch nicht, weil die nötige Mathematik fehlte, um mit dieser Art von Problemen klarzukommen. Mathematische Märchen dieser Art mit heimtückisch winzigen Zeitabschnitten zogen im 17. Jahrhundert das Interesse der Gelehrten auf sich. Sie fühlten sich sozusagen genötigt, diese Probleme zu lösen.

Ende des 17. Jahrhunderts behauptete Newton, er selbst – nicht Wilhelm Leibniz – habe die Infinitesimalrechnung erfunden, mit der man diese verteufelten Kurven berechnen könne, die im Leben immer wieder vorkommen. Er schwor, schon 1666 mit der Arbeit daran begonnen zu haben; Leibniz habe 1676 ein Manuskript davon zu Gesicht bekommen, das ihm den Einstieg ermöglicht habe. Mit Sicherheit wissen wir, dass Newton schon 1680 berechnen konnte, wie Planeten auf Ellipsen umlaufen, wenn die Gravitationskraft ein quadratisches Abstandsgesetz befolgt.

Leibniz begann sich 1674 mit der Infinitesimalrechnung zu befassen. Seine erste Veröffentlichung dazu erschien 1684, während Newton erst 1693 mit seiner Version an die Öffentlichkeit trat. Da wir keine glasklaren Beweise

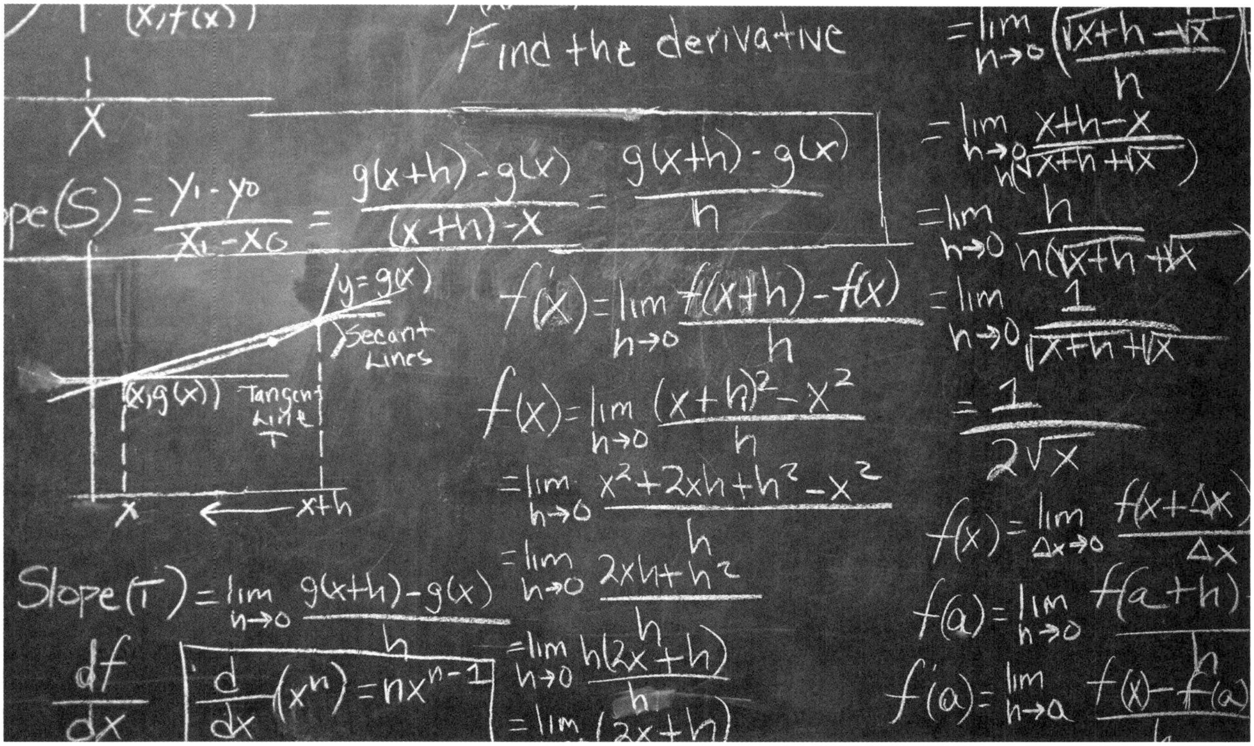

Die Gleichungen der Infinitesimalrechnung sehen kompliziert aus, vereinfachen den Mathematikern aber so manchen Lösungsweg.

haben, nehmen wir fairerweise an, dass die beiden großen Geister die gleiche Idee unabhängig voneinander hatten – einfach, weil die Zeit reif dafür war.

Leibniz, heißt es, habe sich im Alter von acht Jahren selbst Latein beigebracht und mit 14 das Griechische beherrscht. Ob man das glauben kann, sei dahingestellt; Legenden von der Frühreife wissenschaftlicher Größen halten sich genauso zäh wie alle anderen modernen Sagen. Was zählt, ist aber einzig und allein, was diese Forscher im späteren Leben geleistet haben.

Leibniz war der Sohn eines Professors für Moralphilosophie, doch sein Interesse lag mehr auf der mathematischen Seite der Philosophie. Im Laufe seines Lebens führte Leibniz den Punkt als Multiplikationszeichen ein und machte Notationen wie das Dezimalkomma, das Gleichheitszeichen, den Doppelpunkt für Division oder Verhältnis und die hochgestellten Zahlen für Exponenten (x^2 usw.) populär. Auch das in die Länge gezogene Sigma als Integralzeichen und die Verwendung des „Differenzial-d" (wie in dy/dx) gehen auf ihn zurück.

Newton hat viel geleistet, aber nie wie Leibniz einen Rechenapparat entwickelt. Nur Blaise Pascal hatte das zuvor bereits getan; nach ihm befasste sich Charles Babbage damit und andere folgten. Das Konzept von Leibniz aber, mit dem man multiplizieren und dividieren konnte, wurde immerhin im ersten Totalisator („Toto") verewigt, einem Gerät zur Bestimmung der Gewinnhöhen bei Wetten auf Pferderennen.

Leibniz wollte die Gesellschaft beeinflussen. Er hoffte, ein vereintes Europa schaffen zu können, lange bevor Deutschland selbst ein einheitlicher Staat wurde oder gar jemand von der Europäischen Union träumte. Letztendlich wurde er Bibliothekar am Hof von Hannover. Als sein Kurfürst 1714 nach

England zog, um als George I. den Thron zu besteigen, nahm er Leibniz jedoch nicht mit, vermutlich wegen seines anhaltenden Streits mit Newton.

Leibniz starb einige Jahre später in Hannover, aber sein inspirierender Einfluss überlebte ihn noch lange. Er hatte einen „Schläfer" zurückgelassen, in Form eines Briefes an die Académie Française von 1701. Darin skizzierte er das Binärsystem, auf dem alle modernen Computer beruhen:

Ich lege einen Versuch bei, ein numerisches System zu entwerfen, das sich vielleicht als vollständig neu erweisen könnte. Kurz gesagt geht es um Folgendes: Mit einem Binärsystem, das auf der Zahl 2 basiert statt auf der Zahl 10 wie das Dezimalsystem, bin ich in der Lage, alle Zahlen als Kombinationen von 0 und 1 zu schreiben. Ich habe das nicht aus rein praktischen Gründen getan, sondern um neue Entdeckungen zu ermöglichen ... Dieses System kann zu neuen Ergebnissen führen, die auf anderen Wegen vielleicht schwierig zu gewinnen wären ...

Wie recht er hatte. Aber nun ist Zeit, einen Blick auf eine weitere von Newtons erstaunlichen Entdeckungen zu werfen: das Farbspektrum, das in gewöhnlichem weißem Licht verborgen ist.

SPEKTRALFARBEN

Wie wir erkannt haben, dass sich alle Farben in weißem Licht verstecken

34

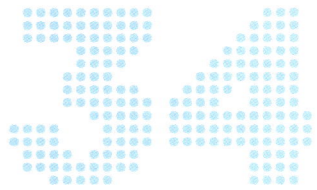

Wann: Zwischen 1666 und 1672 (vermutlich näher an 1672).

Wo: Südengland, vermutlich Cambridge.

Wer: Isaac Newton (1643–1727).

Was: Wie man weißes Licht durch ein Glasprisma in Farben aufspalten kann.

Folgen: Führte zum Verständnis des elektromagnetischen Spektrums und der Natur des Lichts.

1672 berichtete Isaac Newton, er habe das „großartige Phänomen der Farben" untersucht. Er war keineswegs der Erste, der beobachtete, wie weißes Licht von einem Prisma in farbige Streifen zerlegt wird, aber er war der Erste, der diesen Effekt erklärte. Zu jener Zeit hielten die meisten Menschen Farbe für eine (wie auch immer geartete) Mischung aus Licht und Dunkel, und man dachte, ein Prisma mische dem Licht die Farben bei. Robert Hooke war einer der eifrigsten Verfechter dieser Ansicht.

Mit zwei hübschen Experimenten fegte Newton Hookes Ideen vom Tisch. Damit begann eine der größten Debatten der Wissenschaftsgeschichte. In einem dieser Experimente mischte Newton mit einem zweiten Prisma die Farben wieder zu weißem Licht zusammen. In dem anderen stellte er einen Schirm mit einem Schlitz so zwischen die beiden Prismen, dass nur eine Farbe auf das zweite Prisma fiel, die dadurch nicht verändert wurde. Hookes Theorie lag in Scherben, und Newton hatte sich einen Feind gemacht. Er veröffentlichte danach nichts mehr über Optik, bis Hooke 1703 gestorben war.

Armer Newton – er konnte sich einfach nicht zurückhalten, mit der Wahrheit herauszuplatzen, auch wenn sie seinen Mitmenschen nicht passte. Der Romancier Aldous Huxley urteilte so:

Wenn wir aus Isaac Newton einen Menschenschlag heranzüchten würden, wäre das kein Fortschritt. Denn der Preis, den er für seinen überlegenen Intellekt zahlen musste, war die Unfähigkeit, Freundschaft, Liebe, väterliche Gefühle und vieles andere Erstrebenswerte zu empfinden. Als Mensch war er eine Fehlkonstruktion; als Scheusal war er großartig.

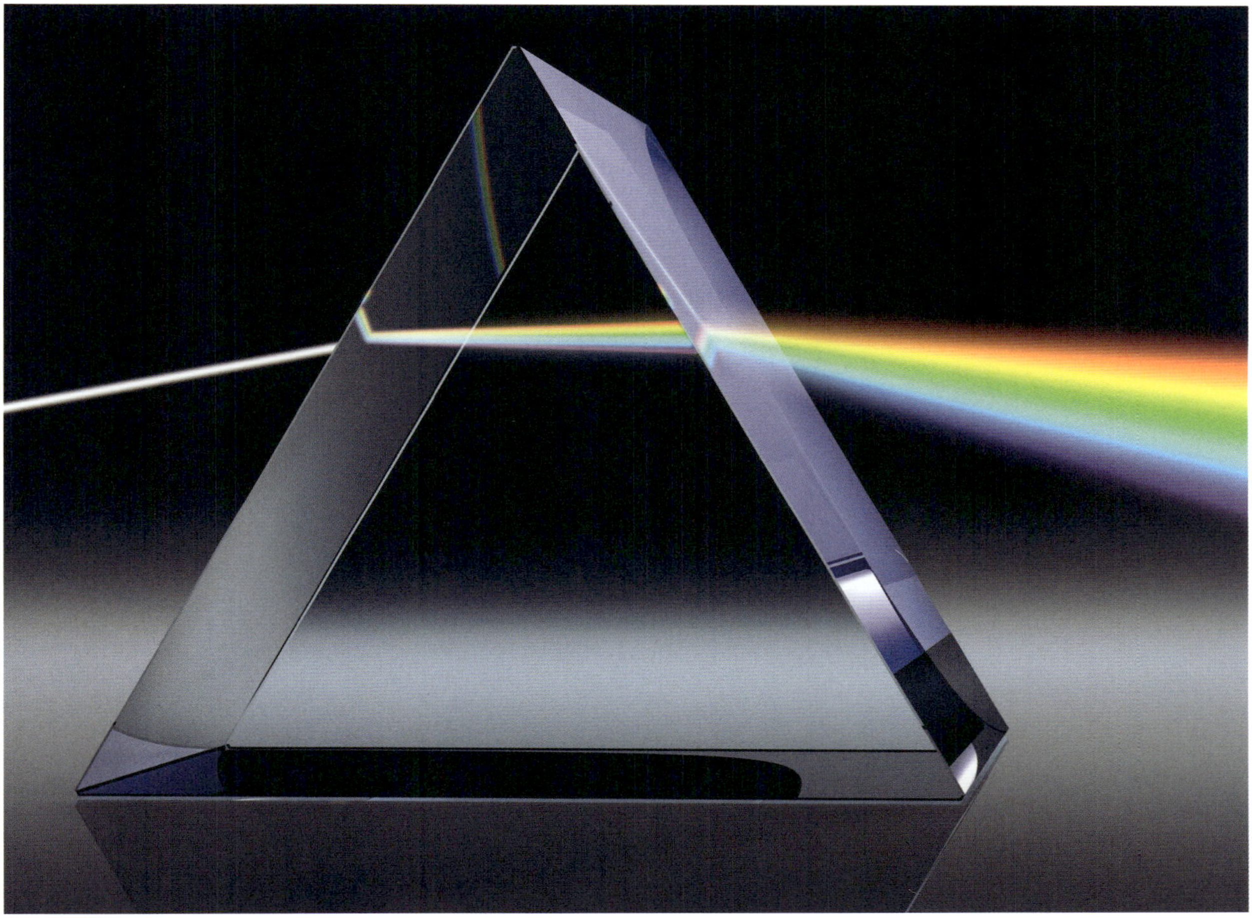

Die lebendigen Farben des Spektrums begegnen uns vielfach in der Natur – denken Sie an einen Regenbogen oder einen Tautropfen, der bunt im Sonnenlicht funkelt.

Das Experiment von Newton wird oft mit einem dreieckigen Prisma vorgeführt, das auf seiner Basis steht. Der Lichtstrahl wird, von unten kommend, zweimal (beim Ein- und Austritt) an den Grenzflächen zwischen Luft und Glas gebrochen, also jeweils nach unten abgeknickt. In Wirklichkeit hat Newton Sonnenlicht verwendet, das von oben durch ein Fenster schien, an einem auf dem Kopf stehenden Prisma wieder nach oben gebrochen wurde und auf eine sechs Meter entfernte Wand fiel. Der Raum muss wohl abgedunkelt gewesen sein, sodass nur ein Sonnenstrahl hereinfallen und ein blasses Spektrum auf die Wand werfen konnte – unten rot und oben violett.

Newton gab dem entstandenen Farbfächer den Namen *Spektrum*, ein lateinisches Wort, das Erscheinung, Gespenst bedeutet. Die Farben waren keinesfalls neu – jeder kannte schließlich einen Regenbogen. Aber wie viele Farben waren es? Aristoteles behauptete, drei; andere sahen vier, was zu den vier Grundelementen der Griechen passte; Roger Bacon entschied sich für fünf, weil es im Auge fünf „Körper" gebe, drei Flüssigkeiten und zwei Umhüllungen. Wieder andere sahen eine Verbindung zwischen drei Farben und der Heiligen Dreifaltigkeit, ein Argument, das jedoch schon im frühen 13. Jahrhundert von einem klugen Dominikanerpater namens Dietrich von Freiberg verworfen worden war: Schließlich hätten Menschen ja auch nicht drei Zähne oder drei Augen!

In Wirklichkeit umfasst das Spektrum unendlich viele „Farben"; wie viele wir unterscheiden, ist subjektiv. Newton folgte der von Ptolemäus bevorzugten Zahl – sieben – und ordnete die Namen zu, die wir heute noch nennen: Rot, Orange, Gelb, Grün, Blau, Indigo und Violett.

Weitere Farben könne er auch aus einem noch so schmalen Lichtband nicht herausfiltern, sagte Newton. Allerdings erlaubte es sein experimenteller Aufbau prinzipiell nicht, monochromatisches Licht in irgendeinem der gewählten Farbbereiche abzutrennen, denn die Sonnenstrahlen sind nicht genau parallel. Eigentlich hätte er eine feinere Trennung sehen müssen, aber vielleicht wollte er sein „Ergebnis" idealisiert verstanden wissen. Wenn nicht, hat er bei seinem Experiment ein bisschen geschummelt.

Newton stellte ganz richtig fest, dass die einzelnen Farben sowohl an Prismen als auch an Linsen unterschiedlich stark gebrochen werden. Wenn ein Astronom sein Teleskop auf das grüne Licht eines Sterns ausrichtet, verschwimmen die Farben auf beiden Seiten. Wir nennen das Farbfehler oder *chromatische Aberration* und können heute Linsenkombinationen herstellen, die den Fehler ausgleichen. Newton hielt eine Korrektur für unmöglich und erdachte deshalb ein neuartiges Teleskop mit reflektierenden Spiegeln. Alle großen modernen Teleskope sind solche Reflektoren.

Das sichtbare Licht ist nur ein kleiner Ausschnitt aus dem viel größeren elektromagnetischen Spektrum. Bis man das herausfand, musste aber noch reichlich Zeit vergehen. Teile des Spektrums werden wir später kennenlernen, doch die für uns unsichtbaren Bereiche *Ultraviolett* und *Infrarot* sollen schon hier genannt werden. Infrarot bedeutet „unterhalb von Rot" und Ultraviolett bedeutet „oberhalb von Violett". Beides bezieht sich auf die Position, an der Newton die Farben seines Spektrums an der Wand gesehen hatte, nämlich Violett ganz oben (am stärksten gebrochen) und Rot ganz unten (am wenigsten gebrochen). Wie kann man aber etwas „sehen", was unsichtbar ist?

Um 1800 befasste sich der Astronom Sir William Herschel mit den Temperaturen, die mit verschiedenen Farben in Verbindung stehen. Er hatte die Sonne durch Farbfilter betrachtet und festgestellt, dass manche Filter mehr Wärme durchließen als andere. Daher begann er zu überlegen, ob es zwischen Farbe und Temperatur einen Zusammenhang gibt.

An mehreren Stichproben aus dem Spektrum von Violett bis Rot beobachtete er, dass die Temperatur anstieg; jenseits des roten Bandes fand er sogar eine noch höhere Temperatur. Er nannte diese Strahlung deshalb Wärmestrahlung und zeigte, dass sie wie sichtbares Licht reflektiert, gebrochen und durchgelassen wird. Dieselben Untersuchungen nahm Heinrich Hertz (→76) später mit seinen Radiowellen vor.

Ein Jahr später untersuchte Johann Ritter das andere Ende des Spektrums. Mit Silberchlorid wies er Strahlung jenseits von Violett nach und fand heraus, dass diese unsichtbare Strahlung seine Chemikalie noch schneller schwärzte als das sichtbare Licht. Die Reaktion von Silberchlorid bei Lichteinfall war später die Grundlage des fotografischen Prozesses.

Ich glaube, das hätte Newton gefallen.

STRATIGRAPHIE

Wie wir erkannten, wie Gesteinsschichten abgelagert und geformt werden

35

Wann: 1669.

Wo: Florenz.

Wer: Nicolaus Steno, 1638–1686.

Was: Gestein bildet sich allgemein durch Ablagerung in horizontalen Schichten, wobei sich das älteste Gestein unten, das jüngste oben befindet.

Folgen: Ein entscheidender Schritt auf dem Weg zur Erkundung der geologischen Geschichte der Erde.

Niels Stensen (Nicolaus Steno) war ein Däne, der seine Heimat 1660 verließ, um im holländischen Leyden Medizin zu studieren. Er verbrachte auch einige Zeit in Paris und Montpellier, bevor er 1665 nach Florenz umsiedelte. Von der Anatomie begeistert, zog er die Aufmerksamkeit von Ferdinand II., Großherzog der Toskana, auf sich, eines Förderers der Wissenschaft an sich ebenso wie einzelner Wissenschaftler.

Steno hatte die Poren in der Haut entdeckt, durch die Schweiß dringt, und interessierte sich dafür, wie sich Muskeln zusammenziehen. Der Großherzog verschaffte ihm eine Stelle in einem Krankenhaus, wo er Zeit für seine Studien fand. Er wurde auch in die Accademia del Cimento („Akademie für Experimente“) gewählt, eine Institution, die von Galileis Ansatz inspiriert war, alle Theorien durch Experimente zu überprüfen.

1666 fingen zwei Fischer vor Livorno einen riesigen Hai, und Erzherzog Ferdinand schickte den Kopf dieses Tieres an Steno. Der sezierte und zeichnete ihn und veröffentlichte seine Ergebnisse. Es war eine einfache anatomische Zeichnung; falls es aber tatsächlich ein Weißer Hai gewesen sein sollte (wie manche behaupten), ist die Darstellung nicht besonders exakt. Der Fairness halber muss man allerdings bemerken, dass der Kopf in einem erbärmlichen Zustand war, als Steno ihn erhielt.

Die Zähne des Hais erinnerten Steno an ungewöhnliche Steine von der Insel Malta, *Glossopetrae* genannt. Plinius der Ältere glaubte, sie seien bei Mondfinsternissen vom Himmel gefallen; andere hielten sie für Zungen von Schlangen, die zu Stein wurden, als der Heilige Paulus im Jahr 59 auf Malta Schiffbruch erlitt. Von dieser Legende stammt auch der Name, der wörtlich „Zungenstein“ bedeutet.

Steno erkannte, dass es sich dabei um Haifischzähne handelte; das war keine besonders große Leistung für einen Anatomen. Als Nächstes überlegte er jedoch, wie die Haifischzähne dorthin gekommen sein konnten, wo man sie gefunden hatte, nämlich tief im Inneren von Steinen – vor allem, wenn die Welt erst einige tausend Jahre alt war, wie die meisten Leute damals glaubten. Auf das Alter der Erde werden wir noch zu sprechen kommen, aber vermutlich hat Steno erkannt, dass er sich hier auf gefährlichen Boden begab – als Protestant in einem katholischen Land, nicht lange nach dem religiös motivierten Dreißigjährigen Krieg.

Wie Galilei (→24) stellte Steno althergebrachte Ansichten infrage. Er behauptete, dass die Haifischzähne von vornherein fest waren (keine Geschenke des Himmels oder Zungen von Schlangen), denn als sie entdeckt wurden, sah man im umgebenden Gestein ihre Abdrücke. Weiter führte er aus: Wenn Meeresfossilien wie diese Haizähne hoch in den Bergen gefunden wurden, mussten diese Berge einst vom Meer bedeckt gewesen sein.

1667 konvertierte Steno, aus welchem Grund auch immer, zum katholischen Glauben; zwei Jahre später veröffentlichte er eine Schrift, deren Titel in der Regel zu *„Prodromus“* verkürzt wird. Darin legte er seine Ideen dar. Ein Prodromus ist eigentlich eine Einleitung, ein Vorwort. Steno kam darüber

Die 900 Meter hohen Klippen der Vermillion Cliffs in Arizona, USA, bestehen aus sieben bedeutenden, in der Art eines Schichtkuchens angeordneten geologischen Formationen.

jedoch nie hinaus. 1675 wurde er zum Priester geweiht, später zum Bischof ernannt, und die Geologie ließ er hinter sich.

In England vertraten Robert Hooke und der Botaniker John Ray ebenfalls die Ansicht, Fossilien seien die Überbleibsel lebender Organismen. Als Bischof hatte Steno eine gute Ausgangsposition, hinter der Bühne die Strippen zu ziehen, um derart provokante wissenschaftliche Thesen in der sich wandelnden Kirche salonfähig zu machen. Doch Stenos wichtigster eigener wissenschaftlicher Beitrag fand sich im *Prodromus* in Form einer Reihe von Grundprinzipien der Geologie, die sich sehr schnell verbreiteten, noch bevor er zum Priester geweiht wurde. 1671 erschien eine englische Übersetzung.

Diese Fassung ist wenig hilfreich, denn sie war Stenos Denkweise verhaftet, die wir heute nicht mehr nachvollziehen können. Hier ist eine moderne Formulierung einiger Lehrsätze, die Steno uns hinterlassen hat:

Prinzip der Lagerungsabfolge: In einer Abfolge von Sedimentschichten ist jede Schicht jünger als die Schichten, auf der sie liegt, und älter als die, die auf ihr liegen.

Prinzip der ursprünglichen Horizontalität: Sedimentschichten werden horizontal abgelagert und erst später verschieden verformt. Das bedeutet, wirklich ungestörte Ablagerungsebenen verlaufen horizontal; Schrägschichtungen können dort vorkommen, wo Sandhügel oder Sandbänke entstehen.

Prinzip der Horizontbeständigkeit: Gesteinsschichten dehnen sich gleichmäßig in alle Richtungen seitwärts aus. Das bedeutet, dass jede Bruchstelle, an der Kanten von Schichten zum Vorschein kommen, erklärt werden muss und dass gleiche Horizonte auf zwei Seiten eines Tals durch Erosion des Gesteins dazwischen zustande kommen.

Prinzip der Verwerfungen: Jede Verwerfung einer Gesteinsschicht ist jünger als die Schicht selbst. Das gilt besonders für magmatische Intrusionen, zum Beispiel Basaltgänge.

Steno untersuchte die beiden wichtigsten Gesteinsarten des Apennin bei Florenz. Dabei fiel ihm auf, dass die tiefer liegenden Schichten keine Fossilien enthalten, während die höher liegenden reich an Fossilien sind. Typisch für seine Zeit argumentierend, schloss er daraus, die untere Schicht müsste vor der Erschaffung des Lebens entstanden sein, die fossilienreiche obere Schicht dagegen während der Sintflut. Naturwissenschaftlich gesehen ist das falsch; trotzdem war Steno der Erste, der versuchte, geologische Beweise für die einzelnen Perioden der Erdgeschichte zu finden. Das war zumindest ein Anfang. Es dauerte noch eine ganze Weile, bis man Fossilien wirklich interpretieren konnte (→44), aber immerhin erkannte man schon, dass sie wichtig sind.

DAMPFMASCHINE

Wie wir eine Energiequelle fanden, die überall einsetzbar ist

36

Wann: 1698.

Wo: London.

Wer: Thomas Savery (ca. 1650–1715), James Watt (1736–1819) und andere.

Was: Eine dampfgetriebene Pumpe.

Folgen: Von Dampf angetriebene Maschinen waren zu jener Zeit noch langsam, doch mit der Zeit sollten Wasserräder, Windkraft, Menschen- und Tierkraft in Fabriken, beim Transport zur See und auf dem Land sowie in der Landwirtschaft an Bedeutung verlieren. Die Welt sollte sich beschleunigen, weit voneinander entfernte Orte würden enger vernetzt sein.

Wenn siedendes Wasser verdampft, vergrößert sich sein Volumen – bei gleich bleibender Temperatur – um das 1517-fache. Wenn Wasserdampf zu Wasser kondensiert, bildet sich ein fast perfektes (99,93 %) Vakuum. Moderne Dampfmaschinen nutzen die *Schubkraft* des unter Druck stehenden Dampfes. Thomas Savery dagegen glaubte, dass die *Sogwirkung* des Vakuums (also die Schubkraft, die die Atmosphäre auf das Vakuum ausübt) effektiver sei. Die ersten Dampfmaschinen basierten auf der Kraft des atmosphärischen Drucks gegen ein Vakuum, das durch kondensierenden Dampf erzeugt wird. Man nennt sie deshalb atmosphärische Dampfmaschinen.

Saverys Patent bezog sich auf das „Heben von Wasser durch Feuer", denn noch hatte niemand eine Vorstellung davon, wie Dampfkraft funktioniert. Es wird erzählt, dass James Watt diese Kraft als Erster erkannt habe, als er einen brodelnden Wasserkessel betrachtete. Er wäre jedoch rund 80 Jahre zu spät gekommen – oder sogar 1700 Jahre zu spät, denkt man an manche Erfindungen des Heron von Alexandria, der Dampf schon im 1. Jahrhundert n. Chr. nutzte.

Die wahre Geschichte ist die plausiblere.

Savery tat sich mit Thomas Newcomen zusammen, um eine brauchbare Dampfmaschine zu konstruieren: Wasserdampf strömte unter Normaldruck in Zylinder, wo er kondensiert und dadurch ein Vakuum erzeugt wurde. Dann bewegte der äußere Atmosphärendruck den Kolben nach unten, und die Kraft konnte auf jedweden mit dem Kolben verbundenen Mechanismus übertragen werden.

Die Maschinen wurden genutzt, um Grubenwasser aus Bergwerken abzupumpen oder Wasser in die oberen Stockwerke von höheren Londoner Gebäuden zu befördern. Sie waren jedoch allesamt nicht besonders leistungsfähig. Weil der größte Teil des Dampfes beim Einströmen in den kalten Zylinder kondensierte, benötigten die Maschinen ein Mehrfaches an Dampf, als erforderlich war, um die Zylinder zu füllen.

Damit ist klar, dass Watt die Dampfkraft nicht erfunden hat. Er erfand aber die effiziente Dampfmaschine – obendrein, als er eine von Newcomens Maschinen reparierte.

In der von Newcomen entwickelten Maschine bewegt der Dampfdruck einen Kolben in die obere Ausgangsposition, wodurch eine Seite eines drehbar gelagerten Hebelarms nach oben gedrückt wird. Gleichzeitig bewegt sich die Pumpenstange auf der anderen Seite nach unten. Dann wird kaltes Wasser unterhalb des Kolbens in den Zylinder eingespritzt, wodurch der Dampf kondensiert und ein Unterdruck erzeugt wird. Der Normaldruck der Außenluft bewegt den Kolben und damit die eine Seite des Hebels nach unten, welcher seinerseits die mit der anderen Seite des Hebelarms verbundene Pumpenstange anhebt und dabei Wasser aus dem Schacht fördert.

Mit anderen Worten: Bei den atmosphärischen Dampfmaschinen wird die Abwärtsbewegung des Kolbens in den Zylinder als Arbeitstakt ausgeführt, während bei modernen Maschinen die Aufwärtsbewegung des Kolbens als Arbeitstakt erfolgt. Nach dem atmosphärischen Prinzip konstruierte Maschinen waren langsam, schwerfällig und ineffizient. Wenn Wasser aus einem Bergwerk gepumpt werden musste, in dem wertvolle Rohstoffe abgebaut wurden, konnte ihr Einsatz dennoch sinnvoll sein.

Effizienz war von relativ geringer Bedeutung, solange mithilfe von Newcomens Maschine Kohlebergwerke ausgepumpt wurden, denn Brennstoff stand reichlich zur Verfügung – er wurde in großer Menge in demselben Bergwerk gefördert. Wenn man dagegen mit einer der 600 in Cornwall eingesetzten Dampfmaschinen Wasser aus einem Zinnbergwerk abpumpen wollte, kam es sehr wohl auf den effizienten Einsatz von Kohle an, denn diese musste aus großer Entfernung herangeschafft werden. Doch wir eilen unserer Geschichte voraus.

Viele Jahre später erzählte Watt, wie er an einem Sonntag im Mai des Jahres 1765 das Problem auf einem Spaziergang löste.

Ich hatte die Idee, dass Dampf, als ein elastischer Körper, in ein Vakuum einströmen würde, und dass dieser, wenn eine Verbindung zwischen dem Zylinder und einem luftleeren Behälter hergestellt würde, in den Behälter drängen und dort kondensieren würde, ohne dass der Zylinder gekühlt werden müsste.

Dampf würde aus dem Zylinder in einen separaten Kondensator strömen, dort zu Wasser abkühlen, Raum für weiteren Dampf lassen und so weiter, währenddessen der Zylinder heiß blieb. Als guter Schotte, der den Tag des Herrn achtete, konnte Watt auf seinem Spaziergang in Ruhe über das Problem nachdenken, aber durch nichts hätte er sich dazu bewegen lassen, an einem Sonntag mit der Arbeit zu beginnen. So entstand das erste Modell am darauf folgenden Tag. Dieser zeitliche Ablauf könnte der Keim der Legende gewesen sein, nach der Watt eines Abends den Wasserkessel betrachtete und tags darauf eine Dampfmaschine baute.

Watt erhielt Unterstützung von Matthew Boulton, einem Geschäftsmann, der das Problem klar erkannt hatte. Bereits im Jahr 1776 sagte Boulton zu einem Besucher: „Sir, ich verkaufe hier etwas, wonach die ganze Welt verlangt – Energie.“ Hilfe kam auch von John Wilkinson, einem Fachmann auf dem Gebiet der Metallverarbeitung, der die präzisen Zylinder bohrte, die Watt für seine Maschine benötigte. Wilkinson installierte außerdem im Jahr 1776 die erste Gebläsemaschine und nutzte damit Watts Konstruktion erstmals nicht als Wasserpumpe.

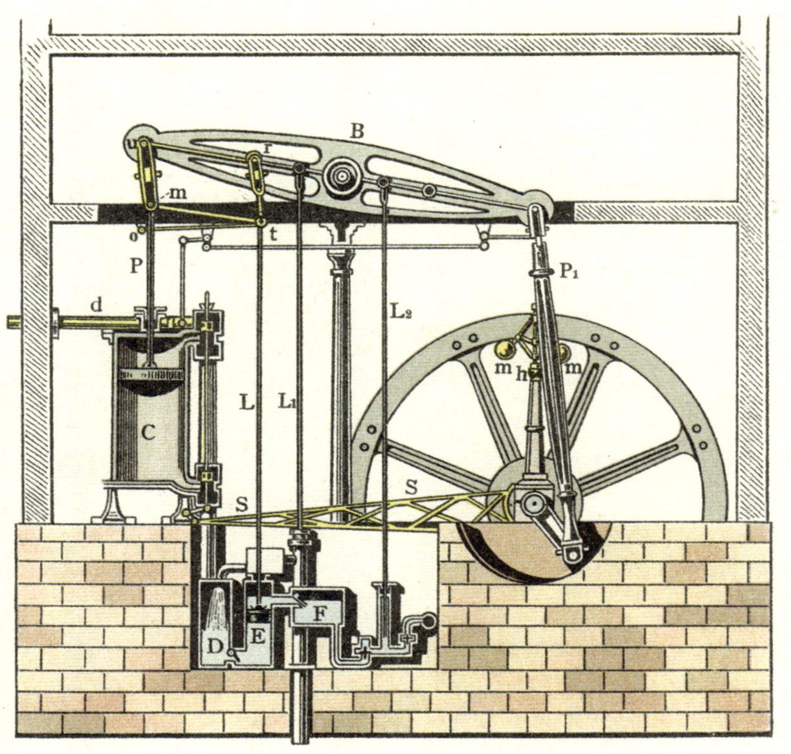

Das um 1765 entstandene Schema zeigt die Funktionsweise der von James Watt entwickelten Dampfmaschine.

Wenn Boulton Energie verkaufte, so hatte Watt Effizienz und Zuverlässigkeit anzubieten. Er erfand ein anderes neues Gerät, den Fliehkraftregler, der noch heute in den meisten Dampfmaschinen Verwendung findet. Die Konstruktion war Watts größte Erfindung, obwohl er auch der Urheber der „Pferdestärke“ war, die jedoch heute fast überall durch das Watt als physikalische Einheit der Leistung ersetzt wurde.

Die Pferdestärke half Ingenieuren, über Leistung zu sprechen und über Energie nachzudenken, doch die Bedeutung des Fliehkraftreglers war weitaus größer. Er besteht aus zwei schweren Kugeln, die an einer vertikalen Welle befestigt sind, welche von der Maschine angetrieben wird. Dreht sich die Welle schneller, werden die Gewichte durch die Fliehkraft nach außen gedrückt und reduzieren über ein Gestänge den Dampfeinlass. Wird die Maschine aus irgendeinem Grund langsamer, gleiten die Kugeln nach innen, und das Dampfventil wird geöffnet. Durch beide Maßnahmen wird die Geschwindigkeit konstant gehalten.

Watt war auf das Prinzip der Rückkopplung gestoßen, das zur Kybernetik und weiter zu einem Zweig der modernen Datenverarbeitung führte – und das bereits vor mehr als 200 Jahren!

TELEGRAPH

Wie wir gelernt haben, Nachrichten über weite Strecken zu übermitteln

37

Wann: 1729.

Wo: Charterhouse, London.

Wer: Stephen Gray (1666–1736).

Was: Eine elektrische Ladung kann auf Reisen gehen und Nachrichten übertragen.

Folgen: Bereits in den 1870er Jahren verbanden und veränderten Telegraphen die Welt.

Forschung kann überall betrieben werden, aber ein Armenhaus in London – eine Zuflucht für Händler, die durch Piraten oder einen Schiffsuntergang alles verloren haben, notleidende Gentlemen, ausgemusterte Soldaten und ehemalige königliche Diener – das ist eine seltsame Bühne für eine wissenschaftliche Entdeckung. Doch genau in diesem ehemaligen Kartäuserkloster hatte Stephen Gray eine Heimat gefunden, und dort übermittelte er ein elektrostatisches Signal über einen knapp 90 Meter langen „Bindfaden“. Das war ein Schritt, doch seiner Zeit weit voraus und nicht ganz in die richtige Richtung.

Gray besaß keine Stromquelle, wie etwa eine Batterie, wusste nicht wirklich über Isolatoren und Leiter Bescheid und verfügte nicht über einen Code wie die Tabelle von Morse, um komplexere Nachrichten zu versenden. Es gab auch noch kein elektrisches Relais, doch darauf kommen wir später.

Bis ins 19. Jahrhundert gab man Nachrichten mit Flügeltelegraphen (Semaphoren) weiter. Das waren Masten mit schwenkbaren Signalarmen, die von Telegraphenwärtern beobachtet wurden. Jeder Wärter las die Bewegung des benachbarten Semaphors ab und wiederholte sie am eigenen Gerät; so wurde die Information in einer Signalkette weitergereicht. Anfang des 19. Jahrhunderts standen im napoleonischen Frankreich solche Masten entlang der ganzen Küste, und Englands wichtigste Häfen waren über ein derartiges System mit der Admiralität in London verbunden. Bei Tag und gutem Wetter konnten damit Nachrichten übermittelt werden. Einige dieser Türme stehen in der Bretagne noch, und hier und dort findet man in England, den USA, Australien und Neuseeland Orte, die „Telegraph Hill“ heißen.

Andernorts benutzte man Lampen, Flaggen und Glocken, um vorbereitete Nachrichten zu senden. Schon 1775 gaben die Mitstreiter von Paul Revere das Lampensignal „eins“, wenn die britischen Truppen von Land her auf Lexington zukamen, und „zwei“, wenn sie von der Seeseite angriffen. Bis weit ins 19. Jahrhundert hinein wurde das Eintreffen der Post, von Schiffen oder Zügen mit Flaggen und Lichtern in Städten bekannt gemacht.

1746 stand Abbé Nollet einem Kartäuserkloster vor, das demselben Orden gehörte, der einst das erwähnte Haus in London besessen hatte. Nollet wollte herausfinden, ob sich elektrische Ladung ohne Verzögerung ausbreitete. Dazu stellte er Mönche in einem 1600 Meter großen Kreis auf; die Nachbarn mussten jeweils gemeinsam an einer Eisenstange anfassen. Die beiden Mönche an den Enden verband er mit einer Leydener Flasche, einem einfachen, aber wirkungsvollen Kondensator oder Ladungsspeicher.

Als der Stromkreis geschlossen wurde, schrieen alle Mönche auf und ließen gleichzeitig die Eisenstangen fallen. Nollet hatte damit gezeigt, dass man mit einer ausreichenden Zahl von Mönchen Shakespeares Werke um die Welt schicken könnte. Es wäre vielleicht langsam und schwierig, offene Wasserflächen zu überqueren, aber das waren Kleinigkeiten. Die Möglichkeit bestand. Auch andere Leute stellten Experimente an: Ein Dr. Watson sendete 1747 ein elektrisches Signal über die Themse; Joseph Bozolus schlug 1767

Telegraphentaster mit einer Rolle für den Papierstreifen.

vor, einen alphabetischen Code auszuarbeiten. Im Wesentlichen blieb es bei der Theorie.

1790 experimentierte Claude Chappé, Erfinder eines Semaphorensystems (und des Begriffs *Telegraph*), mit einer ungewöhnlichen elektrischen Schaltung. Stellen Sie sich zwei Zifferblätter vor, jedes mit nur einem Zeiger, der auf die Ziffern 0 bis 9 weisen kann. Diese drehen sich im Gleichklang. Wenn ich also mit einer Glocke läute, wenn mein Zeiger auf 3 steht, können auch Sie eine 3 ablesen. Falls meine Glocke aber, sagen wir, 350 Meter von Ihnen entfernt ist, hören sie meinen Ton leider erst eine Sekunde später, und ihr Zeiger steht auf 4 oder 5, nicht wie beabsichtigt auf 3. Ein elektrisches Signal hingegen kommt so gut wie sofort an und kann so dieses Problem beheben. Und genau das entdeckte Chappé.

Nach der Erfindung der Batterie war es ganz klar, dass früher oder später jemand versuchen würde, Signale über Draht zu übermitteln. Doch die große Herausforderung dabei war, eine Methode zu finden, um diese Signale zu verschlüsseln. Wenn man das einmal geschafft hatte, musste man die Signale immer noch überreden, eine nennenswerte Strecke zurückzulegen. Joseph Henry in Amerika und Edward Davy in England entwickelten beide das elektromagnetische Relais: Ein Elektromagnet schließt einen Schalter und schickt damit ein neues Signal auf das nächste Teilstück des Gesamtwegs.

Das war das Geheimnis der Signalübertragung über weite Strecken. 1837 nahm der erste Telegraph in Großbritannien seine Tätigkeit auf. Er arbeitete nach dem Prinzip von Wheatstone und Cooke: Zwei von fünf Zeigern drehten sich aus ihrer neutralen (senkrechten) Position auf einen von 22 Buchstaben (C, J, Q, U, X und Z wurden auf der Anzeige ausgelassen). 1835, also ungefähr zur gleichen Zeit, wurde in Amerika das Morse-System entwickelt, Kombinationen von kurzen und langen Signalen, die für die Buchstaben des Alphabets standen.

Ursprünglich sollte ein kleines Gerät die Morsenachrichten auf Papierstreifen schreiben, damit sie später gelesen werden konnten. Mit der Zeit aber gelang es erfahrenen Telegraphisten, das Muster aus Klicks, das die

Schreibvorrichtung bei ihrer Auf- und Abbewegung erzeugte, direkt zu verstehen. Ende der 1850er Jahre wurde dies vom Personal schon erwartet. Mit etwas Übung konnte ein Angestellter bis zu 2000 Wörter pro Stunde senden oder empfangen. Unternehmer begannen bereits zu erwägen, Kommunikationskabel, dick in eine Guttapercha-Isolation verpackt, im Meer zu verlegen.

In China verwendet man kein Alphabet, sondern Ideogramme. Das ist ein Grund, warum das Fax dort so beliebt war, sogar dann noch, als sich das Internet längst auf dem Vormarsch befand. In den Tagen der Telegraphie wurde der chinesische Handelscode entwickelt, der aus 9999 vierstelligen Codezeichen bestand. Jede Gruppe aus vier Stellen steht für ein einzelnes chinesisches Schriftzeichen.

Verglichen mit dem Internet mag der Telegraph langsam wie eine Schnecke wirken, doch verglichen mit einem berittenen Boten (9 km/h) war er schnell wie ein geölter Blitz.

BLITZE

Wie wir Blitze mit Elektrizität in Verbindung brachten und ihre Energie nachwiesen

38

Wann: 1750 oder 1752.

Wo: Marly (Frankreich) und vielleicht Philadelphia und Pennsylvania (USA).

Wer: Thomas-François Dalibard (1709–1799) oder Benjamin Franklin (1706–1790).

Was: Blitze haben dieselben Eigenschaften wie statische Elektrizität.

Folgen: Nachdem Blitze als elektrisches Phänomen erkannt worden waren, konnten hohe Gebäude vor Blitzschlag geschützt werden. Wichtiger noch: Man sah nun in der Elektrizität mehr als ein Spielzeug.

Mitte des 19. Jahrhunderts kannte man Elektrizität ausschließlich als ruhende elektrische Ladung – statische Elektrizität. Die Bezeichnung „Elektrizität“ stammt von William Gilbert (→17), der sich unter anderem der Erforschung des Magnetismus widmete. Er leitete sie von „elektron“, dem griechischen Wort für Bernstein, ab und bezog sich dabei auf dessen Eigenschaft, sich statisch aufzuladen, wenn man ihn an Katzenfell oder Seide reibt. Bevor es synthetische Textilien und Schuhsohlen aus Kunststoff gab, konnte man elektrostatische Ladung äußerst selten am eigenen Leib spüren. Wenn überhaupt, kannten die Leute den Effekt mit dem Bernstein.

Wir scheinen triviale Geschichten über berühmte Wissenschaftler zu lieben – Newtons Apfel, Einsteins Angewohnheit, keine Socken zu tragen, oder Franklins Drachen, den er in einem Gewitter steigen ließ. Vielleicht ist es der bekannte Druck der Lithographen Currier und Ives, der uns immer an den Drachen denken lässt. Aber vielleicht gefällt uns auch nur der Gedanke, dass auch große Forscher nur gewöhnliche Sterbliche sind, die mit Papierdrachen spielen.

Wir sollten John Lining dankbar sein, denn er war es, der Franklin fragte, was ihn auf den Gedanken gebracht habe, es könnte sich bei Blitzen um ein elektrisches Phänomen handeln. Franklin antwortete ihm schriftlich, mit einem Auszug aus einem seiner Notizbücher. Die zitierte Stelle stammt aus den Einträgen vom 7. November 1749.

Elektrisches Fluidum weist Übereinstimmungen mit Blitzen in folgenden Besonderheiten auf: (1) Leuchten. (2) Farbe des Lichts. (3) Gebogener Verlauf. (4) Schnelle Bewegung. (5) Wird von Metall geleitet. (6) Knall oder Lärm beim Explodieren. (7) Durchgängig durch Wasser oder Eis. (8) Zerreißt Körper beim Passieren. (9) Tödlich für Tiere. (10) Metall schmelzend. (11) Entzündet brennbare

Nächtliche Blitze gehören zu den spektakulärsten Naturerscheinungen.

Stoffe. (12) Schwefliger Geruch. Das elektrische Fluidum wird von Spitzen angezogen. Wir wissen nicht, ob auch Blitze diese Eigenschaft besitzen. Wenn beide jedoch in allen Besonderheiten übereinstimmen, in welchen wir sie schon jetzt vergleichen können, ist es da nicht wahrscheinlich, dass sie es auch in diesem Punkt tun? Das Experiment muss es zeigen.

Franklin hat das Experiment vielleicht nicht selbst durchgeführt, wir wissen jedoch, dass es sein Freund Thomas-François Dalibard in abgewandelter Form versuchte und überlebt hat. Andererseits könnte Franklin das Experiment doch angestellt haben, denn er formulierte eine ausführliche Anleitung, wie „das Philadelphia-Experiment zum Herausziehen des elektrischen Feuers aus den Wolken vermittels spitzer, auf hohen Gebäuden angebrachter Eisenstäbe etc." vorzunehmen sei. Dort finden sich auch Anleitungen zum Bau eines Drachens aus Zedernholzleisten und Seidentaschentüchern. Das klingt schon ziemlich realitätsnah.

Wer vorhat, es selbst auszuprobieren, der sollte es sich gut überlegen oder stattdessen das weniger gefährliche Experiment wagen, einen Atomreaktor zu bauen. Zwei Abenteurer, die nach Franklin kamen, haben den Versuch nicht

BERÜHMTE VERBINDUNGEN

Thomas Edison (→43, →73) hatte wie Benjamin Franklin einen Sohn, der später Gouverneur von New Jersey wurde.

überlebt! Bei einem Blitz fließen durchschnittlich zehn Coulomb oder Ampere-Sekunden bei einer Potenzialdifferenz von 10^8 Volt, das entspricht einer Million Kilojoule. Im Extremfall können 200 Ampere-Sekunden bei einer Spannungsdifferenz von 10^9 Volt in 200 Mikrosekunden fließen und Temperaturen bis 30 000 °C erzeugen. Auf der Sonnenoberfläche ist es dagegen lächerliche 6 000 °C warm!

Blitze entstehen in Cumulonimbus-Wolken, in welchen Luftmassen mit großer Geschwindigkeit nach oben strömen, oft bis in zehn oder elf Kilometer Höhe. Überschreitet das Potenzial einen bestimmten Wert (die so genannte *Durchbruchfeldstärke*, in der Regel etwas 10 000 Volt/cm), kommt es zu einer Blitzentladung. Mit anderen Worten, es sind beträchtliche Spannungen im Spiel.

Der angelsächsische Volksmund verdankt Franklin Redensarten wie „Nothing is certain but death and taxes" oder „Early to bed and early to rise ...", außerdem einen verbesserten Kochherd, Zweistärkenbrillen und die Elektrotherapie. Er optimierte sogar die Form des Schaukelpferds und prägte den Begriff „Batterie" für eine Spannungsquelle, wenngleich Batterien damals noch aus primitiven Kondensatoren, sogenannten Leydener Flaschen, bestanden. Um noch einen draufzusetzen: Er war ein Liebhaber von gut gesponnenem Seemannsgarn und altem Madeira. Und so munter wie er Seemannsgarn spann, korrespondierte er auch, querbeet und mit den unterschiedlichsten Leuten.

Die britische Royal Society ehrte Franklin mit der Copley-Medaille und ernannte ihn zehn Jahre später zum Fellow (Mitglied), ungewöhnlicherweise ohne einen Beitrag zu verlangen. Franklin war nicht nur Wissenschaftler und Erfinder, sondern auch Botschafter, Waffenschmuggler und Verleger. Seine bifokalen Augengläser empfand er als besonders nützlich, wenn er in Frankreich speiste, denn mit ihnen konnte er sowohl seinen Teller fokussieren als auch die Lippen der Franzosen, was ihm dabei half, sie zu verstehen.

Weniger gut bekannt ist Franklins Rolle bei der Gründung Australiens. Den spitz zulaufenden Blitzableiter favorisierend, verärgerte der aufmüpfige Amerikaner Englands zeitweilig verwirrten König George III. (der unter Porphyrie-Anfällen litt). George war davon überzeugt, dass Blitzableiter mit einem stumpfen Ende besser geeignet waren, doch die britische Royal Society schloss sich Franklin an. Ihr damaliger Präsident, Sir John Pringle (1707–1782), prägte nicht nur die Begriffe „septisch" und „antiseptisch", sondern ließ auch den König wissen, dass „der Einfluss des Präsidenten der Royal Society sich nicht auf die Änderung von Naturgesetzen erstreckt."

Während wir heute eher die anekdotische Seite sehen, brachte die ganze Angelegenheit König George in Rage, der zu jener Zeit Joseph Banks, der gemeinsam mit Leutnant James Cook gerade von einer Erkundungsfahrt an Bord der *Endeavour* zurückgekehrt war, für einen feinen Kerl hielt. Um die Gunst des Königs zurückzugewinnen, wählte die Royal Society Banks zu ihrem Präsidenten. Ausgestattet mit dem ganzen Einfluss dieses Amtes, war Banks, ein Schüler von Linné (→39), nun in der Lage, die Errichtung einer Kolonie an der Botany Bay noch zielstrebiger voranzutreiben. Vielleicht wäre Australien ohne Franklins unbeabsichtigtes Anecken niemals besiedelt worden!

Wissenschaftler können nie vorhersehen, welche Konsequenzen ihre Entdeckungen in der Zukunft einmal haben werden. Na ja, fast nie.

TAXONOMIE

Wie wir begannen, Pflanzen- und Tiernamen nach einem System zu vergeben

Die Naturforscher des 18. und 19. Jahrhunderts sammelten mit einem wahrhaft überwältigenden Eifer Proben aus weit entfernten Erdteilen. Museen wurden mit Fossilien, Häuten, Knochen und Tieren, die man in Alkohol konserviert oder ausgestopft hatte, überhäuft. Herbarien füllten sich mit getrockneten Pflanzenteilen, Samen wurden in Tütchen sortiert und botanische Gärten gegründet, um die Sammlungen bislang unbekannter und interessanter Pflanzen zu erhalten.

Ohne eine Klassifizierung hätten diese Sammlungen von Proben einen nur geringen wissenschaftlichen Wert gehabt. Nur ein System, das bei Bedarf die sinnvolle Erweiterung und Ergänzung von Kategorien gestattete, versprach Abhilfe. Den Naturforschern erlaubte das System, die Diversität des Lebens und die Folgen der Evolution und der Plattentektonik zu erfassen und zu analysieren. Ohne diese Klassifizierung wäre es auch weitaus schwieriger gewesen, die Muster bestimmter Abläufe zu erkennen.

Jedes Mal, wenn wir einen Vogel als Haussperling, Steinsperling, Felsentaube oder Wandertaube identifizieren, ordnen wir den Vogel einer Gruppe von ähnlichen Formen zu und verwenden dann einen zusätzlichen Namen, um die Form genau zu bezeichnen. Diese Art der Namensgebung war auch vor Carl von Linné verbreitet, doch es gab, ähnlich wie für die heutigen volkstümlichen Namen, keine Richtlinien. Die Aga-Kröte wird auch als Riesenkröte bezeichnet, auf Spanisch heißt sie *sapo grande* und es gibt noch viele weitere Namen für das Tier, doch nur die systematische Bezeichnung *Bufo marinus* ist allgemeingültig.

Ein weiteres Beispiel ist die Eberesche. Mit diesem Namen assoziieren verschiedene Völker unterschiedliche Pflanzen. Ein Australier denkt an *Eucalyptus regnans*, die größte Blütenpflanze der Welt. Einem Texaner könnte *Fraxinus texensis* in den Sinn kommen, während andere Amerikaner Bäume der Gattung *Sorbus* vor Augen haben. Der britische wie auch der deutsche Leser geht davon aus, dass *Sorbus aucuparia* gemeint ist.

Als Linné im Jahre 1735 damit begann, die erste Auflage seines Werks *Systema Naturae* („System der Natur") zu verfassen, war er immer noch Student der Medizin, zu dessen Lehrplan auch vergleichende Studien der Botanik gehörten, da man von Ärzten erwartete, dass sie Heilkräuter finden und auch einsetzen können. Bis 1741 hatte Linné einen Großteil der Grundlagen für sein Klassifizierungssystem erarbeitet. Im gleichen Jahr wurde er an der Universität von Uppsala zum Professor für Medizin ernannt. Linné strukturierte den botanischen Garten der Universität nach seinen eigenen Plänen um. Er fügte seinem System immer mehr Gruppen und Details hinzu und verfeinerte es auf diese Weise. Im Jahre 1759 hatte es nahezu den Stand erreicht, den wir heute kennen und anwenden, doch wurde es seitdem auch weitergeführt und um neue Arten ergänzt.

Linnés Absicht war nicht, ein System zu entwerfen, das als internationale Richtlinie gelten sollte; es wurde im Nachhinein dazu erhoben, weil man es als sinnvoll und praxistauglich erachtete. Bislang haben wir hier nur die niedrigste Stufe betrachtet, die binomische Nomenklatur (zweiteilige Namen),

39

Wann: 1753–1759.

Wo: Uppsala, Schweden.

Wer: Carl von Linné (Carolus Linnaeus) (1707–1778).

Was: Ein System für die Bezeichnung und Klassifizierung von Organismen, das beliebig auf neue Entdeckungen erweitert werden konnte.

Folgen: Die schnelle Speicherung von Information und auch der rasche Zugriff auf sie, da jeder die gleichen Namen verwendete.

durch die der Mensch als *Homo sapiens* klassifiziert wird. In der Tabelle sind ein paar Beispiele aufgeführt, anhand derer sich das System für die Vergabe von Vorsilben und Endungen der Namen erkennen lässt. Da Latein zu Linnés Zeiten noch von vielen Gelehrten als lebendige Sprache genutzt wurde, klingen die Bezeichnungen in der Tat lateinisch. Interessanterweise wird Latein auch heute noch von Taxonomen verwendet, wenn sie Pflanzen und Tiere beschreiben, weil es eine neutrale, tote Sprache ist.

Gelegentlich werden weitere Ebenen eingefügt wie Unterordnungen und Überfamilien. Außerdem lauern in dem System einige Fallstricke: Was der

	Mensch	**Schimpanse**	**Hund**	**Haus-sperling**	**Garten-kreuzspinne**	**Apfel**	**Monterey-Kiefer**
Reich	Animalia	Animalia	Animalia	Animalia	Animalia	Plantae	Plantae
Stamm	Chordata	Chordata	Chordata	Chordata	Arthropoda	Magnoliophyta	Coniferophyta
Klasse	Mammalia	Mammalia	Mammalia	Aves	Arachnidae	Magnoliopsida	Coniferopsida
Ordnung	Primates	Primates	Carnivora	Passeriformes	Araneae	Rosales	Coniferales
Familie	Hominidae	Hominidae	Canidae	Passeridae	Araneidae	Rosaceae	Pinaceae
Gattung	*Homo*	*Pan*	*Canis*	*Passer*	*Araneus*	*Malus*	*Pinus*
Art	*sapiens*	*troglodytes*	*familiaris*	*domesticus*	*diadematus*	*domestica*	*radiata*

eine Botaniker Magnoliophyta nennt, bezeichnet ein anderer möglicherweise als Angiospermae, denn die Verwendung mancher Namen ist in gewisser Weise Geschmackssache. Die meisten Taxonomen sind mittlerweile der Ansicht, dass die Gruppierungen die evolutionäre Abstammung widerspiegeln sollten, doch lässt sich unter Umständen nur schwer herausfinden, wer von wem abstammt.

Die Ordnung der Chiroptera wird in zwei Unterordnungen aufgeteilt: die Megachiroptera (Flughunde) und die Microchiroptera (Fledermäuse). Manche Zoologen gehen davon aus, dass sie sich zwar ähneln, aber nicht miteinander verwandt sind; in einem solchen Fall sollten die Unterordnungen den Rang von separaten Ordnungen erhalten. Zurzeit scheinen sich die meisten der an Fledertieren forschenden Wissenschaftler über kurz oder lang einer solchen Gliederung anschließen zu wollen, doch sicher ist das nicht. Je weiter man sich in der systematischen Klassifizierung den unteren Ebenen nähert, umso weniger Zweifel gibt es bei der Einteilung. Auf der Ebene der Arten werden die Namen nur selten geändert, und wenn, dann nur im Rahmen international festgelegter Richtlinien. So kann sich ein Spanier mit einem Japaner und einem Deutschen über *Bufo marinus* unterhalten und wird verstanden.

Linné ahnte vermutlich nie, welchen Nutzen sein System haben könnte; allerdings hätte er wohl ahnen können, dass es für große Unruhe sorgen würde, da er für seine Klassifizierung in erster Linie die reproduktiven Teile der Blüten nutzte. Aus wissenschaftlicher Sicht war es eine kluge Wahl, doch war das Problem die von ihm gewählte Sprache – es ging um Ehebetten und dergleichen. Das mag poetisch klingen, doch sensible Gemüter billigten nicht, dass er darüber schrieb.

Ein rivalisierender Botaniker, Johann Siegesbeck, bezeichnete Linnés sexuelle Anspielungen als „widerliche Hurerei". Linné antwortete darauf auf seine Weise – er suchte ein kleines unbedeutendes Unkraut und nannte es *Siegesbeckia*. Später geschaffene Systeme nutzten für die Einteilung der Organismen ein breiteres Spektrum an Charakteristika, doch begann man etwa in der Zeit von Linnés Schaffensperiode, die sexuelle Fortpflanzung zu verstehen.

Bis zur Vergabe von Namen für Krankheitserreger dauerte es noch eine Weile, doch die erste wirksame Waffe gegen einen Erreger, ein Verfahren mit der Bezeichnung Variolation, wurde weit entfernt von den Hochburgen der Naturforschung bereits eingesetzt.

IMPFUNG

Wie eine Zufallsbeobachtung, richtig interpretiert, Leben rettete

40

Wann: 1798.

Wo: England.

Wer: Edward Jenner (1749–1823).

Was: Die Infektion mit harmlosen Kuhpocken schützte vor den gefährlichen Pocken.

Folgen: Erstmals war es möglich, eine Epidemie zu stoppen.

Die Fakten sind schnell erzählt: Edward Jenner hörte, dass Kuhpocken Immunität gegenüber Pocken verleihen. Er infizierte den achtjährigen James Phipps mit Borke einer Kuhpockenpustel von der Hand von Sarah Nelmes, einer an Kuhpocken erkrankten Melkerin. Etwa zwei Monate später brachte man James absichtlich mit infektiösem Material gewöhnlicher Pocken in Kontakt, doch der Junge erkrankte nicht.

Häufig reagieren die Menschen auf Jenners Versuch mit Entsetzen und werfen ihm vor, das Leben des kleinen Jungen gefährdet zu haben, doch hat Jenner an sich nichts Unrechtes getan. Die Kritiker, die diese Vorwürfe äußern, sind mit den medizinischen Methoden des 18. Jahrhunderts nicht vertraut. Während die Fakten einfach zu schildern sind, gestaltet sich die Interpretation des Versuchs komplexer; Jenner sah das Kind aber zu keinem Zeitpunkt als Versuchskaninchen. Statt den Jungen zu gefährden, bewahrte er James vor einer schweren Erkrankung.

Als Jenner seine Ergebnisse bekannt gab, war die Aufregung groß, doch zu dieser Zeit klagte ihn niemand wegen unethischen Verhaltens an, da man verstand, was er getan hatte. Ein Jahr später wendeten bereits mehr als 70 der führenden Ärzte und Chirurgen Jenners Methode an, und bald darauf wurde eine Impfung so normal, wie es zuvor die sogenannte Inokulation (Einbringen von Krankheitserregern in einen Organismus) gewesen war, die durch die Impfung ersetzt wurde.

Heutzutage werden die Begriffe „Inokulation" und „Impfung" in der Fachsprache in gleichem Sinne verwendet, ursprünglich jedoch hatten sie

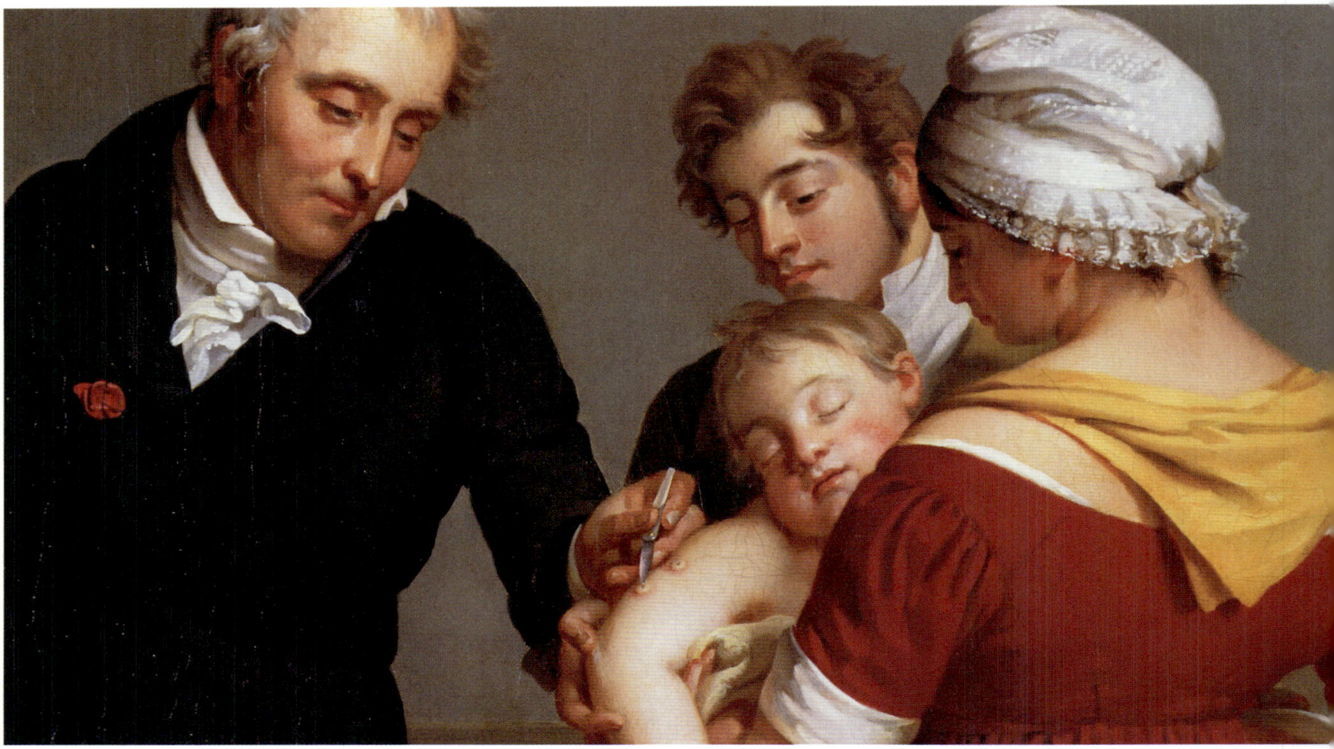

Ausschnitt aus einem Ölgemälde, das den Baron Jean Louis Albert (1768–1837) zeigt, wie er im Chateau von Liancourt, Frankreich, eine Pockenimpfung durchführt.

eine vollkommen unterschiedliche Bedeutung, obwohl beide zur Immunität führten. Als „Inokulation" bezeichnet man das Pfropfen von Pflanzen, also das Übertragen eines Auges (lat. *oculus*) auf eine andere Pflanze. In der Medizin bedeutet Inokulation die Übertragung einer Krankheit auf einen anderen Patienten. Dabei ist besonders vorteilhaft, wenn es eine abgeschwächte Form der Erkrankung gibt und deren Erreger eingesetzt werden können. Ist dieses nicht der Fall, dann lässt sich doch immerhin ein günstiger Zeitpunkt für die gezielt verursachte Erkrankung wählen.

Eine Impfung wird auch als „Vakzinierung" bezeichnet, ein Begriff, der auf das lateinische *vacca* für Kuh zurückgeht. Die relativ milde verlaufenden Kuhpocken, wie die Erkrankung im Volksmund genannt wurde, heißen fachsprachlich (lateinisch) *Variolae vaccinae*.

An Pocken erkrankt ein Mensch nur einmal in seinem Leben. Überlebt er, dann ist er zwar möglicherweise von Narben gezeichnet, aber gegen die Erkrankung für den Rest seines Lebens immun. Dieses Resultat brachte die Menschen vermutlich auf den Gedanken der Variolation (Inokulation mit Menschenpockenvirus). Das Verfahren wurde möglicherweise zuerst in Afrika angewendet. Der erste erhaltene schriftliche Beleg ist aber ein Brief aus Adrianopel im Osmanischen Reich, dem heutigen Edirne, Türkei, den Lady Mary Wortley Montagu im Jahre 1717 verfasste:

Ich werde Ihnen jetzt etwas berichten und Sie werden sich wünschen hier zu sein. Die Pocken, die bei uns so furchtbare Folgen haben, sind hier vollkommen harmlos durch die Erfindung der Inokulation (so wird das Verfahren hier bezeichnet). Es gibt eine Handvoll alter Frauen, die es zu ihrem Beruf gemacht haben, jeden Herbst, genauer im September, wenn die größte Hitze vorüber ist, die Inokulation durchzu-

führen. Die Menschen berichten sich gegenseitig davon und fragen in den Familien herum, ob jemand glaubt, Pocken zu haben ... Es gibt keinen Todesfall; und Sie können mir glauben, ich bin sehr von der Sicherheit der Methode überzeugt und werde sie an meinem lieben kleinen Sohn durchführen lassen.

Ursprünglich beugte man demnach einer Pockenerkrankung vor, indem man sich absichtlich ansteckte und zwar zu einem Zeitpunkt, an man nicht durch andere Erkrankungen geschwächt war. In Boston empfahl Cotton Mather vor seinem Tode 1728 eine Variolation und George Washington ließ seine Truppen im Jahre 1776 inokulieren.

Die Sterblichkeitsrate nach einer Variolation war geringer als bei einer Pockenerkrankung, vielleicht, weil die Menschen als Quelle für die Erreger mild verlaufende Fälle wählten. Zwar waren ihnen Bakterien oder Viren noch nicht bekannt, doch kannten sie starke und schwache Gifte und suchten verständlicherweise die schwächsten aus.

Um 1790 war die Variolation beinahe alltäglich, und Pfarrer Gilbert White beschreibt in seiner Zeitschrift Variolationspartys, die zeigen, dass die Variolation für die Menschen in Selborne im Süden Englands zum Jahresverlauf gehörte wie Stürme im Frühjahr oder die Erdbeerernte.

Eine Gruppe von Menschen, zu der auch Schwangere, wenige Monate alte Babys und Erwachsene zählten, die zuvor keinen Kontakt zu Erkrankten hatten, wurde isoliert. Ihnen wurde das Pocken„gift" verabreicht, und als die Symptome abgeklungen waren, kamen die Überlebenden wieder hervor. Zwar starben einige wenige Menschen, die meisten überstanden die Prozedur jedoch.

Möglicherweise muss man Jenner darin kritisieren, dass er einen kleinen Jungen mit Kuhpocken infiziert hat, doch selbst das wurde von ihm sorgfältig dokumentiert und war Teil des Versuchs. Nach zahlreichen Tests erklärt Jenner 1798 die Impfung mit Kuhpocken als sicher. Wenn er im Folgenden allerdings von einem „Virus" spricht, ist nicht das Virus gemeint, wie wir es heute kennen, sondern ein „Gift".

Fall XVII. Um den Infektionsverlauf genauer beobachten zu können, wählte ich einen gesunden Jungen, etwa acht Jahre alt, und inokulierte ihn mit Kuhpocken... die Inokulation fand am 14. Mai 1796 statt... Um feststellen zu können, ob der Junge, nachdem er, verursacht durch das Kuhpockenvirus, eine leichte Erkrankung durchgemacht hatte, auch vor einer Ansteckung durch Pocken geschützt ist, wurde er am darauf folgenden 1. Juli mit infektiösem Material aus einer Pocke inokuliert... er erkrankte nicht.

Kurzum, James Phipps wäre auf jeden Fall infiziert worden. Jenner behandelte ihn jedoch mit Flüssigkeit aus einer Kuhpockenpustel. Als der Junge schließlich mit den gewöhnlichen Pocken in Kontakt kam, erkrankte er nicht.

Das Risiko von Komplikationen bei einer Variolation war wesentlich geringer als bei einem plötzlichen und unvorbereiteten Angriff durch die Pocken, doch einige Menschen starben dennoch daran. Jenner erkannte, dass eine überstandene harmlosere Erkrankung an Kuhpocken einen ebenso effizienten Schutz darstellt, aber weniger gefährlich ist. Die Impfung war der Variolation überlegen.

Dieses war das erste Mal, dass sich eine tödliche Erkrankung gezielt durch ein kleines „Scharmützel" besiegen ließ, doch sollte das „Gefecht" noch weitere 200 Jahre andauern.

ETWAS ZUM NACHDENKEN

Pocken werden von einem Virus (im heutigen Sinne) verursacht, das dank der Impfung als nahezu ausgerottet gilt. Haben wir Menschen das Recht, auch die letzten Vorräte zu vernichten? Einige Menschen behaupten, dass Viren keine lebenden Organismen seien, sodass sich diese Frage nicht stelle. Andere sind sich da jedoch nicht so sicher.

DIE GRAVITATIONSKONSTANTE

Wie eine der wichtigsten Naturkonstanten gemessen wurde

41

Wann: 1798.

Ort: London.

Wer: Henry Cavendish (1731–1810).

Was: Die genaue Anziehungskraft zwischen zwei bekannten Massen.

Folgen: Unter anderem hat dieses einzelne Experiment die Ermittlung der Masse und damit auch der mittleren Dichte unseres Planeten ermöglicht.

Wenn Sie jemals irgendwo heruntergefallen sind, werden Sie vielleicht überrascht sein, dass die Physiker behaupten, die Gravitation sei eine schwache Kraft. Aber es ist so: Ein Klumpen, der so kräftig anzieht wie die Erde, muss schon ziemlich groß sein. Auch jeder Golfball, jedes Pferd oder jeder Ozeandampfer zieht Sie an, aber die Kräfte sind so winzig, dass Sie sie nicht einmal wahrnehmen. Die Gravitation ist in der Tat eine zarte Sache.

Newton (→32) klärte uns auf, wie diese Kraft als mathematische Gleichung ausgedrückt werden kann, nämlich $F \propto m_1 m_2/R^2$. Eine andere Möglichkeit ist, die Proportionalitätskonstante g auszuschreiben, $F = g\, m_1 m_2/R^2$. Weil die Gravitation aber so schwach ist, ist g eine winzig kleine Zahl, die nur schwer zu messen ist.

Wenn man ein Pendel zum Schwingen bringt, bleibt es in Bewegung. Verantwortlich dafür ist (neben anderen Faktoren, die wir hier ignorieren wollen) die sogenannte Rückstellkraft – die Kraft, die Sie auf der Schaukel vom höchsten Punkt aus nach unten zieht und wieder abbremst, wenn Sie sich dem anderen Scheitelpunkt nähern. Zum Glück für die Physiker ist die Rückstellkraft proportional zum Abstand vom tiefsten Punkt, der Auslenkung. Dieser Zusammenhang macht die ganze Rechnung einfach.

Ein Torsionspendel besteht aus einem horizontalen Balken, der an einem dünnen Draht hängt. Wenn man diesen Balken in die eine Richtung dreht, wird der Draht verdrillt und gespannt. Nach einer Weile stoppt der Balken und schwingt zurück, bewegt sich über seinen Anfangspunkt hinaus und der Draht wird wiederum verdrillt und gestrafft; wieder bleibt der Balken irgendwann stehen und schwingt zurück, usw. Der oben erläuterte Zusammenhang für die Rückstellkraft der Schaukel gilt auch beim Torsionspendel: Verdoppelt man die Auslenkung, so verdoppelt sich die Rückstellkraft. Das ist das Geheimnis dessen, was Henry Cavendish an einer Apparatur von John Michell entdeckte.

Ist der Balken schwer, schwingt er langsam, doch die Rückstellkraft ist stets proportional zur Auslenkung. Diese Aussage kann man genauso gut umdrehen: Die Auslenkung ist stets proportional zur Rückstellkraft. John Michell (1724–1793) erkannte das kurz vor seinem Tod. Glücklicherweise blieb ihm noch genügend Zeit, eine Messapparatur zu konstruieren, die später der unheimlich kluge, aber auch etwas sonderbare Henry Cavendish in die Hand bekam.

Cavendish entdeckte viel, veröffentlichte aber nur wenig. James Clerk Maxwell stellte später beim Studium seines Nachlasses fest, dass Cavendish bereits Phänomenen auf die Spur gekommen war, die wir heute mit Michael Faraday verbinden. Diese eine Beobachtung, um die es jetzt gehen soll, publizierte er aber. Vielleicht meinte er, es Michell einfach schuldig zu sein.

Der Grundgedanke war eigentlich simpel: Man nehme ein Torsionspendel, das in Ruhe und vor Luftzug geschützt ist. An den Balkenenden befestige man zwei schwere Metallkugeln. Nun bringe man zwei Massen in die Nähe dieser Kugeln. Die Gravitation ist zwar eine schwache Kraft, doch auch schwache Kräfte haben eine Wirkung: Die Massen ziehen die Kugeln an und lenken den Balken aus. Cavendish konnte diese Auslenkung vermessen, so oft er wollte. Er konnte auch den Abstand zwischen den Mittelpunkten von Masse und Kugel feststellen (R in der obigen Gleichung). Später ermittelte er aus der Schwingungsdauer des Pendels die Rückstellkraft, die zu einer bestimmten Auslenkung gehörte.

Cavendish selbst beschrieb das Experiment so:

Die Vorrichtung ist ziemlich einfach. Sie besteht aus einem Balken aus Holz, sechs Fuß [1,8 Meter] lang, so gebaut, dass er ein geringes Gewicht mit einer großen Stabilität vereinigt. Dieser Balken ist an einem dünnen, 40 Zoll [1 Meter] langen Draht horizontal aufgehängt. An jedem Ende ist eine Bleikugel befestigt mit einem Durchmesser von etwa zwei Zoll [5 Zentimeter]. Das Ganze steht in einer engen hölzernen Kiste, um es vor Wind zu schützen.

Um diesen Balken dazu zu bringen, sich um seinen Aufhängepunkt zu drehen, benötigt man nur die Kraft, die notwendig ist, den Aufhängedraht zu verdrillen. Daher ist klar, dass, wenn der Faden nur dünn genug ist, die kleinste Kraft, etwa die Anziehungskraft eines Bleigewichts mit einigen Zoll Durchmesser, ausreicht, den Balken spürbar zur Seite zu ziehen. Die Massestücke, die Herr Michell verwenden wollte, waren acht Zoll [20 Zentimeter] im Durchmesser. Eine davon sollte auf eine Seite der Kiste gelegt werden, gegenüber einer der Kugeln am Balken und so nahe an sie heran, wie es bequem möglich ist, und die andere gegenüber der anderen Kugel, sodass die beiden Massen zusammenwirken können, um den Balken auszulenken. Nachdem dann die Position des Balkens gemessen wäre, würden die Gewichte entfernt und jeweils auf die andere Seite gebracht, damit sie den Balken auf die entgegengesetzte Seite ziehen sollten. Dann würde die Position des Balkens noch einmal bestimmt. Folglich wäre die Hälfte des Abstands dieser zwei Positionen die Entfernung, um die der Balken von den Gewichten ausgelenkt wurde.

Um damit die Dichte der Erde zu bestimmen, muss man die Kraft ermitteln, die notwendig ist, den Balken um einen bestimmten Betrag auszulenken. Herr Michell wollte dazu den Balken auslenken und dann seine Schwingungsdauer bestimmen; daraus kann man dann die Kraft leicht berechnen.

Wenn man erst einmal den Wert von g kennt und die Kraft, die auf eine Masse an der Erdoberfläche (also einen Radius vom Mittelpunkt entfernt) wirkt, ist nur noch die Erdmasse selbst unbekannt und kann leicht ausgerechnet werden. Davon ausgehend berechnete Cavendish die mittlere Dichte der Erde und erhielt einen Wert von 5,48 Gramm pro Kubikzentimeter, was nicht weit vom heute akzeptieren Wert (5,52) entfernt liegt.

Als das 18. Jahrhundert dem 19. wich, konnte die Begeisterung für Messungen in der Naturwissenschaft nur noch wachsen.

Ein einfaches Uhrenpendel kann helfen, die genaue Zeit anzugeben, denn seine Schwingungsdauer ist unabhängig von seiner Auslenkung (zumindest, wenn diese klein ist).

BATTERIEN

Wie eine Möglichkeit gefunden wurde, immer und überall Elektrizität zu erzeugen

42

Wann: 1800.

Wo: Como, Italien.

Wer: Alessandro Volta (1745–1827).

Was: Die Volta-Säule (Volta-Zelle, Batterie).

Folgen: Plötzlich hatten die Naturforscher eine Stromquelle, die sie beliebig ein- und ausschalten konnten. Das Tor stand offen zur Entdeckung der Elektrolyse, des elektrischen Lichts, der Telegraphie und so weiter.

Die Wissenschaft macht oft einen gewaltigen Sprung nach vorne, wenn Ideen aus zwei verschiedenen Disziplinen aufeinandertreffen. So geschah es, als die statische Elektrizität und die „tierische Elektrizität" gleichzeitig in den Köpfen der Naturforscher herumspukten.

Die statische Elektrizität war seit 1733 wirklich interessant, als Charles du Fay (1698–1739) herausfand, dass er Siegelwachs durch Reiben an einem Katzenfell aufladen konnte. Er stellte fest, dass es zwei Arten von Elektrizität gibt, die sich selbst abstoßen, aber sich gegenseitig anziehen. Er nannte diese beiden Sorten „Glaselektrizität" und „Harzelektrizität". 1747 prägte Benjamin Franklin dafür die heute noch gebräuchlichen Bezeichnungen „positiv" und „negativ".

Alessandro Volta begann 1769, sich mit Elektrizität zu befassen. Bis 1775 hatte er den Elektrophor erfunden, eine nützliche Quelle statischer Elektrizität, mit der er eine Leydener Flasche (einen primitiven Kondensator) laden konnte. Dann hörte er von einer Entdeckung eines anderen Italieners, Luigi Galvani (1737–1789).

Galvani, so die Überlieferung, glaubte an „tierische Elektrizität" und dachte, diese käme aus den Muskeln. Seit Benjamin Franklin gezeigt hatte, dass ein Blitz elektrisch ist, hoffte er, ein Blitz würde den Muskel eines Frosches zum Zucken bringen, und hängte deshalb während eines Gewitters einige Froschbeine an Messinghaken nach draußen. Dabei beobachtete er, dass die Beine zuckten, wenn sie eine benachbarte Eisenstange berührten.

Es gab dabei nur ein Problem: Galvani hatte gedacht, dass die Beine nur während eines Gewitters zuckten. Doch dem war nicht so. Sie zuckten immer, wenn sie mit der Eisenstange in Berührung kamen. Wir wissen sicher, dass Galvani am 20. September 1786 eine Gabel mit einem Kupfer- und einem Eisenzinken genommen und ein Bein damit berührt hat. Diese Zuckung hat er in seinem Notizbuch festgehalten. Er spricht hier sogar von „kontrollierten Bedingungen". Die Froschbein-im-Gewitter-Mär dagegen ist wohl nur eine fantasievoll ausgeschmückte Geschichte.

Wie dem auch sei, Galvani glaubte an die „tierische Elektrizität"; vor die Wahl gestellt, Muskeln oder Metalle als Stromquellen zu sehen, entschied er sich als Anatom für die Muskeln. Warum auch nicht? Der Zitteraal war damals in Europa weithin bekannt, dieses Wundertier, das als lebende Kreatur mit seinen Muskeln Strom erzeugen kann. Aus dem Jahr 1774 ist ein genauer Bericht von Alexander Garden aus South Carolina, USA, an die Royal Society über diese Zitteraale erhalten:

Doch dieser Fisch hatte die überraschende Fähigkeit, jeder Person, die ihn berührte, einen so plötzlichen und starken Schock zu versetzen, dass es wohl unmöglich sein wird, jemals ein lebendes Exemplar davon genau zu untersuchen. Und der Besitzer verlangt einen so hohen Preis (nicht weniger als 50 Guineen für das kleinste Exemplar), dass ich mir kein totes Tier kaufen könnte ... George Baker, ein See-

Eine Volta-Säule – die erste elektrische Batterie.

JEDER FÄNGT EINMAL KLEIN AN

Die erste dokumentierte Erfindung von Thomas Edison war ein Elektromotor, der von statischer Elektrizität angetrieben wurde. Als Stromquelle dienten zwei Katzen, die über Drähte miteinander verbunden waren und über deren Rücken gerieben wurde. Nun ja, auch große Menschen haben eben in ihrer Jugend allerlei Unsinn angestellt.

mann, der sie hergebracht hat (von Surinam nach South Carolina), will sie auch nach England bringen ... Die Person, der diese Fische gehören, nennt sie „elektrischer Fisch"; und tatsächlich ist die Fähigkeit, jeder Person oder jeder beliebigen Gruppe von Personen, die sich an den Händen halten, einen elektrischen Schlag zu versetzen, ihre einzigartige und erstaunlichste Eigenschaft.

Da also wohlbekannt war, dass Tiere Elektrizität erzeugen können, ist es kein Wunder, dass Galvani an seine Theorie glaubte. Armer Kerl! Nur wenige Jahre später bewies sein Freund und Landsmann Alessandro Volta, dass Elektrizität von unbelebten Metallen kommt, denn er stellte die erste Säulenbatterie her. Aber warum als Säule? Die Antwort wird klarer, wenn wir lesen, wie Volta seine Erfindung in einem Brief an Banks beschreibt; die Erwähnung der „Schichten" verrät uns, dass die Einzelteile gestapelt waren.

Die Vorrichtung, von der ich sprechen will, ist nur eine Ansammlung einiger guter, unterschiedlicher Leiter, die auf eine bestimmte Art und Weise angeordnet sind. Dreißig, vierzig, sechzig oder mehr Teile aus Kupfer oder besser Silber, und jedes verbunden mit einem Stück Zinn oder Zink, was viel besser ist, und entsprechend viele Schichten aus Wasser oder einer anderen Flüssigkeit, die ein besserer Leiter ist, wie Salzwasser, Weinsatz usw., oder Scheiben aus Karton, Haut oder ähnlichem, die mit diesen Flüssigkeiten gut getränkt sind. So eine Schicht wird zwischen je ein Paar aus unterschiedlichen Metallen gelegt und diese drei Leiter immer in der gleichen Reihenfolge aufeinandergestapelt. Das ist alles, was man benötigt, um meinen neuen Apparat zu bauen, der, wie ich schon sagte, genauso wirkt wie eine oder mehrere Leydener Flaschen und den gleichen Schock wie diese überträgt.

Volta erfand auch die Volta-Pistole, einen kleinen Behälter, gefüllt mit einer Mischung aus Wasserstoff und Sauerstoff, die durch einen elektrischen Funken gezündet werden konnte. Etwa 1807 nutzte dies der sonst wenig bekannte Schweizer Isaac de Rivaz auf eine Art und Weise, die ich später (→65) erklären werde. Volta hatte sich überlegt, dass man mit Drähten seine „Pistole" als eine Art „Ein-Schuss-Telegraph" verwenden könnte.

Galvanis Name lebt im galvanischen Element weiter und außerdem in einer der bizarrsten Konservierungsmethoden für Körper, der Galvanoplastik. Man legte dazu einen Körper in eine Kupferlösung und schied darauf durch Galvanisieren eine millimeterdicke Kupferschicht ab. Im 19. Jahrhundert in Frankreich sehr beliebt, scheint die Methode dann aus der Mode gekommen zu sein. In neuerer Zeit wurde die Galvanoplastik für weltlichere Dinge benutzt, etwa für die Herstellung des Formstücks für Vinyl-Langspielplatten – erinnern Sie sich noch?

Und dann gab es noch andere Anwendungen der Elektrizität.

ELEKTRISCHES LICHT

Wie eine neue Anwendung der Volta-Zelle entdeckt wurde

43

Wann: 1802.

Wo: Royal Institution of Great Britain (London).

Wer: Sir Humphry Davy.

Was: Durch elektrische Spannung zwischen zwei Elektroden kann sich in der Luft ein Lichtbogen bilden.

Folgen: Lichtbogenlampen leuchteten heller als jede Flamme und machten die Nacht zum Tag; sie waren jedoch erst der Anfang.

Vor 1880 war helle Beleuchtung eine Frage einer guten Öllampe. Effizienz spielte eine wichtige Rolle, denn wollte man viel Licht im Haus und verwendete dafür fossile Brennstoffe – insbesondere langkettige Kohlenwasserstoffe –, so benötigte man eine große, möglichst reine und nicht rußende Flamme, was nur durch eine ausreichende Sauerstoffzufuhr zu erreichen war.

Gasbeleuchtung kam zu Beginn des 19. Jahrhunderts auf und wurde kontinuierlich verbessert. Dennoch waren Öllampen und Kerzen auch weiterhin die am meisten verwendeten Lichtquellen, wenn auch nicht die einzigen. Nachrichten über die Volta-Säule (→42) waren noch nicht lange im Umlauf, als Humphry Davy mit der neuen Erfindung zu experimentieren begann. Im Jahr 1802 fand er heraus, dass sich zwischen zwei Elektroden bei ausreichend hoher Spannung ein kontinuierlicher Funke bildet. Er verwendete 2000 Volta-Zellen und Kohleelektroden, um einen „Lichtbogen" zu erzeugen. Bald darauf demonstrierte er den Versuch voller Stolz auf einem Treffen der britischen Royal Institution.

Es verging einige Zeit, bis die Pariser Oper im Jahr 1846 im Licht von Bogenlampen erstrahlte. Die nötige Energie lieferten effizientere, von Robert Bunsen (1811–1899) entwickelte Bunsen-Elemente, aber auch diese Batterien ließen in ihrer Leistung rasch nach. Bogenlichtlampen begannen sich erst in den späten 1850er Jahren allmählich durchzusetzen. Nachdem Ende 1858 erstmals ein Leuchtturm mit einer solchen Lampe ausgestattet wurde, zuckelte im darauffolgenden Sommer ein dampfbetriebener Wagen, ausgerüstet mit einem Generator (später als Dynamo bezeichnet) und einer Bogenlampe, durch die nächtlichen Straßen von Paris. Dampfmaschine, Generator, Bogenlampe: Es war die Kombination dieser drei Bauelemente (nicht notwendigerweise in einem Wagen!), die den Durchbruch für das Bogenlicht bedeutete.

Im Mai 1896, noch zu Lebzeiten vieler Pioniere, veranstaltete die National Electric Light Association ein Treffen in New York, auf dem die Teilnehmer von den Anstrengungen erfuhren, die unternommen wurden, um eine größere Zahl von Bogenlampen mit einem einzelnen Generator zu betreiben. H. L. Rogers führte vor den Zuhörern aus, dass die Vereinigten Staaten bereits über Tausende von Dynamos verfügten, von denen jeder einzelne „125 Bogenlampen mit einer Lichtstärke von jeweils 2000 Candela" mit der nötigen Energie versorgen konnte. Er versäumte, den Haken an der Sache zu erwähnen: den starken Geruch nach Ozon. Als Glühlampen in den 1890er Jahren in vielen Haushalten Einzug gehalten hatten, mussten die Käufer, denen das Ozonproblem bewusst gewesen sein dürfte, davon überzeugt werden, dass elektrisches Licht die Gesundheit nicht beeinträchtigt. Ihnen wurde erzählt, dass von einem glühenden Draht im Innern eines gut abgedichteten Röhrchens keinerlei Gefahr ausgehen könne.

Man hatte es mit einer Reihe von Problemen zu tun, von der Verfügbarkeit von elektrischem Strom ganz zu schweigen. Der Glühfaden musste in einen Glaskolben eingeschlossen werden, in welchen Drähte hineinführten. Außerdem musste im Innern des Kolbens entweder ein Vakuum herrschen

Im Jahr 1879 von Thomas Edison entwickelte elektrische Glühlampe.

oder aber ein Gas vorhanden sein, welches verhindert, dass der Glühdraht verbrennt. Mit der Zeit verglühten oder verdampften die heißen Leuchtdrähte, doch dieses Problem bekam man allmählich in den Griff.

Zwei Namen, Thomas Alva Edison (1847–1931) in den USA (→73) und Sir Joseph Wilson Swan (1828–1914) in England, werden gewöhnlich genannt, wenn es um den Ruhm geht, die elektrische Glühlampe erfunden zu haben. Heute, mehr als hundert Jahre später, favorisieren amerikanische Bücher (natürlich) Edison, den Erfinder der Glühlampe, englische Quellen geben Joseph Swan als Haupterfinder des elektrischen Lichts den Vorzug. Der vielleicht beste Hinweis auf die Wahrheit ist die Tatsache, dass sich die beiden entschlossen, die Edison-Swan Electric Company mit Sitz in Großbritannien zu gründen.

Sicher, Swan demonstrierte sein Verfahren acht Monate eher in der Öffentlichkeit, als Edison dasselbe tat. Als Swan jedoch im Jahr 1880 schließlich so weit war, seine Lampe patentieren zu lassen, hatte Edison seine Patentanmeldung bereits amtlich hinterlegt und sich das Feld gesichert – obwohl Swans Lampe besser und nachweislich eher entwickelt worden war. Das war der rechtliche Hintergrund, vor dem die Edison-Swan Electric Company mit der Absicht gebildet wurde, eine lange und komplizierte juristische Auseinandersetzung zu vermeiden.

Wenngleich Swan in England das gleiche oder ein höheres Verdienst um die Entwicklung der Glühlampe zuerkannt wird, gewannen Edisons Lampen 1881 den ersten Preis auf der Weltausstellung in Paris und verdrängten Swans Glühlampen auf den zweiten Platz. Und es waren Edison und sein Team, welche die praktischen Probleme lösten, zum Beispiel Schwankungen der Netzspannung durch Zu- und Abschalten anderer Verbraucher oder das Messen des Stromverbrauchs jedes Haushalts.

Weder Edisons noch Swans Glühlampe ziehen heute noch Aufmerksamkeit auf sich, vergleicht man sie mit modernen Wolframdraht-Glühbirnen. Edisons Lampen hatten einen besonders geringen Wirkungsgrad, sie wandelten nur 0,25 Prozent der zugeführten elektrischen Energie in Licht um. Tatsächlich ist die Glühfadenlampe bis heute ein ineffizientes Leuchtmittel, weshalb sie nach und nach durch effizientere Alternativen wie Leuchtstofflampen (u. a. „Energiesparlampen") ersetzt und schrittweise aus dem Verkehr gezogen wird.

Selbst die Mehrzahl der Amerikaner weiß nichts von den Ansprüchen eines anderen Landsmanns von ihnen, der Glühlampen einsetzte, als die Franzosen noch tragbare Lichtbogenlampen durch Paris schaukelten. Im Juli des Jahres 1859 beleuchtete Professor Moses Farmer einen Raum seines Hauses in Salem, Massachusetts, mit Lampen, in welchen kurze Stücke Platin-Iridium-Draht durch Strom aus einer Batterie zu einem schwachen Glimmen gebracht wurden. Batterien waren allerdings keine Lösung für die Zukunft. Elektrische Energie musste in jeden Haushalt und in jede Schule, in jeden Saal und an jeden Arbeitsplatz gebracht werden.

Die gesellschaftlichen Auswirkungen von elektrischem Licht waren vielfältig. Bibelfeste Zeitgenossen mögen an den Satz denken: „Es kommt die Nacht, da niemand wirken kann" (Johannes 9,4). Das sollte sich grundlegend ändern, als zu Beginn des 19. Jahrhunderts Gaslampen in den Fabriken installiert wurden.

Man stelle sich den Times Square ohne Elektrizität vor!

FOSSILIEN

Wie die Bedeutung von lebensähnlichen Formen erkannt wurde, die man bisweilen im Gestein findet

Am 29. April 1962 blickte John F. Kennedy in die Runde seiner Gäste, 49 Nobelpreisträger, und sagte: „Ich denke, dies ist die außergewöhnlichste Versammlung von Begabung und Wissen, die es im Weißen Haus jemals gegeben hat – ausgenommen vielleicht, wenn Thomas Jefferson allein speiste." Selbst wenn Jefferson Gäste hatte, waren es oft herausragende Wissenschaftler.

Caspar Wistar (1761–1818) ist ein gutes Beispiel für die Art von Freunden, mit denen Jefferson Umgang pflegte. Er verstand etwas von Fossilien, war jedoch nicht der Erste, der eine Vorstellung davon besaß, worum es sich dabei handelte. Der islamische Gelehrte Avicenna (980–1037) hielt Fossilien für Steine, die vom Schöpfer „zu seinem eigenen Vergnügen" versteckt wurden, wenngleich Albertus Magnus (1200–1280) über Avicenna sagte, dass er Fossilien auch als „in Steine, hauptsächlich Salzgesteine verwandelte Tiere" beschrieb.

Bei den meisten Fossilien handelt es sich um die Überreste von Tieren oder Pflanzen einer heute nicht mehr existierenden Art. Aufgrund des Drucks, durch welchen die sie umgebenden Gesteinsschichten gebildet wurden, sind Fossilien häufig deformiert und zeigen nicht mehr die ursprüngliche Gestalt des Lebewesens. Waren Fossilien ursprünglich Tiere? Sind sie das Werk eines Schöpfers oder das eines bösen Geistes, der uns an der Nase herumführen will? Vor Fragen wie diesen standen die Gelehrten bis zum Ende des 18. Jahrhunderts.

Georgius Agricola (1494–1555) war der erste Bergbauingenieur/Geologe, der seine Sicht der Dinge in einer Abhandlung, *De Natura Fossilium* (1546, „Von der versteinerten Natur"), und im bekanntesten seiner Bücher, *De Re Metallica* (1556, „Über die Metalle"), veröffentlichte. Er wurde als Georg Bauer in Sachsen geboren, wählte jedoch während des Medizinstudiums die latinisierte Form seines Namens.

Agricola identifizierte zahlreiche Fossilien und sah Ähnlichkeiten zu verschiedensten Lebensformen. Die Möglichkeit, dass Fossilien tatsächlich aus vergangenen Lebensformen hervorgegangen sein könnten, zog er allerdings nicht wirklich in Betracht. Abgesehen von Steno (→35), Robert Hooke und John Ray (1627–1705), die alle in Fossilien die Überreste ausgestorbener Lebewesen vermuteten, schien man sich bis in die Zeit Caspar Wistars davor zu scheuen, Fossilien als biologische Objekte zu behandeln. Es war noch nicht lange her, dass Hexen und Ketzer auf dem Scheiterhaufen verbrannt wurden.

Am 5. Oktober des Jahres 1787 beschrieb in der Stadt Philadelphia der ehrenwerte Dr. Caspar Wistar vor der Amerikanischen Philosophischen Gesellschaft einen großen Knochen. Er erklärte, es handele sich um den Oberschenkelknochen eines großen Tieres. Der Knochen stammte aus Ablagerungen der Oberen Kreide in den Ebenen von New Jersey, einer

Wann: 1802.

Wo: Edinburgh (Schottland).

Wer: John Playfair (1748–1819).

Was: Die richtige Interpretation von Fossilabfolgen.

Folgen: Gesteine wurden als eine Art „Chronik" erkannt, in der die Erdgeschichte festgehalten ist. Man musste nur noch das Alphabet erlernen, um sie lesen zu können.

Fossil des *Sinornithosaurus*. Das versteinerte Exemplar des kleinen, gefiederten Dinosauriers, eines Vorfahren unserer Vögel, wurde in der chinesischen Provinz Liaoning gefunden, einer Gegend, die vor 130 Millionen Jahren bewaldet war.

Gegend, in der bis heute immer wieder Versteinerungen von Entenschnabelsauriern gefunden werden.

Wistars Knochenfund ist seit langem verschollen, doch da wir seinen Fundort kennen, liegt die Vermutung nahe, dass es sich um den Knochen eines Dinosauriers gehandelt hat. Als Autor des ersten amerikanischen Anatomielehrbuchs dürfte er sich in seiner Deutung eines Oberschenkelknochens wohl kaum geirrt haben.

Obwohl man sich im 18. Jahrhundert einen Reim auf einzelne Fossilien zu machen begann, konnte man darin noch lange nicht wie in einem Buch lesen. Der „Vater" der Geologie, James Hutton (1726–1797), kam, sah sie und verfasste *das* Standardwerk über Fossilien. Er hinterließ darin die richtigen Theorien, die nur darauf warteten, dass John Playfair auf der Bildfläche erschien und sie erklärte.

John Playfair hatte Mathematik studiert, noch bevor die Geologie erfunden wurde, war auf letzterem Gebiet also weitgehend Autodidakt. Ähnlich wie Hutton erwarb er sich viele Kenntnisse durch die interessanten geologischen Verhältnisse in der Umgebung von Edinburgh, und er vermachte uns „Playfairs Gesetz", welches besagt, dass Flüsse ihre eigenen Täler einschneiden.

Er schrieb weiter eigene Aufsätze, widmete sich aber hauptsächlich der Übersetzung des Werks von Hutton und machte es im Jahr 1802 durch seine anschaulichen und leicht lesbaren *Illustrations of the Huttonian Theory of the Earth* einem größeren Publikum zugänglich. Dennoch fanden die Überlegungen keine breitere Anerkennung – bis Charles Lyell (1797–1875) sie in seine *Principles of Geology* einbezog.

Der Ingenieur William Smith (1769–1839) hatte sich in England auf den Kanalbau spezialisiert. Nachdem er bei seinen Arbeiten viele frisch aufgeschlossene Gesteinsschichten gesehen hatte, erarbeitete er ein Modell der relativ einheitlichen Sedimentabfolgen, die große Teile Englands bedecken, indem er die für jede Schicht charakteristischen Leitfossilien aufzeichnete. Im Jahr 1815 erstellte er eine geologische Karte von England im Maßstab von fünf Meilen zu einem Zoll (1:316 800), die erste kolorierte geologische Karte, die jemals gezeichnet wurde.

In Paris ging George Cuvier (1769–1832) noch einen Schritt weiter. Er zeigte, wie sich aus wenigen versteinerten Teilen ein Tier in seiner Gesamtheit rekonstruieren ließ:

Jeder Organismus bildet ein Ganzes ... wenn, zum Beispiel, die Eingeweide eines Tieres so beschaffen sind, dass sie ausschließlich rohes Fleisch verdauen, so folgt daraus, dass die Kiefer dafür konstruiert sein müssen, Beutetiere zu fressen, die Klauen, um es zu fassen und zu reißen, die Zähne, um es zu ritzen und zu zerteilen, der Bewegungsapparat, um es zu jagen und zu fangen, die Sinnesorgane, um es aus der Distanz wahrzunehmen ...

Cuvier erkannte, dass jede Gesteinsschicht im Untergrund von Paris sich anhand ihres Fossilgehalts identifizieren ließ, gleichgültig wo das Gestein zutage trat. Im Jahr 1822 fertigte er ein idealisiertes stratigraphisches Säulendiagramm auf der Grundlage von Fossilien an. Mit einem Mal wurde den Leuten klar, dass Fossilien wichtig waren, und sie beeilten sich, die Methode in anderen Gebieten der Geologie anzuwenden.

Jetzt verstand man die Fossilien, und jeder Student der Naturwissenschaft interessierte sich für sie. Schon bald sollte die Zahl der Entdeckungen so stark anwachsen, dass die Forscher gezwungen waren, sich auf bestimmte Fachgebiete zu spezialisieren. Die Flut der Neuerungen setzte mit der Erforschung der Volta-Säule (→42) ein.

ELEKTROLYSE

Wie wir entdeckten, dass Volta-Elektrizität Verbindungen in ihre Elemente zu spalten vermag

45

Wann: 1807.

Wo: London.

Wer: Sir Humphry Davy (1778–1829).

Was: Salze lassen sich durch elektrischen Strom spalten, und es entstehen vielfältige Metalle mit verblüffenden Eigenschaften.

Folgen: Innerhalb nur weniger Jahre trug man fast schon genug Informationen zusammen, um ein Mosaik der Elemente aufzubauen, das später das Periodensystem werden sollte.

Im März 1800 beschrieb Alessandro Volta (→42) in einem Brief an Sir Joseph Banks die von ihm konstruierte Volta-Säule. England und Frankreich befanden sich zu jener Zeit im Krieg, und da die Briefe Frankreich durchqueren mussten, schickte Volta sie in zwei Teilen, geschrieben auf Französisch, vielleicht, damit französische Zensoren den Inhalt leichter würden prüfen können. Banks (der Fremdsprachen nicht so gut beherrschte) leitete, während er auf den zweiten Teil wartete, den ersten Brief an Anthony Carlisle weiter, der fließend Französisch sprach, vermutlich, um ihn übersetzen zu lassen. Sehr erregt von dem, was sie zu lesen bekamen, stellten Carlisle und William Nicholson ihre eigene Säule her und führten mit ihr den gleichen Versuch durch.

In einem Experiment wollten sie ein Elektroskop aufladen. Weil der Kontakt sehr schlecht war, gaben sie einen Tropfen Wasser hinzu. Carlisle und Nicholson sahen Gasblasen in der Flüssigkeit aufsteigen, experimentierten weiter und entdeckten die Elektrolyse von Wasser. Es waren noch einige Versuche nötig, bis klar wurde, dass an den beiden Elektroden Wasserstoff und Sauerstoff entstehen, und nahezu weitere hundert Jahre sollten vergehen, bis man die Vorgänge zu erklären vermochte; doch die Grundlage der Elektrolyse – die Aufspaltung von Molekülen durch Elektrizität – wurde schnell erkannt und auch genutzt.

Die Säule bestand aus 17 abwechselnd mit Zinkplättchen gestapelten Silbermünzen, dazwischen jeweils ein mit einer Salzlösung getränktes Stück Pappe. Das reichte aus, um, wie berichtet, einen Stromstoß hervorzurufen, der „an Stellen, wo die Haut rau ist, furchtbar schmerzhaft sein kann".

Nicholson befasste sich mit der Messung des Volumens des gebildeten Gases, indem er das Wasser wog, das durch die Gasblasen verdrängt wurde. So fand er heraus, dass „72 Gran Gas auf der Zinkseite 142 Gran Gas auf der Seite des Silbers" gegenüberstehen. Er entdeckte außerdem, dass das Gas, das am Silber entsteht, explodiert, wenn es mit Luft gemischt und angezündet wird. Kurz bevor Dalton seine Atomtheorie präsentierte, gab es hier also bereits einen klaren Hinweis darauf, dass ein Wassermolekül, unter Berücksichtigung von Messfehlern, aus zwei Wasserstoffatomen und einem Sauerstoffatom besteht.

Flüssiges Wasser lässt sich spalten und die elektrolytische Abscheidung von Metallen findet in Lösungen statt. Versucht man jedoch eine Elektrolyse in einer Salzlösung durchzuführen, wird es problematisch: Jedes sich bildende Alkalimetall (Natrium, Kalium) reagiert direkt mit dem Wasser, in dem das Salz gelöst ist. Dadurch entsteht Wasserstoff und ein Alkalimetallhydroxid. Die Herstellung von Natrium oder Kalium durch Elektrolyse muss also unter Ausschluss von Wasser stattfinden.

Heute weiß man, dass eine Salzlösung eine große Zahl geladener Ionen enthält, positive und negative. Werden zwei Elektroden in die Lösung getaucht und mit einer Spannungsquelle verbunden, beginnen die Ionen zu wandern: Die positiven bewegen sich auf die negative Elektrode zu, die negativen auf die positive. Haben sie die Elektroden erreicht, erhalten die positiv geladenen Ionen ein Elektron (oder Elektronen), während die negativ geladenen Elektronen abgeben; beide verlieren so ihre Ladung. Ist das zu elektrolysierende Material aber nicht in Flüssigkeit gelöst, können die Ionen sich nicht bewegen, und es finden keine Reaktionen statt.

Das mag auch der Grund sein, warum es bis zum Jahre 1807 dauerte, bis Humphry Davy die Elektrolyse von Kalium- und Natriumhydroxid glückte. Er schmolz die Substanzen und verwendete dafür einen Spiritusbrenner, dessen Wirkung durch einen Sauerstoffstrahl verstärkt wurde. Letztendlich wählte Davy jedoch ein anderes Verfahren: Er gab Kaliumhydroxid auf einen Platinlöffel, der über ein Platinkabel mit einer Kupfer-Zink-Batterie aus 250 Zellen verbunden war, welche im Besitz der Royal Institution in London war.

Unter anderen Umständen wäre Davy möglicherweise ein Dichter geworden. Er hatte zahlreiche Poeten in seinem Bekanntenkreis, und Samuel Taylor Coleridge besuchte regelmäßig Davys Vorlesungen, „um sein Spektrum an Metaphern zu erweitern". Mary Shelley könnte im Jahre 1818 in ihrem Märchen von Frankenstein, der Monstern mit einem elektrischen Funken Leben einhaucht, von den aufsehenerregenden öffentlichen Demonstrationen inspiriert worden sein, die Davy gelegentlich in der Royal Institution zum Besten gab. Im 19. Jahrhundert war London das Zentrum der Intellektuellen und die Royal Institution das intellektuelle Zentrum Londons, ein Ort, an dem gemeine Volk öffentliche Vorträge besuchen konnte und Demonstrationsversuche präsentiert bekam.

Als Davy sich, erst siebzehnjährig, in Cornwall in der Ausbildung zum Arzt befand, ging er Thomas Beddoes zur Hand, der um 1798 Kranken Stickoxid (Lachgas) verabreichte (→55). Davy schrieb seine Beobachtungen nieder, und im Jahre 1801 wurde er von der Royal Institution zum Dozenten ernannt. Dadurch hatte er Zugang zur Ausstattung der Institution und stellte ihr im Gegenzug sein bemerkenswertes Showtalent, gepaart mit herausragenden Fähigkeiten als Naturforscher, zur Verfügung.

Innerhalb weniger Jahre nutzte Davy die Elektrolyse zur Darstellung von Kalium, Natrium, Barium, Strontium, Calcium und Magnesium. Davy gab dem Metall Kalium den (heute im Englischen noch üblichen) lateinischen Namen *potassium*, abgeleitet aus *potash* für Pottasche. Diese Bezeichnung wiederum geht auf die in einem Tontopf gewonnene Holzasche zurück, aus der man Kaliumcarbonat und schließlich Kaliumhydroxid herstellte. Das chemische Symbol K leitet sich von Kalium ab, dem lateinischen Wort für die arabische Bezeichnung für Pottasche, *al kalja*. (Der aufmerksame Leser erkennt nun natürlich auch den Ursprung von „Alkali".)

Zu den größten Entdeckungen Davys zählt jedoch möglicherweise Michael Faraday, der an der Royal Institution sein Nachfolger werden sollte. Faraday formulierte zwei Gesetze der Elektrolyse, die die Stoffmenge der Elektrolyseprodukte einmal mit der durch den Elektrolyten fließenden Elektrizitätsmenge in Zusammenhang brachten, zum anderen mit der Atommasse der abgeschiedenen Elemente, was Rückschlüsse auf die relativen Atommassen erlaubte.

...Ich bezweifele nicht, dass, angenommen, man definiert Wasserstoff als 1 und lässt zur Vereinfachung des Ausdrucks die Zahlen hinter dem Komma weg, die äquivalenten Zahlen oder Atommassen von Sauerstoff 8, von Chlor 36, von Brom 78,4 von Blei 103,5, von Zinn 59 usw. sind, wobei ich den Verdacht zugeben muss, dass eine höhere Macht einige dieser Zahlen verdoppelt.

Wie wir sehen werden, wird George Johnstone Stoney (→85) diese Gesetze später als Hinweise auf die Existenz von Elektronen interpretieren.

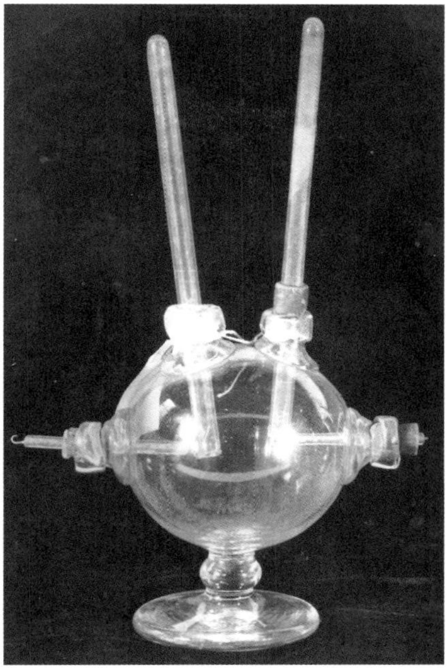

Ein spezieller Glaskolben als Beispiel für die Art von Laborgeräten, die Michael Faraday für seine Studien zur Elektrolyse verwendete.

ELEKTROMAGNET

Wie wir herausfanden, dass Elektrizität und Magnetismus zusammenhängen

46

Wann: 1820.

Wo: Kopenhagen.

Wer: Hans Christian Ørsted (1777–1851).

Was: Zu einem elektrischen Strom gehört ein magnetisches Feld.

Folgen: Bereitete den Weg für die Erfindung von Elektromotoren und Generatoren.

1600 hatte William Gilbert (→17) mit großer Sorgfalt gezeigt, dass elektrische Anziehung (Bernstein) etwas völlig anderes ist als magnetische Anziehung (Magneteisenstein). Zwei Jahrhunderte später nannte man Leute, die sich über solche Dinge Gedanken machten, Naturphilosophen, und diese hatten begonnen, alles zu hinterfragen, auch die klugen Theorien und Beweise, die ihnen ihre Vordenker hinterlassen hatten.

Der Däne Hans Christian Ørsted hielt Gilberts Aussage für falsch – nicht aus irgendeinem guten wissenschaftlichen Grund, sondern weil er ursprünglich Metaphysik, ein Teilgebiet der Philosophie, studiert hatte und ihm die Idee gefiel, dass in der Natur alles miteinander zusammenhängt. 1806 wurde er Professor für Physik und Chemie in Kopenhagen. Dort gelang es ihm 1825 als Erstem, metallisches Aluminium herzustellen.

Das nur nebenbei – bekannter wurde er natürlich durch die Entdeckung des Elektromagnetismus. Er prägte den Begriff *elektromagnetisch* und gab der Magnetfeldstärke seinen Namen (dann gewöhnlich „Oersted" geschrieben), jedenfalls bis zur Einführung der SI-Einheiten. 1820 bereitete er gerade eine Vorlesung vor, als er bemerkte, dass ein stromdurchflossener Draht eine Kompassnadel aus der gewöhnlichen Nord-Süd-Ausrichtung ablenkte. Im Juli desselben Jahres schrieb Ørsted einen Bericht in Latein, in dem er diesen Elektromagnetismus beschrieb und der schon bald ins Französische und andere Sprachen übersetzt wurde. Wir lesen darin:

Die ersten Experimente dazu begannen in den Vorlesungen zu Elektrizität, Galvanismus und Magnetismus, die ich im vergangenen Winter hielt. Bei diesen Experimenten sah es so aus, als ob die Magnetnadel durch die Galvanisierungsapparatur aus ihrer Ausgangslage ausgelenkt wurde, wenn der Stromkreis geschlossen, nicht jedoch, wenn er geöffnet war, was zu zeigen einigen sehr berühmten Physikern vor Jahren nicht gelungen war.

Als Leiter waren verschiedene, miteinander verbundene metallische Drähte und Bänder angeschlossen. Die Metallsorte verändert nicht den Effekt, nur vielleicht, wie ausgeprägt er sich zeigt. Wir haben mit dem gleichen Erfolg Drähte aus Platin, Gold, Silber, Kupfer, Eisen, Bänder aus Blei und Zinn und ein Quecksilberbad verwendet.

Wenn der stromdurchflossene Leiter in einer horizontalen Ebene unter der Magnetnadel liegt, sind die Auswirkungen die gleichen, wie wenn er in der Ebene darüber liegt, nur in entgegengesetzter Richtung.

Damit man sich das leichter einprägen kann, wollen wir diesen Merksatz verwenden: Der Pol, oberhalb dessen die negative Elektrizität [heute: der Strom] eintritt, wird nach Westen abgelenkt, der, oberhalb dessen sie austritt, nach Osten.

Eine der Herausforderungen, denen sich die Wissenschaftler von jeher stellen müssen, ist die Rechtfertigung (möglichst im Voraus) gegenüber Erbsenzählern: Wozu soll das gut sein? Aber auch Wissenschaft, die zunächst vollkommen praxisfern scheint, kann später viele Früchte tragen.

Lord Kelvin machte sich folgende Gedanken über die Forschungsarbeiten von Ørsted:

Elektrischer Transformator in einem Wechselstromadapter zur Stromversorgung von Haushalts- und Bürogeräten.

Oersted hätte seine großartige Entdeckung über die Auswirkungen galvanischer Ströme auf Magnete niemals gemacht, wenn er seine Untersuchungen unterbrochen hätte, um darüber nachzudenken, wie sie vielleicht später praktisch genutzt werden könnte. Dann wären wir nie mit einem Wunderwerk wie dem elektrischen Telegraphen gesegnet worden. Es wurde in der Tat kein einziges wichtiges Gesetz der Naturphilosophie entdeckt, nur weil es praktische Anwendungen davon geben könnte, doch es gibt unzählige Beispiele für Untersuchungen, die der engstirnigen Welt offensichtlich nutzlos erschienen und dann doch zu sehr wertvollen Ergebnissen führten.

Batterien waren für Experimente und einige wenige Anwendungen sehr nützlich, aber für den praktischen Einsatz als Arbeitspferd waren und sind sie nicht zu gebrauchen. Auch heute, wo schnurlose Telefone und Akkuschrauber, MP3-Player, Notebooks und Digitalkameras zum Alltag gehören, brauchen wir regelmäßig Zugang zu einer Steckdose, um die Akkus wieder aufzuladen. Der Strom aus der Steckdose aber kommt von Generatoren (die früher Dynamos genannt wurden) und dem Verteilersystem.

Manchmal liest man, dass der Schriftsteller Hans Christian Andersen nach Ørsted benannt worden sei. Andersen war tatsächlich ein Freund der Familie Ørsted, aber „Hans Christian" ist ein in Dänemark ziemlich weit verbreiteter Vorname. Die Namensgleichheit ist wohl nur Zufall.

Für die Stromverteilung benötigt man die elektromagnetische Induktion: Ein elektrischer Strom erzeugt ein magnetisches Feld, das wiederum einen Strom in einem anderen Leiter hervorruft. Jedes Ladegerät besteht aus zwei Teilen: einem Transformator, der die Netzspannung heruntersetzt, und einem Gleichrichter, der aus Wechselstrom Gleichstrom macht. Ørsteds Entdeckung spielt für die Entwicklung des Gleichrichters keine Rolle, doch sie war essenziell für die des Transformators.

In Fabriken und Haushalten kann man die Elektrizität nur mithilfe von Umspannstationen nutzen, die die Hochspannung der Überlandleitungen auf die übliche Versorgungsspannung von 230 Volt heruntertransformieren. Ørsteds Elektromagnetismus ist auch das Funktionsprinzip von Elektromotoren.

André Marie Ampère (1775–1836) führte Ørsteds Arbeiten weiter und fand das Verbindungsglied: Er begründete, warum Ströme einander anziehen. Er entwickelte den Elektromagneten, eine Zylinderspule aus aufgewickeltem isoliertem Draht, die magnetisch wird, wenn ein Strom hindurchfließt, und so zum Beispiel den Wasserzu- und -abfluss in Ihrer Waschmaschine schalten kann.

Ampère glaubte bis zum Ende seiner Arbeiten fälschlicherweise an zwei „magnetische Flüsse", einen nördlichen und einen südlichen. Das war nicht weiter schlimm, solange er die richtigen Beobachtungen machte und vernünftige Vorhersagen daraus ableitete.

Manchmal kann aber ein Fehler einen ganzen Wissenschaftszweig aufhalten – zum Beispiel, als man glaubte, herausgefunden zu haben, dass die Erde nur einige tausend Jahre alt sei.

DAS ALTER DER ERDE

Der lange Weg zu einer belastbaren Antwort auf die Frage, wie alt unser Planet ist

Im Unterschied zu heutigen Wissenschaftlern, die sich auf ein kleines Fachgebiet spezialisieren müssen, konnten Naturforscher wie Edmond Halley (1656–1742) innerhalb weniger Jahre den Bau von Kometen erklären, über die Meere fahren, um das Erdmagnetfeld zu studieren, und Möglichkeiten erkunden, das Alter unseres Planeten anhand seiner Ozeane zu bestimmen. Halley schlug vor, den Versalzungsgrad der Weltmeere und dessen jährliche Zunahme zu ermitteln:

Wenn dies der wahre Grund für den Salzgehalt dieser Gewässer ist, so ist es nicht unwahrscheinlich, dass sich im Ozean aus demselben Grund Salz anreichert, und wir hielten dadurch einen Beweis in Händen, wie wir die Dauer aller Dinge ermitteln könnten, indem wir die Zunahme des Salzgehalts aus dem Anteil von Salz im Wasser bestimmen.

Die Methode ergab immer zu niedrige Werte, denn sie berücksichtigt nicht den Austrag von Salz vom Meer auf das Festland, etwa durch Gischt, in Form von Halit (Steinsalz) oder durch Subduktion. Es war jedoch ein Anfang.

Später wendeten andere Forscher Halleys Methode an. So bestimmte der irische Physiker John Joly im Jahr 1899 den Natriumanteil in den Ozeanen auf $1{,}5 \cdot 10^{16}$ Tonnen, woraus sich ein Alter von ungefähr 97 Millionen Jahren ergab. Heute geht man von einem Anstieg des Natriums in den Ozeanen von jährlich $6 \cdot 10^{7}$ Tonnen aus. Die Erde wäre danach etwa 250 Millionen Jahre alt – also immer noch deutlich jünger als wir heute wissen, aber nahe der Zeitspanne, die nötig ist, um den Evolutionsprozess zu erklären.

Die Frage nach dem Alter der Erde hat eine lange Vorgeschichte. Erste Schätzungen, die auf dem Alter der biblischen Patriarchen basierten, kamen zu dem Ergebnis, dass die Erde rund 6000 Jahre alt ist, wenngleich Steno (→35) und viele andere annahmen, dass es eine ältere Epoche ohne irdisches Leben gab. Im Jahr 1753 erkannte der französische Naturforscher George Louis Leclerc, Comte de Buffon (1707–1788) die Ähnlichkeit von Pferd und Esel. Er kam zu dem Schluss, dass Esel vormals Pferde waren, die über einen langen Zeitraum hinweg, in dem die Erde kühler wurde, degenerierten. Er nahm außerdem an, dass die großen, weit entwickelten Mammuts und Mastodonten von ihren Nachfahren, den Elefanten, abgelöst wurden.

Buffon glaubte an die spontane Entstehung von Leben. Er zeigte in Experimenten, dass in sterilisierten Gläsern, die Fleischsaft enthielten, sehr kleine Organismen entstehen konnten. In anderen Experimenten kühlte er große, vorher erhitzte Eisenkugeln ab. Aus den daraus gewonnen Daten folgerte er, dass die Erde vor 75 000 Jahren ein weißglühender Planet war und irdisches Leben erst seit 40 000 Jahren existiert. Jean Baptiste Joseph, Baron von Fourier (1768–1830) war ebenfalls der Auffassung, die Hitze des

Wann: 1830–1950,

Wo: Auf der Erde.

Wer: Viele Naturwissenschaftler.

Was: Das tatsächliche Alter unseres Planeten.

Folgen: Wenn Leben durch Evolution entstanden war, musste die Erde alt sein. Wissenschaftler sahen schon länger Belege für die Evolution, nicht aber für einen alten Planeten. Doch der Beweis wurde schließlich gefunden.

Der Arenal in Costa Rica ist einer der aktivsten Vulkane der Erde. Fast täglich wirft er rot glühende Lava aus.

Erdinnern, ließe sich am besten dadurch erklären, dass die gesamte Erde einst heiß war und seitdem erkaltet.

Auf der Grundlage dieser Annahme schätzte Lord Kelvin im Jahr 1862 das Erdalter auf 89 Millionen Jahre. Später, im Jahr 1897, korrigierte er den Wert nach unten, auf 20 bis 40 Millionen Jahre, es sei denn, andere Hitzequellen könnten gefunden werden. Im Mai 1892 berichtete die Zeitschrift *Scientific American* über die von Sir Robert Ball aufgestellte Hypothese, die Sonne würde seit 18 Millionen Jahren bestehen und innerhalb weiterer fünf Millionen Jahre erlöschen, wodurch auch die Lebensdauer unseres Planeten eng begrenzt sei.

Der Streit wurde zwischen zwei Lagern ausgetragen. Während Biologen und Geologen aufgrund ihrer Erkenntnisse immer höhere Alter des Lebens auf der Erde forderten, sahen die Physiker nirgendwo eine Antriebsquelle für einen über lange Zeit quasi-stabilen Zustand der Erde, wie er heute allgemein angenommen wird. Dann, eines Abends im Jahr 1904, hielt Ernest Rutherford, ein aufgehender Stern am Himmel der Physik, eine Vorlesung in der britischen Royal Institution in London:

Ich betrat den halbdunklen Raum, erblickte sogleich Lord Kelvin unter den Zuhörern und mir wurde klar, dass ich mit dem letzten Teil meiner Rede, in dem es um das Alter der Erde ging, auf Widerspruch stoßen würde. Zu meiner Erleichterung schlief Kelvin rasch ein. Doch als ich zum entscheidenden Punkt kam, sah ich, wie sich die alte Eule aufrichtete, ein Auge öffnete und mir einen unheilvollen Blick zuwarf! Dann hatte ich eine plötzliche Eingebung und sagte, Lord Kelvin habe das Erdalter unter der Voraussetzung begrenzt, dass keine neue Hitzequelle entdeckt würde. Diese prophetische Äußerung beziehe sich auf ein Thema des heutigen Abends: Radium. Und siehe da, der Alte strahlte mich an!

Leider war Kelvin durchaus nicht überzeugt und starb in dem Glauben, die Erde sei ungefähr zwanzig Millionen Jahre alt. Im Jahr 1906 hatte er einen Brief geschrieben, der später in *British Weekly* veröffentlicht wurde, in welchem er über die Sonne und die Erde sagt: „Es scheint so gut wie ausgeschlossen, dass Radium Energie zur Abstrahlung von Wärme und Licht beisteuert." Als „Radium" bezeichnete man damals nicht nur das chemische Element Radium, sondern auch Radioaktivität als solche.

Dennoch konnten Physiker jetzt mit Gewissheit sagen, dass die Erde viel langsamer abkühlt, als sie früher angenommen hatten. Die Zeitskala, die von Lyell für die Formung der Erde nach uniformitarischem Prinzip gefordert wurde, war möglich, weil Rutherford die Anfänge der Zeit weit genug in die Vergangenheit legte, um Raum für Darwins Evolution und Lyells Geologie zu schaffen. Im Jahr 1913 untersuchten Rutherford und Joly den radioaktiven Zerfall in Mineralen und errechneten ein Erdalter von ungefähr 400 Millionen Jahren. 1931 ergab die Kombination von Radioaktivität und geologischen Daten ein Alter unseres Planeten von mindestens zwei Milliarden Jahren, 1954 wurde das Erdalter schließlich auf fünf Milliarden Jahre bestimmt.

Heute schätzt man das Alter der Erde auf 4,6 Milliarden Jahre, und niemand geht davon aus, dass sich daran etwas ändert. In der Wissenschaft ist ein solches Versprechen immer eine gewagte Sache.

ELEKTROMOTOR

Wie wir eine Möglichkeit fanden, elektrische Energie in Bewegung umzuwandeln

1820 entdeckte Hans Christian Ørsted (→46), dass ein elektrischer Strom ein Magnetfeld erzeugt. Etwas später im gleichen Jahr zeigte André Marie Ampère, dass zwei Leiter eine Kraft aufeinander ausüben und die magnetische Kraft einen stromdurchflossenen Leiter ringförmig umgibt.

All das übte eine unheimliche Faszination auf einen brillanten, aber etwas unkonventionell ausgebildeten jungen Wissenschaftler aus, der an der Royal Institution in London arbeitete. Michael Faraday hatte eigentlich eine Buchbinderlehre absolviert. Eines Tages musste er eine Enzyklopädie binden und las dabei einen Artikel über Elektrizität. Er stellte einige einfache Versuche an und machte sich 1812 auf den Weg in die Royal Institution, um Humphry Davy zu hören und mehr zu lernen.

Er schrieb auf, was er sah und hörte, band diese Notizen zusammen, schickte sie an Davy und bat um seine Hilfe, um „der Werkstatt entkommen und in den Dienst der Wissenschaft treten" zu können. Der berühmte Mann war beeindruckt und offerierte ihm einen einfachen Job, um zu sehen, wie er reagieren würde. Faraday nahm die Stelle an und kam schnell vorwärts. Er wurde erst Vorführer von Experimenten, dann Davys Assistent und 1833 Professor.

Die Bandbreite von Faradays Entdeckungen und Innovationen ist phänomenal. Sein Vermächtnis umfasst Naturgesetze und Experimente, Maschinen und Geräte, technische Fachbegriffe und Ausdrücke der Alltagssprache.

48

Wann: 1831.

Wo: London.

Wer: Michael Faraday (1781–1867).

Was: Ein elektrischer Strom kann einen Magneten zum Drehen bringen und umgekehrt.

Folgen: Diese Offenbarung ermöglichte den Bau der ersten Elektromotoren und Generatoren.

Seinen Namen tragen die Gesetze der Elektrolyse, ein Induktionsgesetz, ein Eiskübel-Experiment, eine Röhre, eine Scheibe, Stromarten und sogar ein Käfig, der elektromagnetische Strahlung abhält. In der Medizin kannte man die „Faradisation“. Faraday prägte die Begriffe Kathode, Anode, Elektrode, Ion, Elektrolyt und Elektrolyse.

Faraday hatte zwar keine Ausbildung als Wissenschaftler, dachte und arbeitete aber wie ein solcher. Als er über Ørsteds und Ampères Arbeiten nachsann, erkannte er zwei interessante Kräfte, eine elektrische und eine magnetische, und versuchte herauszufinden, wie die beiden zusammenhingen. Der Faszination dieses Themas waren nicht nur viele seiner Zeitgenossen erlegen, die nach einem verbindenden Moment aller Naturkräfte suchten, sondern auch theoretische Physiker der Moderne, die sich gegenwärtig bemühen, eine Große Vereinheitlichte Theorie der Natur zu erarbeiten.

1821 kam Faraday zu der Erkenntnis, dass ein frei beweglicher Magnet um einen stromdurchflossenen festen Leiter kreisen und sich andersherum ein stromdurchflossener Leiter um einen feststehenden Magneten bewegten sollte. Um dies zu beweisen, baute er zwei entsprechende Modelle als Prototypen des Prinzips, nach dem später alle Elektromotoren arbeiteten. Moderne Motoren enthalten statt eines Permanentmagneten oft auch einen Elektromagneten, aber das Funktionsprinzip – die Wechselwirkung eines Magneten mit einem stromdurchflossenen Leiter – ist stets gleich.

Nach einem Ausflug in die Chemie kam Faraday 1831 wieder auf seine Experimente mit der Elektrizität zurück. Um mehr über das Zusammenwirken von elektrischem Strom und Magneten herauszufinden, wickelte er zwei getrennte Drahtspulen auf gegenüberliegende Seiten eines einfachen Eisenrings; eine Spule schloss er an eine Batterie an, die andere an ein Strommessgerät. Als er den Schalter schloss, floss Strom durch die erste Spule und magnetisierte den Eisenring. Am interessantesten war aber, dass das zunehmende Magnetfeld einen Strom in der zweiten Spule hervorrief.

Das war die erste Beobachtung eines Phänomens, das wir heute als elektromagnetische Induktion bezeichnen und auf dem der Transformator beruht. Das ist ein Gerät, mit dem man die Spannung eines elektrischen Wechselstroms absenken oder anheben kann. Die Spannung wird auf mehrere hunderttausend Volt hochtransformiert, um elektrische Energie aus Kraftwerken verlustarm mit Überlandleitungen transportieren zu können, und vor Ort wieder auf ungefährlichere Werte heruntertransformiert, die zum Beispiel eine Küchenmaschine oder das Ladegerät Ihres Handys verträgt (in Europa 230 Volt). All dies funktioniert mit den Entdeckungen von Faraday.

Faraday experimentierte noch weitere 30 Jahre lang, ohne jemals irgendeine praktische Anwendung seiner Entdeckungen zu entwickeln, etwa einen Elektromotor oder einen Generator. Dafür zeigte er, was möglich ist, und inspirierte damit andere. Manche seiner Ideen, wie die Elektrolysegesetze, wurden sehr schnell in die Praxis übernommen.

Faradays Leistungen durchziehen unser ganzes modernes Leben. Schauen Sie sich nur in Ihrer Wohnung um! Überall Elektromotoren – in Ventilatoren,

Einfache Spule, mit der Michael Faraday das Induktionsgesetz entdeckte.

im Staubsauger, in der Waschmaschine, im Computer und im Föhn; und ohne Transformatoren hätten Sie im Haushalt überhaupt keine Steckdose dafür.

Und – nicht zu vergessen – der Strom selbst kommt aus Generatoren, die ebenfalls nach Prinzipien arbeiten, die wir Faraday verdanken.

ENERGIE BEHERRSCHEN

Faraday wusste, dass der Elektromagnetismus in beide Richtungen funktioniert: Elektrische Energie erzeugt Bewegungsenergie, Bewegungsenergie kann Elektrizität erzeugen. Um Letzteres zu zeigen, bewegte er einen Stabmagneten in der Nähe einer Spule, die an ein Messgerät angeschlossen war. Dieses Experiment ist die Keimzelle des Generators – gleichgültig, ob dieser seine Bewegungsenergie aus Wasserkraft, Wind, heißem Dampf oder noch anderen Quellen bezieht. 1832 zeigte Faraday, dass statische Elektrizität, Elektrizität aus elektromagnetischen Generatoren und aus Volta-Batterien ein und dasselbe sind.

ZELLEN

Wie wir erkannten, dass Lebewesen aus Zellen und diese wiederum aus noch kleineren Komponenten bestehen

49

Wann: 1833.

Wo: London.

Wer: Robert Brown (1773–1858).

Was: Jede Zelle besitzt einen Kern.

Folgen: Unser Verständnis des Lebens, der Physiologie und der Genetik beruht auf dem Verständnis der Zelle.

Die Erkenntnis, dass Organismen aus Zellen aufgebaut sind, entwickelte sich langsam. Man beobachtete zwar manch Interessantes, doch es gab kein früheres Modell, das von der Zelltheorie hätte abgelöst werden können. Meist gewinnt eine neue Theorie dann an Akzeptanz, wenn eine alte Erklärung Fragen aufwirft, die mit der neuen Theorie beantwortet werden können – in diesem Fall existierte jedoch kein Vorgänger. Für manche Entdeckungen lässt sich ein genauer Zeitpunkt bestimmen; bis sich ein neuer Gedanke durchsetzt, dauert es aber immer seine Zeit.

Robert Hooke (→31) beschrieb Zellen in seinem Werk *Micrographia*, und andere müssen im Lauf der Zeit ebenfalls welche gesehen haben. Tierische Zellen sind allerdings schwer zu erkennen, denn sie sind fast völlig transparent. Hookes Korkzellen hatten dicke Zellwände, die sich unter dem Mikroskop deutlich abzeichneten, aber er konnte sich so recht keinen Reim darauf machen. Für ihn waren sie nicht mehr als eine interessante Struktur, von der er glaubte, sie sei nur in Kork zu finden.

René Joachim Henri Dutrochet (1776–1847) diente bis 1809 als Militärarzt im napoleonischen Heer und wandte sich danach der Naturforschung zu. Er begründete die Pflanzenphysiologie, wies nach, dass die Atmung von Pflanzen und Tieren viele Gemeinsamkeiten aufweist, führte Untersuchungen zur Osmose durch und fand heraus, dass Chlorophyll eine Schlüsselrolle bei der Photosynthese spielt. Seine größte wissenschaftliche Leistung dürfte jedoch gewesen sein, im Jahr 1824 wahrscheinlich als Erster die Theorie aufgestellt zu haben, dass alle Lebewesen aus Zellen bestehen:

Wir haben gesehen, dass Pflanzen vollständig aus Zellen zusammengesetzt sind, oder aus Organen, die offensichtlich von Zellen herkommen ... Folglich handelt es sich bei allen Geweben, allen Organen von Tieren, in Wahrheit um Modifikationen desselben zellularen Gewebes. Diese Gleichförmigkeit der Grundstruktur beweist, dass Organe sich in der Art der Substanzen unterscheiden, welche in den blasenförmigen Zellen, aus denen sie bestehen, enthalten sind.

Matthias Jakob Schleiden (1804–1881) und Theodor Schwann (1810–1882) wird gewöhnlich das Verdienst zugeschrieben, die Zelltheorie entwickelt zu haben. Tatsächlich hatten aber Dutrochet und zuvor Robert Brown (→15) bereits im Jahr 1833 erklärt, jede Zelle besitze einen Zellkern.

Zwar kann man Robert Brown nicht den Entdecker des Zellkerns nennen, denn vor ihm hatten schon viele andere Forscher Zellkerne gesehen (Franz Bauer hatte im Jahr 1802 sogar einen gezeichnet). Brown stellte jedoch als Erster fest, dass jede Zelle über einen Kern verfügt, und er benannte diesen. Das mag nebensächlich erscheinen; man darf aber nicht vergessen, dass der Kern der Ort ist, wo sich das genetische Material der Zelle befindet, die DNA, die der Zelle sagt, was sie ist. Die moderne Biologie ist nicht denkbar ohne

Mithilfe der Photomikrographie können Details wie diese Blatt-Epidermiszellen der Wasserpest (*Elodea*) sichtbar gemacht werden.

das Verständnis des Zellkerns; und der erste Schritt auf diesem Weg ist natürlich, zu erkennen, dass es ihn gibt.

Schleiden untersuchte Zellgewebe von Pflanzen, Schwann das von Tieren. Als die beiden sich im Jahr 1838 über ihre Arbeiten unterhielten, wurde ihnen klar, dass sie zu denselben Schlüssen gelangt waren. Schwann veröffentlichte daraufhin ein Buch über die Zellen von Pflanzen und Tieren und nahm den Ruhm für sich allein in Anspruch. Als Schleiden später seine Version publizierte, irrte er in einem grundsätzlichen Punkt. Er behauptete nämlich, dass die Zelle sich aus Browns Zellkern zu voller Größe entwickelt.

Wie auch immer, die Idee war da. Man kam aber nicht recht weiter, solange man nicht sehen konnte, was sich im Innern von Zellen befand. Dazu waren bessere Mikroskope mit achromatischen Linsen erforderlich, welche die farbigen Säume, die zu undeutlichen Bildern führten, korrigieren. Vor allem aber benötigte man organischen Farbstoff, um transparent erscheinende Objekte im Zellinnern einfärben und auf diese Weise sichtbar machen zu können.

Alles was man damals wusste, war, dass das Zellinnere von Zytoplasma erfüllt ist. Das ist, wie einer meiner Kollegen zu sagen pflegte, ungefähr so hilfreich wie die Aussage, dass ein Fernsehapparat Teleplasma enthält. Es sagt rein gar nichts aus. Die wichtigen Bestandteile und Prozesse im Innern einer Zelle – die Gene, der Mechanismus, wie Erbinformationen in Zellenzyme übersetzt werden, die Bildung von Proteinen und vieles mehr –, das alles blieb verborgen, solange die inneren Teile, die Zellorganellen, nicht sichtbar waren.

Organische Färbemittel, die überwiegend aus Nebenprodukten der Kohlevergasung, Kohleverflüssigung und Erdölverarbeitung hervorgingen, veränderten die Situation grundlegend. Das genetische Material der Zelle bezeichnen wir heute als „Chromosomen“; dies bedeutet aber nichts anderes als „gefärbter Körper“, denn Chromosomen lassen sich mit bestimmten Chemikalien anfärben (→59) und sind dann unter dem Mikroskop deutlich zu erkennen. Offenbar fügen sich bestimmte Farbstoffe passgenau in die chemische Struktur der Zelloberfläche ein, ähnlich wie ein Schlüssel in ein Schloss passt. Nach und nach gelang es, die winzigen, vormals unsichtbaren Organellen mit komplexen chemischen Verfahren sichtbar zu machen.

Mit der Entwicklung neuer Färbe- und Präparationsmethoden in der Mikroskopie kamen weitere Zellorganellen zum Vorschein. Unser Bild von der Zelle wurde immer facettenreicher, und es ergaben sich neue Fragen, während gleichzeitig neue Erklärungsmodelle Gestalt annahmen.

Der deutsche Pathologe Richard Altmann hatte bereits im Jahr 1890 vorgeschlagen, die Mitochondrien als genetisch und hinsichtlich ihres Stoffwechsels autonom zu betrachten. Heute gehen wir davon aus, dass das Mitochondrium ursprünglich ein Bakterium wie *Rickettsia prowazekii* war, das in eine frühe Zelle eindrang und zum Endosymbionten wurde.

In jüngerer Zeit ermöglichte die höhere Auflösung des Elektronenmikroskops die Erkennung weiterer Details. 1971 formulierte Lynn Margulis die Theorie der Endosymbiose. Nach dieser komplexen Theorie haben sich Mitochondrien, pflanzliche Chloroplasten und möglicherweise auch die Geißeln und Wimpern der Eukaryonten ursprünglich als eigenständige Organismen entwickelt und wurden im Lauf der Evolution in tierische oder pflanzliche Vorläuferzellen eingebaut. Wenn dies zutrifft, müssen wir unser Verständnis von der Evolution, in dem gewöhnlich der Kampf eine wichtige Rolle spielt, um den Aspekt der Zusammenarbeit erweitern.

Die Geschichte ist noch nicht zu Ende.

KATALYSE

Wie wir entdeckten, dass sich chemische Reaktionen beschleunigen lassen

50

Wann: 1835.

Wo: Stockholm.

Wer: Jöns Jacob Berzelius (1779–1849).

Was: Die Bezeichnung für ein Verfahren, das schon seit langem verwendet wurde, ohne dass es jemand verstanden hätte.

Folgen: Viele industrielle Prozesse basieren auf der Katalyse, durch die langsame Reaktionen schneller ablaufen.

Um das Wesentliche der Katalyse verstehen zu können, sind zunächst einige Definitionen notwendig. Chemie ist eine Frage des Gleichgewichts zwischen Reaktanden und Produkten einer Reaktion. Viele chemische Reaktionen sind umkehrbar und der Endpunkt ist erreicht, wenn die Geschwindigkeit der Hinreaktion so groß ist wie die der Rückreaktion. Es gibt allerdings auch Ausnahmen: Wenn Sie eine Kerze abbrennen, dann verflüchtigen sich die Produkte und auch die freiwerdende Energie; Verbrennungen laufen mehr oder weniger in einer Richtung ab.

Einige chemische Reaktionen gehen langsam vor sich, und manche biochemische Reaktionen brauchen bis zur Einstellung des Gleichgewichts die ganze Lebensspanne eines Organismus oder länger. Ein Katalysator ist eine Verbindung, die die Reaktion beschleunigt; das Gleichgewicht stellt sich schneller ein, der Katalysator wird während der Reaktion aber (insgesamt gesehen) nicht verändert oder verbraucht. Es ist, als ob der Katalysator einen einfacheren Weg zum Ergebnis bahnte – einen Tunnel durch den Reaktionsberg. So ist zum Beispiel Salz ein Katalysator für das Rosten von Eisen, weshalb Eisen in Meerwassergischt so schnell zu rosten beginnt.

Eine besonders bemerkenswerte Anwendung der Katalyse ist das Döbereiner-Feuerzeug, das von Johann Döbereiner (1780–1849) entworfen und im darauffolgenden Jahr in London vorgestellt wurde. Darin katalysiert Platin die Reaktion von Wasserstoff mit Sauerstoff, wodurch ausreichend Energie frei wird, um eine Wasserstoffflamme zu entzünden. Im September 1824 schrieb „The Gentleman's Magazine" auf Seite 259:

Unter den genialen Erfindungen der heutigen Zeit ist ein Gerät ... mit dem sich augenblicklich ein Licht entzünden lässt; und es scheint einfacher gebaut und daher zuverlässiger zu sein, als das von Volta erfundene Feuerzeug und andere Zündgeräte. Kürzlich hat man entdeckt, dass sich unter Druck ausströmendes Wasserstoffgas, das über einen Platinschwamm geleitet wird, entzündet. Die ganze Erfindung besteht letztlich darin, eine gewisse Menge an Wasserstoffgas mithilfe von Wasser bereitzustellen, das seinerseits fortwährend entsteht; Schwefelsäure steigt nach dem Öffnen eines Hahns nach oben und reagiert mit Zink; der entstehende Wasserstoff wird über einen kleinen Löffel mit Platin geleitet und entzündet sich sofort. Mit dieser Flamme lassen sich eine Kerze oder eine Lampe anzünden ... es ist ein kleines Schmuckstück – die Kosten sind gering, es lässt sich leicht handhaben, und es reicht für viele Monate.

Bei vielen für den Haushalt entwickelten Technologien werden Katalysatoren eingesetzt, ohne dass es den Anwendern bewusst wäre. So verwenden wir Waschmittel mit Enzymen, ohne zu wissen, dass Enzyme Katalysatoren sind, die langsame biochemische Reaktionen – und damit die Reinigung der Wäsche – beschleunigen.

Das Bewusstsein der Chemiker für solche Beschleuniger änderte sich, nachdem der schwedische Chemiker Jöns Jacob Berzelius im Jahre 1835 erstmals die Bezeichnung „Katalyse“ verwendet hatte, die er von den griechischen Begriffen für „dabei“ und „Zerfall“ ableitete. Sein Hintergedanke war die Annahme, dass ein Katalysator bestehende Verknüpfungen auf eine unbekannte Art und Weise löst und die Bildung neuer Bindungen ermöglicht. Wandelt zum Beispiel konzentrierte Schwefelsäure Stärke in Zucker um, dann handelt es sich um eine katalytische Reaktion, da sich die Säure nicht verändert.

Katalysatoren öffneten den Weg zu einem breiten Spektrum an Verfahren. Im späten 19. Jahrhundert verwendete Leo Baekeland (→84) einen Katalysator, um, wie wir weiter hinten sehen werden, Bakelit herzustellen. Indigo, den Farbstoff, der uns von Jeans bekannt ist, gewann man ursprünglich aus Pflanzen. Die industrielle Synthese wurde im Jahre 1897 möglich, als Eugen Sapper (1865–1901) zufällig in einem Gemisch von Chemikalien, die er erhitzte, ein Thermometer zerbrach und daraufhin feststellte, dass Quecksilber die Reaktion katalysiert. Fritz Habers Verfahren zur Herstellung von Ammoniak aus einem Gemisch aus Wasserstoff und elementarem Stickstoff erforderte ebenfalls einen Katalysator und bedeutete einen Meilenstein in der Entwicklung der Landwirtschaft (→4). Jedoch lieferte es auch Stickstoffverbindungen, die im Ersten Weltkrieg in Deutschland für die Herstellung von Munition benötigt wurden.

Ein Gesetz der Chemie ist das Le-Chatelier-Prinzip oder auch Prinzip des kleinsten Zwanges. Es besagt, dass ein chemisches System, auf das man einen Zwang ausübt, diesem Zwang auszuweichen versucht. Wenn man drei Moleküle Wasserstoff und ein Molekül Stickstoff komprimiert, dann bilden sich zwei Moleküle Ammoniak, wodurch der Druck reduziert wird. Wärme unterstützt dabei das Aufbrechen der ursprünglichen chemischen Bindungen, doch noch effizienter ist ein Katalysator, der den Energiebedarf verringert.

Der Kern des von Fritz Haber zusammen mit Carl Bosch entwickelten Haber-Bosch-Verfahrens ist ein mit Wasserstoff und Stickstoff gefüllter Zylinder, in dem die Reaktion bei einem Druck von etwa 250 bar und einer Temperatur von 450–510 °C stattfindet. Unter optimalen Bedingungen, das heißt unter Zugabe eines Eisenkatalysators mit geringen Mengen an Aluminium- und Kaliumoxiden, reagieren etwa 20 Prozent der Reaktanden zu flüssigem Ammoniak. Beim Ostwald-Verfahren wird anschließend ein anderer Katalysator eingesetzt, um aus Ammoniak Salpetersäure herzustellen.

Modell der molekularen Struktur eines Katalysators.

Heute sind die Reinigung von Autoabgasen und die Spaltung von Mineralölprodukten bedeutende Anwendungsgebiete von Katalysatoren. Ein solcher Katalysator wird als heterogen bezeichnet, da er in einem anderen Aggregatzustand (fest) vorliegt als die gasförmigen oder flüssigen Ausgangsstoffe. Der Katalysator reduziert die Aktivierungsenergie, damit die Reaktion stattfinden kann. Metalle wie Nickel, Platin und Palladium, in reiner Form oder als Oxide, haben eine große Oberfläche, an der die Reaktionen stattfinden können.

Katalysatoren ermöglichen unter anderem die Umwandlung von giftigem Kohlenmonoxid in Kohlendioxid und sorgen so für eine vollständige Verbrennung von Kraftstoffen. Und sie spalten Stickoxide in Stickstoff und Sauerstoff. Von Bleiverbindungen werden die Katalysatoren „vergiftet“ – das ist ein Grund dafür, dass verbleites Benzin weltweit aus dem Verkehr gezogen wurde.

In der Wissenschaft brauchen auch Ideen gelegentlich Katalysatoren – einen Anschub, der sie in das Zentrum des Interesses rückt. So erging es zum Beispiel Louis Agassiz' Theorie der Eiszeiten.

EISZEITEN

Wie die Menschen akzeptierten, dass Eis fließt und das Klima sich wandelt

Nach einer irischen Legende verbannte St. Patrick die Schlangen von der grünen Insel. Im Jahr 1802 wurde der irische Abenteurer Sir Henry Hayes per Schiff nach New South Wales in Australien gebracht, weil er die Erbin eines Vermögens entführt hatte. Dort wurde ihm gestattet, ein eigenes Haus zu bewohnen. Um Schlangen fernzuhalten, zog er einen Graben darum und füllte diesen mit Torf, den er aus Irland mitgebracht hatte. Hayes hätte den Graben mit Eis füllen sollen, denn nur wenige Jahre nach seinem Tod im Jahr 1832 kam die Wahrheit ans Licht. Es war keineswegs Irlands Schutzheiliger, der die Insel von den Schlangen befreite – wenn es sie dort überhaupt je gegeben hat. Das Eis hat sie von der Insel vertrieben.

In Nordamerika und Europa gibt es große Schotterfluren und gewaltige „erratische Blöcke" oder Findlinge – Felsblöcke, die gewöhnlich nicht am Ort ihrer Entstehung gefunden werden und die über große Entfernung transportiert worden sein müssen. Heute betrachten wir die uniformitaristische Sichtweise der Welt als selbstverständlich: Wir gehen davon aus, dass die geologischen Verhältnisse einst durch Kräfte entstanden sind, die noch immer in ähnlicher Weise wirken. Es dauert jedoch seine Zeit, bis diese Erkenntnis heranreifte. Seltsamerweise trug ausgerechnet die Theorie des Katastrophisten Louis Agassiz dazu bei, dass der Uniformitarismus populär wurde.

Agassiz und Jean de Charpentier (1786–1855) erkannten in den 1830er Jahren, dass viele Oberflächenformen sich am besten durch die Annahme einer mächtigen Eisdecke erklären ließen, die sich über das Landschaft ausbreitete und Gesteinsblöcke teils vor sich her schob, teils an ihrem Grund mitschleppte. Im Jahr 1840 veröffentliche Agassiz seine Überlegungen und erwarb sich damit rasch großes Ansehen. Mit seiner Grundidee lag er zwar richtig, doch ging er von einer flächendeckenden Vergletscherung aus, die alles Leben vernichtete. Im Fall Irlands muss man wohl vermuten, dass es dort nie Schlangen gegeben hat, und wenn doch, so hätten die Gletscher sie mit Sicherheit ausgelöscht.

Agassiz war Schweizer, hatte also viele Gletscher gesehen. 1939 fand er heraus, dass eine im Jahr 1827 auf dem Eis errichtete Hütte sich rund 1500 Meter gletscherabwärts bewegt hatte. Das brachte ihn auf ein einfaches Experiment, das bis heute so üblich ist: Er rammte Pflöcke in gerader Linie quer über den Gletscher in das Eis und stellte fest, dass sie sich zu einer U-Form veränderten, indem das scheinbar feste Eis in der Mitte des Gletschers schneller floss als an seinen Rändern. Nur durch eine solche Bewegung ließ sich die Form der Täler erklären:

Wasser kann Fels polieren, aber nirgendwo hinterlässt es geradlinige Kratzer auf seiner Oberfläche. Es kann Rillen im Gestein formen, die jedoch gekrümmt verlaufen. Gletscher dagegen glätten den Untergrund gleichmäßig und ebnen ihn ein, die widerständigsten Bereiche genauso wie die nachgiebigsten, und … reiben den Fels, über den sie sich bewegen, zu gleichmäßigen, durchgehenden Oberflächen …

51

Wann: 1839.

Wo: Schweiz.

Wer: Louis Agassiz (1807–1873).

Was: Die Bestätigung der Vermutung, dass Gletscher sich bewegen.

Folgen: Die Theorie der Eiszeitalter beantwortet viele Fragen der Menschheitsgeschichte.

Der Perito-Moreno-Gletscher in Argentinien entspringt in den spektakulären Gebirgsformationen der südlichen Anden.

Agassiz' Erklärungsmodell erregte rasch Aufsehen und überzeugte die Wissenschaftler von der offensichtlichen Tatsache, die vor ihren Augen lag und die sie dennoch nicht erkannt hatten. Auch Sir John Tyndall überprüfte die Theorie der Eiszeitgletscher und bestätigte, dass Gletscher ein höchst wirksames Medium geomorphologischer Veränderungen sein können.

Es gab zahlreiche Eiszeiten – Zeitphasen, in denen Eisschilde und Gletscher aus den Polregionen vorstießen. Die jüngste Eiszeit dauerte von etwa einer Million Jahre vor heute bis ungefähr 10 000 Jahre vor heute, als das Eis bis zu seiner heutigen Ausdehnung abschmolz und die Geschichte des modernen Menschen begann. Es gibt Spuren weiterer Eiszeiten, die bis in die Zeit vor 250 Millionen Jahren zurückreichen.

In einer Eiszeit kann die Erde bis zu einem Drittel von Eis bedeckt sein. Durch die Eismassen auf dem Festland sinkt der Meeresspiegel. Nachdem die Wissenschaftler Agassiz' Ideen akzeptiert hatten, begannen sie über die Verbreitung von Tieren nachzudenken. Jetzt konnten sie sich vorstellen, wie die Wanderungen hatten stattfinden können. Die Tierwelt des australischen Inselstaats Tasmaniens etwa ist fast identisch mit der auf dem Kontinent, und die für Australien typischen Tierarten finden sich ebenso im weiter nördlich gelegenen Neuguinea. Während der letzten Eiszeit waren die drei Landmassen miteinander verbunden.

Am Ende der letzten Eiszeit hingen England und Frankreich über eine flache Landbrücke zusammen, und die Schlangen wanderten aus dem südlichen Europa wieder ein. Drei Schlangenarten gelangten bis nach Britannien, während Irland durch ein schlangensicheres Meer abgeschnitten wurde, bevor die Neuankömmlinge die Insel erreichten. Damals bestand die Beringstraße aus Eis und trockenem Land. Sie bot für Menschen einen viel leichteren Übergang auf ihrem Weg von Asien nach Amerika und Europa und liefert eine Erklärung für die Tatsache, dass die Tierwelt Nordamerikas mit der in Europa identisch ist oder beide einander sehr ähneln.

Alfred Russel Wallace (→63), ein weiterer Naturforscher, der sich die Evolution als Prozess der natürlichen Auslese dachte, entdeckte und beschrieb im Jahr 1876 eine Grenze, die wir heute Wallace-Linie nennen. Er zog diese Linie zwischen den indonesischen Inseln Bali und Lambok und weiter zwischen Sulawesi und Kalimantan (oder Celebes und Borneo, wie sie zu seiner Zeit hießen). Westlich dieser Linie zeigen Flora und Fauna stärker asiatischen, östlich von ihr mehr australischen Charakter. Heute wissen wir, dass die Wallace-Linie dem Verlauf eines Grabens folgt, zu tief, um während einer der Eiszeiten jemals Festland gewesen sein zu können, jedoch schmal genug, dass ihn Menschen mit Booten oder auf Flößen überqueren konnten.

Doch jetzt kommt der frustrierende Teil, falls Sie sich für Archäologie interessieren. Die frühen Menschen dürften überwiegend die Küsten bewohnt haben. Heute jedoch liegen die einst vom eiszeitlichen Menschen bevölkerten Landstriche tief unter dem Meer – äußerst schwierig, sie auszugraben!

In unseren Tagen ist die Theorie der Eiszeitalter in der Wissenschaft unumstritten. Keine Einigkeit besteht indes darüber, welches die Auslöser einer Eiszeit sind.

IMMUNOLOGIE

Wie wir entdeckten, dass der Körper fremde Zellen erkennen kann

52

Wann: 1840.

Wo: Zürich.

Wer: (Friedrich Gustav) Jakob Henle (1809–1885).

Was: Der Körper reagiert in charakteristischer Weise auf eine Infektion.

Folgen: Führte zu verbesserten Methoden für die Bekämpfung von Krankheiten, auch wurden Haut- und Organtransplantationen möglich.

Als Datum für die Begründung der Immunologie kommen einige wichtige historische Ereignisse infrage. Dazu gehören das Jahr 1797, als Edward Jenner die Impfung einführte (→40), oder auch die 1850er Jahre, als Ignaz Semmelweis (→67) das Waschen der Hände als Methode entdeckte, das Kindbettfieber zu verhindern. Man könnte aber auch jede andere Gelegenheit nehmen, zu der Keime als Ursache einer Erkrankung erkannt wurden (→71). Andere würden wiederum das Jahr 1883 nennen, als Ilja (oder Elie) Metschnikow (1845–1916) eine Variante der Phagocytose entdeckte, bei der Leukocyten – weiße Blutzellen – verschiedene Eindringlinge angreifen.

Kurz nachdem Jakob Henle 1840 in Zürich angekommen war, veröffentlichte er einen Artikel mit dem Titel „Über Miasmen und Kontagien und von den miasmatisch-kontagiösen Krankheiten", was soviel bedeutet wie „Über krankheitsauslösende Ausdünstungen und ansteckende Krankheiten". Darin teilte der Autor bekannte Krankheiten nach ihren Ursachen ein. Er identifizierte Erkrankungen, die eindeutig miasmatisch waren und keinesfalls kontagiös (ansteckend) wie Malaria; einige schienen miasmatisch zu beginnen, dann aber kontagiös zu werden wie Pocken, Masern, Influenza und Cholera; und schließlich sind Erkrankungen aufgeführt, die ausschließlich kontagiös zu sein schienen wie Syphilis und Krätze.

Heute unterteilt man die Immunologie in zwei Bereiche. Einer befasst sich mit der Aktivierung des Immunsystems, damit Krankheiten besser bekämpft werden können, der andere erforscht die effiziente Unterdrückung des Immunsystems, um die Abstoßung von Transplantaten zu verhindern. Bedeutend für jeden der Bereiche sind Einblicke in den Mechanismus, wie der menschliche Körper Selbst von Nichtselbst unterscheidet. Solange man nicht begriffen hatte, dass Krankheiten durch eindringende Zellen verursacht werden, die als fremd erkannt werden, war es unmöglich zu verstehen, was Immunität bedeutet. So impfte Jenner gegen Pocken, ohne zu wissen, warum eine Impfung die beobachtete Wirkung hat. Andere Impfstoffe ließen sich jedoch ohne grundlegende Kenntnisse der Vorgänge nicht entwickeln.

Henles Schrift wird als Begründung der Immunologie betrachtet, doch ein Verständnis für das Fachgebiet konnte sich erst entwickeln, als sich Metschnikow aus Russland nach La Spezia in Italien aufmachte, um sich der Embryologie zu widmen. Metschnikow lebte am Meer und wählte Seesterne als Untersuchungsobjekte. Wie viele marine Tiere geben die Seesterne Spermien und Eier ins Meerwasser ab, wo sie aufeinandertreffen und die Befruchtung stattfindet. Die befruchteten Eier entwickeln sich zu Larven. Sie sind sehr klein, leicht zu fangen und unkompliziert zu halten – die perfekten Objekte für Studien der Embyrologie.

Auch wenn Säugetiere im Zentrum des Interesses stehen, stützen sich Embryologen häufig auf Studien an Tieren, die sich außerhalb des mütterlichen Organismus entwickeln. Durch die Forschungen von William Harvey (→39) war klar, dass die Zahl der Gemeinsamkeiten größer war als die der Unterschiede und dass sich der Ablauf wesentlich leichter an niederen Tieren beobachten ließ.

Nach einem weiteren Aufenthalt in Russland kehrte Metschnikow dem Land im Jahre 1882 ein zweites Mal den Rücken. Der Zar war ermordet worden und Revolutionäre machten das Leben in Russland ungemütlich. Metschnikow fuhr nach Messina auf Sizilien und begann dort die Erforschung von Seeanemonen. Ihn interessierte die Nahrungsaufnahme der Tiere. Er fütterte sie mit geringen Mengen des Farbstoffes Karmin und beobachtete, wie die Farbstoffpartikel aufgenommen wurden. Wie ein Blitz traf ihn eine Eingebung: Konnten „Eindringlinge“ in den menschlichen Körper auf ähnliche Weise beseitigt werden? Ihm war bekannt, dass ein Stachel in der Haut Lymphocyten anlockt, und er stach eine Nadel in eine durchscheinende Seesternlarve. Am folgenden Morgen hatte sich Eiter gebildet: Zellen hatten sich um die Nadel versammelt. Es waren ungewöhnliche Zellen, die Metschnikow als Phagocyten bezeichnete, was „Fresszellen“ bedeutet.

Im Jahre 1886 wurde Metschnikow Direktor eines Forschungsinstituts in Odessa und vertrieb Louis Pasteurs Tollwutimpfstoff, doch geriet er in Verruf, weil er nicht ausreichend medizinisch ausgebildet war. Im Jahre 1888 ging er nach Paris an das Pasteur-Institut, wo er bis zu seinem Tod blieb.

Im Jahre 1888 entdeckte Charles Richet (1850–1935) durch einen Zufall, dass das Blut von Hunden mit einer Staphylokokkeninfektion Kaninchen immun gegen eine Infektion mit dem Bakterium machte. Weitere Untersuchungen ergaben, dass bislang unbekannte Partikel, die wir heute als Antikörper kennen, im Blutserum für die Immunisierung verantwortlich waren. Richet bezeichnete sie als Antitoxine. Im Jahre 1902 beobachtete er ebenfalls durch Zufall, dass die wiederholte Verabreichung einer geringen Menge des Gifts aus der Portugiesischen Galeere (einer Quallenart) einen Hund töten konnte, der zuvor eine hohe Dosis überlebt hatte. Der Hund wurde durch die erste Dosis sensibilisiert und starb an einer Reaktion, die man heute als anaphylaktischen Schock bezeichnet.

Das Bild wurde klarer, als Karl Landsteiner (1868–1943) das Blutserum einer Person mit den Blutkörperchen aus dem Blut einer anderen Person mischte. Es zeigte sich, dass sich bei manchen Kombinationen Klumpen bilden, bei anderen jedoch nicht. Das Zeitalter der Bluttypisierung hatte begonnen, und bald folgten auch Bluttransfusionen, da nun ein schneller Labortest zur Verfügung stand, der Auskunft über die Verträglichkeit gab. Während des

Der kolorierte Stich aus der Mitte des 19. Jahrhunderts zeigt einen Mann nach einer Transplantation, bei der Haut von der Stirn auf seine Nase übertragen wurde.

Ersten Weltkriegs verwendeten Mediziner Blutkonserven und retteten so zahlreiche Menschenleben.

Während des Zweiten Weltkriegs interessierte sich Peter Medawar (1915–1987) zunehmend für Hauttransplantationen, die hauptsächlich bei Piloten durchgeführt wurden, deren Maschinen Feuer gefangen hatten, aber auch bei der Behandlung anderer Soldaten eine Rolle spielten. Bereits im 16. Jahrhundert wurde Haut von einer Stelle des Körpers auf eine andere verpflanzt; die von Medawar übertragenen Segmente stammten jedoch von Spendern. Medawar beobachtete eine Reaktion, die der von Richet beschriebenen Anaphylaxie ähnelte, und zwar wurden die Gewebe desselben Spenders nach der zweiten und allen weiteren Transplantationen schneller abgestoßen als nach der ersten Übertragung.

Nach dem Krieg führte Medawar seine Studien der Immunologie fort und erfuhr von Macfarlane Burnet (1899–1985), dass ein Tier toleranter und empfänglicher für ein späteres Transplantat ist, wenn es bereits möglichst früh erstmals mit dem Fremdgewebe in Kontakt gekommen ist. Weiterhin prophezeite er, dass sich diese Toleranz auch im Labor hervorrufen lassen würde. Medawar und seine Kollegen zeigten dies, zumindest an Mäusen: auch wenn es keine direkte Bedeutung für die Organtransplantation hatte, so wurde dennoch klar, dass Transplantationen nicht unmöglich waren.

Es war ein weiter Weg von der Eiterbildung in einer Seesternlarve bis hin zu Hauttransplantationen bei Mäusen, doch er war von Erfolg gekrönt. Metschnikow (1908), Richet (1913), Landsteiner (1930), Medawar und Burnet (1960) wurden mit Medizin-Nobelpreisen ausgezeichnet, um ihren Beitrag zur Entdeckung des Immunsystems zu würdigen.

GUTTAPERCHA

Wie wir den Nutzen der Kunststoffe entdeckten

53

Wann: 1843.

Wo: Singapur.

Wer: William Montgomerie (1797–1856), ein britischer Arzt in Singapur.

Was: Die Einwohner von Singapur stellten Messergriffe aus Guttapercha her.

Folgen: Ermöglichte die Verlegung des ersten Unterseekabels und vieles mehr.

Die meisten Gegenstände, die heute aus Kautschuk bestehen, wurden zunächst aus Guttapercha hergestellt, das heutzutage nur noch selten verwendet wird. Guttapercha wird aus dem Saft eines Baumes (*Palaquium gutta*) in einem ähnlichen Verfahren gewonnen wie Kautschuk, ähnelt diesem in den Eigenschaften und in der chemischen Struktur und ist leichter zu verarbeiten, hat aber auch einige Nachteile.

Guttapercha erweicht bei etwa 70 °C und ist bei dieser Temperatur in Formen pressbar. Bei 60 °C ist es schnittfest, sodass die Arbeiter damit umgehen konnten, ohne eine besondere Schutzkleidung zu benötigen. William Montgomerie schickte seine Aufzeichnungen und Materialproben an die Ärztekammer und an die Royal Society of Arts in London, wo Guttapercha auf Interesse stieß.

Forscher stellten fest, dass Guttapercha sich genau wie Kautschuk verhält, und entdeckten später seine plastischen und isolierenden Eigenschaften wie auch den geringen Ausdehnungskoeffizienten bei Temperaturschwankungen, wodurch es sich zum Gießen und Formen hervorragend eignet. In der zweiten Hälfte des 19. Jahrhunderts stellt man Golfbälle, sogenannte Gutties, aus Guttapercha her, die schneller flogen und preisgünstiger waren als die herkömmlichen Bälle aus Leder und Federn.

Werner von Siemens (1816–1892) begann im Jahre 1845 mit der Erforschung von Guttapercha als Ummantelung von Telegrafenkabeln (→37). Bereits 1850 verband ein solches, allerdings nur wenig haltbares Kabel Großbritannien und Frankreich. Mit einem neuen Kabel, das das alte im Jahre 1851 ersetzte, begann die weltweite telegrafische Vernetzung; um 1858 wurden Großbritannien und die USA verbunden, doch die Haltbarkeit des Kabels ließ wiederum zu wünschen übrig. Die Verbindung musste aufgegeben werden, bis ein neues, ebenfalls mit Guttapercha ummanteltes Kabel 1866 seinen Dienst aufnahm.

War es draußen nass, trugen irische Kinder Schuhe aus Guttapercha; Einwohner New Yorks dichteten ihre Dächer mit Guttaperchazement ab; Soldaten der US-Kavallerie trugen Umhänge aus Guttapercha, und einige von ihnen besaßen Futterale und Munitionsbehälter aus diesem Material; Biologen verschickten lebende Meeresalgen, verschlossen in Umschlägen aus Guttapercha, und um 1860 füllte ein Arzt in den Goldminen von Australien damit Zahnlöcher. Das Material stammte von einem Eimer aus Guttapercha, den er bei einer Auktion zusammen mit alten Werkzeugen erstanden hatte. Der Arzt schnitt ein kleines Stück aus dem Eimer heraus, erhitzte es und stopfte das Loch im Zahn. Eigenen Schätzungen zufolge konnte er Tausende von Löchern füllen, bis der Eimer verbraucht war.

Nachdem die Vulkanisierung von Kautschuk entdeckte worden war, hatte man ein Material, das viel widerstandsfähiger war als Guttapercha. Außerdem ließ sich Kautschuk erheblich leichter gewinnen und begann deshalb, Guttapercha in einer Reihe von Anwendungen abzulösen. Doch selbst als im Jahre 1898 der Golfball aus Kautschuk eingeführt wurde, hatte er noch eine Oberfläche aus Guttapercha. Der Siegeszug von Guttapercha wurde erst gestoppt, als synthetische Kunststoffe den Markt eroberten. Guttapercha kam aus der Mode, wird aber bis heute für Spezialanwendungen in der Zahnheilkunde wie Wurzelfüllungen benutzt, für die man noch immer keine Alternative gefunden hat. Wenigstens gehört der Eimer als „Rohstoff" mittlerweile der Vergangenheit an!

Kautschuk ist ein Naturstoff mit sehr interessanten Eigenschaften. Er stammt wie Guttapercha aus dem Milchsaft eines Baumes und verhält sich ähnlich, doch waren Kautschukbäume weiter verbreitet. Schon bevor Columbus Amerika entdeckt hatte, wurde das Material von Ureinwohnern Mittelamerikas verwendet. Als die Spanier nach Columbus das Land eroberten, lernten sie auch Spiele mit Kautschukbällen kennen. Das Material war für sie jedoch nicht so interessant wie Gold und Silber.

In den 1830er Jahren änderte sich der Bedarf der Industrie. Ventile von schwächeren Dampfmaschinen ließen sich noch mit ölgetränktem Leder abdichten, Schuhe und aufblasbare Leinenboote aus Kautschuk herstellen. Bei Dampfventilen und den neueren stärkeren Motoren stieß das Leder jedoch an seine Grenzen – man benötigte bessere Dichtungen, und auf allen Kontinenten suchten Erfinder nach Wegen, den leichter erhältlichen Kautschuk widerstandsfähiger zu machen.

Einer von ihnen war der bankrotte Unternehmer Charles Goodyear (1800–1860), der unter den Kautschuk Bleiweiß und Schwefel mischte. Zunächst erwies sich das Gemisch nicht als erfolgversprechend. Durch einen glücklichen Zufall im Februar 1839 gelangte jedoch ein wenig davon auf eine heiße Herdplatte, und als Goodyear das Material abkratzte, stellte er fest, dass die Hitze die klebrige Masse in elastisches Gummi verwandelt hatte.

Das war das Geheimnis zur Verfestigung des Kautschuks: das Untermischen von Schwefel und das anschließende Erhitzen. Doch wie viel Schwefel war nötig, und welche Temperatur war ideal? Goodyear fand schließlich die Lösung: Um widerstandfähiges Gummi herzustellen, musste man Kautschuk unter Dampfdruck für einige Stunden auf 130 °C erhitzten.

Kautschuk ist ein natürliches Polymer, bei dem lange Molekülstränge aneinander entlanggleiten. Der Schwefel bildet Brücken zwischen den Ketten, verbindet sie miteinander und macht das Gummi so stabiler. Zum Zeitpunkt der Entdeckung des Verfahrens hatte man jedoch für die Veränderung der Materialeigenschaften und die Elastizität noch keine Erklärung.

Goodyear hat von seiner Entdeckung nie profitiert. Er starb im Jahre 1860, ausgebrannt durch Streitigkeiten um Patente und mit Schulden von annähernd 200 000 Dollar. Das riesige Unternehmen Goodyear Tire and Rubber Co. trägt seinen Namen, doch eine Verbindung zur Familie Goodyear gibt es nicht. Irgendwann sollten Gummireifen die Fahrt mit Autos und Fahrrädern angenehmer machen, doch bereits um 1860 ließen sich Eisenbahnwaggons mit Federn ausrüsten, die in vulkanisierten Kautschuk eingebettet waren.

Menschen auf der ganzen Welt starben, als Felder, auf denen ursprünglich Futter- und Nahrungspflanzen angebaut wurden, Kautschukplantagen weichen mussten, und Arbeiter auf kongolesischen Plantagen wurden gequält, geschlagen und getötet, um sie zu noch schnellerer Arbeit anzutreiben. Auf der anderen Seite hat Kautschuk unser Leben verbessert und auch heute noch rettet er Leben. Katheter, Untersuchungshandschuhe, Kondome und andere Produkte wie Reifen von Autos und Flugzeugen werden aus Kautschuk bzw. Gummi hergestellt.

Alles in allem hat Kautschuk wohl mehr Gutes getan, als Schaden angerichtet. Ein kleines bisschen mehr Gutes jedenfalls.

Blätter, Knospen und Blüten eines Guttapercha-Baumes zeigt diese Zeichnung von 1868.

ENERGIE

Wie wir begriffen, was Energie ist, wie wir sie einsetzen und umwandeln können

54

Wann: 1845.

Wo: Manchester.

Wer: James Prescott Joule (1818–1889).

Was: Mechanische Energie (Bewegung) kann in Wärme umgewandelt werden.

Folgen: Unsere ganze Wirtschaft hängt von der Energie ab. Stellen Sie sich eine Welt ohne Öl, Kohle oder Elektrizität vor! Unsere größten Errungenschaften waren nur möglich, weil wir die Energie beherrschen.

Das Patent für eine Dampfmaschine von 1698 wurde für „das Heben von Wasser durch Feuer" ausgestellt; daran sehen wir, welche Vorstellung von Energie man sich zu Beginn des 18. Jahrhunderts machte. Um ihre Maschinen verkaufen zu können, mussten James Watt und sein Partner Matthew Boulton eine Möglichkeit erfinden, die Wirksamkeit ihrer Maschine zu messen, bevor irgendjemand wusste, was Arbeit und Energie sind. Watt (→36) führte dazu unter anderem die Einheit Pferdestärke (PS) ein. (In modernen Einheiten ist 1 PS gleich 746 Watt oder 746 Joule pro Sekunde.) Die Pferdestärke, im Sinne von „was ein Pferd leisten kann", war eine für die einfachen Menschen anschauliche Sache. Sie sagt zwar nichts darüber, was Energie bedeutet, aber sie half immerhin, die Verkaufszahlen der Dampfmaschine in die Höhe schnellen zu lassen.

Alle möglichen Leute untersuchten das Wesen der Energie, auch manche, von denen man das überhaupt nicht erwartet hätte. Würde ein Schriftsteller die Biographie von Benjamin Thompson, alias Count Rumford (1753–1814), in einem Roman verarbeiten, dann würde man ihn sicher auslachen. Thompson, in Amerika geboren, war erst Ladendiener, dann Lehrer und heiratete mit 19 Jahren eine reiche Witwe. Während des Unabhängigkeitskriegs zum Major des New-Hampshire-Regiments aufgestiegen, floh er 1776 nach England. Seine Frau und seine kleine Tochter ließ er in Amerika zurück. 1781 wurde er Mitglied der Royal Society; zwei Jahre später führte er in Bayern Neuerungen wie die Dampfmaschine und die Kartoffel ein. Später erfand er die Kaffeemaschine, um die Arbeiter vom Biertrinken abzuhalten, und eine raffinierte neue Bauform für Kamine. Außerdem betätigte er sich vermutlich als britischer Spion, und zwar sowohl in Amerika als auch in Bayern.

Seine größte wissenschaftliche Leistung vollbrachte Rumford, als er beobachtete, wie Kanonen ausgebohrt wurden. Damals wurden Kanonen zunächst als Block gegossen und die Bohrung anschließend eingearbeitet. Rumford bemerkte, dass der Bohrer wegen der Reibung am Metall der Kanone sehr heiß wurde.

Das erklärten sich seine Zeitgenossen so: Beim Abrieb kleiner Späne werde aus dem Eisenblock eine Menge Wärmestoff („Kalorikum") freigesetzt, die zuvor in dem Material gefangen gewesen sei. Der Block wurde jedoch auch heiß, wenn der Bohrer stumpf war und keine Späne entstanden. Rumford schloss, die mechanische Energie – die Bewegung des Bohrers – müsse irgendwie in Wärme umgewandelt werden. Mithilfe einiger sehr genauer Messungen zeigte er, dass eine Kalorie weniger als 0,000 013 Milligramm wiegen müsste, falls das Kalorikum eine Masse hätte.

Joseph Black (1728–1799), Professor für Medizin und Chemie an der Universität von Glasgow, erkannte als Erster den Unterschied zwischen Wärme und Temperatur. Er mischte gleiche Mengen aus kaltem und warmem Wasser; in einem zweiten Versuch nahm er anstelle des heißen Wassers dieselbe Menge heißes Quecksilber. So fand er heraus, dass das viel dichtere Quecksilber, auch bei der gleichen Temperatur, weniger Wärme enthielt als das gleiche Volumen Wasser.

Sadi Carnot (1796–1832) hatte es in Frankreich 1824 schon fast geschafft, eine brauchbare Theorie der Wärme zu entwickeln, als er an Cholera starb und die meisten seiner Besitztümer mit ihm beerdigt wurden. (Man machte das damals, um das „Cholera-Gift" an der Ausbreitung zu hindern.) Seine Arbeiten gingen dadurch weitgehend verloren.

In den 1840er Jahren kümmerte man sich mehr um Fakten als um Theorien. Der reiche James Prescott Joule (1818–1889) aus Manchester leitete bis 1854 den Familienbetrieb, eine Brauerei, und betätigte sich nebenbei als Amateurforscher. Zwar hatten die professionellen Wissenschaftler längst den Amateuren den Rang abgelaufen, aber Joule hatte bei John Dalton (→15), dem Urheber der Atomtheorie, gelernt und war deshalb ein außergewöhnlich gut ausgebildeter Hobbyforscher.

Energie, manchmal definiert als die Fähigkeit, Arbeit zu verrichten, ist ein geeigneter Buchhalter für die Analyse von Prozessen: Sie kann weder geschaffen noch vernichtet, sondern nur von einer Form in eine andere umgewandelt werden. Diese Sicht der Dinge verdanken wir Joule, der gezeigt hat, dass Wärme und Bewegung zwei Seiten derselben Medaille sind.

Joule konnte kleinste Veränderungen sehr genau messen, sogar die Längenänderung einer Eisenstange infolge der Magnetisierung. Seine wichtigste Leistung besteht aber in der Verknüpfung von Wärme und mechanischer Arbeit, womit er den Grundstein für die Formulierung des Ersten Hauptsatzes der Thermodynamik legte.

Wenn sie mit Ihrem Finger auf der Tischplatte reiben, spüren Sie sofort, dass Reibung (mechanische Arbeit) Wärme erzeugt. Dies wissenschaftlich zu beweisen, ist aber gar nicht so einfach. Ohne genaue Messungen könnte man argumentieren, durch die Reibung fließe eine Art Wärmeflüssigkeit (wie Schweiß) aus dem Finger.

Joule, der Praktiker, konnte ganz hervorragend messen – genau genug, um die Gelehrtenwelt zu überzeugen. So maß er die Erwärmung von Wasser durch fallende Gewichte; das heißt, er ermittelte, wie viel Wärme aus einer bestimmten Menge mechanischer Arbeit erhalten werden kann. Dabei stellte er fest, dass dieselbe Menge mechanischer Arbeit stets dieselbe Wärmemenge liefert, und bewies auf diese Weise schlüssig, dass Arbeit und Wärme Formen von Energie sind.

Ungefähr zur gleichen Zeit betrachtete der deutsche Mediziner Julius Robert Mayer das Problem aus einem anderen Blickwinkel: Er zeigte die Äquivalenz von Wärme und mechanischer Arbeit auf theoretischem Weg. Das war hilfreich, aber Joules Arbeiten waren besser als ein theoretischer Beweis, denn die Theorie verriet nicht, wie viel mechanische Energie notwendig ist, um ein Gramm Wasser um ein Grad zu erwärmen. Aber Joule konnte dies angeben:

Wenn meine Ansichten richtig sind, lässt ein 249 Meter hoher Wasserfall die Wassertemperatur um ein Grad steigen, und die Temperatur des Niagara-Flusses steigt bei seinen 49 Meter hohen Fällen um ein fünftel Grad.

Das Perpetuum Mobile – ein faszinierendes Ding.

Nachdem das Wesen der Energie einmal verstanden war, konnten wir damit arbeiten. In Zukunft werden wir – angesichts der schwindenden Ölreserven und des weltweiten Klimawandels – das Thema Energie vielleicht wieder ganz neu aufrollen müssen.

ANÄSTHESIE

Wie wir lernten, das Schmerzempfinden während einer Operation zu unterdrücken

Wann: 16. Oktober 1846.

Wo: Boston, Massachusetts.

Wer: William T. G. Morton (1819–1868).

Was: Operationen konnten an bewusstlosen Patienten durchgeführt werden, ohne sie zu traumatisieren.

Folgen: Komplizierte Operationen konnten fortan ohne unnötige Eile vorgenommen werden.

Die Geschichte der Naturwissenschaft wäre vielleicht anders geschrieben worden, wenn Anästhetika (Narkosemittel) früher verfügbar gewesen wären, da die Forscher gelegentlich genauso litten wie die Patienten selbst. Charles Darwin (1809–1882) studierte in den 1820er Jahren in Edinburgh Medizin und hospitierte bei „zwei sehr üblen Operationen, eine an einem Kind, doch ich verschwand, noch bevor sie beendet waren“. Es sollte das Ende seiner medizinischen Laufbahn sein, „lange vor der segensreichen Zeit des Chloroforms“, wie er später sagte.

So wandte sich Darwin der Naturforschung zu. Was er über Chloroform sagte, stimmt aber nicht ganz, denn vor diesem war bereits Äther (fachsprachlich heute „Ether“ geschrieben) in Gebrauch und noch davor andere Substanzen, um die Patienten außer Gefecht zu setzen. William Morton war also möglicherweise nicht der Erste, der Narkosemittel einsetzte, aber sicherlich einer der Ersten.

Im Jahre 1718 erschien Johann Bernhard Quistorp (1692–1761) in Rostock vor dem öffentlichen Prüfungsausschuss. Der Titel seiner Dissertation lautete „Anaesthesia“, ein Begriff, der im Altgriechischen wurzelt und zwei Bedeutungen hat: mangelnder Verstand (Dummheit) und auch das Fehlen einer Sinnesempfindung (Benommenheit).

Im 1. Jahrhundert verwendete Dioscorides den Begriff „Anaesthesia“ für ein Gemisch aus Wein und einem Extrakt aus der Alaunwurzel zur Behandlung von Schlaflosigkeit, chronischen Schmerzen und während „des Schneidens und Brennens“. Für Quistorp bedeutete Anästhesie

... eine spontane, tiefe, mehr oder weniger dauerhafte Empfindungslosigkeit im gesamten Körper, außer den Organen, die für den Puls und die Atmung notwendig sind. Das Gehirn wird in eine sonderbare tiefe, mehr oder weniger angenehme Trance versetzt.

Für Historiker, die sich mit der Anästhesie befassen, folgt die interessanteste Stelle in Quistorps Hypothese 14, die lautet: „Dämpfe, die in den Körper gelangen, rufen die Betäubung hervor.“

Häufig behandelte man Schmerzen mit Opiaten, und man kann davon ausgehen, dass diese Substanzen, wie gelegentlich auch Alkohol, ebenfalls eingesetzt wurden, um Patienten vor einer Operation zu betäuben. Interessant ist, dass von „Dämpfen“ die Rede ist, da Äther bereits seit 1275 bekannt war und in der Neuzeit nach Stickoxid (Lachgas) das zweite Anästhetikum darstellte. Humphry Davy (→45) schlug im Jahre 1800 Stickoxid zur Behandlung von Schmerzen vor, doch Quistorp äußerte diese Idee weit vor ihm.

Davy assistierte Thomas Beddoes (1760–1808) bei seinen Untersuchungen zur Wirkung von Stickoxid; im Jahre 1794 verwendete Beddoes Äther, um Tuberkulose, katarrhalisches Fieber, Blasensteine und Skorbut zu behandeln. Sowohl Davy als auch Beddoes hatten die schmerzlindernde Wirkung bei Tieren beobachtet, scheuten aber davor zurück, Äther an Menschen zu testen – vielleicht, weil man bereits ihre Versuche mit Stickoxid ins Lächerliche gezogen hatte.

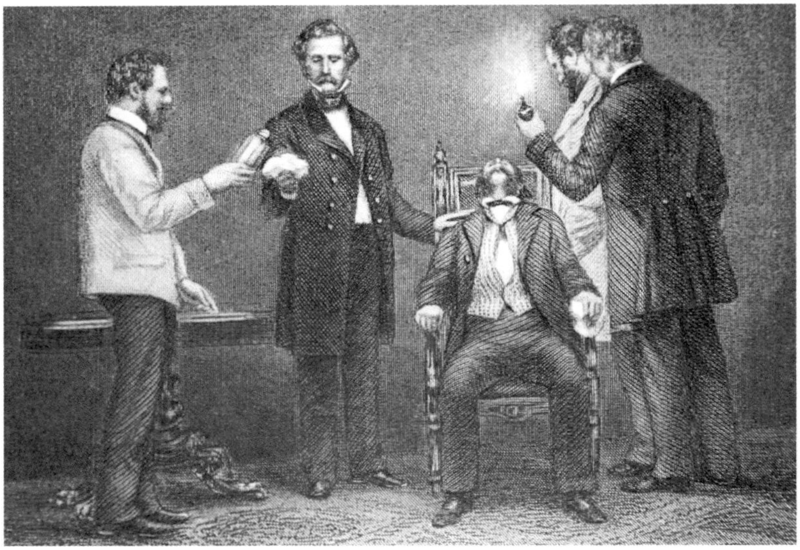

William Morton verabreicht vor dem Beginn einer Operation Äther.

Was auch immer der Grund war, die früheste bekannte Anwendung eines Anästhetikums im heutigen Sinne wird Dr. Crawford Williamson Long (1815–1878) zugeschrieben, der am 30. März 1842 in Jefferson, Georgia, aus dem Nacken von James Venable unter Narkose einen Tumor entfernte (vermutlich gab es schon früher einige Versuche). Törichterweise veröffentlichte er seine Resultate erst 1848, wodurch ihm die verdiente Anerkennung entging.

Im Jahre 1844 probierte Horace Wells (1815–1848), Zahnarzt aus Hartford in Connecticut, eine Lachgasnarkose an einem Patienten aus; eine öffentliche Demonstration folgte im Januar 1845 im Massachusetts General Hospital. Zwar misslang sie, da die Dosierung des Gases zu gering war, doch die Idee war an die Öffentlichkeit gelangt. Ein weiterer Zahnarzt, William Morton, erfuhr über den Arzt Charles Jackson von Wells' Versuchen und begann mit eigenen Studien. Im September 1846 zog er einen Zahn und betäubte den Patienten mit Äther. Der Patient erlitt keine Schmerzen; innerhalb von drei Wochen wurde im Massachusetts General Hospital eine weitere erfolgreiche Behandlung unter Narkose durchgeführt. Der operierende Chirurg, Dr. Warren, tat den berühmt gewordenen Ausspruch „Gentlemen, this is no humbug" – und schon bald entbrannte zwischen Jackson, Morton, Wells und Long ein Streit um die Würdigung ihrer Arbeit.

Morton und Jackson patentierten ihre Erfindung und weigerten sich, die Zusammensetzung ihres „Dampfes" bekanntzugeben, doch erkannte man sie schnell am Geruch. Keiner der Pioniere sollte tatsächlich von seinen Bemühungen profitieren: Wells starb, chloroformabhängig, im Alter von 33 Jahren; er verblutete, nachdem er sich die Beinschlagader durchtrennt hatte. Morton starb im Alter von 49 Jahren an einem Schlaganfall und hinterließ eine Frau und fünf Kinder in Armut. Jackson erlitt ebenfalls einen Schlaganfall und verbrachte sieben Jahre in einer Nervenheilanstalt, bevor er mit 75 Jahren starb. Und Long starb im Alter von 62, während er einer Bauersfrau Äther verabreichte.

Queen Victoria, die, wie allgemein bekannt ist, eine Schwangerschaft als Berufskrankheit der Frauen betrachtete, war Mutter von neun Kindern. Sie fand keinen Gefallen an den Schmerzen, die mit einer Geburt einhergehen, und bat John Snow (→58), ihr bei zwei Entbindungen (1853 und 1857) Chloroform zu verabreichen. Eine der Töchter des Erzbischofs von Canterbury folgte Victorias Beispiel im Jahre 1854, und trotz der biblischen Rechtfertigung des Geburtsschmerzes (Genesis 3,16) traten die englischen Frauen bereitwillig in ihre Fußstapfen. Was gut war für die Galionsfigur der Kirche Englands und die Tochter des amtierenden Oberhaupts dieser Kirche, sollte auch gut sein für jede gewöhnliche Frau.

Unter Narkose konnten längere Operationen mit mehr Sorgfalt ausgeführt werden. Die Narkose rettete, in Kombination mit antiseptischen Methoden und der Gabe von Antibiotika, sehr viele Leben. Die Wissenschaft schritt zu jener Zeit mit Lichtgeschwindigkeit voran – wie hoch auch immer diese Geschwindigkeit sein mochte …

LICHTGESCHWINDIGKEIT

Wie wir erkannten, dass Licht sich nicht unendlich schnell ausbreitet

56

Wann: 1850.

Wo: Paris.

Wer: Armand Hippolyte Fizeau (1819–1896) und Léon Foucault (1810–1868).

Was: Ein guter Näherungswert für die Lichtgeschwindigkeit.

Folgen: Ein zuverlässiger Wert für die Lichtgeschwindigkeit war eine Voraussetzung, um die Größe des Universums abschätzen zu können.

Wie würden Sie die Geschwindigkeit des Lichts messen? Heron von Alexandria glaubte, Licht würde von unseren Augen ausgesendet und von dem, was wir betrachten, zurückgeworfen. Das erklärt jedoch nicht, warum wir bei Nacht nicht sehen können, es sei denn, jemand zündet eine Lampe oder eine Kerze an.

Stellen wir uns vor, wir blicken zu einem in einiger Entfernung aufragenden Berg oder zum Mond, der, wie der griechische Astronom Hipparch angab, „30 Erddurchmesser“, also fast 400 000 Kilometer weit weg ist (bravo, Hipparch!). Wenn wir die Augen schließen und dann wieder öffnen, sehen wir den Erdtrabanten trotz der großen Distanz im selben Augenblick. Das sei leicht zu erklären, sagte Heron: Licht breite sich mit unendlicher Geschwindigkeit aus.

Galileo Galilei (→24) wollte es wieder einmal genau wissen. Er bestieg einen Hügel, während sich einige seiner Freunde auf einer anderen, acht Kilometer entfernten Erhebung positionierten und wie Galilei eine abgedunkelte Laterne trugen. In dem Augenblick, in dem Galilei die Blende von seiner Laterne entfernte, sollten seine Freunde dasselbe tun. Galilei wusste, dass Licht, das wir sehen, von einer Lichtquelle nach außen abgestrahlt wird, und rechnete deshalb mit einer geringfügigen Verzögerung. Das Zeitintervall auf der Distanz von acht Kilometern war jedoch viel zu kurz und er musste wie Heron zu dem Schluss kommen, dass die Lichtgeschwindigkeit unendlich sei.

Ein weiterer Protagonist war der Niederländer Christiaan Huygens (1629–1695). Während einer Mondfinsternis, sagte er, stünden Sonne, Erde und Mond hintereinander auf einer geraden Linie, und zwar so nahe beieinander, dass der Erdschatten den Mond in ungefähr zehn Sekunden erreichen müsste. Er nahm an, dass die Geschwindigkeit des Lichts 100 000 Mal größer war als die des Schalls und damit etwa 32 000 Kilometer pro Sekunde betragen würde – rund elf Prozent des heute akzeptierten Wertes. Erstmals wurde damit die Lichtgeschwindigkeit als zwar sehr hoch, aber eben nicht unendlich hoch geschätzt.

Einen weiteren Hinweis verdanken wir dem Dänen Ole Rømer, der bemerkte, dass die Finsternisse der Jupitermonde manchmal vorzeitig und manchmal verspätet eintraten und dass der Zeitunterschied zwischen der frühesten und der spätesten Verfinsterung 996 Sekunden betrug. Die Monde sind mit einem Fernrohr von der Erde aus zu sehen, und sie mussten mit konstanter Geschwindigkeit den Jupiter umkreisen, sodass die Finsternisse eigentlich immer zur selben Zeit eintreten sollten. Doch irgendetwas vergrößerte die Zeitspanne, die das Licht vom Jupiter zur Erde benötigt.

Rømer kam zu dem Schluss, dass der Zeitunterschied etwas damit zu tun hat, dass Jupiter sich einmal auf der uns zugewandten Seite der Sonne (also in geringerer Entfernung zur Erde) und ein anderes Mal auf der anderen Seite, weiter entfernt von der Erde, befindet. Die Differenz der Entfernungen wäre identisch mit dem Durchmesser der Erdumlaufbahn. Wenn die Distanz bekannt wäre, könnte man also auf die Geschwindigkeit des Lichts schließen oder andersherum, bei bekannter Lichtgeschwindigkeit, den Durchmesser der Erdumlaufbahn (der, wie wir heute wissen, durchschnittlich etwa 298 Millionen beträgt) näherungsweise bestimmen.

Leider war beides unbekannt. Im Jahr 1676 versuchte Rømer, eine Distanz anzugeben. Mit seinem Ergebnis bestimmte er schließlich die Lichtgeschwindigkeit zu 227 000 Kilometer pro Sekunde, also immerhin schon 76 Prozent des heute gültigen Werts von knapp 298 000 Kilometern pro Sekunde. Im Jahr 1728 berechnete der englische Vikar und Astronom James Bradley nach derselben Methode einen Wert von 283 000 Kilometern pro Sekunde, der bis 1849 seine Gültigkeit behalten sollte.

Im selben Jahr überlegte sich Armand Fizeau eine raffinierte Variante von Galileis Methode: Er schickte Licht durch die Lücken eines Zahnrads auf einen Spiegel, der in acht Kilometer Entfernung aufgestellt war. Drehte sich das Rad auf der Apparatur schnell genug, lief der reflektierte Lichtstrahl genau durch die danebenliegende Lücke zurück. Kennt man die Zahl der Zahnlücken auf dem Rad sowie dessen Rotationsgeschwindigkeit, lässt sich ziemlich exakt ermitteln, in welcher Zeit das Licht die Strecke von 16 Kilometern zurücklegt.

Fizeaus Ergebnis lag rund fünf Prozent über dem heute akzeptierten Wert der Lichtgeschwindigkeit. Diese Abweichung wurde jedoch im Jahr darauf bereinigt, als Jean Foucault die Methode verfeinerte. Seitdem wurden weitere Messungen durchgeführt, die den Wert der Lichtgeschwindigkeit im Vakuum präzisierten. Bei 299 792 458 Metern pro Sekunde wird es jedoch auch in der Zukunft bleiben, denn das Meter wird heute im Rückschluss definiert als die Strecke, die das Licht im Vakuum in einer Zeit von 1/299 792 458 Sekunde zurücklegt (wobei die Dauer einer Sekunde durch eine Cäsiumuhr festgelegt ist).

Die Entdeckung, dass Licht sich mit endlicher Geschwindigkeit ausbreitet, hatte einen kuriosen Nebeneffekt. Am 27. November 1783 teilte John Michell – Erbauer der Apparatur, mit der Cavendish die Gravitationskonstante g (→41) ermittelte – der Royal Society in London einen interessanten Gedanken mit. Wie die meisten seiner Zeitgenossen, hielt er Licht für einen Strom winziger Partikel und vermutete, dass diese Partikel eine Masse besaßen. Besäße ein Körper eine sehr große Masse, so Michell, könne von seiner

Oberfläche kein einziges Lichtpartikel mehr entrinnen, denn es würde immer wieder zurückgezogen.

Die Royal Society interessierte sich nicht wirklich für unsichtbare Himmelskörper, aber wir müssen respektvoll anerkennen, dass Michell eine großartige Idee hatte. Die Relativitätstheorie sagt, dass auch Licht der Schwerkraft unterliegt. Im All gibt es extrem massereiche Objekte, von denen kein Licht entweichen kann. Postuliert von Michell, werden sie heute als Schwarze Löcher bezeichnet.

Die Aussage „nichts kann schneller sein als Licht" ist nur dann richtig, wenn man „in einem Vakuum" ergänzt. In Wasser zum Beispiel ist Licht nur drei Viertel so schnell wie im Vakuum, und ein schnelles kosmisches Teilchen, das ins Auge eines Astronauten fällt, kann schneller sein als Licht in Wasser. Beim Eintritt in das wässrige Medium des Augapfels wird das Teilchen abgebremst und emittiert einen Lichtblitz, die Tscherenkow-Strahlung, der das Auge des Astronauten von innen erleuchtet.

Doch wie schnell sich Licht auch ausbreitet, wir wissen, wie wir es einfangen und verewigen können – dank Frederick Archer und anderen.

Totale Mondfinsternisse haben Menschen dazu angeregt, über die Lichtgeschwindigkeit nachzudenken.

FOTOGRAFIE

Wie wir lernten, wirklichkeitsgetreue und dauerhafte Bilder anzufertigen

57

Wann: 1851.

Wo: London.

Wer: Frederick Scott Archer (1813–1857).

Was: Das Kollodiumverfahren in der Fotografie.

Folgen: Zuverlässige Illustrationen und Aufzeichnungen, die vervielfältigt werden konnten.

Den ersten Schritt in Richtung Fotografie tat im 17. Jahrhundert Robert Boyle, als er bemerkte, dass weißes Silberchlorid unter Lichteinwirkung schwarz wird. Das erste haltbare Foto machte 1826 Joseph Nièpce (1765–1833) auf einer Hartzinnplatte, die mit einem Asphaltlack („Bitumen aus Judäa“) beschichtet und acht Stunden lang belichtet wurde, wodurch der Asphalt an den hellen Stellen aushärtete; danach wurde der restliche weiche Asphalt mit Lavendelöl ausgewaschen. Später arbeitete Nièpce mit Louis Daguerre (1787–1851) zusammen, der 1839 die Daguerreotypie entwickelte. Zwei Jahre später meldete William Henry Fox Talbot (1800–1877) in England seine Kalotypie zum Patent an. Daguerres Verfahren lieferte recht scharfe Bilder in Form eines Positivs; Talbots System brachte Negative hervor, doch die Abzüge waren weniger scharf.

Wer Talbots Methode verwenden wollte, musste hohe Gebühren bezahlen. Später erlaubte der Erfinder Amateuren, sein Kalotypie-System kostenlos zu nutzen, kassierte aber nach wie vor die Berufsfotografen ab – selbst dann, wenn sie inzwischen das viel bessere Kollodiumverfahren benutzten, das Frederick Scott Archer 1851 entwickelt hatte. Nach Talbots Ansicht benötigten auch diejenigen, die mit dem Kollodiumsystem fotografierten, eine Kalotypie-Lizenz, doch am Ende entschieden die Gerichte gegen ihn.

Archer war Bildhauer und wollte die Fotografie eigentlich als Hilfsmittel für seine Kunst verwenden. Er war ein sanftmütiger und schüchterner Mensch, der sich nicht einmal von seinen Freunden überreden ließ, seine Idee patentieren zu lassen. Er starb verarmt und ließ eine Witwe und drei Töchter zurück. Eine öffentliche Sammlung erbrachte eine Summe von 747 (oder 767) Pfund, und zwei Jahre nach seinem Tod wurde seiner Familie eine Staatspension von 50 Pfund (pro Jahr) zugesprochen als Anerkennung für seinen Beitrag zur Fotografie.

Archer kannte Kollodium, eine Lösung von Nitrocellulose (Schießbaumwolle) in Alkohol und Ether, als Material, das sich als dünne, durchsichtige Schicht über Wunden legen ließ. Seine Methode von 1848 bestand darin, eine Mischung aus Kollodium und Kaliumjodid auf eine Glasplatte zu streichen, die dann in eine Silbernitratlösung getaucht wurde. Belichtung und Fixierung fanden in der Kamera statt, während die Platte noch feucht war. Die detailgetreuen Negative waren transparent und benötigten nur einige Sekunden Belichtungszeit.

Schon 1857 waren umherziehende Straßenfotografen, die laut ihre Dienste anpriesen, ein öffentliches Ärgernis; zwei Jahre später waren die Miniaturmaler arbeitslos. Spezialgeschäfte verkauften Stereopaare von Fotografien, die man durch ein Stereoskop dreidimensional sehen konnte.

Geschickte Maler wie William Frith machten sich die Fotografie zunutze, um Szenerien festzuhalten. Das 1858 entstandene Gemälde *Derby Day* war eine Attraktion. Charles Baudelaire schrieb in seiner Eigenschaft als Kunstkritiker, Fotografie sei keine Kunst; ihre Pflicht sei es, „Wissenschaften und Künsten zu dienen, aber als ein sehr bescheidener Diener wie der Druck

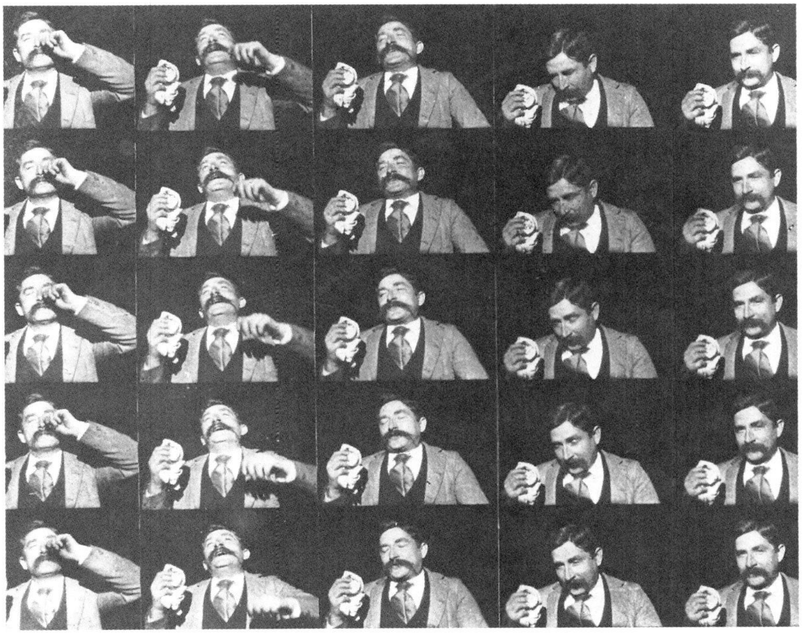

Kinetoskop-Filmstreifen von einem Mann, der niest, aufgenommen in den 1890er Jahren.

HIAWATHA'S PHOTOGRAPHING
(AUSZUG)

First, a piece of glass he coated
With collodion, and plunged it

In a bath of lunar caustic

Carefully dissolved in water –

There he left it certain minutes.

Secondly, my Hiawatha

Made with cunning hand a mixture

Of the acid pyro-gallic,

And of glacial-acetic,

And of alcohol and water –

This developed all the picture.

(LEWIS CARROLL)

oder die Stenografie, die niemals Literatur erschaffen oder bereichert haben." Baudelaire konstatierte auch, Pornografen hätten die Fotografie entdeckt.

Überall konnte man nun das Fotografieren lernen. Mitte der 1860er Jahre beklagte sich der Dichter Alfred Lord Tennyson bei seiner Nachbarin, er könne „nicht mehr anonym bleiben wegen Ihrer verdammten Fotos." Das Zeitalter der Paparazzi hatte begonnen. 1859 gaben in Massachusetts 144 Banken eigene Banknoten aus, und die Kunden fürchteten schon, mithilfe der Fotografie könnten Fälschungen in Umlauf gebracht werden. Die Banken aber besaßen fotografische Aufzeichnungen der Originalbanknoten und konnten so die ungenaueren Kopien herausfischen.

Trotz all dem hatten Künstler noch einen Vorteil: Sie konnten Farbbilder malen, während Fotos schwarzweiß waren. 1861 fertigte James Clerk Maxwell ein Bild eines bunt karierten Stoffs an, indem er drei mit Farbfiltern (rot, grün, blau) einzeln aufgenommene Fotos übereinanderprojizierte. Maxwells Film war auf rotes Licht nicht empfindlich, deshalb hätte dieser Versuch eigentlich schief gehen sollen – aber er glückte. Durch schieren Zufall reflektierte der rote Farbstoff auch Ultraviolett, der Rotfilter ließ auch Ultraviolett durch und der Film, der den roten Anteil aufnehmen sollte, war auch für Ultraviolett empfindlich. So hatte die Emulsion, die das Rot hätte aufnehmen sollen, zufällig an den richtigen Stellen reagiert, allerdings auf Ultraviolett. Diese „Fälschung" war nicht beabsichtigt.

Lewis Carroll, Mathematiker und Kinderbuchautor, ist als Fotograf weit weniger bekannt. In „Hiawatha's Photographing" übt er sich in der Kunst der Parodie, und zwar (unter anderem) ausgerechnet am Kollodiumverfahren.

1840 fotografierte J. W. Draper den Mond und erfand damit die Astrofotografie. Schon gegen Ende des 19. Jahrhunderts waren Aufnahmen von Himmelskörpern nichts Besonderes mehr. Zu den Pionieren gehörte 1888 Edward Emerson Barnard am Lick Observatory, der einerseits als Erster einen Kometen *mithilfe* von Fotos, andererseits als letzter Astronom einen Mond *ohne* Fotos entdeckte.

Gegen Ende des 19. Jahrhunderts war die Kodak-Kamera so billig, dass sich viele Leute eine leisten konnten. Baudelaires Forderung, die Fotografie solle „eine Dienerin der Wissenschaften und Künste sein", war erfüllt. Röntgenaufnahmen, Mikrografie und die astronomische Spektralfotografie zogen in den Alltag der Naturwissenschaften ein. Bald würden Blasenkammern und Massenspektrografen kommen – und integrierte Schaltkreise, gedruckt mithilfe der Fotolithografie.

Mitte des 19. Jahrhunderts begannen die Fortschritte in den einzelnen Disziplinen, einander zu katalysieren.

EPIDEMIOLOGIE

Wie wir mit sorgfältiger Beobachtung, logischen Schlüssen und Mathematik den Ursachen von Krankheiten auf die Spur kamen

58

Wann: 1853.

Wo: Soho, London.

Wer: John Snow (1813–1858).

Was: Durch sorgfältige Beobachtung und Dokumentation lassen sich Infektionsquellen ermitteln.

Folgen: Ist die Infektionsquelle einer Erkrankung bekannt, ist ihre Ausbreitung schnell zu stoppen.

Anfang 2003 trat in China eine Erkrankung mit dem Namen SARS („Schweres Akutes Respiratorisches Syndrom") auf. Die chinesischen Behörden versuchten zunächst, den Ausbruch geheim zu halten; bald breitete sich die Krankheit durch Flugpassagiere, die ihre Ziele erreichten, noch bevor die ersten Symptome sichtbar wurden, auch nach Vietnam, Hongkong und Kanada aus. In diesen Ländern starben 15–16 Prozent der Patienten trotz guter Pflege.

Innerhalb weniger Wochen hatten Virologen den Erreger der Erkrankung identifiziert, und Epidemiologen wussten im Großen und Ganzen, wo er herkam – von einem Tier, wenn man auch bis heute nicht sicher ist, welches Tier der ursprüngliche Infektionsherd war. Nachdem man genug über die Ursache der Krankheit wusste, konnte man ihre Ausbreitung aufhalten.

Epidemiologen sind Mediziner. Statt aber den einzelnen Menschen zu untersuchen, befassen sie sich mit Statistik und mathematischen Modellen. Bekommen Kinder, die an einem Fluss leben, starken Durchfall, treten alle Fälle in Städten in Flussnähe auf und breitet sich die Erkrankung flussabwärts aus, dann liegt der Verdacht nahe, dass das Wasser dieses Flusses verunreinigt ist. Weitere Analysen bestätigen dies vielleicht nicht; vielleicht stellt sich auch heraus, dass die Erkrankung durch eine am Fluss lebende Mücke übertragen wird. Doch durch die Arbeit der Epidemiologen kristallisieren sich Hypothesen heraus, die sich überprüfen lassen.

In der Broadwick Street in Soho, London, gleich bei der Carnaby Street, gibt es einen Pub, in dem Ale an Epidemiologen, Anästhesisten, Statistiker und neugierige Wissenschaftler ausgeschenkt wird. Er trägt den passenden Namen „John Snow" nach genau dem Mann (→55), der Queen Victoria bei ihren letzten beiden Geburten Chloroform verabreichte. Etwas weiter die Straße hinunter entdeckt man den Nachbau einer Wasserpumpe.

Die ursprüngliche Pumpe versorgte die Einwohner in der Umgebung mit Wasser, als an dieser Stelle noch die Broad Street verlief – bis deutsche Bomben das Viertel während des Zweiten Weltkriegs zerstörten. Heute befindet sich hier die Broadwick Street, und örtliche Einzelhändler bringen jeden sofort zum Schweigen, der verlauten lässt, dass hier einst die Cholera grassierte. Man muss die Touristen ja nicht verschrecken!

Und Touristen sollten tatsächlich nicht beunruhigt sein – die Krankheit brach vor langer Zeit aus, 1853, um genau zu sein. Innerhalb von zehn Tagen starben in einem Gebiet mit 230 Metern Durchmesser 500 Menschen. Alle diese Fälle traten offenbar in einem sehr kleinen Bereich Londons auf, mit der Broad Street mitten darin. Snow, der bereits zuvor vermutet hatte, dass die Cholera über das Trinkwasser verbreitet wird, konzentrierte sich auf diese Straße.

Die Pumpe an der Broad Street zapfte eine Quelle an, und Snow hatte diese Wasserversorgung im Verdacht. Doch galt es zwei Rätsel zu lösen: In einigen Häusern nahe der Pumpe gab es keine Cholera, und einige Fälle kamen relativ weit entfernt vor. Durch sorgfältige Befragung fand Snow heraus, dass auch einige weiter weg wohnende Menschen das Wasser an der Broad Street holten, weil es ihnen besser schmeckte als das Wasser aus anderen Pumpen. Dies waren die einzigen Menschen aus dem weiteren Umkreis, die an Cholera erkrankten. Dann stellte Snow fest, dass es sich bei den Menschen in der Nähe der Pumpe, die das Brunnenwasser tranken, aber nicht erkrankten, um gewohnheitsmäßige Teetrinker handelte, die das Wasser immer abkochten.

Die Bezeichnung „Infektion" hatte damals eine andere Bedeutung als heute. Eine Infektionskrankheit wurde durch „infektiöse Gifte" verursacht, und gemäß dieser Vorstellung wurden die Gifte durch das Abkochen zerstört. Es sollte einige Jahre dauern, bis man erkannte, dass Bakterien die eigentlichen Krankheitserreger sind. Doch die Verbindung zwischen der Pumpe und dem Auftreten der Cholera war so eindeutig, dass Snow für die Demontage des Pumpenhebels sorgte, um die Menschen an der Entnahme des Wassers zu hindern. Diese Maßnahme erwies sich als erfolgreich; innerhalb von Tagen war die Kette durchbrochen und die Epidemie versiegte.

Einige Jahre später zeichnete und veröffentlichte Snow eine berühmt gewordene Karte, die das Verteilungsmuster der Cholerafälle im Bereich der Broad Street zeigte. Jeder schwarze Punkt stand für ein Haus, in dem ein Bewohner an Cholera erkrankt war, und auch die lokalen Pumpen waren dargestellt.

Aber warum war das Wasser der Broad-Street-Pumpe überhaupt verunreinigt? Warum ging von anderen Pumpen keine ähnliche Gefahr aus, wenn sie doch alle die Kreideschicht, die sich unter London befindet, anzapften? Spätere Analysen brachten den Grund ans Licht. Der Ausbruch begann am 31. August, drei Tage nachdem ein Baby im Haus mit der Nummer 40 in der Broad Street an Cholera erkrankt war. Es war das Haus, das dem Brunnen am nächsten gelegen war, und die Toilette des Hauses war, wie die meisten anderen Toiletten in London auch, eine Jauchegrube. Der gesamte Unrat der Bewohner wanderte in dieses Loch direkt neben dem Brunnen.

Cholera verursacht einen sehr schweren Durchfall (fachsprachlich Diarrhö). Cholerabakterien vermehren sich im Dünndarm ihres Opfers und werden mit dem Durchfall herausgespült. Die Bakterien gelangten in die Jauchegrube und sickerten von dort unweigerlich in den nahe gelegenen Brunnen.

In Hongkong trugen die Einwohner auf dem Höhepunkt der SARS-Epidemie zur Vorbeugung einen Mundschutz.

Die Epidemiologie erfordert Spürsinn, Kreativität und den überlegten Einsatz von Naturwissenschaft und Statistik. So liegt der einzig erkennbare Unterschied zwischen malariaübertragenden Moskitos und einigen verwandten Moskitoarten, die keine Überträger sind, in den Haaren an den Beinen der Tiere. Nur sorgfältige und systematische Mikroskopie kann Details wie diese sichtbar machen. Grafiken, Verbreitungskarten und Untersuchungen können noch mehr Informationen beisteuern. Und selbstverständlich ist Ehrlichkeit bei der Aufdeckung und der Dokumentation der Fakten unabdingbar – andernfalls wäre eine statistische Analyse reine Zeitverschwendung.

Einige Zahlen der Weltgesundheitsorganisation über den Verlauf der SARS-Epidemie sind ungewöhnlich. In jedem Land, in dem ein Ausbruch zu verzeichnen war, lag die Sterblichkeitsrate mit 14,4 Prozent nahe an 15 Prozent, mit einer Ausnahme: Die chinesischen Behörden übermittelten eine Rate von nur 6,4 Prozent. Und auch in einer Vielzahl anderer Fälle sind die Daten aus China offenbar manipuliert worden. In Hongkong stieg die Sterblichkeitsrate am Ende der Epidemie an, als schon lange erkrankte Patienten starben und keine neuen Fälle hinzukamen, eine Entwicklung, die sich in den chinesischen Daten dagegen nicht widerspiegelte.

Selbst gegen Ende der Epidemie schien es, als sei man in China nicht gewillt, der Wahrheit ins Auge zu blicken. Ohne absolute Transparenz haben Epidemiologen mit ihrer Arbeit bei zukünftigen Ausbrüchen einer Erkrankung jedoch nur wenig Aussicht auf Erfolg. SARS konnte im Jahre 2003 gerade noch rechtzeitig gestoppt werden. Ein zweites Mal gelingt dies vielleicht nicht.

Wir wissen aber jetzt, dass Epidemiologen unterwegs sind und ihr Bestes geben. Das ist bereits ein Schritt in die richtige Richtung!

ORGANISCHE FARBSTOFFE

Wie wir lernten, aus Steinkohleteer Farbstoffe herzustellen

Nachdem William Murdock im Jahre 1804 ein Verfahren zur Herstellung von Stadtgas („Leuchtgas“) patentiert hatte, kam die Nutzung dieses Gases zur Beleuchtung von Straßen zwar zunächst nur schleppend in Gang, doch waren bis zu den 1850er Jahren die meisten Städte damit ausgerüstet. Systeme für die Versorgung von kleinen Gemeinden waren im Handel, und einige Hotels verfügten sogar über eigene Gaserzeugungsanlagen.

Im Jahre 1850 ließ James Young die Herstellung von Öl aus Kohle, die „Kohleverflüssigung“, patentieren. Immer mehr Kohle wurde benötigt, um die wertvollen Inhaltsstoffe daraus zu extrahieren. Nachschub wurde geliefert, doch es blieb ein Problem: Wohin mit dem Steinkohleteer, einem Nebenprodukt bei der Gas- und Ölherstellung mit nur wenigen damals bekannten Verwendungsmöglichkeiten? Eine verrückte Situation – schließlich war das Stadtgas in den 1790er Jahren zufällig entdeckt worden, als der neunte Earl of Dundonald versucht hatte, ausgerechnet Teer herzustellen, der beim Schiffsbau verwendete Planken und Taue schützen sollte. Das Problem um 1850 war schlicht die anfallende Menge an Steinkohleteer.

Zu dieser Zeit waren schon viele chemische Elemente bekannt. Der Handel florierte weltweit, und einige wenige schlaue Köpfe erkannten bereits, dass in den neuen Industriezweigen der Bedarf an Chemikalien wuchs.

August Wilhelm von Hofmann (1818–1892) studierte Chemie bei Justus von Liebig und erhielt im Jahre 1845 eine Anstellung am Royal College of Chemistry in London, wo er Technik unterrichtete; im gleichen Zeitraum sammelte man immer mehr theoretische Erkenntnisse über chemische Reaktionen. In den Jahren 1857 und 1858 begannen August Kekulé (in Deutschland und Belgien) und Archibald Couper (in Schottland), Modelle von Strukturen der Kohlenstoffchemie zu entwickeln; Kekulé sollte die Struktur von Benzol, C_6H_6, jedoch erst im Jahre 1865 auflösen.

Chemiker hatten zu dieser Zeit keine Vorstellung von molekularen Strukturen. Alles, was ihnen zur Verfügung stand, waren einfache stöchiometrische Formeln, die nur das Verhältnis der Atomzahlen angaben. Die Summenformel von Chinin zum Beispiel lautet $C_{20}H_{24}N_2O_2$, doch die stöchiometrische Formel – das kleinstmögliche Zahlenverhältnis – ist $C_{10}H_{12}NO$, was etwas über die enthaltenen Atome aussagt, jedoch für die Aufklärung der Struktur und weitere Anwendungen nutzlos ist; es ist ein wenig so, als wollte man den Aufbau einer Uhr beschreiben, indem man erklärt, dass sie aus 23 Zahnrädern, 49 Schrauben und zwei Federn besteht.

Als von Hofmann beschloss, die Gewinnung von Chinin aus dem Teer-Inhaltsstoff Anilin in Angriff zu nehmen, dachte er deshalb ganz traditionell, nicht naiv oder exzentrisch, wie es dem heutigen Beobachter scheinen könnte. William Perkin stieß im Jahre 1853 zum Royal College of Chemistry und wurde 1856 von Hofmanns Assistent. Um Chinin, $C_{10}H_{12}NO$, zu synthetisieren, versuchte Perkin, einem Ausgangsmolekül Allyltoluidin, $C_{10}H_{12}N$, einfach Sauerstoff hinzuzufügen. Das war die Standardchemie jener Zeit. Er erhielt (natürlich) kein Chinin, sondern ein rötliches Pulver und wiederholte

Wann: 1856.

Wo: London.

Wer: William Henry Perkin (1838–1907).

Was: Aus Steinkohleteer, einem Nebenprodukt bei der Vergasung und Verflüssigung von Steinkohle, lassen sich neuartige Chemikalien herstellen.

Folgen: Die Farbstoffchemie ist heute ein eigenständiger Zweig mit vielen Anwendungen.

Organische Verbindungen, gewonnen aus Steinkohleteer, revolutionierten die Textilfärberei.

den Versuch. Diesmal begann er mit Anilin und das Ergebnis war ein schwarzes Pulver, das sich in Alkohol malvenfarben („mauve") löste.

Das war an sich nicht allzu überraschend, da verschiedene Chemiker bereits farbige Produkte aus Reaktionen mit Anilin erhalten hatten, doch Perkin fragte sich offenbar als Erster, ob sich das Produkt auch als Farbstoff eignen würde. Er färbte ein Stück Seide und prüfte, ob der Farbstoff beim Waschen oder durch Sonneneinstrahlung verblich; doch er hielt diesen einfachen Tests stand. So schickte er eine Probe an eine schottische Textilfärberei, wo das „Mauvein" großen Anklang fand.

Etwa ein Jahr später kam Mauvein in den Handel und wurde von der französischen Kaiserin wie auch von der britischen Queen Victoria und ihrer Tochter, der Frau des preußischen Kronprinzen, entdeckt – und Perkin machte ein Vermögen. Andere folgten ihm. An die 200 in Steinkohleteer enthaltene Verbindungen wurden in Gruppen eingeteilt, getestet, verworfen und erneut getestet – alles, um neue Farben zu finden, um die sich die Modebewussten reißen würden.

Ein guter Farbstoff ist haltbar. Er bindet fest an die Faser und hält Nässe, Chemikalien und Sonnenlicht stand. Wissenschaftler erkannten, dass einige Substanzen, aus denen Zellwände und Zellmembranen bestehen, Seide, Baumwolle, Wolle und Leinen ähneln, die mit den Farbstoffen gefärbt wurden. Es gab jedoch kleine Unterschiede zwischen ihnen, und mithilfe des Mikroskops entdeckte man bald, dass manche der neuen Farbstoffe besonders stark bestimmte Typen von Zellen, Geweben oder Zellkomponenten färbten, wodurch sich diese zuverlässig unterscheiden ließen. Die Textilfarbstoffe entwickelten sich zu Farbstoffen für Histologen, die Dünnschnitte von Geweben untersuchten, und auch für Bakteriologen.

Eine wichtige Methode der Bakteriologie, mit der sich Bakterien in zwei große Gruppen einteilen lassen und die auch heute noch verwendet wird, ist die „Gramfärbung". Nach einem mehrstufigen Anfärbeprozess sehen „gramnegative" Bakterien (wie *Salmonella*, *Legionella* und *Helicobacter*) rot oder rosa aus, „grampositive" (wie *Staphylococcus* und *Streptococcus*) jedoch blau oder violett.

Paul Ehrlich (1854–1915) äußerte die Idee, ein Farbstoffmolekül, das sich gleichzeitig an eine Zelle und ein Wirkstoffmolekül heften kann, könne dazu dienen, den Wirkstoff in die Zelle zu transportieren und diese abzutöten. Er begann mit der Suche nach einer solchen Substanz, die er „Zauberkugel" nannte und mit der er die Erreger der Syphilis (Spirochäten) jagen und zur Strecke bringen wollte. Verbindung Nummer 606 war schließlich erfolgreich und kam als Salvarsan, gern einfach „606" genannt, in den Handel.

In den 1930er Jahren entdeckte Gerhard Domagk (1895–1964) einen Farbstoff, der antibakteriell wirkte und als Prontosil kommerziell vertrieben wurde. Anlass für Domagk, die Wirkung an Mäusen zu testen, war eine lebensbedrohliche Streptokokkeninfektion seiner Tochter am Arm, eine Erkrankung, die zu dieser Zeit nur durch eine Amputation zu behandeln war. Die Therapie mit Prontosil war erfolgreich, und er konnte den Arm seiner Tochter retten. Antibiotika (→89) würden bald mehr leisten, doch Sulfonamide wie Prontosil ließen Mediziner zumindest auf neue Waffen gegen Bakterien hoffen.

Und all diese Farbstoffe und medizinisch wirksamen Verbindungen stammen aus einem übelriechenden Abfallprodukt!

STATISTIK

Wie wir gelernt haben, mit großen Datenmengen umzugehen

60

Wann: 1857.

Wo: London.

Wer: Florence Nightingale (1820–1910).

Was: Große Mengen Information können leicht organisiert und zusammengefasst werden.

Folgen: Große Teile der medizinischen und biologischen Forschung, die gesellschaftswissenschaftliche Forschung und viele andere Gebiete der wissenschaftlichen Datenerhebung funktionieren nur mithilfe der Statistik.

„Wenn Ihr Experiment Statistik braucht, sollten Sie sich ein besseres Experiment ausdenken", soll Lord Rutherford (→86) einmal gesagt haben. Doch eine statistische Analyse enthüllt die Wahrheit, die komplexen Situationen zugrunde liegt – verworrenen Sachlagen jener Art, vor der der wahre Physiker zurückschreckt.

Leider verdirbt es die Pointe der Anekdote, wenn ich Ihnen verrate, dass Rutherford bei Horace Lamb eine Vorlesung über mathematische Statistik hörte. Um die Ablenkung der Alphateilchen besser verstehen zu können, musste er sich nämlich ernsthaft mit diesem Thema auseinandersetzen. Für einfache Muster genügten einfache Auswertungen, und entsprechend einfache Mathematik konnte die Gesetze hinter den Mustern erklären. Im 19. Jahrhundert war aber nichts mehr einfach. Die Muster waren so kompliziert geworden, dass auch Physiker nicht mehr ohne Statistik auskamen.

Viele Menschen waren an der Entwicklung der Statistik beteiligt; ein hervorragendes Exempel für all diese vielen ist Florence Nightingale, die Ihnen vielleicht als „Dame mit der Lampe" ein Begriff ist. Nur wenige wissen jedoch, dass sie nach ihrer Rückkehr nach London 1857 mit statistischen Argumenten für Reformen in der Krankenpflege stritt.

Um die Unterstützung der Öffentlichkeit zu gewinnen, erarbeitete sie ein Pamphlet auf der Basis von Daten aus einem Bericht, in dem eine Königliche Kommission zum Krimkrieg zwischen England, Frankreich und Russland Stellung genommen hatte. Ihre Streitschrift *Über die Sterblichkeit in der Britischen Armee* zeigte sehr deutlich, wo die Probleme lagen. Als Erste benutzte sie darin Diagramme, um Daten grafisch darzustellen. Das bedeutet, sie war die Erfinderin der Diagramme, die uns heute ständig von den Finanzseiten der Zeitungen entgegenblicken und in denen Weizensäcke, Ölfässer oder Menschlein aufgereiht sind wie Papierpüppchen, um die Zusammenhänge zwischen Zahlen zu verdeutlichen.

Unermüdlich tat sie ihre Meinung kund, auch 1858 in ihrem *Report on the Crimea*:

Es ist unbestreitbar, dass ein großer Teil der britischen Truppen an Ursachen starb, die sich nicht unvermeidbar oder notwendigerweise aus den Kriegshandlungen ergaben … (10 053 Männer oder 60 Prozent pro Jahr starben innerhalb von sieben Monaten nur durch Krankheiten, und das bei einer Truppenstärke von 28939 Mann. Diese Sterblichkeitsrate übertraf die der Pest.) … Es erhebt sich die Frage: Muss das, was hier geschah, noch einmal geschehen?

1858 wurde Nightingale in die neu gegründete Statistical Society gewählt. Hier wandte sie ihre Aufmerksamkeit der statistischen Auswertung von Krankheits- und Todesfällen in Krankenhäusern zu. Wie wird man, so sagte sie, Entwicklungen aufspüren können, solange man nicht systematisch Zahlen auswertet. Sie entwickelte einen Plan für einheitliche statistische Erhebungen in Krankenhäusern, der 1859 veröffentlicht wurde. Ihr – für die damalige Zeit sehr ehrgeiziges – Ziel war, die Sterblichkeitsraten für einzelne Krankheiten in verschiedenen Krankenhäusern zu vergleichen, was ohne ein standardisiertes Erfassungsschema nicht möglich gewesen wäre.

Zu den Begründern der Statistik können mit Fug und Recht auch andere gezählt werden, zum Beispiel John Graunt (1620–1674), der 1662 seine *Beobachtungen über die Berechnung der Sterblichkeit in der Stadt London* veröffentlichte. Die Schrift wurde manchmal Sir William Petty zugeschrieben, doch 1939 nahm George Udny Yule eine statistische Analyse (was sonst?) der Satzlänge in den *Beobachtungen* vor. Sie stimmte mit jener in bekannten Arbeiten Pettys nicht überein.

Mit seinen Zahlen schuf Graunt die Basis der ersten Lebensversicherungstabellen, aber er wies auch auf Probleme im Zusammenhang mit Datenaufnahme hin. Gegen eine kleine Gebühr konnte ein Tod durch „französische Pocken" (Syphilis) als Tod durch Auszehrung eingetragen werden, was der Familie des Verblichenen viele Peinlichkeiten ersparte, aber die medizinische Wahrheit verschleierte.

Vor dem 19. Jahrhundert war Statistik ein Haufen Zahlen zur Lage der Nation. Das hatte Mark Twain im Sinn, als er von „Lügen, verdammten Lügen und Statistik" sprach. Dann aber bekam Statistik eine vollkommen andere Bedeutung, nämlich die einer repräsentativen Zusammenfassung einer großen Zahl von (Mess-)Daten. Genügend Erfahrung vorausgesetzt, kann man aus dem Mittelwert und der Standardabweichung einer Messreihe sofort wichtige Einsichten gewinnen – wenngleich Laien immer noch sagen, man könne einer Statistik nicht trauen.

Die einfache Wahrheit ist: Zahlen können nicht lügen, aber Lügner können rechnen. Zwar muss man immer genau hinsehen, doch die Verwendung der Statistik in der Naturwissenschaft ist an sich absolut gerechtfertigt. Statistische Analysen können Betrügereien enthüllen, zum Beispiel, dass Mendel (→66) vermutlich seine Zahlen manipulierte, SARS-Fallzahlen „korrigiert" wurden (→58) oder dass Cyril Burt seine Daten über Zwillinge und ererbte Intelligenz fälschte. Statistik kann außerdem unerwartete Strukturen, Gesetze und Fakten aufdecken.

Adolphe Quetelet (1796–1874) war ein brillanter Mathematiker, der in Paris die Wahrscheinlichkeitstheorie kennenlernte. In seine Heimat Belgien zurückgekehrt, begann er sich mit „Sozialphysik" und „Moralstatistik" zu

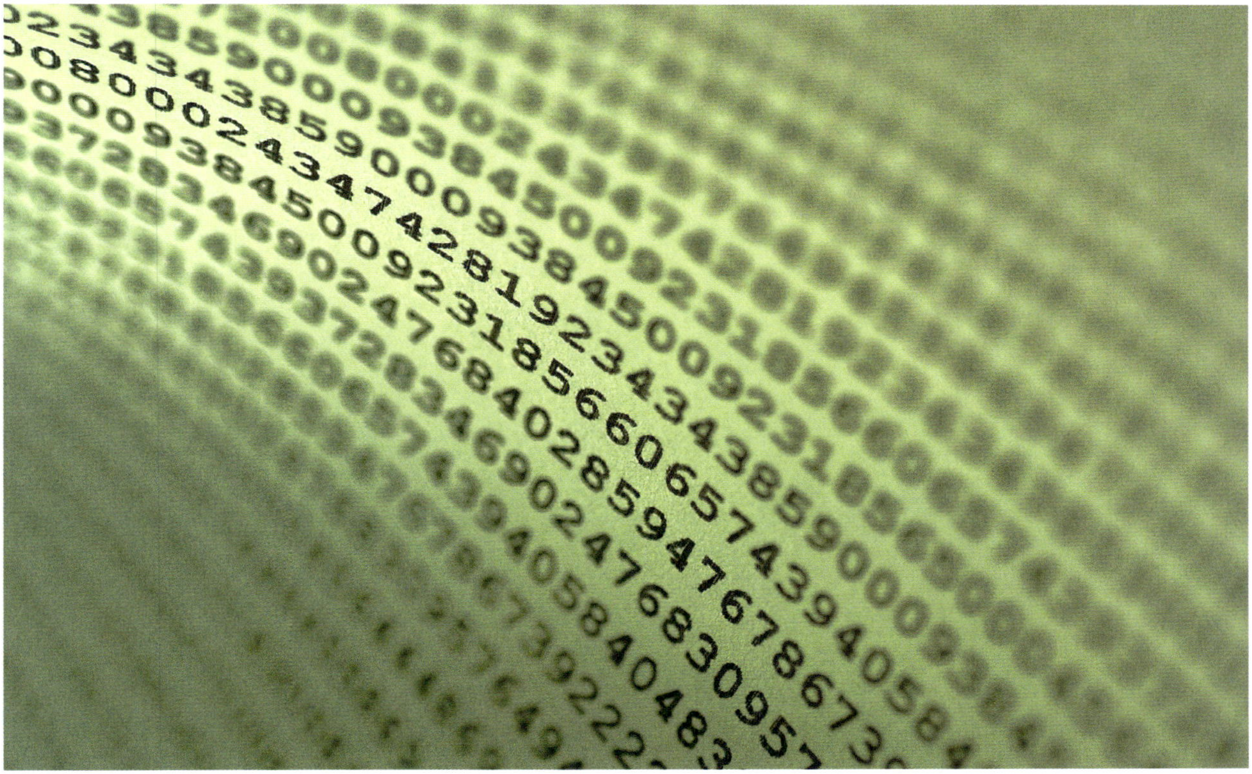

Wenn Zahlen eine Geschichte erzählen ...

befassen. Quetelet war besessen von der Erkenntnis, dass viele Datensätze vorhersagbar schienen: Verbrechen, Selbstmorde und Hochzeiten geschahen nur aus freiem Willen des Individuums, aber ihre Häufigkeit in verschiedenen Altersgruppen war vorhersehbar. Dort setzte Quetelet mit seiner „Moralstatistik" an:

Bedauernswerter Zustand der menschlichen Rasse! Wir können im Voraus sagen, wie viele ihre Hand mit dem Blut ihrer Mitmenschen beflecken werden, wie viele als Urkundenfälscher, wie viele als Giftmischer enden – genauso, wie wir die Zahl der Geburten und Sterbefälle voraussagen können.

Später, in den 1920er Jahren, wurde die Statistik das verbindende Element zwischen Evolution und Genetik, denn sie half den Biologen, die Dynamik großer Populationen zu begreifen. Nach und nach stützten sich auch Ökologen auf die Musteranalyse – ebenso, wie numerische Methoden Einzug in die biologische Klassifikation und Taxonomie hielten.

In engem Zusammenhang mit diesen Methoden stehen Signifikanztests – Verfahren, mit denen man feststellen kann, wie aussagekräftig ein Ergebnis ist. Statistik in den Händen von Epidemiologen war notwendig, um zu beweisen, was man schon seit dem 19. Jahrhundert vermutete – dass Rauchen Lungenkrebs und andere Krankheiten verursacht.

Sie können der Statistik ruhig trauen – vorausgesetzt, sie wird richtig angewendet.

SPEKTRALANALYSE

Wie wir lernten, dunkle und helle Linien in einem Spektrum richtig zu deuten

61

Wann: 1859.

Wo: Heidelberg.

Wer: Robert Bunsen (1811–1899) und Gustav Kirchhoff (1824–1887).

Was: Salze, in eine Flamme gebracht, senden Licht bestimmter Wellenlängen aus.

Folgen: Machte den Bunsenbrenner bekannt und lieferte vor allem eine Methode, chemische Verbindungen und Elemente in kleinen Proben und weit entfernten Sternen nachzuweisen.

Glas ist, grob gesagt, Natriumsilicat. Kein Chemiker, der je Glas in einer Flamme erhitzt hat, würde am Natriumgehalt zweifeln. Wie gewöhnliches Kochsalz verleiht Glas der Flamme eine charakteristische orangegelbe Farbe. Eigentlich sind es, wie wir heute wissen, zwei „Farben", mit Wellenlängen von 589,592 und 588,995 Nanometern.

Das Spektrum hat in der Naturwissenschaft einen langen Weg zurückgelegt, seit Isaac Newton (→34) das „großartige Phänomen der Farben" untersucht hat. Während Newtons Lichtstrahl durch eine weite, runde Öffnung eintrat, ließen die Forscher im 19. Jahrhundert den Strahl durch einen schmalen Spalt fallen, um die Farben so rein wie möglich zu halten. Sie untersuchten das Ergebnis durch ein kleines Linsensystem, traditionsgemäß *Teleskop* genannt.

1802 fielen dem englischen Chemiker William Hyde Wollaston (1766–1826) einige schwarze Linien im Spektrum der Sonne auf. 1814 sah Joseph von Fraunhofer (1787–1826) die gleichen Linien und zeichnete sie detailliert auf. Er fand 570 Linien, die er je nach Ausprägung benannte. Heute können wir mit besseren Geräten Tausende von Fraunhofer-Linien im Sonnenspektrum ausmachen, und statt einer sogenannten D-Linie erkennen wir deren drei.

Die von Fraunhofer entdeckten Linien schienen zunächst keinen Sinn zu haben. Anscheinend handelte es sich um „Lücken" im Spektrum. Tatsächlich entspricht jede Linie einer im kontinuierlichen Spektrum fehlenden Wellenlänge – das wusste aber niemand, bis Gustav Kirchhoff und Robert Bunsen das Geheimnis 40 Jahre später lüfteten. Kirchhoff war die Ähnlichkeit zwischen den „dunklen" Linien im Sonnenspektrum und manchen „hellen" Linien in Emissionsspektren aufgefallen. Was als Nächstes geschah, beschrieb Kirchhoff sinngemäß so:

Als Bunsen und ich gemeinsam die Spektren von farbigen Flammen erforschten, mit deren Hilfe man die qualitative Zusammensetzung komplexer Gemische herausfinden kann, indem man ihr Spektrum in der Flamme des Lötrohrs untersucht, machte ich einige Beobachtungen, die eine unerwartete Erklärung der Herkunft der Fraunhofer-Linien ermöglichten und Schlüsse über die Zusammensetzung der Sonnenatmosphäre, vielleicht sogar der Atmosphäre von helleren Fixsternen, zulassen.

Fraunhofer bemerkte, dass im Spektrum einer Kerzenflamme zwei helle Linien auftauchen, die mit den beiden dunklen D-Linien des Sonnenspektrums übereinstimmen. Wir erhielten die gleichen hellen Linien, nur mit höherer Intensität, aus einer Flamme, in die Kochsalz gebracht wurde. Ich baute eine Vorrichtung für ein Sonnenspektrum auf, ließ aber die Strahlen der Sonne, bevor sie auf den Spalt fielen, durch eine Flamme scheinen, die intensiv mit Salz gefärbt war. Wenn das Sonnenlicht schwach genug war, erschienen anstelle der beiden dunklen D-Linien zwei helle Linien; sobald aber eine bestimmte Intensität des Sonnenlichts über-

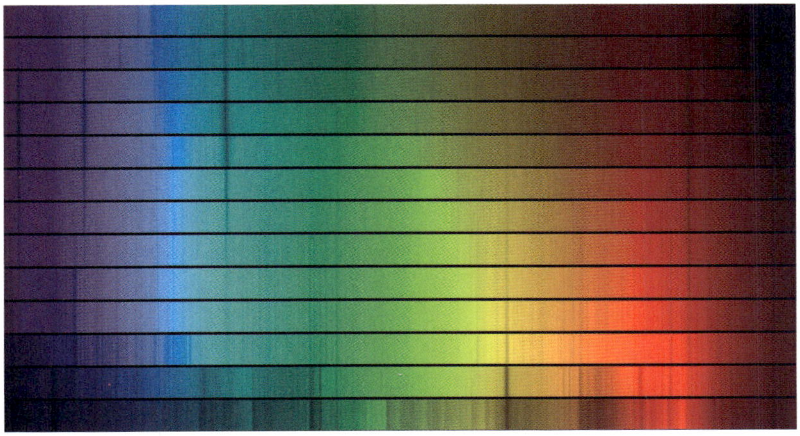

Spektren von 13 Sterntypen im sichtbaren Licht. Die dunklen Bänder verraten die Zusammensetzung des Sterns.

schritten war, erschienen die beiden dunklen Linien viel deutlicher, als wenn die gefärbte Flamme nicht vorhanden war.

Heute interpretieren wir dieses Phänomen so, dass die Natriumatome in der Flamme Energie absorbieren, die ein Elektron aus einem Orbital mit niedriger Energie in ein Orbital mit höherer Energie anhebt. Nach einer Theorie, die wir uns später noch genauer ansehen werden, steht dieses Energiequant – das Energiepaket, das exakt der Energiedifferenz zwischen den beiden Orbitalen entspricht – in Verbindung mit einer bestimmten Wellenlänge.

Wenn Licht durch eine Wolke aus Natriumionen fällt, wird genau der (und nur der) Anteil mit den Frequenzen der Natrium-Linien herausgefiltert und dazu verwendet, Elektronen „anzuregen". Fallen die Elektronen später wieder in ihr Ausgangsniveau zurück, senden die Atome Licht mit eben diesen Frequenzen aus. Kirchhoff beschrieb noch ähnliche Experimente, bei denen mit Natrium- oder Lithiumverbindungen „verunreinigte" Flammen Licht absorbierten oder emittierten:

Ich folgere also aus diesen Beobachtungen, dass eine farbige Flamme, in deren Spektrum scharfe helle Linien erscheinen, Strahlen mit der Farbe dieser Linien beim Durchscheinen so schwächt, dass dunkle Linien anstelle der hellen erscheinen, sobald eine Lichtquelle mit genügend hoher Intensität, in deren Spektrum diese Linien sonst fehlen, hinter die Flamme gebracht wird.

Später zeigte Anders Ångström mit dieser Methode, dass die Sonne Wasserstoff enthält, und Norman Lockyer fand darin auch Helium. William Crookes wiederum entdeckte das Element Thallium, ohne es je gesehen zu haben – alles, was er beobachtete, war eine grüne Linie im Spektrum von Rückständen aus einer Schwefelsäurefabrik.

Kirchhoff und Bunsen genießen den Ruhm, die Spektroskopie erfunden zu haben. Ihr Arbeitsmittel war der Bunsenbrenner, der von Michael Faraday (→48) erdacht und von dem Labortechniker Peter Desaga hergestellt worden war. Bunsen zeigte nur, wozu er gut war, und machte ihn bekannt; Desaga verdiente eine Menge Geld mit dem Verkauf, und so waren am Ende alle zufrieden. Außer vielleicht Faraday.

Die Legende berichtet, Bunsen hegte einst den Verdacht, seine Wirtin mische Fleischreste in den Eintopf. Als er wieder einmal ein paar Stückchen übrig gelassen hatte, streute er ein bisschen Lithiumchlorid darauf. Am nächsten Abend hielt er vor Zeugen etwas von dem Eintopf in eine Flamme, die charakteristisch rot aufleuchtete: Lithium! Mit diesem Element, bemerkte er, werde normalerweise kein Eintopf gewürzt. Vermutlich hat er seine Wirtin damit ziemlich in Verlegenheit gebracht.

Die Spektroskopie sollte später ein wesentlicher Faktor der Revolution der Kosmologie werden; 1859 standen allerdings andere Revolutionen viel unmittelbarer bevor.

ENTSTEHUNG DES LEBENS

Wie Louis Pasteur zeigte, dass Leben nur aus bestehendem entstehen kann

62

Wann: 1859.

Wo: Paris.

Wer: Louis Pasteur (1822–1895).

Was: Leben kann nur von Leben kommen.

Folgen: Nachdem eine spontane Entstehung von Leben ausgeschlossen worden war, kam als einzige Quelle neuer Arten die Evolution in Frage.

Als Johann Baptista van Helmont (→27) behauptete, aus einem verschwitzten Hemd und Weizen würden Mäuse entstehen, glaubten ihm die meisten Menschen. Aber nicht alle. Ähnlich war es, wenn jemand sagte, Maden wachsen in verdorbenem Essen. Einige wenige Naturforscher mögen darauf hereingefallen sein, doch jeder praktisch denkende Mensch wusste, dass man Lebensmittel nur zudecken musste, um die Fliegen fernzuhalten.

Francesco Redi (1626–1698) glaubte, erwachsene Fliegen schlüpften aus Maden, die wiederum aus Eiern kamen, die von Fliegen gelegt wurden. Darin wurde er von einem griechischen Dichter namens Homer unterstützt, der im 7. oder 8. Jahrhundert v. Chr. die „Ilias“ (Geschichte des Trojanischen Krieges) niederschrieb.

Gegen Ende der Geschichte wird der Held Achilles von seiner Mutter, der Nymphe Thetis, überredet, eine spezielle Rüstung anzulegen, die der Gott Hephaistos für ihn angefertigt hatte, und wieder in die Schlacht zurückzukehren. Achilles hatte sich vom Kampf zurückgezogen, weil sein bester Freund Patroklos getötet worden war. Er erklärte Thetis, nicht mehr kämpfen zu wollen. Wenn er nämlich den Körper seines Freundes zurückließe, würden ihn Fliegen anfallen und Würmer (Maden) würden anfangen, darin zu wachsen. Thetis entgegnete ihm, dass sie dieses Problem lösen könne.

So übersetzte Johann Heinrich Voß, was Thetis tat, nachdem Achilles in die Schlacht gezogen war:

Drauf dem Patroklos goß sie Ambrosiasaft in die Nase,
Und rotfunkelnden Nektar, den Leib unversehrt zu erhalten.

Redi hatte seinen Homer 1668 gelesen, verstanden und machte sich nun daran, ihn nachzuprüfen:

Ich legte eine Schlange, einige Fische und Aale aus dem Arno sowie eine Scheibe Milchkalbfleisch in vier große Kolben mit weitem Hals, verschloss und versiegelte

Einer der Kolben, die Louis Pasteur für seine im Text beschrieben Experimente mit Mikroben benutzte. Er steht im Originallabor von Pasteur, das heute zum Pariser Pasteur-Institut gehört.

sie. Dann tat ich das Gleiche noch einmal, doch diesmal ließ ich die Behälter offen. Es dauerte nicht lange, bis Fleisch und Fisch in diesen letzten Gefäßen madig wurden und Fliegen nach Belieben ein- und ausflogen. In den verschlossenen Behältern entdeckte ich jedoch keine einzige Made, auch nicht viele Tage, nachdem ich das tote Fleisch hineingelegt hatte. Außen auf dem Papierdeckel fand sich manchmal ein Klecks oder eine Made, die begierig nach einem Riss suchte, durch den sie hineingelangen und Nahrung finden könnte. Inzwischen wurden die unterschiedlichen Dinge in den Gefäßen faulig und begannen zu stinken.

Da ich noch nicht zufrieden mit diesen Experimenten war, wiederholte ich ähnliche Versuche mehrmals zu unterschiedlichen Jahreszeiten, mit verschiedenen Behältern. Um nichts unversucht zu lassen, habe ich sogar Fleischstücke mit Erde bedeckt, doch obwohl sie wochenlang vergraben lagen, brachten sie niemals

Würmer hervor. Dies geschah nur, wenn Fliegen die Möglichkeit hatten, an das Fleisch zu kommen.

Wie wir also sehen, gab es schon lange vor dem 18. Jahrhundert klare Hinweise darauf, dass Leben nicht aus dem Nichts kommen kann. Solange jedoch die Menschen glaubten, etwas Lebendiges könne einfach so entstehen, konnte es kein naturwissenschaftliches Verständnis für das Verderben von Nahrungsmitteln geben. Man dachte, es liege in der Natur von Essbarem, sich nach einigen Tagen in Würmer zu verwandeln. Und wenn Mäuse sich aus einem verschwitzten Hemd und Weizen entwickeln konnten, gab es keinen Anlass, sich zu fragen, woher die Art „Maus" stammte.

Um 1748 machte die Wissenschaft einen Schritt rückwärts. Damals erklärten Georges Louis Leclerc, Comte de Buffon (1707–1788) in Paris und John Needham (1713–1781) in England, beobachtet zu haben, wie Mikroorganismen spontan in sterilisierten Gefäßen mit Fleischbrühe entstanden, die abgekocht worden war, um Lebewesen abzutöten. Buffon genügte das als Beweis dafür, dass organische Teilchen eine besondere Kraft haben, die es ihnen erlaubt, lebendig zu werden.

Lazzaro Spallanzani (1729–1799) zeigte 1770, dass manche Organismen 45 Minuten Kochen aushielten, dass aber eine Brühe, sorgfältig gekocht und luftdicht verschlossen, kein Leben entwickelt, bis der Behälter wieder geöffnet wird. Gegner argumentierten, das lange Kochen habe das „Lebensprinzip" in der Luft im Behälter zerstört. Das glaubten die Menschen, bis Louis Pasteur sein Experiment durchführte, das er 1860 veröffentlichte.

Pasteur war gebeten worden, das Sauerwerden von Wein zu untersuchen. Im Wein bildete sich Milchsäure, und dies schien ein chemisches Problem zu sein. Nach mikroskopischen Untersuchungen fand er die Verursacher, winzige Hefezellen: Eine Art erzeugte den Alkohol, die andere die Milchsäure, und zwar auch dann noch, wenn der Wein bereits auf Flaschen gezogen worden war. Pasteur riet deshalb dazu, den Wein nochmals sanft zu erhitzen, um die Milchsäure-Hefen abzutöten. Die Weinbauern waren von diesem Ansinnen entsetzt, aber sie versuchten es – und es funktionierte.

Vielleicht hatte jemand Pasteur gefragt, woher die Hefe komme. Wie auch immer: Als Nächstes widmete er sich der Frage nach der spontanen Entstehung von Leben. Er bereitete Gefäße mit klarer Brühe vor, die offen der Luft ausgesetzt blieben, um jede Diskussion über „Lebensprinzipien" zu unterbinden. Und er hatte noch eine besondere Idee: Jede Flasche endete in einem lang ausgezogenen Glasrohr, das erhitzt und wie ein Schwanenhals gebogen worden war. Dies sollte verhindern, dass Mikroorganismen durch die Luft kommen und in die Brühe fallen konnten. Vielleicht konnten die Mikroben in den Flaschenhals gelangen, aber sie würden an den Wänden haften bleiben und die Brühe nicht erreichen.

Zu jeder Zeit konnte das Glasrohr abgebrochen werden; stets trübte sich kurz darauf die klare Brühe, weil Mikroben durch die Öffnung hineinkamen. Das war sehr nett und leicht nachzumachen – und die Leute machten es nach, auf der ganzen Welt, wieder und wieder, immer mit dem gleichen Ergebnis: Solange das gebogene Röhrchen intakt war, kam keine Mikrobe in das Gefäß.

Die spontane Entstehung von Leben wurde *ad acta* gelegt. Pasteur konnte sich daran machen, Infektionskrankheiten zu bekämpfen – zumindest die, von denen wir heute wissen, dass sie durch Mikroben hervorgerufen werden.

EVOLUTION

Wie Charles Darwin die Mechanismen der Evolution erklärte

Viele glauben, Darwin hätte die Evolution „erfunden". Was er tat, war jedoch viel klüger: Er deckte auf, wie der Evolutionsprozess abläuft. Vor ihm hatten bereits andere die Evolution als einen Prozess der natürlichen Auslese erkannt. Darwin war jedoch der Erste, der sie in ihren Einzelheiten erklärte und detaillierte Belege für die natürliche Auslese als treibende Kraft der Evolution lieferte.

Die Biologie war zu seiner Zeit schon ein großes Stück vorangekommen: Die Theorie der spontanen Erzeugung von Lebewesen war widerlegt, und die Naturforscher hatten begriffen, dass Zellen nur aus Zellen entstehen können. Im Jahr 1859 war die Zeit reif für eine Theorie von der Entstehung der Arten. Manche glaubten, die Arten seien unveränderlich, weil in der Lebensspanne eines Menschen keine wirklichen Veränderungen zu erkennen waren. Andere jedoch akzeptierten nicht nur, dass Arten sich wandeln, sondern entwickelten auch Vorstellungen darüber, was diesen Wandel bewirkt.

Im Jahr 1680 sezierte Edward Tyson einen Schweinswal und konnte zeigen, dass es sich um ein Säugetier und nicht um einen Fisch handelt. Später sezierte er den Kadaver eines jungen Schimpansen und veröffentlichte Illustrationen, an denen sich die Ähnlichkeit des Menschen mit anderen Tieren erkennen ließ. Kopernikus hatte die Erde aus dem Mittelpunkt des Universums verbannt, Tyson jedoch verstieß *Homo sapiens* aus seiner zentralen Position in der Schöpfung. Zur Diskussion standen nun die Frage nach dem „missing link", dem fehlenden Glied in der Kette zwischen dem Menschen und der Gesamtheit der „niederen" Schöpfung, sowie die auf dem fischähnlichen Aussehen des Schweinswals begründete Idee, dass die Merkmale von Lebewesen durch die Umwelt bestimmt werden.

Darwins Großvater, Erasmus Darwin, glaubte, dass Menschen sich durch Übung oder Nichtgebrauch bestimmter Gliedmaßen verändern und diese Veränderungen vererben würden. Ein Schmied mit starken Muskeln hat oft kräftige Nachkommen. Erasmus folgerte daraus, dass die durch Übung erworbenen Muskeln auf irgendeine Weise weitergegeben werden. Heute würden wir davon ausgehen, dass der Schmied seinen Beruf deshalb gewählt hat, weil er kräftige Muskeln besitzt, und dass er seine genetische Anlage zu einer gut ausgebildeten Muskulatur an seine Kinder weitergegeben hat.

In Paris hatte Jean Baptiste Pierre Antoine de Monet Lamarck (1744–1829) ganz ähnliche Vorstellungen von der Vererbung erworbener Merkmale. Sogar Darwin glaubte, dass etwas daran sein könnte. Der Gedanke war zumindest plausibler als die Ansichten des Comte de Buffon (1707–1788), der die Auffassung vertrat, dass die Arten sich durch Degeneration verändern. Für Buffon war ein Esel ein missratenes Pferd, und die Mammuts und Mastodonten, deren fossile Überreste man damals in Sibirien und Nordamerika gefunden hatte, hielt er für gelungenere Lebensformen, die durch deren Nachfahren, die „degenerierten" afrikanischen und indischen Elefanten ersetzt wurden.

Solange man die Erde für sehr jung hielt, die Fossilien ausgestorbener Arten als Verlierer von Noahs Sintflut abtat und die Menschen nicht reisten

63

Wann: 1859.

Wo: Down (Grafschaft Kent, England).

Wer: Charles Robert Darwin (1809–1882).

Was: Durch den Prozess der natürlichen Auslese lassen sich die Mechanismen und Erscheinungen der Evolution schlüssig erklären.

Folgen: Eine schlüssige Erklärung des Evolutionsprozesses ist die Grundlage für das Verständnis der Geschichte unseres Planeten, der Ökologie und, noch wichtiger, der Wechselbeziehungen zwischen Mensch und Krankheiten.

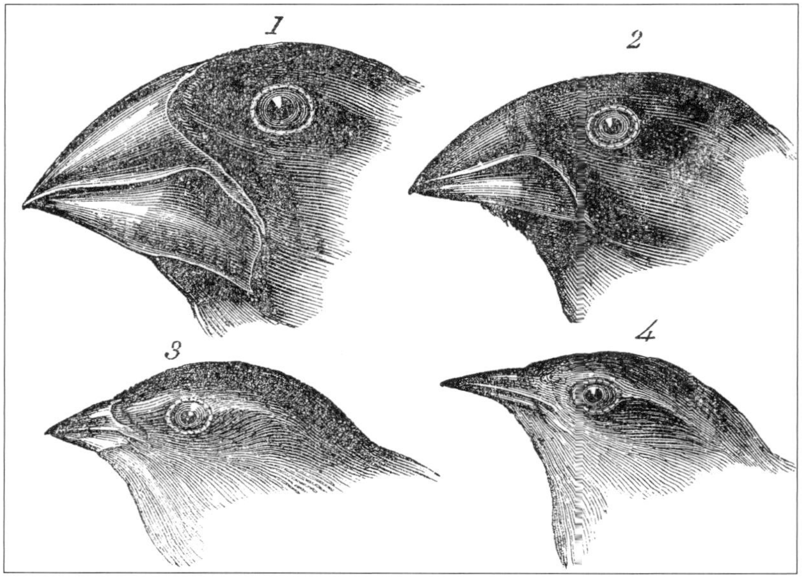

Darwins genaues Studium der Galapagos-Finken lieferte wichtige Erkenntnisse für die Entwicklung seiner Theorie der natürlichen Auslese.

und Proben aus allen Teilen der Welt sammelten, so lange mussten auch die Grundstrukturen des Lebens verborgen bleiben. Dass Arten sich verändern, war offensichtlich; wie es zu neuen Spezies kommt, blieb ein Rätsel.

Einige wenige fanden dennoch eine Lösung. In der zweiten Auflage von *On The Origin of Species*, die etwa sechs Wochen nach dem Erstdruck erschienen war, erwähnt Darwin zahlreiche Autoren, die bereits vor ihm über Evolution durch natürliche Auslese nachgedacht hatten. Die Liste der Namen beginnt mit dem Jahr 1813, und die Einträge mehren sich für die darauffolgenden Jahre.

Darwin erkannte in den späten 1830er Jahren, dass die Natur bestimmte Arten vor anderen bevorzugt, aber er zögerte, diesen Gedanken in der Öffentlichkeit auszusprechen. Als er seine Theorie im Jahr 1844 dem Botaniker John Hooker (1817–1911) anvertraute, soll dieser ausgerufen haben: „Warum bin ich nicht selbst darauf gekommen?“ Darwin diskutierte auch mit dem Geologen Charles Lyell (1797–1875) und korrespondierte von ungefähr 1856 an mit dem amerikanischen Botaniker Asa Gray (1810–1888) über das Thema – weiter nach zusätzlichen Belegen suchend, immer noch zögernd.

Im Jahr 1858 schrieb Alfred Russel Wallace (1823–1913) Darwin einen Brief, der die Angelegenheit weiter vorantrieb. Wallace war zu ganz ähnlichen Schlussfolgerungen wie Darwin gekommen und legte seine Erkenntnisse in einem Aufsatz ausführlich dar. Er schickte den Aufsatz Darwin, von dem er annahm, dass der ihn gern lesen würde, und ihn, falls der Artikel ihm zusagte, nach London an die Linné'sche Gesellschaft, die wichtigste naturgeschichtliche Vereinigung Großbritanniens, weiterleiten würde. Bestürzt diskutierte Darwin den Brief mit seinen Freunden, die ihm dazu rieten, den Aufsatz von Wallace einfach weiterzuschicken.

Wallace war wie Darwin durch die Lektüre Malthus' auf die Theorie der natürlichen Selektion gekommen; anders als Wallace hatte Darwin aber über eineinhalb Jahrzehnte Belege und Beispiele gesammelt. Darwins Freunde verfassten also einen Brief, unterzeichnet von Lyell und Hooker, und schnürten ein Paket, das Darwins Kurzfassung aus dem Jahr 1844, Auszüge aus einem Schreiben an Gray aus dem Jahr 1857 sowie Wallace Aufsatz enthielt. Alles zusammen schickten sie an die Linné'sche Gesellschaft. Letztlich führte das „Outing" durch seine Freunde dazu, dass Darwin den größten Teil der Anerkennung erhielt. Nun entschloss er sich auch, sein Buch *On the Origin of Species* zu schreiben, das seine Theorie einer großen Öffentlichkeit bekannt machte. Die zentrale Aussage des Werks, die Begünstigung bestimmter Varietäten durch natürliche Auslese, hat bis heute Bestand, wenngleich wir aufgrund neuer Erkenntnisse die Theorie in einigen Details verändert haben.

Die Evolutionstheorie stößt bei einigen auf Widerspruch, die das Leben für zu unwahrscheinlich halten, als dass es allein durch Zufall entstehen könnte. Doch wie Sir Ronald Fisher (1890–1962), statistische Genetik und Evolutionstheorie miteinander verbindend, sagte, ist „die natürliche Auslese ein Mechanismus, der einen außerordentlich hohes Maß an Unwahrscheinlichkeit erzeugt".

Die Naturwissenschaft fußt auf einer Reihe grundlegender Theorien, die oft von anderen Erklärungsmodellen abhängen oder diese in ihrer Aussage bestätigen. Die Evolutionstheorie ist jedoch von zentraler Bedeutung für fast alles. Sogar Petrogeologen lernen aus ihr, wo man am besten nach Erdöl sucht.

ERDÖL

Wie wir lernten, Öl aus dem Boden zu gewinnen

64

Wann: 1859.

Wo: Titusville im US-Bundesstaat Pennsylvania.

Wer: Edwin Drake (1819–1880).

Was: Erdöl kann durch Bohrungen aus dem Untergrund gewonnen werden.

Folgen: Es gab jetzt eine neue Energie- und Rohstoffquelle.

Öl wurde verwendet, lange bevor es Fördertürme gab. Menschen nutzten Walöl, Talg (Tierfett), Öl von Leinsamen und anderen Pflanzen, und seit 1850 schließlich Rohöl – nicht aus Ölquellen, sondern aus Kohle destilliert –, das für verschiedene Zwecke in einzelne Fraktionen aufgetrennt werden konnte.

In großen Mengen wurde vor allem ein Stoff für Beleuchtung und als Schmiermittel gesucht. Gaslampen waren eine gute Sache, setzten jedoch entsprechende Leitungen voraus. Als bewegliche Beleuchtungsquellen wurden entweder Laternen mit Kerzen benutzt oder Dochtlampen, die über einen Behälter mit brennbarem Öl verfügten. Die frühen Dampfmaschinen und die Räder von Fuhrwerken bewegten sich langsam und benötigten darum nur geringe Mengen Schmiermittel. Mit der Entwicklung leistungsfähigerer Maschinen und der Lokomotive wuchs auch der Bedarf an besseren Schmierölen.

Pflanzenöle wie das von Leinsamen waren als „trocknende" Schmiermittel ungeeignet. Sie hinterließen einen klebrigen, gummiartigen Belag, der sich ausdehnen und Maschinen oder Radlager beschädigen konnte. Walöl ist zwar ein guter Schmierstoff und verbrennt in Lampen geruchlos, war aber sehr teuer, denn in den 1850er Jahren gingen die Walbestände im Atlantik rasch zurück, und den pazifischen Walen erging es nicht anders. Aus Kohle gewonnenes Öl füllte anfangs die Lücke, bis Edwin Drake sich im Jahr 1859 daran machte, die Gewinnung von „Steinöl" zu verbessern, das er aus einer Ölquelle erhielt.

Anfangs war es leicht, Öl zu finden. Man ging an Stellen, wo Öl aus dem Boden sickerte, und schöpfte es in Eimern ab. Die Pennsylvania Rock Oil Company hatte die Rechte an einer solchen Ölquelle für 5000 US-Dollar erworben und an Edwin Drake verpachtet, der im Gegenzug eine Gebühr von 12,5 amerikanischen Cent je Gallone Öl an die Gesellschaft zahlte.

Später fasste Drake den Plan, einen Ölbrunnen zu bohren. Amerikanische Ingenieure hatten bereits einen 636 Meter tiefen Schacht zu einer artesischen Quelle angelegt, Drakes Bohrversuch in Pennsylvania war also relativ einfach. Er teufte ein kleines Loch 21 Meter tief zu der Erdöl-„Quelle" ab und steigerte dadurch die tägliche Fördermenge von 1600 Liter auf 6000 Liter.

Fortschritte in der Erdölgeologie benötigten Zeit und erforderten ausgeklügelte Verfahren. Die Bohrer mussten Proben des zu durchteufenden Gesteins zutage fördern, das man auf Mikrofossilien durchsuchte, um das Alter des Gesteins zu bestimmen. Mit der Zeit setzte sich die Erkenntnis durch, dass Erdöl ähnlich wie Kohle aus den Überresten vorzeitlicher Pflanzen und Tier entstanden ist. Nach dieser Theorie ist Erdöl eine organische Substanz, die in Sedimentgesteinen abgelagert wurde. Die auf dieser Vorstellung basierende Förderung durch Erdölgesellschaften funktionierte eineinhalb Jahrhunderte lang sehr gut.

Mittlerweile ist die weltweite Nachfrage nach Erdöl gewaltig, während gleichzeitig die bekannten Vorräte allmählich zur Neige gehen. Selbst anerkannte Theorien können hinterfragt werden, besonders in Zeiten wie diesen. Wir haben erlebt, wie das von drei Astrophysikern postulierte „statische" Modell des Universums in den 1960er Jahren durch die „Urknall"-Hypothese abgelöst wurde (→97). Alle Vertreter der „Steady-State-Theorie" zogen sich nach und nach auf Außenseiterpositionen zurück: Fred Hoyle und Chandra Wickramasinghe behaupteten, dass Krankheiten aus dem Weltall stammen; Hoyle war (ebenfalls fälschlicherweise) davon überzeugt, dass es sich bei dem *Archaeopteryx*-Fossil um eine Fälschung handelte; und Thomas Gold (1920–2004) vertrat die Auffassung, dass Erdöl nicht aus organischem Material der Vorzeit entstand.

Die Wissenschaft ist reich an außergewöhnlichen Theorien, die sich gelegentlich auch durchsetzen. Denken wir zum Beispiel an die Theorie der Schwarzen Löcher, Darwins Evolutionstheorie, das Modell der Plattentektonik, die Wellentheorie des Lichts, die Quantenphysik oder die Keimtheorie von Pasteur – sie alle sind heute anerkannt. In den 1990er Jahren erlebte ich Gold in Vorlesungen und Diskussionsrunden, ich traf ihn zweimal persönlich und habe ihn einmal interviewt. Ich bin davon *überzeugt*, dass Hoyles und Wickramasinghes Theorien über die Herkunft von Krankheiten falsch waren. Und ich *vermute*, dass die Theorie von Gold ebenfalls falsch ist. Noch steht sie jedoch im Raum und harrt ihrer exakten Überprüfung.

Nach Golds Auffassung besitzen die Ölfelder am Persischen Golf keinerlei gemeinsame Merkmale, mit einer Ausnahme: Sie erstrecken sich alle über einer Zone hoher seismischer Aktivität. In diesem Gebiet lagern 60 Prozent der weltweit ausbeutbaren fossilen Brennstoffreserven. Von den Gebirgszügen im Südosten der Türkei hinunter bis an den Persischen Golf, die Ebenen Saudi-Arabiens und die Gebirgsregionen im Iran zieht sich ein durchgehendes Band von Ölfeldern, bisher wurden aber keine Muttergesteine gefunden, die das Vorhandensein von Erdöl in diesem Bereich erklären würden.

Gold vermutete die wahre Quelle des Erdöls 160 Kilometer tief unter der Oberfläche. Von dort, wo es seit Entstehung des Planeten gelagert habe, sei es entlang von tektonischen Verwerfungen nach oben geströmt. Er argumentierte, dass das erste Erdöl im 19. Jahrhundert nahe der Oberfläche gefunden wurde, als die Chemiker noch glaubten, dass organische Verbindungen aus-

In nicht allzu ferner Zukunft könnten Ölquellen wie diese der Vergangenheit angehören.

schließlich in Organismen vorkommen. Sie nannten deshalb die Kohlenstoffchemie sogar „organische Chemie". Da nun Erdöl ein Gemisch organischer Verbindungen ist, bestand kein Zweifel, dass es aus Organismen entstanden sein musste.

Allerdings enthalten auch Kometen „organische" Verbindungen (im Sinne von Kohlenstoffverbindungen), was ebenfalls für Jupiter zutrifft. Niemand behauptet, Methan auf dem Jupiter entstehe, wenn jovianische Riesen „einen fahren lassen", oder kleine grüne Männchen hinterließen auf den Kometen organisches Material. Hätten wir Erdöl erst jetzt entdeckt, argumentiert Gold, würden wir mit unserem heutigen Wissen über andere Planeten unseres Sonnensystems niemals behaupten, es hätte sich aus Pflanzen und Tieren gebildet.

Ich fragte ihn, warum in Tiefengesteinen kein Erdöl zu finden sei. Er grinste und erzählte mir, dass in Schweden zwölf Tonnen Erdöl aus einem Bohrloch in Granit (einem weit verbreiteten Tiefengestein) gewonnen wurden. Ich wollte von ihm wissen, warum Ölgesellschaften nicht versuchen würden, in Granit nach Erdöl zu bohren, und sein Grinsen wurde breiter. Jeder Geologe, der so etwas vorschlagen würde, sagte er zu mir, würde für verrückt erklärt und gefeuert werden, weil er Geld auf eine aussichtslose Suche verschwendet.

Die Theorie bleibt faszinierend. Wir brauchen dringend Erdöl, als Energieträger und Rohstoff. Ich frage mich, wann jemand verzweifelt genug sein wird, um die erste Granit-Erdölgesellschaft zu gründen.

Sollte dies geschehen, werde ich wohl keine Anteile kaufen; es dürfte jedoch interessant zu beobachten sein, wie es dann weitergeht. Man kann nie vorhersagen, welche bizarren wissenschaftlichen Theorien sich am Ende als richtig erweisen.

VERBRENNUNGSMOTOR

Wie wir zu einer Maschine kamen, bei der wir nicht warten müssen, bis das Wasser heiß ist

65

Wann: 1860.

Wo: Paris.

Wer: Jean Joseph Étienne Lenoir (1822–1900).

Was: Ein Zylinder, gefüllt mit einer explosiven Mischung und versehen mit einer Zündkerze, kann ein Fahrzeug antreiben.

Folgen: Die Geburt des Verbrennungsmotors, den wir heute in Autos, Flugzeugen, Wasserfahrzeugen und Diesellokomotiven finden; ohne den Verbrennungsmotor würde unsere Gesellschaft zusammenbrechen.

Die Idee eines Fahrzeugs, das sich selbst antreibt, wörtlich eine „Lokomotive" (*loco motivus*, „sich von der Stelle bewegend"), ist schon alt. Die erste Lok war ein klobiger, dampfgetriebener Gigant, der 1769 durch die Straßen von Paris fuhr. Er wurde von dem Militäringenieur Nicolas Joseph Cugnot (1725–1804) erfunden, der hoffte, damit große Kanonen zu den Schlachtfeldern transportieren zu können. Die Maschine war aber sehr langsam und musste zudem immer wieder anhalten, um neuen Dampfdruck aufzubauen. Außerdem war sie nicht betriebssicher, deshalb wurde sie bald nicht mehr weiterentwickelt.

Am Steuer eines Fahrzeugs mit Verbrennungsmotor saß wohl als Erster Isaac de Rivaz (1752–1828) im Jahr 1807. Bevor wir aber genauer darauf zu sprechen kommen, müssen wir noch einmal ins Jahr 1777 zurückkehren, als Alessandro Volta seine „Volta-Pistole" erfand, einen Behälter, gefüllt mit einem Gemisch aus Gas und Luft, das mit einem elektrischen Funken gezündet wurde. Volta wollte damit ursprünglich die Verbrennung von Gasen untersuchen, doch die Neuheit wurde schnell überall beliebt.

Nachdem Voltas Batterien (→42) zur Verfügung standen, spielten die Leute mit Zündschnüren herum, um eine Volta-Pistole über eine größere Entfernung hinweg abzufeuern und damit zum Beispiel ein Signal zu geben. Andere erschreckten ihre Mitmenschen mit Mini-Explosionen von Gemischen aus Wasserstoff und Sauerstoff („Knallgas"). Einige wenige versuchten sogar, Projektile damit abzuschießen, obwohl die Kraft der Pistole dafür eigentlich nicht ausreichte.

Isaac de Rivaz meinte, eine Kraft, die eine Bleikugel sechs Meter weit schießen konnte, müsse auch in der Lage sein, ein Rad anzutreiben. In einigen Quellen liest man, er habe tatsächlich schon 1807 ein Fahrzeug dazu gebracht, durch ein Zimmer zu fahren. Die überlieferten Pläne zeigen aber, dass das Gas von Hand zu mischen und zu zünden war. Die praktische Umsetzung war also eher bescheiden, aber der Grundgedanke des Verbrennungsmotors war da.

Fünfzig Jahre später, nachdem die Mechaniker auf viele nützliche Ideen gekommen waren, ließ sich der französischsprachige Belgier Jean Lenoir in Paris nieder. Er beschäftigte sich erst mit der Galvanisierung, dann mit der Telegrafie und entwickelte schließlich ein funkenerzeugendes System, das einen Zweitaktmotor am Laufen halten konnte – allerdings keinen Zweitakter, wie wir ihn heute kennen, denn das Kraftstoff-Luft-Gemisch wurde vor der Zündung nicht komprimiert. Lenoirs Motor lief mit Gas aus Steinkohle, damals „Leuchtgas" genannt, weil es hauptsächlich für Gaslampen verwendet wurde. Das erste Modell war laut und wenig effizient, und der Motor wurde schnell zu heiß und fraß sich fest. Aber er funktionierte.

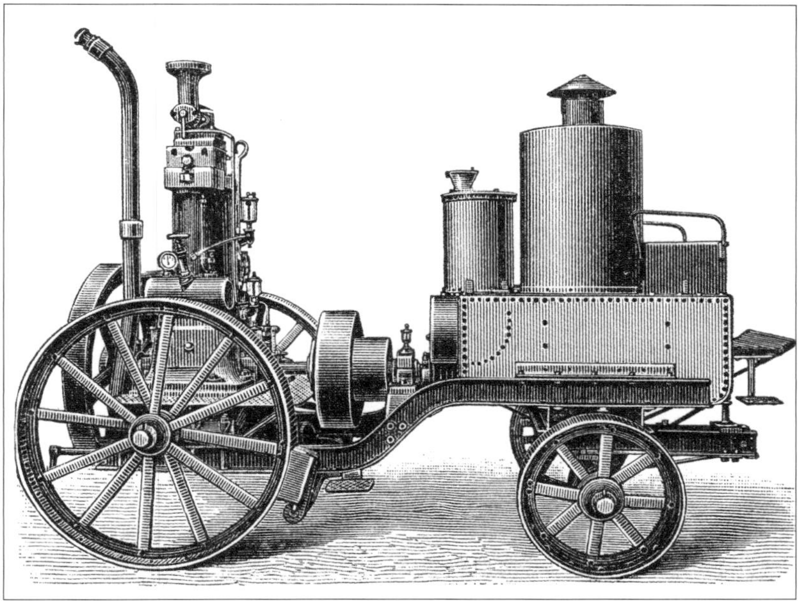

Frühe Version einer benzingetriebenen Lokomotive.

Im September 1860 berichtete *Scientific American* über Lenoirs neue „Wärmemaschine“: Sogar der französische Kaiser habe sie besichtigt, und die französische Zeitung *Cosmos* habe das Zeitalter der Dampfmaschine schon für beendet erklärt. Der Motor konnte gestartet werden, wann immer er gebraucht wurde; *Scientific American* vertrat die Ansicht, die Erfindung sei nützlich für den Betrieb häuslicher Nähmaschinen, weil immer mehr Wohnungen mit Stadtgas versorgt wurden.

Zwar war die Dampfmaschine noch nicht wirklich tot, aber die Idee des Scientific-American-Reporters, mit Lenoirs Motor Nähmaschinen anzutreiben, war gut. Weil Lenoir-Motoren Stadtgas verbrannten, waren sie meist fest installiert und trieben Pumpen oder Druckerpressen. Doch die Welt wandelte sich, und das Tor für weitere Verbesserungen – hauptsächlich an der Zündung – stand offen. 1863 fuhr ein Fahrzeug von Lenoir in elf Stunden 19 Kilometer weit. Es funktionierte also auch dauerhaft, wenngleich langsamer als mit Schrittgeschwindigkeit.

Andere dachten über das Prinzip des pneumatischen Feuerzeugs (→1) nach, mit dem man in Südostasien Feuer machte: Drückt man einen Kolben in einem Zylinder sehr schnell nach unten, dann wird der Inhalt des Zylinders sehr heiß. Füllt man eine geeignete Mischung aus Treibstoff und Luft ein, kann sie sich entzünden. Es sollte die Zeit kommen, wo schwere Transportfahrzeuge mit Dieselmotoren ausgestattet würden, die nach diesem Prinzip funktionieren.

1876 baute Nikolaus August Otto (1832–1891) den ersten praktisch verwendbaren Viertakt-Verbrennungsmotor, den „Otto-Motor“, und rüstete damit ein Fahrrad aus. Alle später entwickelten Motoren, die flüssigen Treibstoff verbrennen, sind von der Bauart des Otto-Motors – der Begriff „flüssiger Treibstoff“ muss hier betont werden. Obwohl Drakes Ölquelle (→64) gerade Öl zu liefern anfing, als Lenoir seinem Design den letzten Schliff gab, bevorzugte man noch 1901, als 50 Fahrzeuge an der Rallye von Paris nach Roubaix teilnahmen, ein 50:50-Gemisch aus Benzin und Ethanol (der meist durch Fermentation von Rübenzucker hergestellt wurde). Manche Fahrzeuge fuhren sogar mit reinem Ethanol.

Mit der Zeit verbesserte sich die Benzinversorgung. Benzin übernahm die Rolle des Standardtreibstoffs, allerdings nicht ausnahmslos: In der Gegend von Kimberley, im Nordwesten Australiens, gibt es zum Beispiel nur Dieselkraftstoff, und Fahrer, die hoffen, irgendwo eine Benzintankstelle zu finden, können plötzlich auf dem Trockenen sitzen.

Die Motoren wurden immer anspruchsvoller, deshalb wurden dem Benzin Chemikalien wie Bleitetraethyl zugesetzt, womit wertvolle Ressourcen verschwendet und zwei Generationen mehr oder weniger schlimm vergiftet wurden. Dieses Problem ist inzwischen durch Katalysatoren gelöst, die den Ausstoß von Stickoxiden und anderen Schadstoffen verringern, aber CO_2 kommt nach wie vor reichlich aus jedem Auspuff. Es gibt viele Quellen für atmosphärisches CO_2, aber Automotoren sind nicht die unwichtigsten.

Was werden wohl unsere Nachkommen über den Verbrennungsmotor denken, wenn uns einst der Klimawandel voll getroffen haben wird? Werden sie ihn immer noch für eine großartige Erfindung halten?

GENETIK

Wie das Alltagswissen von Pflanzen- und Tierzüchtern zu wissenschaftlichen Gesetzen und schließlich zu einer eigenen Wissenschaft wurde

66

Wann: 1865.

Wo: Brünn, Österreich-Ungarn (heute Brno in der Tschechischen Republik).

Wer: Gregor Mendel (1822–1882).

Was: Merkmale werden nach mathematischen Gesetzen an die Nachkommen weitergegeben.

Folgen: Nachdem man die Bedeutung von Mendels Regeln erfasst hatte, konnten andere mit ihrer Hilfe die heutige Genomik entwickeln.

Gregor Mendel war Sohn eines Bauern und half bereits als Kind im Obstgarten, der dem Herrn seines Vaters gehörte. Nach dem Eintritt in ein Augustinerkloster wurde er nach Wien geschickt, um Mathematik und Naturwissenschaften zu studierten. Im Jahr 1854 hatte er seine Lehrerausbildung beendet; 1857 begann er mit den Versuchen, die ihn berühmt machen sollten. Er zog verschiedene Sorten von Erbsenpflanzen und untersuchte die Nachkommen verschiedener Kreuzungen. Hier, sinngemäß wiedergegeben, ein Ausschnitt aus Mendels Veröffentlichung:

Die Erfahrung mit künstlicher Befruchtung, wie sie an Zierpflanzen durchgeführt wird, um neue Farbvarianten zu schaffen, führte zu den Versuchen, die im Folgenden beschrieben werden. Die Regelmäßigkeit, mit der eine bestimmte Hybridform immer wieder entsteht, wenn man dieselben Arten kreuzt, führte zu weiteren Experimenten, bei denen die Nachkommen dieser Hybridformen untersucht wurden.

Die Erkenntnisse Mendels lassen sich mit wenigen Worten zusammenfassen: Bei der Vererbung findet keine Vermischung von Merkmalen statt. Es gibt diskrete Grundeinheiten, die man heute als Gene bezeichnet, von denen in der Regel eine dominant über die andere ist. Daraus folgt, dass das, was wir heute als einen Mutanten bezeichnen (und Charles Darwin (→63) „a sport" nannte), nicht vollständig in der Masse der anderen Gene in einer Population untergeht und von ihnen verwischt wird.

Stellen Sie sich eine Population aus blondhaarigen Menschen vor, in der eine einzelne Mutante mit schwarzem Haar auftritt. Darwin ging davon aus, dass eine Vermischung auftreten würde – dass sich die dunkle Haarfarbe über Generationen hinweg ausbreiten würde wie Tropfen Tinte in einem Eimer Wasser, sodass irgendwann das Haar eines jeden eine Nuance dunkler sein würde als zuvor das blonde Haar. Träfe diese Annahme zu, dann würden schwarze Haare in den folgenden Generationen nicht mehr auftreten, solange es nicht zu einer weiteren Mutation kommt.

Mendel zeigte, dass die Gene sich nicht mischen, sondern dass das ursprüngliche Merkmal in spätere Generationen wieder auftreten kann. Betrachtet man das System, nach dem er seine Versuche plante, dann liegt die Vermutung nahe, dass er anhand seiner Ergebnisse aus früheren Experimenten schon mit den Resultaten rechnete, die er bei den Rückkreuzungen erhalten würde. Viele Pflanzenzüchter des 19. Jahrhunderts scheinen Ähnliches geahnt zu haben.

Während Darwin noch rätselte, lieferte Mendel die Lösung und veröffentlichte sie, doch über etwa 40 Jahre hinweg nahm niemand von ihr Notiz. Erst 1900 holten drei Wissenschaftler, Carl Correns, Hugo de Vries und Erich von Tschermak-Seysenegg, Mendels Arbeit wieder hervor – nachdem jedoch jeder von ihnen einen Teil der Entdeckungen auch selbst gemacht hatte.

Plötzlich war die Welt bereit für Mendels Genetik. Besser gesagt, sie war mehr oder weniger bereit, denn es gab zahlreiche Fehlinterpretationen. Da schlug die Stunde von G. H. Hardy und seiner mathematischen Herleitung, die wir heute als Hardy-Weinberg-Gesetz kennen. In der Biologie ging es bis zu diesem Zeitpunkt um Beobachtungen und Naturgeschichte, und nun war, aus heiterem Himmel, ein genaues Verständnis von Wahrscheinlichkeiten und Statistik gefragt.

Nur 15 Jahre danach betrat Thomas Hunt Morgan (1866–1945), der erste wahre Gigant der Genetik, die Bühne und ebnete den Fortschritten der Biologie im 20. Jahrhundert den Weg. Morgan wurde 1933 mit dem Medizin-Nobelpreis ausgezeichnet, hauptsächlich für seine legendäre Fliegenkammer an der Columbia University, wo die ersten ernstzunehmenden Versuche zur Genetik stattfanden. Gestützt auf Mendels Resultate und in festem (auf falschen Annahmen von Hugo de Vries beruhendem) Glauben an die Existenz von Mutanten, züchteten Morgans Mitarbeiter Taufliegen (*Drosophila melanogaster*) und durchsuchten die Nachkommen nach Mutationen. Sie waren schließlich erfolgreich und begannen mit ihrer Hilfe, die Vererbung zu analysieren.

Von besonderer Bedeutung war ihre Feststellung, dass sich Gene, was auch immer das genau war, auf Chromosomen befinden. Ohne es zu wissen, unternahmen sie die ersten Schritte in der modernen Genomkartierung, indem sie Gengruppen identifizierten, die miteinander gekoppelt zu sein schienen. In der folgenden Beschreibung der Genkopplung verwendet Morgan die alte Bezeichnung für die Taufliege, *Drosophila ampelophila*:

Die Vererbungsfaktoren liegen in den Chromosomen, und wenn die Chromosomen definierte Strukturen sind, dann können wir vorhersagen, dass es so viele Merkmalsgruppen gibt, wie es Chromosomen gibt. Nur einmal wurde eine ausreichend große Zahl an Merkmalen untersucht, um eine Aussage darüber treffen zu können, ob es einen Zusammenhang zwischen der Zahl der Kopplungsgruppen von Merkmalen und der Zahl der Chromosomen gibt. Bei der Taufliege Drosophila ampelophila haben wir etwa 125 Merkmale gefunden, die nach einem festen Muster vererbt werden...

Liegen die Vererbungsfaktoren dieser Merkmale auf Chromosomen, dann erwarten wir, dass die Faktoren, die sich auf demselben Chromosom befinden, zusammen vererbt werden, vorausgesetzt, dass die Chromosomen in der Zellen stabile Strukturen sind.

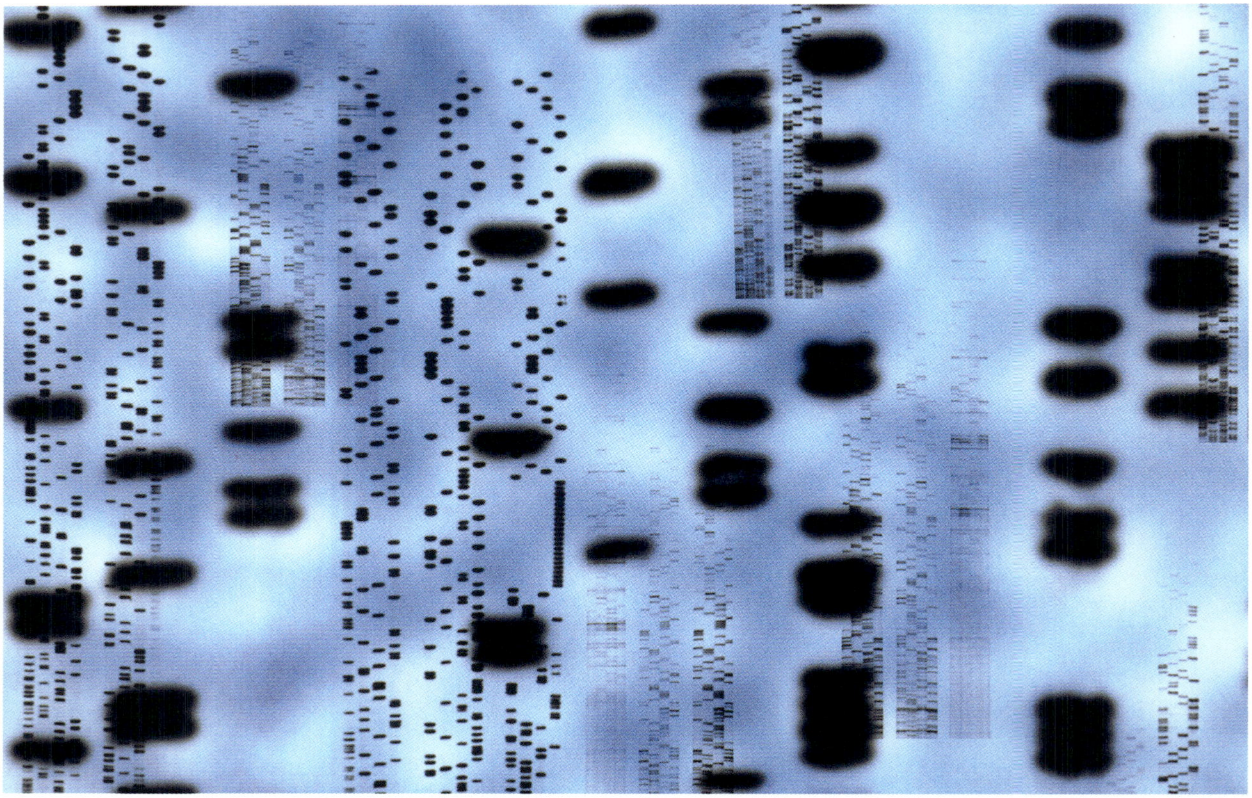

Dieses Autoradiogramm zeigt DNA-Sequenzen. DNA-Sequenzen sind nahezu universell verwendbar, von der Identifizierung eines Kriminellen oder Toten bis zur Bestimmung der Herkunft von Elfenbein oder Drogen, oder sogar, um Unterschiede zwischen Eidechsen aufzudecken, die derselben Art anzugehören scheinen.

Bei Chromosomengruppen von Drosophila gibt es vier Chromosomenpaare, von denen drei nahezu gleich groß sind und eines kleiner. Die Zahl der Vererbungsgruppen stimmt nicht nur mit der Zahl der Chromosomen überein, sondern auch die relativen Größen korrelieren – es gibt drei große Merkmalsgruppen und drei Paare großer Chromosomen und eine kleine Merkmalsgruppe und ein Paar kleiner Chromosomen...

Mit dem Chromosom, das nun als der Ort identifiziert war, an dem die Gene lokalisiert sind, war der Weg geebnet für die Genkartierung, die Aufklärung der DNA-Struktur (→94) und die Entwicklung der Genomik (→100).

Ohne Mendel, der als Erster das Vorhandensein von „Vererbungsfaktoren" postulierte, hätte nichts von alledem stattgefunden.

ANTISEPTIKA

Wie wir lernten, mit Operationen mehr Menschen zu heilen als zu töten

Die Rinderpest löste im Jahre 1865 in England eine Epidemie in den Viehställen aus. Die Krankheit war bereits zuvor in England aufgetreten, doch dieses war der schlimmste Ausbruch, an den man sich erinnern konnte, mit einer in erster Linie durch den Eisenbahnverkehr verursachten starken Verbreitung. Die Rinderpest trat erstmals im Juni 1865 auf dem Viehmarkt von Islington in London auf und erreichte innerhalb nur eines Monats East Anglia, Shropshire und Schottland. Vorschub erhielt die Ausbreitung durch den freien Handel und durch die Viehwagen der Eisenbahn; zudem wusste niemand, wie die Krankheit übertragen wurde.

„Es muss etwas geschehen“, konstatierten die Autoren, die das Editorial der *Times* verfassten, unter Zustimmung der Öffentlichkeit. Leider beschränkten sich die Zeitungsschreiber nicht auf die Aufforderung, aktiv zu werden; sie vertraten auch öffentlich die Ansicht, eine Art von Gift würde sich verbreiten und die Krankheit verursachen, und zu dieser Zeit waren sie mit ihrer Theorie nicht alleine. Die meisten der angesehendsten Mediziner betrachteten eine Erkrankung als etwas, das auf die Wirkung von Giften zurückgeht.

Eine Royal Commission wurde ins Leben gerufen, die sich dem Problem widmen sollte. Zu dieser Zeit begann sich bereits die Theorie der Krankheitskeime zu entwickeln, doch die Mitglieder der Kommission beharrten auf dem Gift: „Das Blut enthält das Gift, das die Krankheit hervorruft, sodass das daraus gewonnene Serum die Erkrankung durch Inokulation übertragen kann“, und ein wenig später heißt es: „Das Gift, das in ein wenig schleimigem Auswurf enthalten ist ... vermehrt sich, wenn es in ein Tier injiziert wird, und lässt es erkranken.“

Für uns ist es selbstverständlich, dass es sich bei einem Gift, das sich vermehren kann, um etwas Lebendiges handeln muss, doch ähnlich wie die Biologie war auch die Chemie zu dieser Zeit noch nicht so weit fortgeschritten. Man nahm tatsächlich an, dass sich Gifte von selbst vermehren können. Liest man jedoch, was die Mitglieder der Royal Commission über Desinfektion schreiben, dann zeigt sich, wie nahe sie schon an der Wahrheit waren:

Desinfektion, so, wie das Wort hier verwendet wird, bedeutet eine Zerstörung eines tierischen Giftes, wie auch immer sie geschieht. Eine wirksame Desinfektion für das Gift der Rinderpest würde bedeuten, dass die Erkrankung umgehend gestoppt wird.

Antiseptika wurden, wie der Name (griech. *sepsis*, „Fäulnis“) andeutet, „gegen Fäulnis“ verwendet, was auch immer deren Ursache war. Als Ursache für eine Infektionskrankheit wurde ursprünglich eine Behausung angesehen, die der Gesundheit nicht zuträglich ist. So war ein Desinfektionsmittel etwas, mit dessen Hilfe man sich des infizierenden Giftes entledigen konnte, ähnlich wie der Blumenstrauß, den englische Richter bei sich hatten, um sich vor Gefängnisfieber zu schützen, das ihrer Ansicht nach durch den üblen Gestank in den Gefängnissen verursacht wurde.

Von 1854 an wurde „McDougall's Powder“ als eine Art Abwasserdeodorant vertrieben. Es bestand hauptsächlich aus Karbolsäure (Phenol), einer giftigen Substanz, die man aus Steinkohleteer extrahierte und die Alexander

Wann: 1865.

Wo: Glasgow, Schottland.

Wer: Joseph Lord Lister (1827–1912).

Was: Operationen ließen sich durchführen, ohne dass die Patienten Infektionen davontrugen.

Folgen: Die Arbeit führte zu viel höheren Überlebensraten nach chirurgischen Eingriffen.

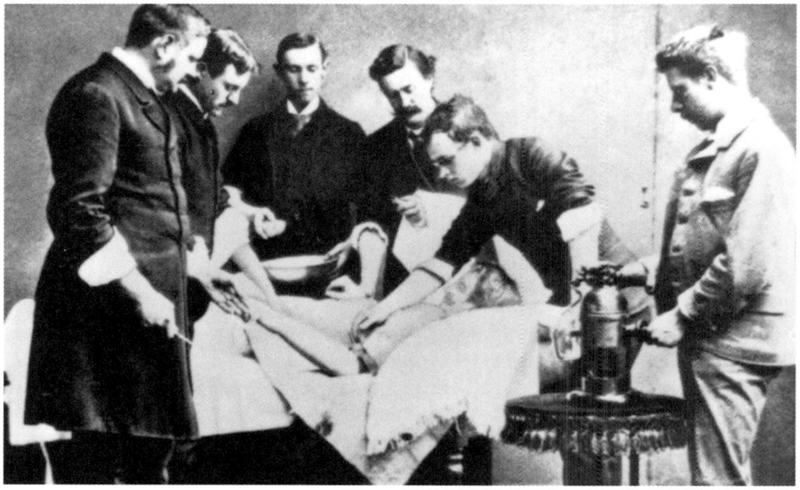

Joseph Listers antiseptische Methoden machten Operationen in der noch jungen Chirurgie sicherer.

McDougall im Jahre 1864 gegen Rinderparasiten anwendete. Als Joseph Lister davon erfuhr, begann er damit, bei antiseptischen Operationen Karbolspray einzusetzen. Doch bekämpfte er ein Gift oder ein Bakterium? Er kannte Pasteurs Arbeit und musste bereits begriffen haben, worauf die „desinfizierende" Wirkung des Phenols beruht:

Doch seit eine antiseptische Behandlung angewendet wird und Wunden und Abszesse nicht länger die Luft mit fauligen Ausdünstungen verpesten, ist bei meinen Schutzbefohlenen in den letzten neun Monaten unter ansonsten identischen Bedingungen kein Fall von Pyämie, Hospitalbrand oder Erysipel aufgetreten. Es scheint kein Zweifel an dem Grund für diese Wandlung zu bestehen, und die außerordentliche Bedeutung kann nicht ausreichend betont werden.

In einem Bericht von 1866 erwähnt die Royal Commission Hinweise darauf, dass Chlor, Ozon, schwefelige Säure und Teersäuren „alle das für die Rinderpest verantwortliche Gift vernichten könnten". Das Giftmodell lieferte Erklärungsansätze, doch auf lange Sicht war man gut beraten, dem Mikrobenmodell zu folgen; und inzwischen gab es unzählige Hinweise auf Mikroorganismen als Ursache von Erkrankungen.

In den 1860er Jahren wurde die Verwendung von Anästhetika zum Standard erkoren, doch hinsichtlich einer Theorie zur Infektion fischte man noch im Trüben. Der ungarische Arzt Ignaz Semmelweis (1818–1865) ging das Problem an, indem er Studenten ihre Hände waschen ließ, nachdem sie mit Toten in Kontakt gekommen waren und bevor sie wieder lebende Patienten untersuchten. Dadurch wurde die Übertragung des tödlichen Kindbettfiebers verhindert. Man hätte dies auch mit einem Abwaschen des „Gifts" von den Händen erklären können, doch stand die Keimtheorie kurz vor ihrem endgültigen Durchbruch. In dem gleichen Bericht von 1867 äußert sich Lister wie folgt:

... viele Jahre später kam ich zu dem Schluss, dass die Ursache für die Eiterbildung in Wunden die Fäulnis ist, hervorgerufen durch den Einfluss der Luft auf das Blut oder Serum, die in den Wunden enthalten ist ... doch als Pasteur und seine Gruppe zeigten, dass die septische Eigenschaft der Atmosphäre nicht auf den Sauerstoff oder einen anderen gasförmigen Bestandteil, sondern auf winzige Organismen zurückzuführen ist, die ihre Energie ihrer Lebenskraft verdanken, kam mir in den Sinn, dass Fäulnis einer Verletzung, auch unter Anwesenheit von Luft, dadurch verhindert

werden kann, indem man etwas auf die Wunde gibt, dass das Leben der kleinen umherschwimmenden Partikel zu zerstören vermag.

Lister führte Operationen durch, bei denen er die Wunde mit Karbol besprühte. Der erste solche Fall war ein komplizierter, offener Unterschenkelbruch. Im Jahre 1865 war die normale Behandlung eines solchen Bruchs eine Amputation, weil Bakterien die Wunde unweigerlich „zum Faulen" gebracht und den Patienten schließlich getötet hätten. Im Jahre 1869 begann Lister zwar mit einem Dampfspray, um Bakterien abzutöten, doch er operierte stets in seiner Alltagskleidung. Es dauerte eine Zeit, bis sich die heutigen Methoden zur Antisepsis und Sterilität etabliert hatten.

Im Laufe der Zeit fand die Keimtheorie immer mehr Unterstützung und die Maßnahmen, die ursprünglich eingeführt worden waren, um Gerüche zu unterbinden, wurden ausgeweitet auf die Bekämpfung der Mikroorganismen und die Verhinderung von Infektionen. Die Chirurgie konnte nun voranschreiten, eingeschränkt lediglich durch die noch fehlenden Antibiotika, mit deren Hilfe sich überbordende Infektionen behandeln lassen würden.

ÖKOLOGIE

Wie wir erkannten, dass alle Lebensformen sich gegenseitig beeinflussen und voneinander sowie von der Umwelt abhängen

Fragt man Naturwissenschaftler nach den Anfängen der Ökologie, werden sie eher das Jahr 1966 als das Jahr 1866 nennen. Dabei war für weitsichtige Biologien bereits 1866 erkennbar, dass die Evolution durch Wechselbeziehungen zwischen Arten vorangetrieben wird. Gleichzeitig waren Physiker zu der Einsicht gelangt, dass alles irdische Leben von der Energie der Sonne abhängt, welche die Photosynthese von Pflanzen antreibt, die am Anfang der Nahrungskette stehen. Viele Details waren noch unbekannt, aber in groben Zügen war das Gebiet der Ökologie umrissen.

Die Ökologie wurde zu einer wissenschaftlichen Disziplin, als die Wechselbeziehungen im Evolutionsprozess (→63) unter dem Gesichtspunkt der von Organismen benötigten Energie (→54) betrachtet wurden. In den späten 1850er Jahren beschäftigte man sich mit dem Energiebedarf von Lebewesen ausschließlich unter dem Aspekt der Wärme. Tatsächlich benötigen der Mensch und andere Tiere Nahrung nicht allein, um die Körpertemperatur konstant zu halten, sondern auch für die vielfältigen Körperfunktionen sowie für das Wachstum und die Erneuerung von Gewebe.

Der Physiologe John Burdon-Sanderson (1828–1905) beschäftigte sich im Jahr 1893 hauptsächlich mit den elektrischen Veränderungen in Geweben, doch er konnte auch in die Zukunft sehen. In seiner im selben Jahr gehaltenen Präsidentschaftsrede vor der Britischen Gesellschaft für den Fortschritt der Wissenschaft stufte er die „Ökologie" als eines der drei großen Fachgebiete der Biologie neben der Physiologie und der Morphologie ein. Er erwähnte,

68

Wann: 1866.

Wo: Jena.

Wer: Ernst Haeckel (1834–1919)

Was: Arten stehen untereinander in Wechselbeziehungen.

Folgen: Heutiges Umweltbewusstsein hat seine Wurzeln in der wissenschaftlichen Ökologie.

dass Ernst Haeckel den Begriff vor rund 20 Jahren geprägt habe und die Ökologie inzwischen einer der zentralen Gegenstände der Biologie sei.

Und er fügte hinzu, dass die Ökologie in mancherlei Hinsicht das reizvollste der drei großen Fachgebiete sei, denn sie komme dem Geist der einst als „Philosophie der belebten Natur" bezeichneten Biologie am nächsten. Mit anderen Worten, die Naturgeschichte war – in neuem, wissenschaftlichem Gewand – zurückgekehrt. Die heute gängige Bezeichnung „Ökologie" wurde auf dem Internationalen Botanikerkongress 1893 verwendet, und im Jahr 1895 veröffentlichte Eugenius Warming das erste Lehrbuch der Ökologie (die er dänisch *økologiske* nannte). Die erste Ausgabe des britischen *Journal of Ecology* erschien 1912, die amerikanische Fachzeitschrift *Ecology* startete 1920.

Wie ein Blick in die Vergangenheit zeigt, dachten Menschen schon geraume Zeit vor diesen Meilensteinen über Ökologie nach. Im Jahr 1801 erstieg der preußische Universalgelehrte Alexander von Humboldt (1773–1859) gemeinsam mit dem französischen Botaniker Aimé Bonpland (1773–1858) die Berge der nördlichen Anden. Im Unterschied zu jenen, die vor ihnen dort waren, bemerkten sie Veränderungen bei Pflanzenarten, die auf unterschiedlichen Meereshöhen wuchsen: Sie hatten entdeckt, was wir heute die Höhenzonierung der Vegetation nennen.

Unterwegs mit einem einheimischen Führer, stellten Humboldt und Bonpland bei ihrem Aufstieg zum Chimborazo mit 5516 Metern einen Höhenrekord auf. Von einer Gletscherspalte am Weitergehen gehindert, machten sie, mit blutendem Zahnfleisch, Bekanntschaft mit der „Höhenkrankheit". Dicht unterhalb des höchsten Punktes fertigte Humboldt dennoch eine Skizze des Gipfels an und vermerkte auf ihr die Namen aller Pflanzen sowie die ungefähre Höhe, in der sie wuchsen. Noch an Ort und Stelle entwickelte er die Vorstellung von den Pflanzengesellschaften, aufgrund von Umweltfaktoren wie Klima und Bodenbeschaffenheit gemeinsam vorkommenden Arten.

Noch wichtiger war Humboldts Bericht *Reise in die Äquinoctial-Gegenden des neuen Continents*, in dem der Forscher aufschrieb, was er gesehen hatte. Diesen Bericht las 1831 der frischgebackene Cambridge-Absolvent Charles Darwin. Später sagte er, dass die Lektüre des Berichts die Grundlage seiner gesamten späteren Laufbahn gewesen sei.

Weitere bedeutsame Grundlagen für die Ökologie lieferten die damals aufkommenden Messverfahren und die Statistik. Einige Naturhistoriker alter Schule dürften sich dadurch ebenso brüskiert gefühlt haben, wie es die Gegner William Harveys waren, als dieser den „Gepflogenheiten des Anatomen entsagte" (und die Blutströmung maß) (→26). Doch gute Wissenschaft kann es nur auf der Grundlage von exakten Messungen und Forschung geben. Wissenschaftliche Ergebnisse müssen quantifiziert werden, und auch wenn große Bereiche der modernen Ökologie mit qualitativen Gegenständen zu tun haben, so handelt es sich doch um eine Qualität, die messbar ist.

Drei Jahre nachdem Burdon-Sanderson für die Ökologie geworben und sie gefördert hatte, warnte 1896 der schwedische Chemiker Svante Arrhenius (1859–1927) vor einer weltweiten Klimaerwärmung durch die Verwendung fossiler Brennstoffe. Er forschte nach möglichen Ursachen der Eiszeiten und stellte dabei fest, dass unser Planet nur deswegen bewohnbar bleibt, weil er eine Hülle aus Kohlendioxid besitzt. Eine Verdopplung der CO_2-Menge, so Arrhenius, könne die mittlere Temperatur um 5 °C ansteigen lassen. Damals beunruhigte das kaum jemanden. Die Auswirkungen menschlichen Handelns schienen räumlich begrenzt, und auch wenn sie es nicht waren, so herrschte

dennoch das Grundgefühl vor, die Menschheit sei dazu bestimmt, die Erde nach ihren Bedürfnissen und zum Nutzen ihrer Zivilisationen zu gestalten.

Im selben Jahr, in dem Arrhenius geboren wurde und Darwin *On the Origin of Species* veröffentlichte, wurde eine der großen ökologischen Katastrophen in Gang gesetzt, als man in Australien Kaninchen aussetzte. Ebenfalls 1859 wurde der Royal Geographical Society in London berichtet, dass in Australien die Böden locker und sandreich seien und dort Huftiere benötigt würden, damit sie den Boden feststampfen.

Im Jahr 1860 hatte Alfred Russel Wallace (→63) die Vegetationsgrenze, die wir heute Wallace-Linie nennen, beschrieben und unmissverständlich darauf hingewiesen, dass auf Inseln ein eigenes, ganz besonderes Gleichgewicht zwischen Flora und Fauna besteht. Dennoch wurden weiterhin fremde Arten auf Inseln gebracht. In weiten Teilen von Oahu sowie der großen Hawaii-Insel sind bis etwa 600 Meter über dem Meeresspiegel kaum einheimische Pflanzenarten anzutreffen.

Es gibt viele Horrorgeschichten, aber nur wenige Erfolgsmeldungen. Auf Hawaii und in Australien hat man die Aga-Kröte ausgesetzt, um die im ebenfalls eingeführten Zuckerrohr um sich greifende Käferplage einzudämmen; Mangusten wurden auf Inseln gebracht, um Schlangen oder Ratten zu dezimieren, sie fraßen stattdessen aber die Vögel. Man schätzt, dass 42 Prozent der selten gewordenen und vom Aussterben bedrohten Arten durch invasive Spezies gefährdet sind, die häufig unwissentlich eingeschleppt wurden.

Ökologisches Halbwissen ist eine gefährliche Angelegenheit. Ökosysteme sind so außerordentlich schön und so unglaublich zerbrechlich wie eine chinesische Porzellanvase aus der Ming-Dynastie. Wir wissen das heute, und allzu oft sehen wir Scherben, die es beweisen.

Es heißt, der Flügelschlag eines Schmetterlings könne das Wetter in weit entfernten Erdteilen beeinflussen. Gemeint ist, dass kleine Veränderungen in einem Ökosystem langfristig zu völlig anderen Entwicklungen führen können.

DAS PERIODENSYSTEM

Wie wir gelernt haben, die chemischen Eigenschaften der Elemente zu verstehen

69

Wann: 1869.

Wo: St. Petersburg, Russland.

Wer: Dmitri I. Mendelejew (1834–1907).

Was: Es gibt sich wiederholende Muster unter den chemischen Elementen.

Folgen: Die periodischen Muster können genutzt werden, um noch nicht entdeckte Elemente zu identifizieren und die Eigenschaften unbekannter vorherzusagen.

Die meisten griechischen Philosophen dachten, alles bestehe aus vier Elementen: Erde, Luft, Feuer und Wasser. Einige behaupteten, die Zahl sei größer oder kleiner, und Thales (→27) glaubte gar, es gebe nur ein einziges Element: Wasser! Den Griechen gefiel das Atom, aber nur deshalb, weil ihnen die Vorstellung nicht behagte, ein Ding unendlich oft entzweischneiden zu können.

Heute ordnen wir jedem Element definitionsgemäß eine Atomsorte zu. Alles um uns herum ist aus verschiedenen Atomen aufgebaut, die auf unterschiedliche Art und Weise zusammengehalten werden. Wenn wir etwas über die Atomsorten wissen wollen, sehen wir im Periodensystem der Elemente nach.

Bis 1869 gab es keine solche Tabelle. Es waren einfach noch nicht genügend Elemente entdeckt worden, damit man in den verbleibenden Lücken einen Sinn hätte erkennen können. In der Antike kannte man neun Elemente (sieben Metalle, Schwefel und Kohlenstoff); bis 1700 wurden fünf weitere gefunden, noch einmal zwei bis 1750. Die Zahl der bekannten Elemente, jetzt 16, verdoppelte sich zwischen 1751 und 1800, weitere 13 kamen bis 1808 hinzu und weitere 17, bis Dmitri Mendelejew über wiederkehrende Muster in den nun 63 Elementen nachzudenken begann. Bis zum Ende des 19. Jahrhunderts sollten noch einmal 21 Elemente aufgespürt werden, doch 1869 hatte ein kluger Kopf wie Mendelejew schon genügend Informationen, um zu sehen, was zu sehen war. Mehr dazu später.

Teile des Musters wurden schon 40 Jahre früher erkannt. 1829 erwähnte Johann Döbereiner (→50) eine „Triadenregel": Als er die Elemente nach der Atommasse ordnete, fand er einige Dreiergruppen – unter anderem Chlor/Brom/Iod, Calcium/Strontium/Barium, Schwefel/Selen/Tellur sowie Eisen/Cobalt/Mangan – in denen die chemischen Eigenschaften des mittleren Elements aus denen der beiden äußeren vorhergesagt werden konnten. Das Verdienst, Lücken in der Tafel bemerkt zu haben, die mit unbekannten Elementen gefüllt werden mussten, wird in der Regel Mendelejew zugesprochen, aber Döbereiner kam vor ihm:

In der Gruppe, zu der Phosphor und Arsen gehören, fehlt das dritte Element. Mitscherlich, der Entdecker der Isomorphie, wird wissen, wie man es findet, falls es existiert.

Bis 1843 veröffentlichte Leopold Gmelin (1788–1853) drei Tetraden und sogar eine Pentade, nämlich Stickstoff, Phosphor, Arsen, Antimon und Bismut, heute die Gruppe 15 (oder 5. Hauptgruppe) des Periodensystems. Die weitere Entwicklung hing aber von der Bestimmung der Atommassen ab, und hier herrschte noch immer ein großes Durcheinander. Vor allem, wenn ein Element eine Wertigkeit größer als eins hatte oder in verschiedenen Wertigkeiten auftrat, erhielt man mehrere Werte für die Atommasse.

Michael Faraday (→48) zeigte, dass die gleiche Ladungsmenge, die durch verschiedene elektrolytische Zellen fließt, immer die gleiche Menge eines bestimmten Metalls auf jeder Elektrode abscheidet. Heute wissen wir, dass

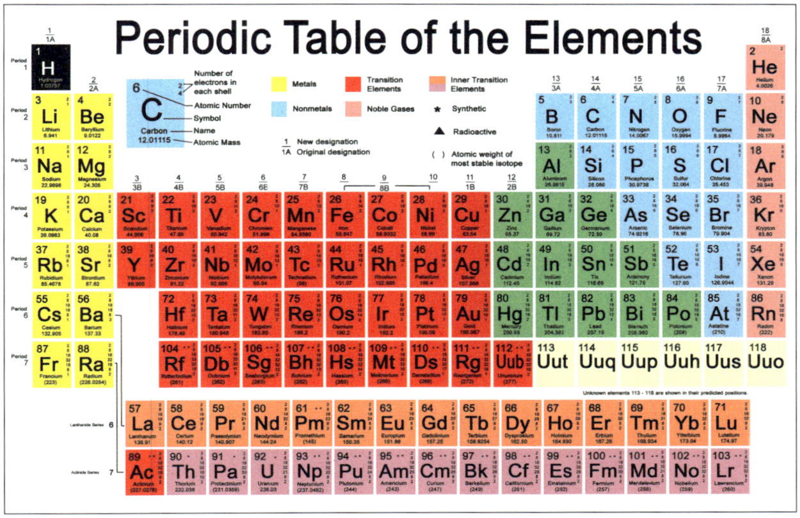

Das Periodensystem der Elemente.

Metallionen Elektronen in der äußeren Schale fehlen. Wenn diese ersetzt werden, bildet sich wieder ein Metallatom, doch die Zahl der Elektronen, die dazu pro Ion nötig sind, hängt von der Art des Metalls ab: Magnesiumionen etwa brauchen zwei Elektronen, Natrium- und Silberionen nur jeweils eines.

Faraday hatte den Eindruck, zur Bildung eines Atoms eines bestimmten Metalls sei stets dieselbe Elektrizitätsmenge nötig. Wenn der gleiche Strom in einer Zelle 12,15 Gramm Magnesium und in einer dazu in Reihe geschalteten Zelle 107,9 Gramm Silber erzeugt, könnte man – so überlegte er – daraus die relativen Atommassen von Magnesium und Silber berechnen, da in beiden Zellen dieselbe Zahl Atome entstanden sein muss.

Das Problem daran war: Wie wir heute wissen, trägt das Magnesiumion zwei positive Ladungen, Natrium und Silber nur eine, andere Metallionen gar drei oder vier. Modern ausgedrückt: Ein dreiwertiges Ion benötigt dreimal so viele Elektronen, um als Atom an einer Kathode abgeschieden zu werden, wie ein einwertiges Ion. Wenn also Silber eine Atommasse von 107,9 hat, lautet die von Magnesium 24,3 und nicht 12,15.

1819 brachten Dulong und Petit die Atommasse mit der spezifischen Wärme in Verbindung (→75). Modern formuliert, lautet die Dulong-Petit'sche Regel: Alle Elemente haben die gleiche Wärmekapazität, ungefähr 25 Joule pro Mol und Kelvin. (Die Entdecker drückten es so aus: Wenn man die spezifische Wärme und das Atomgewicht eines Elements miteinander multipliziert, erhält man ein konstantes Ergebnis.) Dies war eine nützliche Näherung, beruhte aber leider auf gefälschten Daten: Dulong und Petit rechneten mir einer Atommasse von Tellur, die nur halb so groß war wie der tatsächliche Wert, bei Cobalt waren es zwei Drittel. In beiden Fällen „schätzten" die Forscher einen (falschen) Wert und frisierten ihre Daten für die spezifische Wärme, bis sie passten. Immerhin funktionierte die Regel, und neuere Messungen bestätigen sie. Nun konnten die Chemiker die Daten aus der Elektrolyse mit denen der spezifischen Wärme kombinieren und zuversichtlich weitermachen.

Zurück zu Mendelejew. 1869 zeichnete er eine Tabelle der Elemente mit 15 Spalten. 1871 ordnete er sie zu acht Spalten um, wodurch sie einer modernen Version („Kurzperiodensystem") schon näher kam (die Edelgase waren noch nicht entdeckt). Er sagte außerdem drei unbekannte Elemente voraus: Gallium, Scandium und Germanium. Sie alle wurden noch vor dem Ende seines erfüllten und verdienstreichen Lebens gefunden.

Wann immer neue Elemente entdeckt wurden, passten sie in das Periodensystem. Aber wie lange sollte das so weitergehen? Am Vorabend des Ersten Weltkriegs bestrahlte Henry Gwyn Jeffrey Moseley (1887–1915) kleine Proben von Elementen mit Röntgenfrequenzen und untersuchte die Spektren. Auf dieser Basis sagte er drei neue Elemente voraus: eines zwischen Molybdän und Ruthenium (Technetium), eines zwischen Neodym und Samarium (Promethium) und eines zwischen Wolfram und Osmium (Rhenium). Promethium wurde in der Natur nie gefunden, aber inzwischen künstlich erzeugt; die beiden anderen wurden entdeckt. Traurigerweise hat das Moseley nie erfahren. Nach seiner Vorhersage zog er in den Krieg und starb in einem sinnlosen Versuch, das türkische Gallipoli einzunehmen. Was für eine Verschwendung!

TELEFON

Wie wir gelernt haben, ohne Telegraphisten zu kommunizieren.

70

Wann: 1876.

Wo: Boston, Massachusetts (USA) und Brantford, Ontario (Kanada).

Wer: Alexander Graham Bell (1847–1922).

Was: Ein funktionsfähiges Telefon.

Auswirkungen: Das Telefon revolutionierte die Art und Weise, in der wir kommunizieren.

Sowohl der Vater als auch der Großvater von Alexander Graham Bell war Lehrer für Rede- und Vortragskunst. Diese Tatsache spielte bei der Entwicklung des Telefons eine wichtige Rolle und war auch bei den Patentschlachten, in die die Familie später verwickelt wurde, von großem Nutzen. Außerdem zeigte sie, wie sehr sich Bell von seinen Konkurrenten unterschied, die zu jener Zeit am Wettlauf um die gleiche Sache beteiligt waren. Wie um viele andere große Erfinder und Erfindungen auch, ranken sich um Bell und sein Telefon zahlreiche Legenden. Solche Mythen entstehen aus verschiedenen Gründen, zumeist aber, um die Position des Protagonisten bei Patentstreitigkeiten vor Gericht zu stärken.

Dieses Motiv wird allerdings in den meisten Biographien Bells ignoriert. Die Autoren nehmen die persönlichen Geschichten der Familienmitglieder oft für bare Münze; leider machen sie damit Leuten wie mir, die die Wahrheit herausfinden wollen, das Leben schwer. Bells Ziel aber war es, Patente zu erstreiten – und es bestand wirklich die Gefahr, dass Konkurrenten die Erfindung des Telefons für sich beanspruchen könnten. Am gleichen Tag, an dem Bell sein Patent (für Telegraphie) einreichte, sandte ein anderer Amerikaner, Elisha Gray (1835–1901) aus Barnesville in Ohio, dem Patentamt ein sogenanntes Caveat, eine Nachricht, die mögliche weitere Patentanmeldungen für das gleiche Gerät ankündigte. Es war nur ein glücklicher

Zufall, dass Bells Anwalt – ohne vorher mit seinem Mandanten gesprochen zu haben – die Anmeldung einige Stunden vor Gray eingereicht hatte.

Sowohl Gray als auch Bell hatten zunächst damit begonnen, die normale Telegraphie zu verbessern, dann aber die Chance ergriffen, ein Telefon zu entwickeln. Ihre Konkurrenz stets ängstlich belauernd, haben die Bells immer die Verbindung ihrer Familie zur wissenschaftlichen Erforschung der Sprache betont. Vermutlich hofften sie, dies würde den jungen Amateurelektriker Bell vom anerkannten Elektrotechnik-Erfinder Gray abheben.

Alexanders Vater, Melville Bell, hatte eine Lautschrift entwickelt, die gesprochene Sprache durch Symbole abbildete und die er „visible speech" nannte. George Bernard Shaw war ein Freund von Melvilles Bruder; bei genauem Hinsehen entdecken wir, dass er Melvilles Züge in seiner Figur des Henry Higgins verewigt hat, vor allem in den Anfangsszenen von *Pygmalion* (und auch in *My Fair Lady*), in der Higgins gezeigt wird, wie er den Londoner Cockney-Akzent phonetisch niederschreibt. Melville Bell wird im Vorwort des Stücks auch namentlich erwähnt.

Bell jr. gelang es mithilfe der Lautschrift, einem Skye-Terrier menschenähnliche Laute zu entlocken, und er beschloss, eine „sprechende Figur" zu bauen. Dazu wandten sich Melville und Alexander an den alten Sir Charles Wheatstone (1802–1875) (→37), der im Alter von 19 Jahren einen Sprechapparat gebaut hatte und sich überreden ließ, ihn vorzuführen. Damit war eine Idee im Geist des jungen Bell gesät, obwohl es noch eine Zeit dauerte, bis der Samen aufgehen sollte.

Das phonetische Alphabet der Bells bewährte sich in der Sprecherziehung von Gehörlosen. Die Familie arbeitete deshalb weiter daran, auch nachdem sie von England nach Kanada und dann weiter in die USA gezogen war. Die Erfolge mit Taubstummen beförderten, dass Bell schon mit 26 Jahren an die Universität Boston zum Professor für Sprechtechnik und Physiologie der Stimme berufen wurde.

Auch Joseph Henry (1797–1878) hatte Wheatstones Sprechapparat in Aktion gesehen, außerdem ein ähnliches Gerät, das der Deutsche Faber gebaut hatte und das mit Saiten und Hebeln funktionierte. Henry, der Erfinder des Elektromagneten, kam sofort auf die Idee, die Saiten und Hebel über Kabel und Elektromagnete aus der Ferne zu betätigen. Was für eine großartige Möglichkeit, schwärmte er, um eine Predigt, die in einer Kirche gehalten wurde, an viele benachbarte zu übertragen!

Das war also das soziale Umfeld, in dem Bell sein Telefon entwickelte. Zumindest teilweise dachte er dabei an die Bedürfnisse der Taubstummen, aber er erkannte natürlich gleichzeitig den Wert eines Gerätes, mit dem man sich über große Entfernungen hinweg unterhalten konnte.

Die Legende weiß, dass Bell sich eines Tages mit Säure bespritzte und über seinen Telefonprototypen durchgab: „Watson, bitte kommen Sie her. Ich brauche Sie." Thomas Watson war sein Assistent, er hörte die Nachricht und kam angerannt, heißt es. Ob diese Geschichte nun wahr ist oder nicht – Bells Telefon funktionierte und wurde 1876 patentiert. Diese Tatsache ist über jeden Zweifel erhaben.

1885 bereits war Thomas Alva Edison (1847–1931) (→73), der Erfinder einiger Verbesserungen des Telefons, zuversichtlich, dass man eines Tages über große Entfernungen würde telefonieren können. Im *Scientific American* schrieb er:

Die Anstrengungen, Telefonie über große Distanzen hinweg zu betreiben, waren in kommerzieller Hinsicht schon sehr erfolgreich und versprechen hervorragende Ergebnisse. Es wurden bereits Gespräche zwischen Cleveland und New York geführt,

Seit dem „Fräulein vom Amt", hier in einer Vermittlungsstelle von 1915, hat sich die Telefonie kräftig weiterentwickelt.

und ein täglicher, wenn auch begrenzter Betrieb zwischen Boston und New York wurde aufgenommen. Das größte Problem der Telefonate über große Entfernungen sind die Induktionsverluste an das umgebende Erdreich und benachbarte Kabel. Wenn ein einzelnes Kabel genügend hoch über die Bergspitzen geführt werden könnte, würde man leicht ein Flüstern um die ganze Welt übertragen können. Eines ist jedoch jetzt sicher: Der Zeitpunkt ist nahe, zu dem es gelingen wird, mit einer Leitung ohne Unterbrechung über eine Entfernung von mindestens 500 Kilometern Gespräche zu führen. Es ist sogar wahrscheinlich, dass wir eines Tages mithilfe von Verstärkerstationen über die ganze USA hinweg kommunizieren können.

Edison sollte Recht behalten. 1915 wurde die erste transkontinentale Telefonleitung in den USA eröffnet. Im Osten sprach Bell in ein Telefon, und im Westen hörte Thomas Watson die Worte: „Watson, bitte kommen Sie her. Ich brauche Sie." Und dieses Gespräch fand vor Zeugen statt; wir wissen deshalb, dass die Worte zumindest diesmal wirklich gesagt wurden.

Übrigens werden wir stets an Bells Arbeiten erinnert, wenn wir den Einheit *Dezibel* als Maß der Lautstärke verwenden, denn sie wurde ihm zu Ehren so genannt. Genau gesagt: Ein Dezibel ist ein Zehntel von drei Vierteln seines Namens. Denken Sie mal darüber nach.

KRANKHEITSKEIME

Wie es geschah, dass Gerüche und Umweltbedingungen nicht mehr für Infektionskrankheiten verantwortlich gemacht wurden

71

Wann: 1877.

Wo: Wollstein (Wosztyn), Polen.

Wer: Robert Koch (1843–1910).

Was: Die Isolierung des Milzbranderregers *Bacillus anthracis*.

Folgen: Von nun an konnten Wissenschaftler krankheitsverursachende Bakterien kultivieren, identifizieren und gegebenenfalls bekämpfen.

Milzbrand war im 19. Jahrhundert eine angsteinflößende Erkrankung. Die Sporen des Bakteriums können für mehr als 50 Jahre im Boden überdauern, um anschließend zum Leben erweckt zu werden und Tiere zu infizieren; und sie befinden sich auch in Häuten und Fellen. Aus Mangel an synthetischen Fasern für die Herstellung von Textilwaren und an Kunststoffen für Sättel, Werkzeuggriffe, Schuhe und Behälter importierten die Industrieländer große Mengen an Wolle und Häuten – und damit auch an Milzbrandsporen.

Um 1877 war die Keimtheorie endlich anerkannt. Menschen sind Träger von Milliarden Bakterien, von denen viele tatsächlich einen Nutzen haben, sodass man nicht alle abtöten sollte. Doch welcher Erreger macht krank – und welche Krankheit verursacht er? Robert Koch nahm sich dieser Frage an. Das wichtigste Ziel war zunächst, eine korrekte Diagnose zu stellen; nachdem Pasteur aber gezeigt hatte, dass sich aus abgeschwächten Stämmen von Krankheitserregern Impfstoffe herstellen lassen, beeilte man sich noch mehr, diese Erreger zu finden.

Die meisten Organismen enthalten viele verschiedene Mikroorganismen. Wie identifiziert man also die Arten derer, die eine Erkrankung hervorrufen? Robert Koch entwarf ein gut durchdachtes experimentelles Modell, das heute als „Koch-Postulate" bekannt ist. Diese Postulate fordern Folgendes:

1. *Die Mikroorganismen sollten immer in einem Tier nachweisbar sein, das an der Erkrankung leidet, und niemals in einem, das nicht erkrankt ist.*
2. *Die Mikroorganismen müssen sich in einer Reinkultur außerhalb des tierischen Körpers vermehren lassen.*
3. *Wird ein anfälliger Organismus mit der Kultur infiziert, dann muss er die für die Erkrankung typischen Symptome entwickeln.*
4. *Reisoliert man Mikroorganismen aus dem erkrankten Organismus und kultiviert sie, dann muss es sich um die gleichen Mikroorganismen handeln, wie bei der Infektion.*

Später erst erkannte man, dass es sogenannte Dauerausscheider wie „Typhus-Mary" gibt, die Überträger einer Erkrankung sind, selbst aber keine Symptome zeigen. Der zweite Teil des ersten Postulats wurde daher verworfen, doch ansonsten sind die Regeln auch heute noch relevant. Kommt eine Krankheit nur beim Menschen vor, dann ist die strikte Überprüfung allerdings nur eingeschränkt möglich, wie am Beispiel des Aids-Erregers HIV (*Human Immunodeficiency Virus*) deutlich wird, bei dem es keinen ethisch vertretbaren Weg gibt, die Postulate Nummer 3 und 4 zu erfüllen.

Diese Tatsache ebnete selbsternannten „Aids-Leugnern" den Weg, den wissenschaftlich gesicherten Zusammenhang zwischen einer HIV-Infektion und dem Ausbruch von Aids infrage zu stellen. Sie nutzen das Recht auf freie Meinungsäußerung, führen irrationale Argumente gegen Safersex, die Verabreichung von antiviralen Wirkstoffen wie AZT an HIV-positive

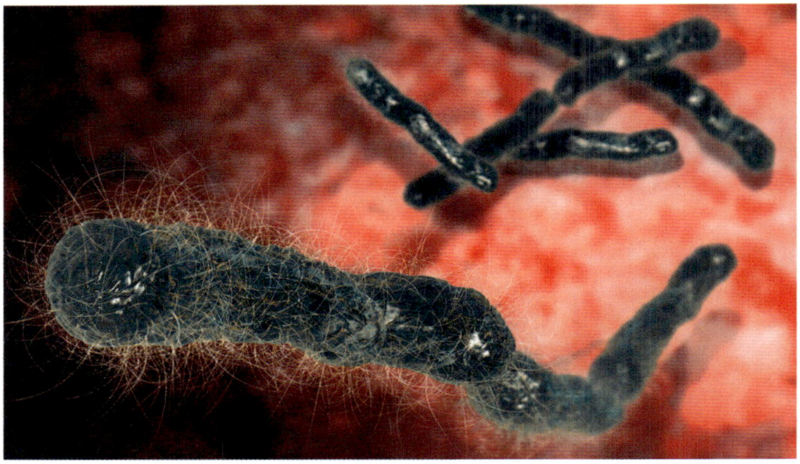

Milzbranderreger (*Bacillus anthracis*), sehr stark vergrößert.

Schwangere und viele andere Aktivitäten an und gefährden so die öffentliche Gesundheit. Insbesondere propagieren die Skeptiker, dass Polioimpfstoff eine Aids-verursachende Substanz enthalte. Das führt zu Panik und verringert die Zahl von Polioimpfungen, die viele Leben retten können.

Der echte Beweis, dass HIV der Verursacher von Aids ist, würde die Umsetzung von Postulat Nummer 3 erfordern – man müsste Freiwillige absichtlich mit HIV infizieren –, doch dieses Vorgehen ist aus ethischer Sicht inakzeptabel. Im Jahre 2000 stimmten daher über 5000 Mediziner aus 83 Ländern der sogenannten „Durban-Erklärung" zu:

1. *Patienten mit Aids (acquired immunodeficiency syndrome) sind unabhängig von ihrem Wohnort mit HIV infiziert.*
2. *Die meisten HIV-infizierten Menschen entwickeln innerhalb von 5–10 Jahren Aids-Symptome, wenn sie nicht behandelt werden. Eine HIV-Infektion lässt sich im Blut mithilfe von Antikörpern, Gensequenzierung oder Isolierung des Virus nachweisen. Diese Tests sind genauso zuverlässig wie andere, die für den Nachweis anderer Virusinfektionen eingesetzt werden.*
3. *Menschen, die HIV-kontaminiertes Blut oder Blutprodukte erhalten haben, erkranken an Aids, wohingegen Menschen, die auf den Erreger getestetes Blut erhalten haben, nicht an Aids erkranken.*
4. *Die meisten Kinder, die an Aids erkranken, sind Kinder HIV-infizierter Mütter. Je höher die Viruslast der Mutter, umso höher ist das Risiko für die Kinder, ebenfalls infiziert zu werden.*
5. *Im Labor infiziert HIV genau den Typ von Blutzellen (CD4-Lymphocyten), dessen Anzahl bei Menschen mit Aids immer weiter abnimmt.*
6. *Medikamente, die die Vermehrung von HIV im Reagenzglas unterbinden, reduzieren auch bei Infizierten die Viruslast und zögern die Entwicklung von Aids hinaus. Wo die Medikamente verfügbar sind, hat ihre Verabreichung die Sterblichkeitsrate bei Aids-Patienten um mehr als 80 Prozent reduziert.*
7. *Affen, denen klonierte DNA aus SIV (simian immunodeficiency virus) injiziert wurde, wurden infiziert und entwickelten Aids.*

Kochs Beitrag ging jedoch über die Formulierung einer Reihe von Postulaten weit hinaus. Er entwickelte Methoden der Isolierung und Kultivierung von Bakterien, und die bekannte Petrischale, die in keinem mikrobiologischen Labor fehlt, wurde von Kochs Assistent Richard Julius Petri (1852–1921) erfunden.

Agar wird aus Kelp, einer Algenart, gewonnen und eingesetzt, um Speiseeis, Anstrichstoffe und viele andere Dinge anzudicken. Im mikrobiologischen Labor dient Agar als Verfestigungsmittel für Nährböden. Agar wird mit Wasser vermischt, zusammen mit sorgfältig ausgewählten Nährstoffen aufgekocht und anschließend in sterile Petrischalen gegossen. Durch die Vermehrung von Bakterien auf der ebenen Agaroberfläche ist es möglich, einzelne Kolonien zu unterscheiden und sie wiederum separat zu kultivieren. Louis Pasteur (→62) verwendete Kolben mit einer klaren Nährlösung zur Anzucht, ein weit weniger geeignetes Verfahren, insbesondere wenn das Ziel war, einzelne Bakterien zu isolieren. Auf dem geeigneten Nährboden hingegen bilden einzelne Bakterien Kolonien, deren Gestalt und Farbe hilfreich für die Bestimmung der Bakterienart sind. Mikrobiologen wählen eine Kolonie aus und vermehren sie weiter oder untersuchen die Bakterienzellen direkt.

Der Milzbranderreger *Bacillus anthracis*, ein Bakterium mit der Gestalt eines Stäbchens, wurde 1849 entdeckt, als Koch sechs Jahre alt war; 27 Jahre später war es Koch, der zeigte, dass es sich um den Milzbranderreger handelt. Fünf Jahre später hatte Louis Pasteur einen Impfstoff gegen Milzbrand entwickelt. Im Jahre 1882 setzte Koch ähnliche Verfahren ein, um die Ursache von Tuberkulose zu identifizieren (eine Entdeckung, für die er 1905 den Nobelpreis erhielt), und er fand noch vor den Franzosen den Erreger der Cholera, nachdem er eine Expedition nach Ägypten unternommen hatte.

WECHSELSTROM

Wie wir gelernt haben, Strom vom Generator zum Verbraucher zu leiten, ohne dabei den Großteil der Energie zu verlieren

72

Wann: 1881.

Wo: Budapest.

Wer: Nikola Tesla (1856–1943).

Was: Wie man mit Wechselstrom umgeht und ihn nutzt.

Folgen: Dank Teslas Arbeiten wird auf der ganzen Welt für die Stromversorgung Wechselstrom verwendet.

Im Laufe der Jahre habe ich in vielen Rundfunkbeiträgen und Artikeln über die Naturwissenschaft und ihre Protagonisten, die Forscher, berichtet. Beiträge über Tesla fanden dabei stets weit mehr Resonanz als jene über andere Persönlichkeiten. Zwar war Tesla sicherlich der bedeutendste Wissenschaftler aus dem ehemaligen Jugoslawien, aber der Zuspruch kann nicht durch Nationalismus erklärt werden, denn nur wenige seiner Bewunderer kommen aus dieser Gegend.

Als Gruppe zeigen die Anhänger Teslas einen entschlossenen Enthusiasmus, der an Besessenheit grenzt; ins Auge fällt mir aber, dass es alles Menschen sind, die konkrete Beweise fordern, Ingenieure, Techniker und Physiker; und sie teilen meine Ansicht, dass Tesla nie die ihm gebührende Anerkennung erhalten hat. Er war sicherlich einer der originellsten Denker seiner Zeit, und sein Geschick rechtfertigt die Verehrung, die ihm von seinen technischen Erben entgegengebracht wird. Seine Gegner sehen nur seine Labilität, seine Anhänger dagegen seine Genialität und die unglaubliche Belastung, unter der er stand.

Das Geheimnis seines Erfolges war die elektromagnetische Induktion – die Erzeugung eines Stroms, wenn „magnetische Kraftlinien“ einen stromdurchflossenen Leiter kreuzen. Ich setzte die Kraftlinien in Anführungszeichen, denn es gibt sie nicht wirklich, aber sie sind ein praktisch sehr nützliches

Modell. Gedachte Kraftlinien helfen uns, Elektromagnete und Elektromotoren zu verstehen und zu beherrschen.

Was hat es mit den Linien auf sich, zu denen sich Eisenspäne auf einem Papier ordnen, wenn man einen Magneten darunterhält? Jeder dieser Eisenspäne wird magnetisiert, deshalb zieht er alle seine Nachbarn an oder stößt sie ab. Wenn man an das Papier klopft, verbinden sich die Späne zu langen Ketten. Die Richtung jeder „Kraftlinie" sagt uns, in welche Richtung eine Kompassnadel zeigen würde, wenn man sie an diesen Ort bringen würde.

Elektrisches Licht wurde anfänglich mit Batterien betrieben, aber schon bald ging man zu eigens dafür gedachten Dampf- oder Wasserkraftgeneratoren über. Natürlich hat aber niemand, der nachts Licht im Zimmer machen will, besonders viel Lust, nach draußen zu gehen, um einen Kessel anzuheizen, der Dampf für einen Generator liefert – von den Kosten ganz zu schweigen. Die Lösung war der Bau zentraler Generatoren und die Errichtung eines Energieverteilungssystems.

Dazu mussten aber erst zwei Voraussetzungen geschaffen werden: ein halbwegs effizientes Übertragungssystem und ein zuverlässiges Messverfahren für die verbrauchte Energie. Die Übertragung erwies sich als das größere Problem, denn jeder Energieverlust bedeutete Verlust von Profiten. Einen Lösungsansatz hatte aber schon James Joule (→54) in den 1840er Jahren gefunden: Der Energieverlust ist proportional zum Quadrat der Stromstärke, während Stromstärke und Spannung umgekehrt proportional zueinander sind. Wenn man also die Spannung verdoppelt, halbiert sich die Stromstärke, und die Energieverluste betragen nur noch ein Viertel! Für den Energietransport über große Entfernungen muss die Spannung also möglichst hoch sein. Das klingt simpel, war es aber nicht, weil die ersten Systeme fast ausschließlich mit Gleichstrom arbeiteten, dessen Spannung sich nicht so leicht ändern lässt. Und die Frage der Spannungsänderung stand sowieso im Raum, weil Beleuchtung, fest installierte Motoren und Motorfahrzeuge verschiedenste Spannungen benötigten.

Das bringt uns zurück zu unseren „Kraftlinien": Wenn ein Wechselstrom – also ein Strom, der in regelmäßigem Rhythmus seine Richtung umkehrt – durch eine Spule fließt, verändert sich auch deren Magnetfeld rhythmisch. Wenn nun die Kraftlinien dieses Feldes (die es, wie Sie wissen, ja gar nicht gibt) durch eine benachbarte Leiterspule dringen, induzieren sie einen Strom, dessen Stärke ebenso wie die zugehörige Spannung von der Windungszahl der zweiten Spule abhängt. Sind die Windungszahlen der beiden Spulen verschieden, so hat man einen Transformator, mit dem man eine Ausgangsspannung ändern („transformieren") kann.

Den ersten Transformator baute 1831 Michael Faraday (→48). Transformatoren funktionieren mit jeder Art zeitlich veränderlicher Spannung, am besten aber mit Wechselspannungen. Auch Lampen kann man gut mit Wechselstrom betreiben, doch der normale Elektromotor braucht Gleichstrom. Das bedeutet, wenn die Stromversorgung Wechselspannung gelieferte hätte, wären die damaligen Motoren nicht gelaufen.

Nun zurück zu Tesla, der 1881 in Budapest beim k.u.k. Telegrafennetz angestellt war. Eines Tages ging er mit Antal Szigeti im Stadtwäldchen von Budapest spazieren, da hatte er – während er den Sonnenuntergang betrachtete und Goethes Faust zitierte – eine Art Vision von einem rotierenden Magnetfeld. Seine Anhänger glauben das wirklich, und ich auch – Tesla war einfach so!

Drei Jahre gingen ins Land. Tesla reiste durch Europa und kam schließlich mit vier Cent in der Tasche in den USA an, wo er zunächst für Thomas Edison

Nikola Tesla in seinem Labor in Colorado Springs um 1900.

(→73) arbeitete, der ihm viel Geld versprach und dann nicht zahlte. Deshalb verdingte er sich von 1886 bis 1887 als Erdarbeiter, um an etwas Geld zu kommen, bevor er 1887 sein erstes Patent anmeldete. Zwischen Ende 1887 und Anfang 1888 erfand er dann den Wechselstrom-Asynchronmotor.

Am 16. Mai 1888 hielt er am American Institute of Electrical Engineers einen erstaunlichen Vortrag über *Ein neues System von Wechselstrom-Elektromotoren und Transformatoren*. Darin stellte er die Ausrüstung vor, die zur effizienten Erzeugung und Nutzung von Ein- und Mehrphasenwechselströmen nötig ist. Sieben Wochen später verkaufte er die Patente für Bargeld, Aktien und Lizenzgebühren an George Westinghouse.

Thomas Edison war ein hervorragender Politiker. Westinghouse hatte den Wechselstrom, aber Edison blieb bei seinem Gleichstrom; deshalb versuchte er, das Produkt der Konkurrenz schlecht zu machen. Er behauptete, Wechselstrom sei gefährlich, und versuchte das Verb „to electrocute" (auf dem elektrischen Stuhl hinrichten) durch „to westinghouse" zu ersetzen. (Der elektrische Stuhl war eine Erfindung Edisons, oder jedenfalls von ihm inspiriert.) Der Angriff schlug fehl, und 1896 wurde in Niagara Falls das erste Drehstrom-Kraftwerk in Betrieb genommen. Der Strom wurde bis Buffalo, New York, geleitet.

1960 wurde die SI-Einheit für die elektromagnetische Induktion Tesla getauft – verdientermaßen. Aber 1917 verlieh das Institute of Electrical Engineers Tesla die Edison-Medaille. Beide Männer erlebten das noch. Das ist *wahre* Gerechtigkeit!

VAKUUMRÖHRE

Wie wir einen Weg fanden, veränderliche Ströme zu verstärken, womit das Zeitalter der Elektronik anbrach

73

Wann: 1883.

Wo: Menlo Park, New Jersey, USA.

Wer: Thomas Alva Edison (1847–1931).

Was: Eine positiv geladene Elektrode oder Platte in einer evakuierten Röhre zieht Elektronen aus einem Glühdraht an, aber ein positiv geladener Glühdraht ruft keinen Strom aus einer negativen Platte hervor.

Folgen: Die Elektronenröhre oder Röhrendiode ist die Basis von Verstärkern und letztlich der Elektronik überhaupt.

Erhitzt man einen Metalldraht, dann bewegen sich einige der freien Elektronen darin schnell genug, um den Draht zu verlassen. Die meisten davon werden rasch wieder angezogen, weil der Draht durch dieses „Verdampfen" geringfügig positiv geladen wird; die wenigen, die entkommen, verbinden sich vielleicht in der Atmosphäre mit anderen geladenen Partikeln, aber die mittlere freie Weglänge – die durchschnittliche Strecke, die sie zurücklegen – ist sehr klein.

Im mäßig guten Vakuum einer frühen Glühbirne war die mittlere freie Weglänge größer, deshalb konnten Elektronen jedes in der Nähe befindliche geladene Objekt erreichen, etwa eine positiv geladene Platte. Legt man an den heißen Draht und die Platte eine kleine Spannung an, fließen die Elektronen kontinuierlich; je besser das Vakuum ist, umso größer ist der Fluss.

Der Strom fließt aber nur in eine Richtung; selbst, wenn man die Platte negativ auflädt, ist sie zu kalt, um Elektronen zu entlassen. Das Experiment mit dem heißen Glühdraht funktioniert nur, weil geladene Teilchen (Ionen im Sprachgebrauch des 19. Jahrhunderts) durch die Wärme hinausgezwungen werden. Deshalb nannten die Briten den Vorgang „thermionische Emission" und das nur in einer Richtung funktionierende System „thermionisches Ventil". Da die Bauelemente wie eine Röhre (aus Glas, Keramik oder sogar Metall) geformt und evakuiert waren, setzten sich, je nach Verwendung, die Bezeichnungen „Vakuumröhre", „Elektronenröhre" und „Röhrendiode" durch.

Die meisten Röhren verfügten mindestens über eine Glühwendel, eine separate Kathode und eine Anode. Die Glühwendel heizt die Kathode stark genug auf, damit Elektronen austreten. Eine einfache Röhre, die nur diese Elemente enthält, nennt man eine Diode. Eine Diode arbeitet wie eine Venenklappe oder eine Pumpe, nämlich als Gleichrichter, der den Fluss nur in eine Richtung durchlässt. Wenn Sie nun aber auf die Idee kommen, eine Diode als Gleichrichter für einen Gleichstrommotor zu verwenden, werden Sie keinen Erfolg haben; der Strom ist winzig.

Wahrscheinlich deshalb geriet Thomas Edison 1883 nicht besonders in Aufregung, als er eine einfache Diodenschaltung untersuchte. Was er sah, war interessant, versprach aber keine Anwendung. So beantragte er ein Patent auf den später sogenannten „Edison-Effekt" und wandte sich dem nächsten Thema zu.

Gerechterweise muss gesagt werden, dass Edison sich damals damit beschäftigte, wie Kohlenstoffteilchen von Kohlefäden in Glühlampen verdampften. Vielleicht hätte sein Patent auch keinen Bestand gehabt, angesichts dessen, dass Frederick Guthrie (1833–1886), Physiker und Dichter mit einem Lehrstuhl am Royal College of Science in London, den Effekt schon

1873 beschrieben hatte. Da aber niemand versuchte, aus der Entdeckung Kapital zu schlagen, kam es auch nicht zu Prioritätsstreitigkeiten.

Das änderte sich erst, als John Ambrose Fleming (1849–1945), ein ehemaliger Student von Guthrie, 1904 für die Londoner Firma Marconi arbeitete. Er hatte die Versuche von Guthrie nachvollzogen und dann beiseite gelegt; doch nun suchte man nach einem Detektor, der Radiosignale empfangen konnte. Detektorempfänger funktionierten mit einer Metallspitze, der einen Bleiglanz-Kristall berührte – das ergab eine einfache Diode. Fleming jedoch erinnerte sich an den seltsamen Effekt bei Glühlampen und holte die Aufzeichnungen darüber noch einmal hervor. 1905 beschrieb er sein „schwingendes Ventil" der Royal Society, aber sein Arbeitgeber Marconi war mit dem Bleiglanz-Kristall ganz zufrieden, weil die Firma das Patent darauf besaß. Dabei blieb es wieder für eine Weile.

Ende 1905 ließ sich Lee de Forest (1873–1961) eine „statische Röhre" patentieren, die der von Fleming sehr ähnelte. (De Forest behauptete, er habe von den Arbeiten Flemings und Edisons nichts gewusst – vermutlich stimmte das aber nicht.) Im November 1906 erfand de Forest wirklich selbst etwas, die Triode, die ein drittes Element besaß, das Gitter. Er nannte sie „Audion"; sie sollte als Verstärker dienen.

Stellen Sie sich einen Gartenschlauch vor, der voll aufgedreht ist. Wenn Sie mit Ihrem Fuß ein wenig auf den Schlauch treten, können Sie das Wasser stoppen und wieder fließen lassen. Eine Spannung am Gitter in der Röhre wirkt wie ein Fuß auf dem Schlauch: Eine sehr große Änderung des Ausgangswerts wird durch eine kleine Änderung des Eingangswerts hervorgerufen. Der elektronische Verstärker war geboren, und das Zeitalter der Elektronik war angebrochen.

Später kamen komplizierte Tetroden und Pentoden; einige von ihnen erforderten ein so gutes Vakuum, dass man „Getter"-Materialien wie Barium zugeben musste, die mit jedem noch verbliebenen Sauerstoffatom reagierten.

Der Stromverbrauch war gewaltig, denn Vakuumröhren waren sehr energiehungrig. Die erste elektronische Rechenmaschine (→92), Colossus 2, enthielt 1500 Röhren, später 2000, manche behaupten auch 2400 oder 2500. Das Design wurde nach dem Zweiten Weltkrieg Staatsgeheimnis; zwar haben einige Ingenieure offenbar Baupläne behalten (wie das Ingenieure immer tun), aber die mangelne Übereinstimmung der Zahlen ist verständlich.

Mit Colossus 2 und späteren Kopien wollten die Briten im Zweiten Weltkrieg Geheimnachrichten deutscher Militärs dechiffrieren. Genau wie Glühbirnen gingen die Röhren meist dann kaputt, wenn das Gerät ein- oder ausgeschaltet wurde. Der Ausfall einer einzigen Röhre machte die Maschine funktionsunfähig, deshalb blieben die zehn Colossus-2-Anlagen Tag und Nacht eingeschaltet. Zur Stromversorgung dienten Dieselgeneratoren – sicherheitshalber gleich zwei. Wenigstens hatten es die Angestellten im Winter warm, denn jede der Maschinen verbrauchte rund um die Uhr 15 Kilowatt. Fast die gesamte Energie wurde in den Glühwendeln der Röhren verheizt.

Als die Röhre durch den sparsamen Transistor ersetzt wurde, waren die Menschen verständlicherweise begeistert. Doch das ist eine andere Geschichte.

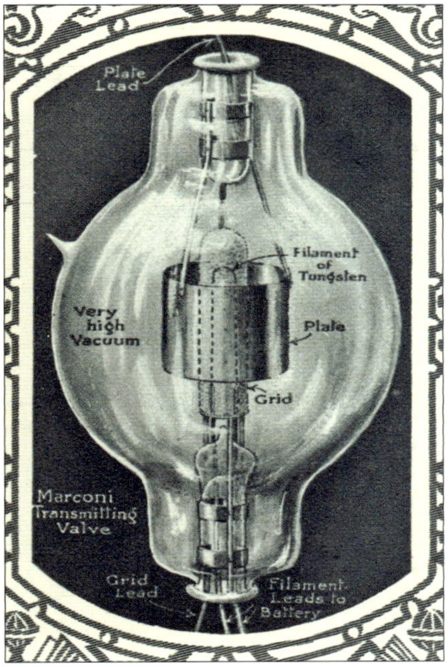

Ein „thermionisches Ventil" (Vakuumröhre), Zeichnung von 1920.

ERNÄHRUNGSLEHRE

Wie wir lernten, dass einige Krankheiten ernährungsbedingt sind, gerade als die Existenz von Keimen endlich allgemein akzeptiert war

74

Wann: 1884.

Wo: Japan.

Wer: Kanehiro Takaki (1849–1920).

Was: Einige Erkrankungen werden durch eine Mangelernährung verursacht.

Folgen: Skorbut konnte durch den Verzehr bestimmter Nahrungsmittel geheilt werden und war lange die einzige bekannte Mangelerkrankung; den Forschern war nicht bewusst, dass es noch andere gibt.

In der englischsprachigen Mythologie wird Skorbut häufig als Schiffskrankheit bezeichnet, die durch eine Entdeckung von Kapitän Cook geheilt werden konnte. Die tatsächlichen Gegebenheiten waren ein wenig anders. In Wahrheit litt Vasco da Gamas Mannschaft, die 1497 bis 1499 den Indischen Ozean überquerte, an Skorbut und arabische Händler verrieten den Matrosen, dass der Verzehr frischen Gemüses ihren Zustand bessern würde. In den Jahren 1535 und 1536 überwinterte Jacques Cartier am Sankt-Lorenz-Strom in Nordamerika, wo er das lokale Heilmittel kennenlernte, einen Sud von Nadeln des Lebensbaumes. Mit entsprechender Aufmerksamkeit hätte man zu diesem Zeitpunkt bereits erkennen können, dass Skorbut keine durch salzhaltige Gischt verursachte Schiffskrankheit ist.

Von Cook an seiner Besatzung durchgeführte Versuche zeigten, dass die von James Lind (1716–1794) geäußerte Vermutung, einige Nahrungsmittel könnten Skorbut heilen, korrekt war, doch in einiger Entfernung zum Meer wurde diese Idee nicht recht wahrgenommen. Und so blieb Skorbut auch in der zweiten Hälfte des 19. Jahrhunderts für Forschungsreisende und Siedler im Outback Australiens ein ernstzunehmendes Problem.

Selbst in Meeresnähe setzten sich die Erkenntnisse nur langsam durch. Als die erste Flotte im Jahre 1799 Australien erreichte, waren Sträflinge und Besatzung gesund, bei der zweiten im Juni 1790 gab es jedoch unter den Sträflingen eine Sterblichkeitsrate von 26 Prozent. Aber die Matrosen waren glücklicherweise lernfähig, sodass Skorbut draußen auf dem Pazifik irgendwann kein Problem mehr war. Die Matrosen der japanischen Marine suchte jedoch eine andere Mangelerkrankung heim, die als Beriberi bezeichnet wurde und auch in der Niederländisch-Ostindischen Kompanie (heute Indonesien) auftrat.

Dr. Kanehiro Takaki war oberster Militärarzt der japanischen Marine. Im Jahre 1884 erkannte er eine Verbindung zwischen der Ernährung der Matrosen und Beriberi. Er ordnete den Verzehr von mehr Gemüse, Gerste, Fisch und Fleisch und weniger Reis an, und innerhalb der nächsten sechs Jahre nahm die Zahl der Erkrankungen an Beriberi von 40 Prozent auf null ab – eine Entwicklung, die überzeugte. Um 1890 wurde die Takaki-Diät sogar in die japanische Marinegesetzgebung aufgenommen. Mangelkrankheiten waren nun in das Bewusstsein der Menschen gerückt, doch dauerte es seine Zeit, bis man sie akzeptierte.

Heutzutage würden sich solche Nachrichten wie ein Lauffeuer ausbreiten. Doch damals war die Kommunikation unter Medizinern weitaus langsamer, und so begann Dr. Christiaan Eijkman (1858–1930) im Militärkrankenhaus von Batavia (dem heutigen Jakarta) auf Java unabhängig von Takaki, sich mit Beriberi zu befassen. Um die 1880er Jahre war Pasteurs Keimtheorie bereits hinreichend bekannt und anerkannt, weshalb Eijkman nach einem

Frisches Gemüse auf dem Kandy-Markt, Sri Lanka.

Mikroorganismus als Auslöser für die von ihm Polyneuritis genannte Krankheit suchte.

Dabei beobachtete er einige Hühner auf dem Gelände des Krankenhauses, die an Polyneuritis zu sein leiden schienen. Aufzeichnungen und Experimente zeigten, dass Hühner, die mit weißem, geschliffenem oder poliertem Reis gefüttert wurden, an Polyneuritis erkrankten. Hühner, die nur teilweise oder nicht geschliffenen Reis oder auch nur die Hüllen erhielten, erkrankten nicht – waren sie bereits krank, so konnten sie durch diese Diät geheilt werden.

Um 1911 gelang es Kazimierz Funk (1884–1967), eine Stickstoffverbindung aus Reiskleie zu isolieren und zu kristallisieren. Er nahm an, es handle sich um das *vitale Amin* (von *vita* für Leben und *amin* für stickstoffhaltige Verbindung), den bis dahin unbekannten Anti-Beriberi-Faktor, und gab ihm den Namen „Vitamin“. Er hatte vermutlich eine andere Substanz kristallisiert, doch blieb der Name „Vitamin“ erhalten. Der tatsächliche Faktor, Vitamin B_1, wurde im Jahre 1926 isoliert und 1936 synthetisiert.

Der Kampf war jedoch noch nicht gewonnen. Im Jahre 1735 kursierten Berichte von der in Spanien grassierenden Krankheit Pellagra. Pellagra schien mit dem Verzehr von Mais einherzugehen, der von Amerika nach Europa kam und dort zum Hauptnahrungsmittel der Armen wurde. Viel später erst, im Jahre 1907, wies man die Krankheit bei armen Südstaatlern in den USA nach, obwohl sie vermutlich seit den 1820er Jahren dort vorkam.

Joseph Goldberger (1874–1929) forschte in einem Heim in Georgia und in zwei Waisenhäusern in Mississippi an Pellagra. Er ging dabei vor wie ein Epidemiologe: Kinder zwischen sechs und zwölf Jahren erkrankten, doch das Personal wie auch jüngere und ältere Kinder blieben verschont. Goldberger fand heraus, dass den Sechsjährigen häufig Milch gegeben wurde und den über Zwölfjährigen häufig Fleisch. Da jedoch eine Mangelernährung zu dieser Zeit als Ursache nicht bekannt war, fuhr er fort, Mikroorganismen als Ursache für die Krankheit zu vermuten und nach ihnen zu suchen. Warum, fragte er sich, werden nur Kinder eines bestimmten Alters heimgesucht?

Goldberger zeigte, dass er Symptome von Pellagra bei gesunden Sträflingen hervorrufen konnte, indem er ihnen ausschließlich Mais zu essen gab. Anschließend heilte er die Opfer, indem er ihnen eine ausgewogenere Nahrung zukommen ließ. Sie blieben gesund, und Goldberger begann, die Ähnlichkeit von Pellagra mit einer Mangelerkrankung zu realisieren.

Als nächstes suchte er 16 Freiwillige, einschließlich seiner selbst und seiner Frau, die sich gegenseitig mit Pellagra anzustecken versuchten. Er probierte Bluttransfusionen von Pellagrakranken, wie auch Nasenschleim und Auswurf von Patienten, die er auf die gleichen Körperteile seiner Versuchskaninchen applizierte. Die Freiwilligen schluckten Kapseln aus Teig, der mit Urin und Kot von Erkrankten wie auch Hautabschürfungen von deren Wunden zubereitet worden war – doch alle blieben gesund. Und obwohl es immer noch skeptische Äußerungen gab, hatte Goldberger gewonnen. Mittlerweile ist Ernährungswissenschaftlern bekannt, dass Pellagra eine Mangelerkrankung ist, die durch das Fehlen Vitamin B_3 (Niacin) in der Nahrung verursacht wird.

Heutzutage wissen wir alle, dass eine falsche Ernährung zu Krankheiten führen kann, doch gibt es auch das andere Extrem?

Mit dem Voranschreiten des 20. Jahrhunderts wurde zunehmend der Hunger das bestimmende Problem, und man erkannte immer mehr Mangelerkrankungen, unter anderem Kwashiorkor. Diese Erkrankung ist in Afrika weit verbreitet und lässt sich leicht mit einer bestimmten Ernährungsweise in Zusammenhang bringen, doch gibt es einige ungewöhnliche Fakten: Die Symptome sprechen nicht eindeutig für einen Mangel. Viele Wissenschaftler vermuten, dass Kwashiorkor in Wirklichkeit durch eines oder mehrere Aflatoxine verursacht wird. Dabei handelt es sich um giftige Substanzen, produziert von Pilzen, die gelegentlich auf Nahrungsmitteln vorkommen, die in einigen Teilen Afrikas von kleinen Kindern gegessen werden. Eine Entscheidung über die Ursache von Kwashiorkor ließ sich bislang nicht treffen.

Nur die Zeit und mehr Hinweise werden zeigen, ob Wissenschaftler wieder einmal einer falschen Hypothese gefolgt sind. Das Gute an einer wissenschaftlichen Herangehensweise ist aber sicherlich, dass wir früher oder später herausfinden werden, ob unsere Annahmen falsch waren!

SPEKTRALLINIEN

Wie wir die Bedeutung der verschiedenen Linien eines Spektrums verstanden

Bis Mitte der 1880er Jahre hatte die Spektralanalyse (→61) große Fortschritte gemacht. Im Absorptionsspektrum des Wasserstoffatoms wurde eine Linie nach der anderen aufgezeichnet und vermessen. Doch ein Rätsel blieb: Warum gab es diese Linien im Spektrum an gerade diesen Stellen?

Johann Balmer machte sich daran, Ordnung in den Zahlenhaufen zu bringen. Dabei ging er ähnlich vor wie Johann Bode (1747–1846), der eine Gesetzmäßigkeit in der Entfernung der Planeten von der Sonne gefunden hatte, wie Pierre-Louis Dulong (1785–1836) und Alexis-Thérèse Petit (1791–1820) (→69), die spezifische Wärmen und Atommassen mit einer Formel verknüpften, oder wie Maria Goeppert-Mayer (1906–1972), die „magische" Neutronen- und Protonenzahlen fand, die mit stabilen Atomkernen zusammenhängen.

Sie alle wendeten eine Form der statistischen Analyse an, die man als „Daten-Schnüffeln" bezeichnen könnte: In der Realität fallen Gesetzmäßigkeiten niemandem in den Schoß; sie werden oft nur durch geduldige Kleinarbeit gefunden. Jemand tabelliert Messwerte und schaut sie so lange an, bis er irgendein Muster darin erkennt, das ihm einen Hinweis auf eine zugrunde liegende Gesetzmäßigkeit liefert.

Das funktioniert natürlich nur, wenn es diese Gesetzmäßigkeit überhaupt gibt. Um sie zu finden, wird alles Mögliche probiert: die Werte selbst, ihre Quadrate, dritten oder vierten Potenzen, Quadrat- oder Kubikwurzeln, Produkte, Differenzen, Reihen, Logarithmus-, Sinus-, Tangens- und andere exotische mathematische Funktionen, sogar Brüche und Kombinationen von Funktionen. Das ist ein hartes Stück Arbeit, aber die Mühe wert, wenn es zu einem Durchbruch führt. Mit einem Tabellenkalkulationsprogramm ist es heute an sich einfach; im 19. Jahrhundert war es viel mühseliger.

Wenn das Muster gefunden ist, muss die Sache weiterverfolgt werden. Gibt es fehlende Werte im untersuchten Bereich? Kann man über den Bereich hinaus extrapolieren? Wenn ja, kann man dann einige Werte vorhersagen und versuchen, sie experimentell zu bestätigen? Johann Balmer fand eine Beziehung, die vier der Wasserstofflinien im sichtbaren Teil des Spektrums in Relation zueinander setzte. Ihm schien, es sollte noch eine Linie geben, direkt an der Grenze zum Ultravioletten, aber er hatte sie noch nicht gesehen. Er suchte danach, fand sie und damit eine Bestätigung seiner kleinen merkwürdigen Gleichung. Ein Hoch auf die Schnüffler!

Balmer hatte einige Mühe, die von verschiedenen Beobachtern gemessenen Zahlenwerte in Übereinstimmung zu bringen. Konnte es sein, dass die Forscher auf Sterne mit unterschiedlich starker Rotverschiebung geschaut hatten? Wie wir später sehen werden (→90), wurde diese Rotverschiebung sehr wichtig, nachdem sie entdeckt und quantifiziert worden war. Um seine Formel niederzuschreiben zu können, fand Balmer einen gemeinsamen Faktor, der von Anders Ångströms Messungen der ersten vier Wasserstofflinien abgeleitet ist – nämlich $b = 3645{,}6 \cdot 10^{-7}$ Millimeter. Hier ist sinngemäß seine Erklärung, wie er angewandt werden muss:

75

Wann: 1885.

Wo: Basel.

Wer: Johann Jakob Balmer (1825–1898).

Was: Eine mathematische Formel kann die Linien im Wasserstoffspektrum beschreiben.

Folgen: Als Niels Bohr sein Atommodell vorstellte, ergab Balmers empirische Formel für die Spektrallinien plötzlich einen Sinn.

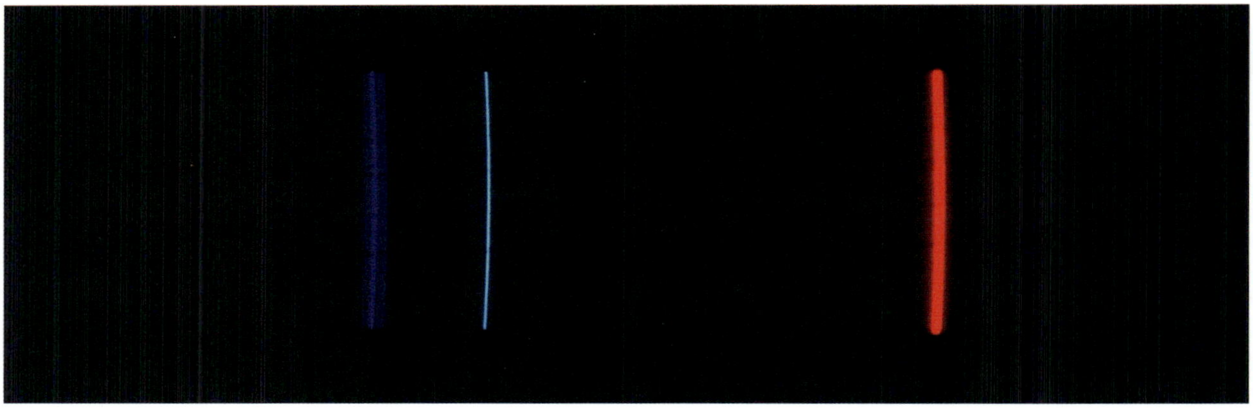

Das Emissionsspektrum von Wasserstoff.

Die Wellenlängen der ersten vier Wasserstofflinien erhält man, indem man die Grundkonstante b = 3645,5 nacheinander mit den Koeffizienten 9/5, 4/3, 25/21 und 9/8 multipliziert. Auf den ersten Blick sieht es so aus, als ob diese Koeffizienten keine regelmäßige Reihe ergäben, doch wenn wir den zweiten und vierten Bruch mit 4 erweitern, taucht eine Regelmäßigkeit auf (die Reihe wird zu 9/5, 16/12, 25/21, 36/32). Die Koeffizienten haben als Zähler die Zahlen 3^2, 4^2, 5^2 *und* 6^2 *und als Nenner eine Zahl, die um vier kleiner ist als der Zähler.*

Aus mehreren Gründen scheint es mir so zu sein, dass die vier Koeffizienten, die gerade genannt wurden, zu zwei Reihen gehören, sodass die zweite Reihe die Größen der ersten Reihe noch einmal enthält. Deshalb kann ich die Formel für die Koeffizienten in einer allgemeineren Form darstellen, $m^2/(m^2-n^2)$, *wobei m und n ganze Zahlen sind.*

Das soll also bedeuten, dass die Wellenlängen der Wasserstofflinien durch $\lambda = b\,(m^2/(m^2-n^2))$ gegeben sind. Nun zurück zu Balmer:

Für n=1 erhalten wir die Reihe: 4/3, 9/8, 16/15, 25/24 usw.; für n=2 die Reihe 9/5, 16/12, 25/21, 36/32, 49/45, 64/60, 81/77, 100/96 usw. Der zweite Term in dieser zweiten Reihe befindet sich in einer gekürzten Form schon in der ersten Reihe.

Balmer verglich die ersten vier Wasserstofflinien, wie sie von Ångström gemessen wurden, mit den berechneten. In der Einheit Ångström (10^{-10} Meter) betrugen die Werte:
Alpha-Linie: Balmer: 6562,08; Ångström: 6562,10; Differenz: +0,02
Beta-Linie: Balmer: 4860,8; Ångström: 4860,74; Differenz: –0,06
Gamma-Linie: Balmer: 4340; Ångström: 4340,1; Differenz: +0,1
Delta-Linie: Balmer: 4101,3; Ångström: 4101,2, Differenz: –0,1

Offensichtlich passt das Modell gut zur Realität. Doch Balmer suchte nach der fünften Wasserstofflinie – das war die Feuerprobe. Er berechnete, dass sie bei 49/45 · 3645,6 = 3969,65 Ångström liegen musste.

Ich wusste nichts von einer solchen Linie, die innerhalb des sichtbaren Bereichs des Lichtspektrums liegen musste – und ich war gezwungen anzunehmen, dass entweder die Temperaturverhältnisse ungünstig waren, um so eine Linie zu erzeugen, oder dass die Formel nicht allgemeingültig war.

Mit Bezug auf Professor Hagenbach informierte er mich, dass viele weitere Wasserstofflinien bekannt waren, die von Vogel und Huggins gemessen worden sind … und er war so freundlich, die so bestimmten Werte mit der Formel zu vergleichen …

Es passierte hier also etwas. Es musste einen Grund dafür geben, dass diese Formel so gut passte, doch alles, was die Leute damals tun konnten, war, nach diesem Grund Ausschau zu halten.

Zu gegebener Zeit würden sie ihn finden.

RADIOWELLEN

Wie durch pure Neugier elektromagnetische Wellen entdeckt wurden, die unsere Art zu kommunizieren veränderten

76

Wann: 1886–1888.

Wo: Karlsruhe.

Wer: Heinrich Hertz (1857–1894).

Was: Man kann elektromagnetische Wellen erzeugen, die sich in gewisser Hinsicht deutlich von Licht unterscheiden, ihm in anderen Eigenschaften aber auch ähneln.

Folgen: Kurzfristig: James Clerk Maxwells Theorie der elektromagnetischen Strahlung wurde bewiesen. Langfristig: Es ergaben sich völlig neue Kommunikationsmöglichkeiten.

Die Nachwelt ging mit Heinrich Hertz nicht freundlich um. Oft wird er als Bastler beschrieben, der die Radiowellen mehr oder weniger zufällig entdeckte, als in einer Funkenstrecke, die gerade in seinem Labor herumstand, mysteriöse Funken aufblitzten. Tatsächlich wusste Hertz genau, was er tat. Seine Experimente sehen nur so einfach aus, weil man sie mit einfachen Worten beschreiben kann. So entsteht der Eindruck, er habe nur ziellos herumgetüftelt. In Wirklichkeit wollte er eine komplizierte Theorie nachprüfen, und das tat er.

1870 leitete James Clerk Maxwell (1831–1879) her, dass Licht und andere Strahlungsformen elektromagnetische Phänomene sein müssen: Sie bestehen aus einem elektrischen und einem magnetischen Anteil, die sich beide mit Lichtgeschwindigkeit ausbreiten. Bis 1886 war es niemandem gelungen, Maxwells Wellen zu erzeugen oder nachzuweisen, obwohl George FitzGerald (1851–1901) schon 1881 erklärt hatte, wie man das versuchen könnte. Ein paar Leute hatten auch, wie Hertz, Funken in einer Funkenstrecke gesehen, ohne die Bedeutung dessen zu erkennen, was sie da sahen.

Hertz suchte nach den Wellen, die wir heute Radiowellen nennen. Er dachte nicht daran, sie anzuwenden; er wollte nur zeigen, dass es sie gab. Um die Wellen zu erzeugen, musste er einen Wechselstrom durch einen Stromkreis und über eine Funkenstrecke leiten. In Analogie zur elektromagnetischen Induktion sollte die Strahlung, die von diesem Wechselstrom hervorgerufen wurde, in einem zweiten, ähnlichen, in der Nähe befindlichen Kreis wieder eine Spannung induzieren, die aber geringer sein sollte als die

Ein Detektorempfänger mit Kopfhörern. Beachten Sie die Nadel (→93) an der abschüssigen Bedienplatte oben. Der Hebel rechts davon wurde benutzt, um die Nadel über den Kristall zu verschieben, bis man einen guten Kontaktpunkt gefunden hatte.

im ersten Kreis. Deshalb musste der Spalt im zweiten Kreis kleiner sein, und der Funken war viel kürzer, aber er konnte nachgewiesen werden.

Als Hertz seine Versuchsanordnung beschrieb, klang das wie aus einem 50er-Jahre-Horrorfilm. Da gab es eine Induktionsspule, die eine hohe Spannung an einen schmalen Spalt zwischen zwei Drähten liefern sollte. Dann gab es die Funkenstrecke selbst, die von winzigen Blitzen durchzuckt wurde. Man kann den Meister fast „Dreh auf, Igor!“ sagen hören. Diese Funkenstrecke stand im Brennpunkt eines Parabolspiegels, den Hertz durch Biegen eines Stücks Zinkblechs hergestellt hatte. Vielleicht sah das Ganze etwas improvisiert aus, doch dieser Parabolspiegel war der Vorläufer all der Satellitenschüsseln, die wir heute auf unseren Dächern haben. Hertz, denken Sie daran, wusste genau, was er tat.

Nachdem er Wellen erzeugt und zu einem Strahl fokussiert hatte, bewegte Hertz eine kleine zweite Funkenstrecke – seinen Detektor – den Strahl entlang und prüfte, ob Funken auftauchten. Die Funken waren winzig, doch er konnte sie gerade noch erkennen, wenn der Detektor nur einige Meter von der Quelle weg war. Nun, das war interessant; aber die Ursache konnte auch ein

Induktionseffekt, wie beim Transformator, sein. Es brachte nicht viel und zeigte auch nichts Neues. Das geschah erst beim nächsten Schritt.

Hertz stellte in einiger Entfernung von der Parabolschüssel einen flachen Spiegel (eine Blechplatte) auf, der die Wellen zurückwarf. Wird eine Welle in sich selbst reflektiert, kann eine stehende Welle erzeugt werden. Verfährt man so mit Lichtwellen, beobachtet man Interferenzen, also dunkle und helle Streifen, wobei je zwei helle Streifen den Abstand einer halben Wellenlänge haben. Das Gleiche kann man mit Tönen machen, zum Beispiel in einer Orgelpfeife, doch hier entstehen anstelle der Streifen Zonen mit hohem und niedrigem Luftdruck.

Bei den Wellen von Hertz zeigten sich „helle Punkte", wenn der Funke im Detektor stark war, und „dunkle Punkte", wo gar keine Funken auftauchten. Und wieder waren die hellen Punkte in der stehenden Welle jeweils eine halbe Wellenlänge voneinander entfernt.

Hertz beobachtet diesen Effekt ganz genau und fand helle Punkte bei 33 Zentimetern, 65 Zentimetern und 98 Zentimetern Entfernung von der Quelle. Wenn man also davon ausgeht, dass die halbe Wellenlänge 33 Zentimeter groß ist, ergab dies eine Schwingungsdauer von $2{,}2 \cdot 10^{-9}$ Sekunden, vorausgesetzt, die Welle breitete sich mit Lichtgeschwindigkeit aus, woran Hertz nicht gezweifelt zu haben scheint. Er zeigte, dass diese „elektrischen Strahlen" sich genau wie Licht geradlinig ausbreiten, polarisiert, reflektiert und gebeugt werden können. Nur selten sieht man eine Versuchsreihe, die so vollständig und überzeugend ist.

Hier ist sinngemäß die Schlussfolgerung einer Veröffentlichung von 1888, in der er seine Experimente beschrieb. Er zeigt darin ganz klar, dass er genau wusste, was er da untersuchte: „Licht mit sehr großer Wellenlänge".

Wir haben den Begriff „Strahlen aus elektrischer Kraft" für das Phänomen benutzt, das wir untersucht haben. Vielleicht sollten wir sie als „Lichtstrahlen mit sehr großer Wellenlänge" bezeichnen. Die beschriebenen Experimente können meiner Ansicht nach jeden Zweifel daran ausräumen, dass Licht, Strahlungswärme und elektromagnetische Wellenbewegung ein und dasselbe Phänomen sind. Ich glaube, dass wir von jetzt an mit größerem Vertrauen die Vorteile dieser Identität beim Studium von Optik und Elektrizität nutzen können.

Hertz veröffentlichte diese Arbeit Ende 1888 auf Deutsch. Bis Mitte 1889 hatten französische Wissenschaftler seinen Apparat bereits verbessert. Sogar im *Scientific American* erschien ein Artikel darüber. Bald war die Sache in aller Munde, weshalb man staunt, dass Marconis Leistungen so lange auf sich warten ließen. Die erste Radioübertragung fand im September 1895 statt (über nur drei Kilometer), ein Höhepunkt war im Dezember 1901 die erste transatlantische Übertragung.

Vielleicht kann man diese große Zeitverzögerung besser verstehen, wenn man weiß, dass erst bessere, empfindlichere Detektoren (Empfänger) gebaut werden mussten, die auch über große Entfernungen hinweg funktionierten. Leider kam der Radio-Boom zu spät für Hertz. Kurz vor seinem 37. Geburtstag, zwei Jahre vor Marconis erstem Patent, starb er an einer Blutvergiftung. Er hatte kaum eine Ahnung davon, welche Entwicklung er ins Rollen gebracht hatte.

Leider verhinderte sein früher Tod, dass er Zeuge einiger außerordentlicher Entdeckungen, die mit Strahlung zusammenhängen, werden konnte.

DER „ÄTHER“

Warum der misslungene Versuch, den Äther zu finden, eine der wichtigsten Entdeckungen des 19. Jahrhunderts war

77

Wann: 1887.

Wo: Cleveland, Ohio, USA.

Wer: Albert Abraham Michelson (1852–1931) und Edward Williams Morley (1838–1923).

Was: Der Weltraum ist nicht von einem „Äther“ erfüllt.

Folgen: Man musste nach einer anderen Erklärung dafür suchen, dass sich Licht im Vakuum ausbreiten kann.

Solange sich die Naturforscher Licht als einen Strom von Teilchen vorstellten, hatten sie kein Problem damit, sich seine Ausbreitung im Vakuum zu erklären. Dann kam Christiaan Huygens (1629–1695) und vertrat die Ansicht, Licht sei eine Welle. Nun wusste man, dass Wellen ein Trägermedium benötigen, um sich fortzupflanzen; für das Licht, sagte Huygens, sei dieses Medium ein „Äther“. Diese Erklärung klang vernünftig, aber die meisten Leute stellten sich Licht trotzdem lieber als Teilchenstrom vor.

1803 legte Thomas Young (1773–1829) der Royal Society den Nachweis vor, dass Licht tatsächlich eine Welle ist. Ein formales Modell führte 1818 Augustin Fresnel (1788–1827) ein. Young zeigte, dass Lichtstrahlen interferieren, das bedeutet, dass sie einander durch Überlagerung verstärken oder auslöschen können. Nur Wellen verhalten sich so. Wenn Lichtwellen interferieren, musste Licht eine Wellenerscheinung sein.

Fresnel erklärte mit seinem Modell auch das Verhalten von Wellen, die auf ein kreisförmiges Hindernis treffen. Siméon-Denis Poisson (1781–1840) versuchte, diese Theorie ad absurdum zu führen, indem er darauf hinwies, dass Fresnels Interferenzen einen hellen Fleck im Zentrum jedes kreisförmigen Schattens verursachen müssten. François Jean Dominique Arago (1786–1853) ging daraufhin in sein Labor und zeigte wenig später, dass es diesen Fleck in der Tat gibt. Damit war die Wellentheorie des Lichts erneut bestätigt worden. Der strittige Lichtfleck wird heute übrigens meist „Poisson'scher Fleck“ genannt, obwohl Fresnel- oder Arago-Fleck sicherlich gerechter wäre. Wie auch immer: Licht war eine Welle, daran gab es keinen Zweifel mehr. Damit kam der Äther wieder ins Gespräch.

Die Forscher wollten unbedingt wissen, was der Äther ist, wie er sich verhält und welche Wirkungen er hat. Heute scheint es dem gesunden Physikerverstand zuwider zu laufen, dass da so hartnäckig an etwas geglaubt wurde, was alles durchdringt, aber fast nicht messbar ist. Aber denken Sie nur an Neutrinos – die verhalten sich ganz ähnlich, und kaum jemand stellt ihre Existenz in Abrede! Viele Theorien klingen erst einmal verrückt, doch Wissenschaftler sind höfliche Menschen: Sie sagen nur „das leuchtet mir nicht ein“ und suchen stillschweigend nach einer besseren Erklärung.

Armand Fizeau (1819–1896) (→56) war ein Experte in der Messung der Lichtgeschwindigkeit. Er konnte genau genug messen, um zu zeigen, dass sich die Geschwindigkeit des Lichts ändert, wenn sich das Medium, in dem es sich ausbreitet, selbst bewegt. Das gab den Leuten zu denken, denn die Erde umkreist die Sonne, die Sonne rast durch den Weltraum. Auch wenn sich also der Äther zu Beginn des Experiments mit der gleichen Geschwindigkeit wie die Erde bewegen würde, sollte man sechs Monate später, wenn die Erde auf der gegenüberliegenden Seite ihrer Bahn um die Sonne war, irgendeinen Unterschied merken. Obendrein vollführt unser Planet auch noch eine Drehung um die eigene Achse; selbst wenn der Äther relativ

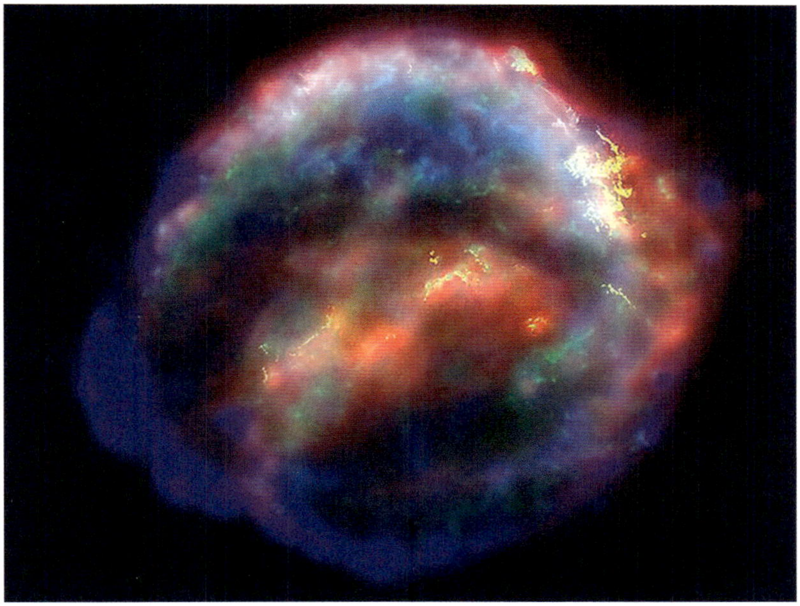

Diese „Blase" aus Gas und Staub hat einen Durchmesser von 14 Lichtjahren und dehnt sich mit einer Geschwindigkeit von 6,4 Millionen Kilometern pro Stunde aus.

zu dem Punkt, an dem man den Versuch beginnt, stationär wäre, sollte nach zwölf Stunden eine Relativbewegung messbar sein. Das hieß: Auch wenn man den Äther selbst vielleicht nicht zu fassen bekam, seine Wirkung sollte man auf jeden Fall feststellen können.

Man musste also Tag und Nacht, Jahreszeit für Jahreszeit die Lichtgeschwindigkeit an einem bestimmten Punkt auf der Erdoberfläche messen und nach einer systematischen Veränderung suchen. 1887 versuchten Michelson und Morley, den Einfluss eines bewegten Äthers auf die Lichtgeschwindigkeit in verschiedenen Richtungen zu erfassen.

1864 hatte James Clerk Maxwell gezeigt, dass es möglich sein müsste, die Bewegung der Erde durch den Äther nachzuweisen. Die Abweichungen sollten in der Größenordnung von 10^{-8} liegen. Damals gab es noch keine dazu geeigneten Messgeräte, aber 1884 saßen Michelson und Morley in einer Vorlesungsreihe, die Lord Kelvin in Baltimore hielt. Kelvin drängte Michelson, ein Experiment zu wiederholen, dass dieser drei Jahre zuvor ohne Ergebnis in Potsdam durchgeführt hatte. Die beiden ließen sich überreden.

Zuerst wiederholten sie Fizeaus Versuch zur Lichtgeschwindigkeit in strömendem Wasser. Falls Fizeau sich geirrt haben sollte, hätte das Michelsons Fehlschlag in Potsdam erklären können; doch sie konnten Fizeaus Ergebnisse bestätigen. Michelson hatte bei seinen Messungen in Deutschland Schwierigkeiten aufgrund der Erschütterungen durch den Verkehr gehabt – man muss bedenken, dass die erwarteten Abweichungen winzig waren. Deshalb wurde die Versuchsanordnung umgebaut und auf eine Steinplatte montiert, die in einem Quecksilbersee schwamm:

Das Gerät ... ruhte auf einem ringförmigen hölzernen, 0,25 Meter dicken Schwimmkörper ... mit 1,5 Metern Außen- und 0,7 Metern Innendurchmesser. Dieser Schwimmkörper ruhte auf 1,5 Zentimeter hohem Quecksilber in einer gusseisernen Wanne, die so groß war, dass der Schwimmkörper einen Zentimeter Abstand zum Rand hatte. Ein Bolzen, ... der in eine Fassung passte, ... hielt den Schwimmkörper in der Wanne konzentrisch, trug aber nicht das Gewicht des Steins.

Kurz gesagt: Der Apparat war erschütterungsfrei montiert. Michelson und Morley mussten nur die relativen Geschwindigkeiten zweier Lichtstrahlen vergleichen, die im rechten Winkel zueinander standen. Dazu teilten sie einen Strahl und brachten die beiden Teilstrahlen dann wieder so zusammen, dass Interferenz stattfinden konnte. Wenn die Lichtgeschwindigkeit sich mit der Richtung im Raum (also relativ zur Bewegungsrichtung des Äthers) änderte, würde eine Drehung der Versuchsanordnung eine Änderung im Interferenzmuster hervorrufen.

Die Idee war, dass ein Teilstrahl, der senkrecht zum Äther lief, etwas schneller ankommen sollte als einer, der sich parallel dazu ausbreitete. (Stellen Sie sich vor, der Äther bewegte sich mit Lichtgeschwindigkeit; dann kämen Strahlen, die parallel zu ihm verlaufen, niemals an.)

Michelson und Morley erwarteten einen winzigen Unterschied, der nur durch eine allerkleinste Verschiebung in den Interferenzringen erkennbar sein würde. Wenn die Vorrichtung gedreht wurde, wechselten die parallelen Teilstrahlen ihre Position mit den senkrechten und wieder zurück. Dies sollte die Interferenzringe beeinflussen. Doch die Ringe änderten sich überhaupt nicht. Das Michelson-Morley-Experiment schlug fehl, und damit war der Äther-Theorie der Boden entzogen. Die Physiker mussten von vorn beginnen, aber nun wussten sie jedenfalls, wonach sie nicht suchen sollten.

RÖNTGENSTRAHLEN

Wie sich aus einer zufälligen Beobachtung vielfältige Anwendungen ergaben

78

Wann: 1895.

Wo: Würzburg.

Wer: Wilhelm Conrad Röntgen (1845–1923)

Was: Eine unsichtbare Strahlung, die verschiedenste feste Körper durchdringt.

Folgen: Die Entdeckung begründete ein neues Gebiet der Medizin, gab den Anstoß zur Entdeckung der Radioaktivität und ermöglichte die Erfindung des Röntgenbeugungsverfahrens.

Röntgenstrahlen sind als diagnostisches Hilfsmittel aus der Medizin nicht mehr wegzudenken. Ihre Entdeckung durch den deutschen Physiker Wilhelm Conrad Röntgen im Jahr 1895 hatte jedoch wenig mit medizinischem Experimentieren zu tun. Röntgen untersuchte Kathodenstrahlen – den Strom geladener Teilchen, wie er heute für alle möglichen Anwendungen genutzt wird, von der Bildröhre bis zur Leuchtstofflampe. Vor ihm hatte bereits ein anderer Wissenschaftler herausgefunden, dass Kathodenstrahlen dünnes Metall durchdringen können; ein weiterer konnte zeigen, dass die Strahlen einen Fluoreszenzschirm, der in einigen Zentimetern Abstand von einer mit einem schmalen Aluminium-„Fenster" ausgestatteten Glasröhre angeordnet ist, zum Leuchten bringen.

Röntgen fragte sich, ob man Kathodenstrahlen nachweisen konnte, die aus einer komplett mit schwarzer Pappe bedeckten Glasröhre nach außen drangen. Er versuchte es und bemerkte dabei in seinem abgedunkelten Labor ein schwaches Glimmen auf einem Detektorschirm, der sich in einigem Abstand von der Glasröhre befand. Er dachte zunächst, der Karton hätte Risse, durch die Licht von der Hochspannungsspule entweichen konnte, mit der die Röhre betrieben wurde. Doch schon bald wurde ihm klar, dass er durch Zufall auf etwas völlig anderes gestoßen war. Die Strahlen durchdrangen tatsächlich das dicke Papier und erschienen auf dem mehr als einen Meter entfernten Leuchtschirm.

Röntgen stellte fest, dass die neue Art von Strahlung sich in vielen ihrer Eigenschaften von den Kathodenstrahlen unterschied, die er bisher unter-

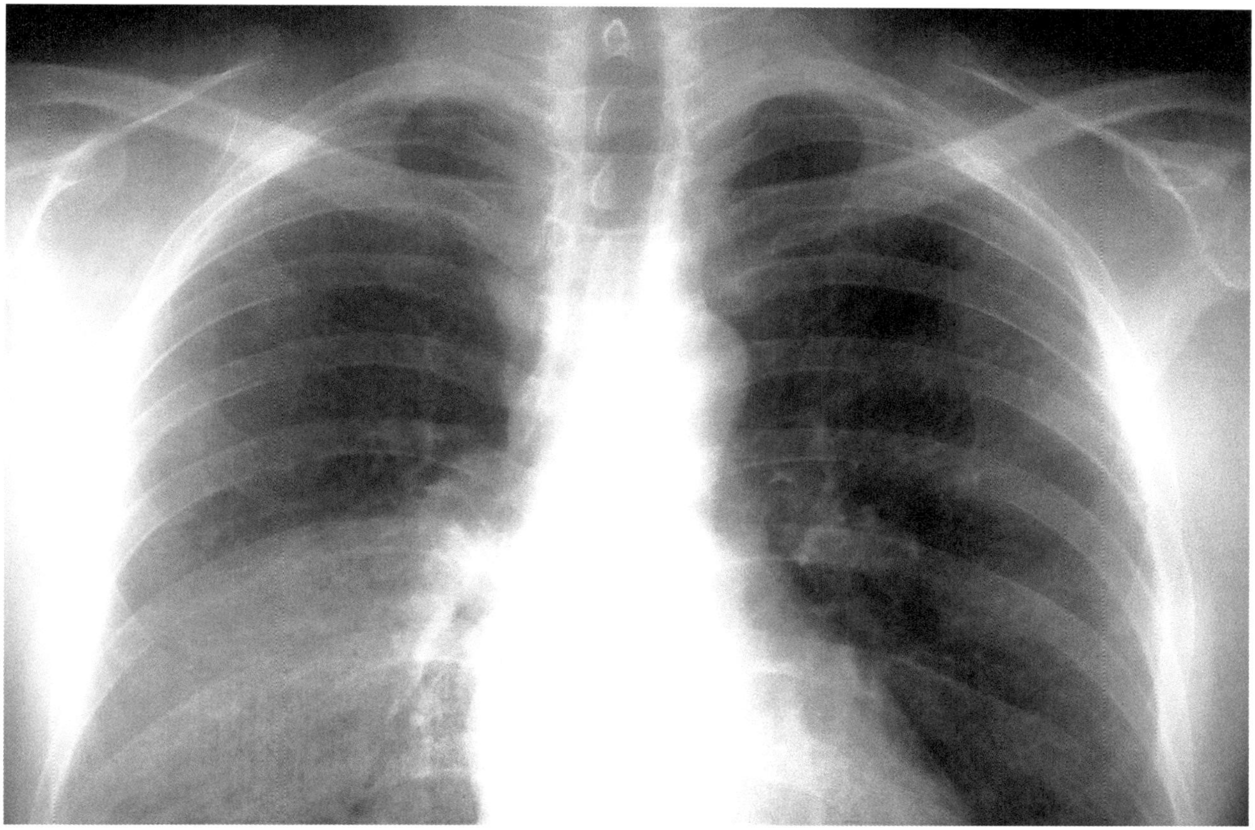

Röntgenaufnahmen wie das hier gezeigte Bild eines menschlichen Brustkorbs haben die Diagnoseverfahren in der Medizin grundlegend verändert.

suchte hatte. Sie war in der Lage, feste Körper zu durchdringen und sogar das menschliche Skelett als fotografisches Negativ abzubilden, wurde jedoch durch Metalle blockiert.

Röntgen wurde in Preußen geboren, wuchs in den Niederlanden auf und erhielt seine Ausbildung an Universitäten in Holland und der Schweiz. Obwohl er unter anderem auch einen Effekt entdeckte, den Hendrik Antoon Lorentz als „Röntgenstrom" bezeichnete, denken wir bei seinem Namen heute vorwiegend an die später nach ihm benannten „X-Strahlen". Röntgen beschrieb sie so umfassend, dass der englische Forscher Sylvanus Thompson später nörgelte, Röntgen habe kaum etwas übrig gelassen, was andere noch hätten tun können – außer die von ihm aufgelisteten Ergebnisse zu überprüfen. Diese Gründlichkeit sollte sich jedoch auszahlen. Im Jahr 1901 erhielt Röntgen den Nobelpreis für Physik, den ersten, der überhaupt vergeben wurde, für seine zufällige Entdeckung und spätere gezielte Erforschung der X-Strahlen, die von Medizinern in aller Welt schon bald als Standardverfahren in der Diagnostik eingesetzt wurden.

Die Namen, die wir in Röntgens Beschreibung der Entstehung seiner Strahlen lesen, deuten darauf hin, dass es damals nur noch eine Frage der Zeit war, bis jemand die X-Strahlen entdecken würde. Nachdem dies geschehen war, wurde Sir William Crookes (1832–1919) klar, dass er den Strahlen bereits einige Zeit zuvor auf die Spur gekommen war: Er hatte Schwärzungen auf Fotopapier beobachtet, das er in der Nähe einer seiner Röhren aufbewahrt hatte. Röntgen schrieb in seiner Abhandlung *Ueber eine neue Art von Strahlen* 1895:

Lässt man durch eine Hittorf'sche Vacuumröhre, oder einen genügend evacuirten Lenard'schen, Crooke'schen oder ähnlichen Apparat die Entladungen eines grösseren Ruhmkorff's gehen und bedeckt die Röhre mit einem eng anliegenden Mantel aus dünnem, schwarzem Carton, so sieht man in dem vollständig verdunkelten Zimmer einen in der Nähe des Apparates gebrachten, mit Bariumplatincyanür angestrichenen Papierschirm bei jeder Entladung hell aufleuchten, fluoresciren.

Nachdem Röntgen den Effekt Anfang November 1895 entdeckt hatte, zog er sich zurück, arbeitete bis einige Tage nach Weihnachten weiter an der Lösung des Problems und verfasste eine zehnseitige Abhandlung für die Physikalisch-Medizinische Gesellschaft der Universität Würzburg. Darin steht:

Das an der Erscheinung zunächst Auffallende ist, dass durch die schwarze Cartonhülse, welche keine sichtbaren oder ultravioletten Strahlen des Sonnen- oder des elektrischen Bogenlichts durchlässt, ein Agens hindurchgeht, das im Stande ist, lebhafte Fluorescenz zu erzeugen, und man wird deshalb wohl zuerst untersuchen, ob auch andere Körper diese Eigenschaft besitzen. Man findet bald, dass alle Körper für dasselbe durchlässig sind, aber in sehr unterschiedlichem Grade. Einige Beispiele führe ich an. Papier ist sehr durchlässig: hinter einem eingebundenen Buch von ca. 1000 Seiten sah ich den Fluorescenzschirm noch deutlich leuchten; die Druckerschwärze bietet kein merkliches Hindernis.

Ebenso zeigte sich Fluorescenz hinter einem doppelten Whistspiel; eine einzelne Karte zwischen Apparat und Schirm gehalten macht sich dem Auge fast nicht bemerkbar.

Glasplatten gleicher Dicke verhalten sich verschieden, je nachdem sie bleihaltig sind (Flintglas) oder nicht; erstere sind viel weniger durchlässig als letztere. Hält man die Hand zwischen den Entladungsapparat und den Schirm, so sieht man die dunkleren Schatten der Handknochen in dem nur wenig dunklen Schattenbild der Hand.

Ein Holzstab mit quadratischem Querschnitt (20 × 20 mm), dessen eine Seite mit Bleifarbe weiss angestrichen ist, verhält sich verschieden, je nachdem er zwischen Apparat und Schirm gehalten wird; fast vollständig wirkungslos, wenn die X-Strahlen parallel der angestrichenen Seite durchgehen, entwirft der Stab einen dunklen Schatten, wenn die Strahlen die Anstrichfarbe durchsetzen müssen. In eine ähnliche Reihe, wie die Metalle, lassen sich ihre Salze, fest oder in Lösung, in Bezug auf ihre Durchlässigkeit ordnen.

In diesem letzten Abschnitt nennt Röntgen einen wichtigen Punkt, der niemandem so recht auffiel, bis Marie Curie bemerkte, dass die Radioaktivität von Salzen und ihren Elementen dieselbe ist: Einige physikalische Eigenschaften, die Absorption von Röntgenstrahlen eingeschlossen, sind unabhängig von dem Zustand, in dem sich ein Atom befindet, da es sich um Eigenschaften des Atomkerns handelt.

Die Entdeckung der Röntgenstrahlung führte zu der Methode der Röntgenbeugung (die eine wichtige Rolle in der Naturwissenschaft spielt), zur Computertomographie und zu vielen anderen Anwendungen.

Und wie bei der Entdeckung der Radioaktivität begann alles mit einem glücklichen Zufall.

RADIOAKTIVITÄT

Wie Physiker plötzlich erkannten, dass ihre Physik alles andere als vollständig war

Henri Becquerel war der Enkel und Sohn berühmter französischer Physiker und selbst Vater eines ausgezeichneten Forschers. Seine Entdeckung der Radioaktivität wurde durch die kritische Haltung der Franzosen allem Deutschen gegenüber vorangetrieben. Wilhelm Conrad Röntgen (→78) hatte nachgewiesen, dass Kathodenstrahlen und die damit im Zusammenhang entstehenden Röntgenstrahlen Fluoreszenz hervorrufen. Die Becquerels interessierten sich von jeher für die Fluoreszenz von Mineralen.

Mitte der 1890er Jahre wuchsen im Vorfeld des Ersten Weltkriegs die Spannungen zwischen fünf europäischen Mächten: England, Frankreich, Deutschland, Russland und Österreich. Die größte Rivalität herrschte jedoch zwischen Frankreich und Deutschland. Entdeckten die Deutschen eine neue Strahlenart mit verblüffenden Eigenschaften, nahmen die Franzosen dasselbe für sich in Anspruch. Becquerel glaubte, dass Sonnenlicht beim Auftreffen auf Kaliumuranylsulfat, ein fluoreszierendes Salz, Röntgens neue Strahlung auch liefern könnte.

Er vermutete, sichtbares Licht könnte in Materie durchdringende Strahlen wie etwa Röntgenstrahlung „umgewandelt" werden, wie Kathodenstrahlen scheinbar in Röntgenstrahlen konvertierbar waren. Er wickelte Photoplatten in schwarzes, lichtundurchlässiges Papier ein, gab Proben des Uransalzes darauf und legte die Pakete in die Sonne. Als er die Platten entwickelte, zeichneten sich die Umrisse der Salzprobe auf ihnen ab.

Damit schien bewiesen, dass Sonnenlicht fluoreszierende Salze dazu anregt, eine durchdringende Strahlung zu erzeugen. Becquerel war außerdem aufgefallen, dass Münzen und andere Metallgegenstände die Strahlung ebenso wie die Röntgenstrahlung (→78) abhielten. Dann machte er, dank schlechten Wetters, eine überraschende Entdeckung: Am 26. und 27. Februar war der Himmel bewölkt, sodass er den Film und die Salzkristalle in einer Schublade verstaute. Nachdem die Sonne auch an den darauffolgenden Tagen nicht zum Vorschein gekommen war, entwickelte er am 1. März die Platten. Er rechnete mit schwachen Umrissen, da die Kristalle nur einer geringen Menge Tageslicht ausgesetzt gewesen waren, fand jedoch zu seiner Überraschung sehr deutliche Konturen auf ihnen.

Andere hätten an diesem Punkt vielleicht einen Fehler vermutet, doch Becquerel fand eine andere Erklärung: „Ich erkannte sogleich, dass der Prozess auch bei Dunkelheit andauert", schrieb er in seinem Bericht über die Arbeit. Becquerel wiederholte das Experiment in einer Dunkelkammer und erhielt ähnliche Bilder. Er veröffentlichte die Ergebnisse und stellte Marie Curie für ihre Doktorarbeit die Aufgabe, die Quelle der Strahlung zu finden und zu erklären.

Maria Skłodowska (1867–1934) wuchs in Polen auf, das später zwischen Russland, Österreich und Deutschland aufgeteilt wurde. 1891 ging sie nach Paris, um ein Studium an der Sorbonne aufzunehmen; im Jahr 1895 heiratete sie den angesehenen Physiker Pierre Curie (1859–1906). Bekannt geworden waren er und sein Bruder durch ihre Untersuchungen zur Piezoelektrizität, der Art und Weise, wie sich in manchen Kristallen bei unterschiedlich starker

79

Wann: 1896.

Wo: Paris.

Wer: (Antoine) Henri Becquerel (1852–1908).

Was: Bestimmte Elemente emittieren Strahlung.

Folgen: Langfristig führte die Entdeckung zur Entwicklung von Atomwaffen und zur Kernenergie, sie ermöglichte aber auch wichtige Einblicke in die Struktur von Atomkernen.

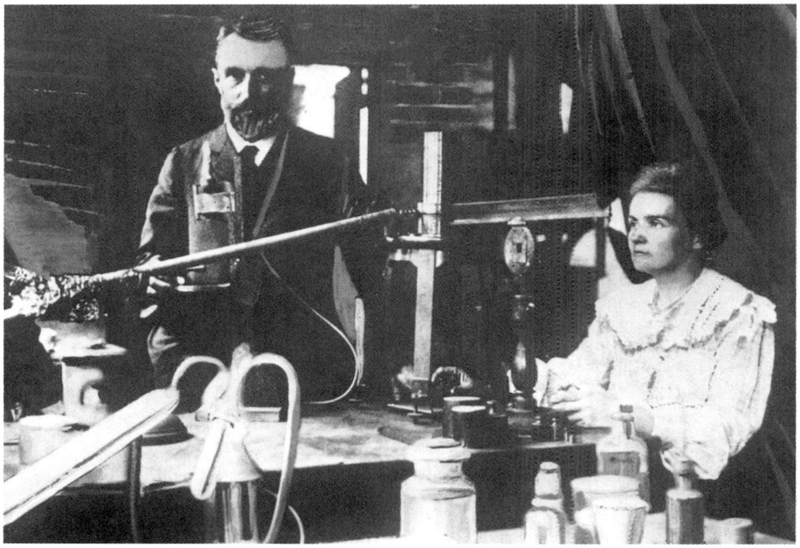

Pierre und Marie Curie in ihrem Labor.

mechanischer Verformung unterschiedlich hohe elektrische Spannungen aufbauen (und umgekehrt Kristalle sich bei Anlegen unterschiedlich hoher elektrischer Spannung elastisch verformen).

Gemeinsam unterstützten sie Marie Curie bei ihren Experimenten, wobei Pierre das Gerät beisteuerte, mit dem sie die Radioaktivität maßen. Im Jahr 1898 hatte Marie die Bezeichnungen Alpha-, Beta- und Gammastrahlen geprägt, und gemeinsam benannten sie zwei neu gefundene Elemente, Polonium (zu Ehren ihres Herkunftslandes Polen) und Radium. Ihre Untersuchungsmethoden hätten in unseren Tagen jeden Strahlenschutzbeauftragten entsetzt. Heute, fast ein Jahrhundert später, sind ihre Labortagebücher immer noch gefährlich radioaktiv, und wer die Dokumente in Paris besichtigen will, muss vorher eine Erklärung unterschreiben, dass er auf jegliche Haftungsansprüche gegenüber der Sorbonne verzichtet.

Unten folgt ein Teil des Berichts, den Pierre 1903 in London vorlegte – im selben Jahr, als Marie ihre Doktorarbeit fertigstellte und sie, Pierre und Becquerel gemeinsam den Nobelpreis für Physik erhielten. Marie war – als wahrscheinlich erste Frau, die vor der Königlich-Schwedischen Akademie der Wissenschaften erschien – bei der Verleihung anwesend, überließ es jedoch Pierre, vor dem Komitee zu sprechen.

Diese Strahlen, die von bestimmten Stoffen spontan emittiert werden, werden als Becquerel-Strahlen bezeichnet, und die Substanzen, welche diese Strahlen emittieren, nennen wir radioaktiv.

Madame Curie und ich haben neue radioaktive Stoffe entdeckt, welche in bestimmten Mineralen als Spuren enthalten sind, die aber eine hohe Radioaktivität besitzen. Wir konnten Polonium isolieren, eine Substanz mit ähnlichen Eigenschaften wie Bismut, sowie Radium, einen engen chemischen Verwandten von Barium. Monsieur Debierne hat später noch Actinium entdeckt, eine den Seltenen Erden ähnliche radioaktive Substanz.

Polonium, Radium und Actinium strahlen eine Million Mal intensiver als Uran und Thorium. Anhand dieser Stoffe dürfte sich das Phänomen der Radioaktivität detailliert untersuchen lassen, und verschiedene Physiker haben bereits umfangreiche Forschungen in Angriff genommen. Heute Abend will ich über Radium spre-

chen, denn wir konnten erst kürzlich beweisen, dass es uns gelungen ist, das Element in reinem Zustand darzustellen.

Im späteren 19. Jahrhundert fochten Erfinder erbitterte Kämpfe um Patente aus. Heute suchen Verwaltungsleute und Erbsenzähler ohne jegliches Wissen und ohne die geringste Leidenschaft für Wissenschaft die Universitäten heim; sie engen die Wissenschaftler ein und versuchen aus jeder neuen Entdeckung noch mehr Profit zu schlagen, ohne selbst irgendetwas Substanzielles beizutragen. Nimmt man ihre Bemerkungen zur Patentierung von Radium, so scheint Marie Curie weitaus menschlicher gedacht zu haben:

Es wäre ausgeschlossen, es wäre gegen den Geist der Wissenschaft … Physiker veröffentlichen ihre Ergebnisse immer vollständig. Sollte unsere Entdeckung eine kommerzielle Zukunft haben, dann ist das ein Zufall, von dem wir nicht profitieren dürfen. Und wenn man herausfindet, dass Radium in der Behandlung von Krankheiten eingesetzt werden kann, so erscheint es mir unmöglich, daraus einen Vorteil zu ziehen.

Erbsenzähler und Politiker: Das sollten Sie verinnerlichen!

FLÜSSIGES HELIUM

Wie wir gelernt haben, etwas zu kühlen … und dann wirklich kalt zu machen

80

Wann: 1898.

Wo: London.

Wer: Sir James Dewar (1842–1923).

Was: Wasserstoff kann gekühlt und verdichtet werden, bis er flüssig wird.

Folgen: Dies führte zu Raketen mit Flüssigkeitsantrieb, zur Herstellung von flüssigem Helium und zur Entdeckung der Supraleitung.

Dass ein Gas sehr heiß wird, wenn man es schnell verdichtet, ist bekannt. Nach diesem Prinzip funktionieren das pneumatische Feuerzeug (→1) und der Dieselmotor.

Wenn man umgekehrt ein komprimiertes Gas entspannt, wobei es sich wieder ausdehnt, wird es ziemlich kalt. Nach diesem Wärmepumpen-Prinzip arbeiten Kühl- und Gefrierschränke: Sie geben die Wärme des verdichteten Gases an die Außenwelt ab (durch das schwarze Gitter auf ihrer Rückseite) und kühlen das Innere, indem sich das Gas dort wieder ausdehnt.

Kühlschränke sind „Wärmepumpen“, weil sie Wärme aus ihrem Innenraum hinauspumpen, wie eine Wasserpumpe das Wasser aus einem Brunnen zieht. Stellt man den Kühlschrank aber mit offener Tür in einem vollkommen abgeschlossenen Raum, so wird es im Raum wärmer! Um etwas von A nach B zu pumpen, muss man Arbeit verrichten. Befinden sich die beiden Seiten einer Wärmepumpe im gleichen Zimmer, so hat das nicht mehr Effekt, als Wasser von einem Ende eines Schwimmbeckens ans andere zu pumpen.

Das Nette an einem einfachen Kühlschrank ist, dass sich das (manchmal bis zur Flüssigkeit) komprimierte Gas auf Zimmertemperatur befindet. Sobald das Gas auf Normaldruck entspannt wird, sinkt seine Temperatur deutlich unter die Zimmertemperatur ab, weit genug für die Anforderungen der Aufbewahrung, des Handels und des Transports von Lebensmitteln.

Noch bis 1850 segelten Schiffe von Massachusetts mit Ladungen aus Wintereis in die Karibik und sogar bis Australien. Ein damaliger „Eisschrank“ war nichts weiter als eine gut isolierte Kiste mit einem Fach für einen

SICHERHEITSHINWEIS

Es ist gefährlich, flüssige Gase in normalen Vakuumflaschen zu lagern. Der Druck baut sich sehr schnell auf und die Flasche benötigt ein spezielles Ventil, um den Druck nötigenfalls wieder abzubauen. Ein spezielles Problem gibt es bei flüssigem Stickstoff: Er ist kälter als flüssiger Sauerstoff. Wenn also Luft in Kontakt mit flüssigem Stickstoff kommt, kondensiert darin flüssiger Sauerstoff – und der ist feuergefährlich!

Eisblock darin. 1851 meldete dann John Gorrie aus Florida ein Patent für einen Kühlschrank an, der verdichtete Luft, Wasser und Salzlauge als Kühlmittel verwendete. Er war nicht sonderlich erfolgreich damit, doch er zeigte, dass das Prinzip funktionierte.

Bald wurden überall auf der Welt Eisfabriken gebaut, die das ganze Jahr über in Massen Eisblöcke produzierten. 1880 konnte ein Kühlschiff gefrorenes Fleisch von Argentinien oder Australien nach Europa bringen, wo immer mehr Menschen in die Industriestädte zogen. In den USA wurde in den 1860er Jahren Milch von abseits gelegenen Farmen gekühlt, bevor sie auf Züge verladen wurde – nicht, damit sie nicht sauer wurde, sondern um zu verhindern, dass sie durch die Erschütterungen während der Fahrt zu Butter wurde. Kühlwaggons kamen erst später.

1875 konnte Lord Rayleigh an der Royal Institution bereits über „Kältemaschinen" referieren. Viele Physiker befassten sich damals mit der Kühlung von Gasen, und eines Tages fragte sich jemand: Wenn ein Kühlmittel bei Zimmertemperatur Wasser zum Gefrieren bringen kann, was wäre wohl erst möglich, wenn man das Kühlmittel selbst vorher abkühlen würde?

Wie man feststellte, musste das Kühlmittel wohlüberlegt ausgesucht werden, denn es sollte als Flüssigkeit durch den Wärmetauscher fließen, dort Wärme abgeben, anschließend – auf Zimmertemperatur abgekühlt – entspannt werden und alles kühlen, was sich in der Nähe befand.

Das ist das Grundprinzip der Kryogenik oder Tieftemperaturtechnik; dort wird das im ersten Schritt abgekühlte Medium in einen zweiten Abkühlungsschritt weitergeleitet, dann in einen dritten usw. Wenn die Temperatur immer weiter fällt, taucht ein neues Problem auf: Das Kühlmittel kann bei diesen Temperaturen nicht wieder in den gasförmigen Zustand übergehen. Was auch immer wir versuchen, der Küchenkühlschrank wird uns niemals flüssigen Sauerstoff liefern. Er bringt uns vielleicht das erste Stückchen voran, doch dann müssten wir das Kühlmittel austauschen und die Schritte noch einmal durchlaufen.

Michael Faraday (→48) verflüssigte 1845 Kohlendioxid, Raoul Pictet (1846–1929) und Louis Paul Cailletet (1832–1913) gelangen 1877 Sauerstoff und Stickstoff. Immer erhielt man eine Flüssigkeit, die ständig kochte, weil Wärme in den Behälter hineinsickerte und etwas Flüssigkeit verdampfen ließ. Wie Sie es von kochendem Wasser kennen, ist die Temperatur des Siedepunkts einer Flüssigkeit (der flüssigen Phase eines Gases) konstant. Sobald Wärme in den Behälter dringt, wird sie von einigen Molekülen absorbiert; diese tragen die zusätzliche Energie beim Verdampfen mit sich fort, sodass die mittlere Energie pro Molekül in dem Behälter wieder geringer wird und die Temperatur konstant bleibt.

Was man also brauchte, war ein Behälter, der so gut isoliert war, dass praktisch keine Wärme eindringen konnte. 1892 erfand James Dewar das Dewar-Gefäß, das sich als sehr nützlich erwies, um die kalten Flüssigkeiten aufzufangen. Das Gefäß hat eine doppelte Glaswand; beide Gläser sind mit Silber beschichtet, außerdem sind sie durch ein Vakuum getrennt. Dewar hat sich seine Erfindung nicht patentieren lassen, doch eine kleinere Ausführung seines Behälters wurde als „Thermos-Flasche" vermarktet. Wir benutzen sie auch heute noch, hauptsächlich, um Getränke heiß zu halten – das bedeutet, wir machen uns zunutze, dass ebensowenig Wärme durch die Wände nach außen dringt wie hinein.

Mithilfe seines Gefäßes gelang es Dewar 1898, Wasserstoff zu verflüssigen und zu untersuchen. Das Gefäß verhinderte, dass die Flüssigkeit heftig kocht, was die Experimente viel einfacher machte. Kurze Zeit später, 1903, hatte

Konstantin Ziolkowski (1857–1935) die hervorragende Idee, mit Wasserstoff Raketen anzutreiben (→16). Helium blieb das einzige Gas, das der Verflüssigung lange hartnäckig widerstand; erst 1908 gelang es Heike Kamerlingh Onnes (1853–1926), Helium-4 zu verflüssigen. Kurz darauf beobachtete Kamerlingh Onnes die Supraleitung in Metallen bei sehr tiefen Temperaturen und die Physiker hatten ein neues Problem, an dem sie sich abarbeiten konnten.

So ist Wissenschaft: Jede Entdeckung bereitet den Boden für eine ganze Reihe von neuen und interessanten Fragen.

Die Werbetafel aus den 1950er Jahren zeigt gut, welche Veränderungen der Einzug des Kühlschranks in die Haushalte gebracht hat.

QUANTENPHYSIK

Wie die intuitiv erfassbare Physik auf den Kopf gestellt wurde

81

Wann: 1900.

Wo: Berlin.

Wer: Max Planck (1858–1947).

Was: Energie tritt in kleinen Paketen auf; Energie und Wellenlänge hängen dabei zusammen.

Folgen: Einsteins Erklärung des photoelektrischen Effekts (1905), die Erfindung des Transistors und vieles andere.

Physiker zu sein, war um 1894 ein angenehmer Job: Alles, was man wissen musste und konnte, war verstanden. Die nachfolgenden Generationen würden nichts weiter zu tun haben, als noch ein bisschen genauer nachzumessen, um exaktere Werte für Konstanten zu bestimmen, die von den Vorgängern längst gefunden und erklärt worden waren. Diese Ansicht hatte sich im Laufe der Zeit gefestigt, und nur wenige widersprachen, etwa James Clerk Maxwell kurz vor seinem Tod im Jahr 1879.

Niels Bohr (→86) wird oft mit der Bemerkung zitiert, Vorhersagen seien meist schwierig, vor allem, wenn sie die Zukunft beträfen. Bohr behauptete stets, er habe diesen Satz von Robert Storm Petersen, der ihn wieder von jemand anderem gehört habe. Wer auch immer der Erste war, er hatte Recht: Wahrsagerei ist ein gefährliches Geschäft. 1895 wurden die Physiker von der Entdeckung der Röntgenstrahlen überrascht, im Jahr darauf tauchte die Radioaktivität auf. 1900 aber bedrohte etwas noch viel Unerwarteteres die heile Welt der Physik: die Ultraviolett-Katastrophe.

Gustav Kirchhoff (→61) untersuchte als Erster die Strahlung eines Schwarzen Körpers – eines Gegenstands, der sämtliche auftreffende Strahlung gleich gut absorbiert und deshalb, heizt man ihn auf, auch wieder gleichmäßig abgeben sollte. Das Problem war nun folgendes: Wenn der Schwarze Körper alle Frequenzen emittiert und man bedenkt, dass es sehr viele höhere Frequenzen gibt (wie mehr Zahlen zwischen Tausend und einer Million liegen als zwischen Eins und Tausend), dann müsste praktisch die gesamte Strahlung im Bereich hoher Frequenzen abgegeben werden, also im Ultravioletten.

Wenn man den gesamten Frequenzbereich betrachtet, müsste dann unendlich viel Energie abgestrahlt werden. Dies nannte man die „Ultraviolett-Katastrophe" – an deren Szenario etwas nicht stimmen konnte, denn sie trat offensichtlich nicht ein. Entweder war die Logik der Argumentation falsch (war sie nicht), oder die Voraussetzungen stimmten nicht (so war es). Etwas musste getan werden, und zwei Männer, Wilhelm Wien (1864–1928) und Lord Rayleigh (1842–1919), machten sich mutig an die Arbeit.

Wien ging das Problem 1896 an und fand das heute sogenannte Wien'sche Verschiebungsgesetz, das besagt: Für einen Schwarzen Körper ist das Produkt aus der Wellenlänge, bei der die maximale Strahlungsleistung abgegeben wird, und der thermodynamischen Temperatur gleich einer Konstante b. Mathematisch ausgedrückt: $\lambda_{max} T = b$ (oder $\lambda_{max} = b/T$), wobei λ die Wellenlänge und T die absolute Temperatur ist; b hat den Wert $2{,}897756 \cdot 10^{-3}$ m·K. (Die Einheit ist Meter mal Kelvin, weil wir auf der linken Seite der Gleichung eine Wellenlänge mit einer Temperatur multiplizieren.)

Die Gleichung mochte schwer verdaulich sein, aber sie bedeutete Folgendes: Wenn die Temperatur des Körpers steigt, wird das Maximum der von ihm abgegebenen Strahlungsleistung in Richtung der kürzeren Wellenlängen (höheren Frequenzen, höheren Energien) des Spektrums verschoben – daher der Name „Verschiebungsgesetz". Wiens Gesetz funktionierte für hohe Frequenzen (kurze Wellenlängen) sehr gut, doch es stimmte nicht für Strahlung mit niedriger Frequenz. Das kann uns heute nicht überraschen, denn Wien hatte sich als „Daten-Schnüffler" (→75) betätigt – er hatte versucht, den experimentellen Daten eine Gleichung anzupassen, dabei aber leider aufs falsche Pferd gesetzt.

1900 fand Lord Rayleigh ein alternatives Gesetz für die niedrigen Frequenzen, das später von Sir James Jeans (1877–1946) modifiziert wurde. Beide Gesetze gemeinsam, jenes von Wien und jenes von Rayleigh und Jeans, überdeckten den ganzen Frequenzbereich, waren aber trotzdem irgendwie unbefriedigend. Physiker stört es stets, wenn sie für zwei verschiedene Messbereiche zwei verschiedene Regeln benötigen. Zumindest musste es ein weiteres Gesetz geben, das die Grenze festlegte. Es musste einfach einen Grund haben, dass an dieser Stelle ein Bruch auftrat.

Nun betrat Max Planck die Bühne mit einer schwierig aussehenden, aber mathematisch einfachen empirischen Formel, die wir als Planck'sches Strahlungsgesetz kennen. Sie beschrieb den gesamten Frequenzbereich richtig. Zwei Monate später zeigte Planck, dass sich seine Formel auch theoretisch erklären ließ, eine einfache Annahme vorausgesetzt. Diese Annahme wirkte damals radikal; heute ist sie Allgemeingut und die Grundlage der Quantentheorie.

Planck argumentierte, die Energie sei in den molekularen Oszillatoren nicht, wie bis dahin angenommen, kontinuierlich verteilt, sondern setze sich aus einer endlichen Zahl sehr kleiner, diskreter „Pakete" zusammen. Die Frequenz ν der Schwingung sei dabei mit der Energie E durch die Gleichung $E = h\nu$ verknüpft; h ist die Planck'sche Konstante, von ihm selbst „Wirkungsquantum" genannt.

Diese erste Phase der Quantenrevolution hatte ein klares Ergebnis: Licht tritt in Form kleiner „Pakete" auf, jedes mit einer spezifische Wellenlänge, also einer bestimmten Frequenz und einer bestimmten Energie. Einige Jahre später, als man über Elektronen nachdachte, die von einem Energieniveau zum anderen springen, fand man darauf aufbauend eine einfache Erklärung dafür, dass Natrium ausgerechnet dieses gelbe Licht aussendet: Die Wellenlänge des Lichts passt genau zur Energieänderung der „springenden" Elektronen.

Einstein kam hinter diesen Zusammenhang, als er begründen wollte, warum ultraviolettes Licht aus Zink Elektronen herausschlagen kann – man nennt das den photoelektrischen Effekt –, Licht anderer Wellenlängen aber nicht. Wenn man davon ausgeht, dass mindestens eine bestimmte Energie nötig ist, um ein Elektron aus einem Zinkatom zu lösen, sieht man, wie die Wellenlängen ins Spiel kommen. Wie auch immer: Ein Physiker, der nach 1906 auf eine Flaute in der Forschung hoffte, sollte nicht mehr Glück haben als seine selbstgefälligen Kollegen 1894.

Planck und Einstein waren ein Anfang und noch lange nicht das Ende.

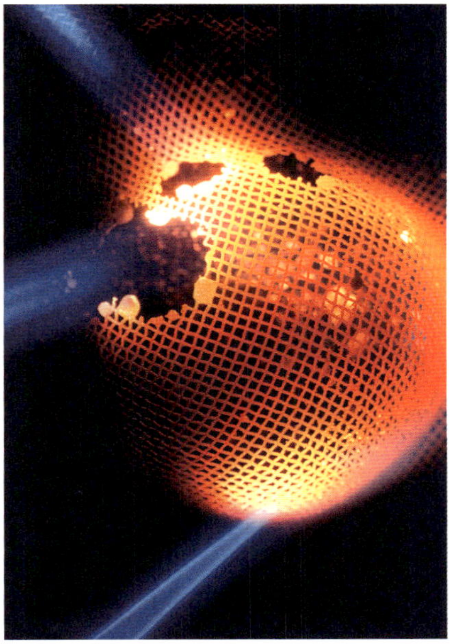

Eine rotglühende Drahtkugel bietet ein hervorragendes Beispiel für sichtbare Wärmestrahlung.

HORMONE

Wie wir ein inneres Signalsystem bei Tieren entdeckten

82

Wann: 1905.

Wo: London.

Wer: Ernest Henry Starling (1866–1927).

Was: In das Blut freigesetzte Substanzen können Signale in entfernte Körperteile übermitteln.

Folgen: Starlings Erkenntnis führte dazu, dass wir die Vorgänge bei einem Schock, Diabetes, der menschlichen Fortpflanzung und vieles mehr verstehen lernten.

Am 20. Juni 1905 führte der englische Physiologe Ernest Starling den Begriff „Hormon" ein. Zu diesem Zeitpunkt war das Nervensystem bereits bekannt, Hormone bedeuteten jedoch etwas vollkommen Neues, zumindest für diejenigen, die bis dahin keine Notiz von Starling, seinem Schwager William Bayliss (1860–1924) und ihrer Arbeit über die Sekrete der Bauchspeicheldrüse genommen hatten.

Die Kenntnis des Nervensystems geht letztlich zurück auf Galen (Claudius Galenus, 129–199 n. Chr.), der beim Schwein nacheinander Nervenbündel durchtrennte und zeigte, dass das Tier erst dann aufhört zu quieken, wenn man den Kehlkopfnerv zerschneidet; Galen bewies so, dass der Stimmapparat des Schweins von einem Nerv kontrolliert wird.

Unser Modell des Nervensystems erinnert ein wenig an ein Signalsystem für die Eisenbahn mit „Kabeln", die eine bestimmte Funktion haben und an beiden Enden fixiert sind: An einem Ende werden Signale erzeugt, am anderen werden sie ausgewertet. Ein einzelnes Signal führt an genau einem Ort zu genau einer Reaktion. Hormone dagegen funktionieren mehr oder weniger wie eine Flaschenpost, die ins Meer geworfen wird und immer gelesen werden kann, wenn sie vorbeischwimmt. Der Vergleich hinkt jedoch ein wenig, da Hormone in der Regel erst an ihrem Zielort tatsächlich wahrgenommen werden.

Im Jahre 1905 hatte man zumindest von einem Teil des Hormonsystems eine gewisse Vorstellung, da man eine Reihe von Erkrankungen richtig der Fehlfunktion bestimmter Drüsen zugeordnet hatte: Ein Kropf und auch Kretinismus gehen zum Beispiel einher mit einer vergrößerten Schilddrüse, die wiederum zu Recht auf einen Iodmangel zurückgeführt wurde. Viele überlieferte Heilmethoden rieten bei diesen Erkrankungen zum Verzehr von Meeresfrüchten, die reich an Iod sind, und zwar lange, bevor Iod überhaupt bekannt war (das Element wurde 1813 entdeckt). Die Einnahme von Iod in Form iodreicher Speisen als Prophylaxe gegen einen Kropf erlangte noch mehr Bedeutung, nachdem Eugen Baumann (1849–1896) im Jahre 1896 gezeigt hatte, dass das Element in der Schilddrüse angereichert wird.

In einigen Fällen verabreichten Ärzte ihre Patienten auch Extrakte aus tierischen Drüsen wie den Nebennieren und der Bauchspeicheldrüse. Die Welt war also bereit für die Beschreibung des Hormonsystems, doch Hormone blieben unbekannt, bis Starling den Begriff prägte.

Innerhalb einer Generation wurde eine Vielzahl der wichtigsten Hormone identifiziert und aufgereinigt. Man bemühte sich auch, die molekularen Strukturen der Hormone, die so unterschiedlich sind wie ihre Funktionen, aufzuklären: Insulin besteht aus 51 Aminosäuren, Adrenalin und Thyroxin sind dagegen molekulare Abwandlungen von Tyrosin, also einer einzelnen Aminosäure. Steroide wiederum bestehen in der Regel aus Ringen von Kohlenstoffatomen mit verschiedenen zusätzlichen Gruppen, die dem Molekül eine Ladung und die korrekte Gestalt verleihen, damit es von einem Rezeptor erkannt werden kann.

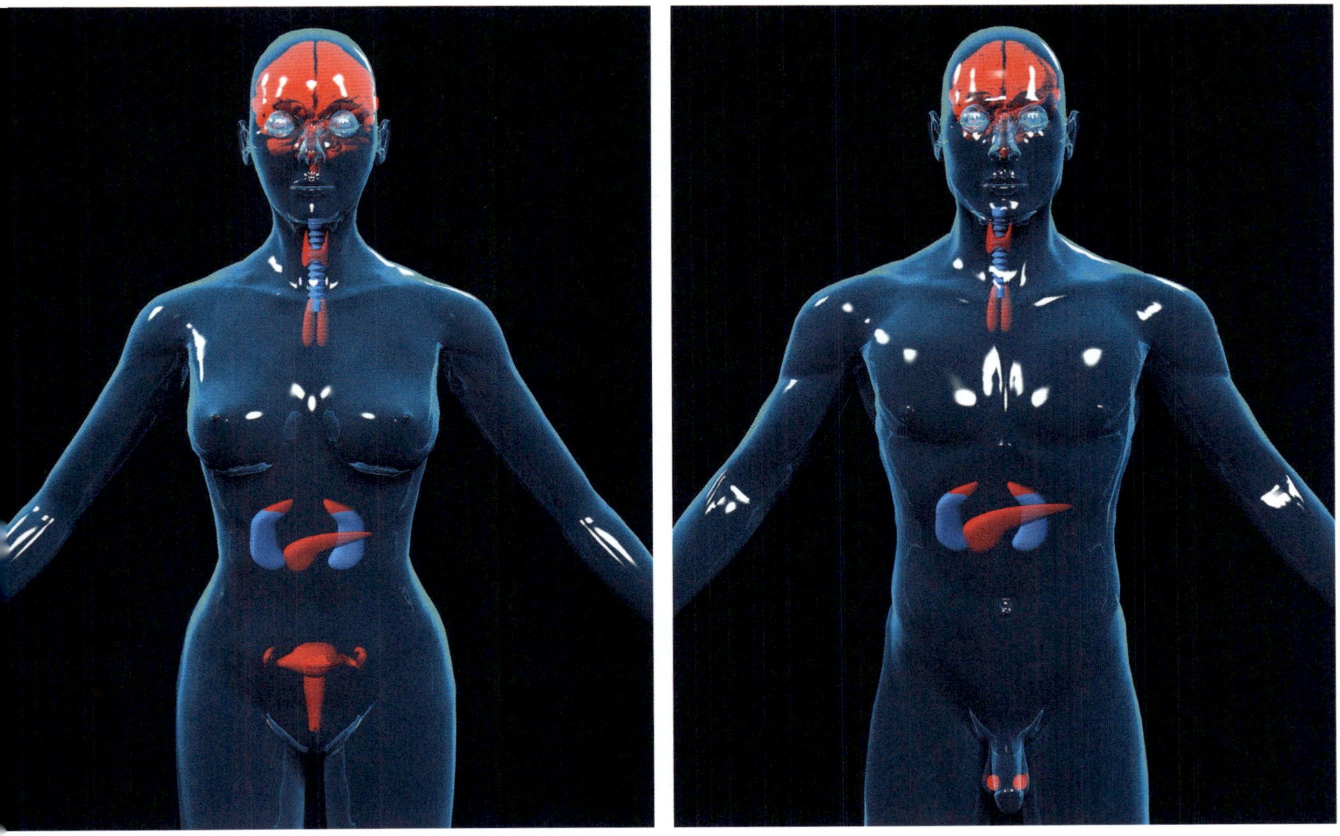

Dieses führt uns zu einer ungewöhnlichen Eigenschaft chemischer Signale: Gelegentlich kann auf einen Rezeptor auch ein Botenstoff wirken, der eigentlich nicht dafür vorgesehen ist, aber zufällig zur Bindungsstelle des Rezeptors passt wie ein Schlüssel in ein Schloss. Es gibt den ernstzunehmenden Verdacht, dass manche der heute verbreiteten Erkrankungen darauf beruhen, dass unser Körper organische Lösungsmittel oder andere Verbindungen als Hormone missdeutet und entsprechend reagiert.

Einige Pflanzen synthetisieren giftige Substanzen, die weidende Tiere davon abhalten sollen, sie zu fressen; andere verfügen über ein ganzes Arsenal an hormonanalogen Verbindungen, die für Tiere schädlich sind. Rotklee (*Trifolium pratense*) bildet zum Beispiel Isoflavone und Phytoöstrogene, die weiblichen Hormonen ähneln und sie nachahmen. In der Volksmedizin wird Klee in der Menopause angewendet, bei Schwangeren und stillenden Müttern wird jedoch zur Vorsicht geraten. Die Pflanze wirkt auch auf einige Tiere: Fressen Schafböcke, Rinderbullen und Eber Bodenfrüchtigen Klee (*Trifolium subterraneum*), dann bilden sie weniger Spermien. Im Laufe der Zeit hatten also weidende Tiere, die diese Kleearten mieden, gegenüber denen, die sie fraßen, einen Vorteil und vermehrten sich stärker.

Die zweite ungewöhnliche Eigenschaft chemischer Signale ist, dass sich die Rezeptoren bei einigen Individuen an Stellen befinden, die nicht der normalen Position entsprechen, wodurch die Hormone eine vollkommen neue Funktion erhalten können. Die meisten dieser Mutanten sterben relativ

Bei Männern wie auch bei Frauen produzieren Drüsen (rot dargestellt) Hormone, die für die Regulation von Vorgängen im Körper wie Wachstum, Stoffwechsel, Sexualentwicklung und Stressreaktionen notwendig sind. Die Hirnanhangdrüse reguliert die Aktivität der anderen Drüsen, und der Thymus ist Teil des Immunsystems des Körpers.

früh, doch in wenigen Fällen muss eine solche Situation auch vorteilhaft gewesen sein. Dieses ist jedenfalls die einzig mögliche Erklärung für die Vorgänge, die ablaufen, wenn man Rinderthyroxin in ein Aquarium mit Kaulquappen gibt: Die Kaulquappen entwickeln sich durch das Thyroxin zu Fröschen, selbst wenn sie noch viel zu klein sind und als Frosch nicht überleben können. Auch die unterschiedlichen Wirkungen von Prolactin auf Fische, Amphibien, Vögel und Säuger lassen sich auf diese Weise erklären.

Die dritte ungewöhnliche Eigenschaft von Hormonen ist die Art und Weise, wie sie miteinander in einem komplizierten System aus Rückkopplung, Gleichgewichten und Kreisläufen in Wechselwirkung treten. Die gleichen Hormone wirken häufig an unterschiedlichen Stellen, wie die Hormone, die in der Pubertät gebildet werden und ein breites Spektrum an Veränderungen im Körper – und wohl auch im Geist – hervorrufen. Der Schwall an Adrenalin, der während eines Angstzustandes freigesetzt wird, führt zu einer Reihe von Reaktionen, die gemeinhin als Kampf-und-Flucht- (oder Stress-)Reaktionen bekannt sind: Die periphere Durchblutung wird gedrosselt (man wird blass) und Herz und Lungen arbeiten schneller, sodass mehr Energie und Sauerstoff zu Muskeln und Organen transportiert wird.

Das bekannteste Hormon ist Insulin, das den Blutzuckerspiegel kontrolliert und so Typ-I-Diabetes verhindert. Die Erkrankung tritt auf, wenn das menschliche Immunsystem aus unerfindlichen Gründen beginnt, einige wichtige Zellen in kleinen Bereichen der Bauchspeicheldrüse mit dem kuriosen Namen „Langerhans-Inseln“ anzugreifen und zu zerstören. Die Funktion dieser Zellen ist, den Blutzuckerspiegel zu registrieren und im Falle einer zu hohen Konzentration Insulin in den Blutkreislauf freizusetzen. Wurden die Zellen jedoch durch eine fehlgeleitete Immunreaktion zerstört, gerät der Blutzuckerspiegel außer Kontrolle. Durch die Injektion einer angemessenen Menge an Insulin lässt sich zumindest ein nahezu natürliches Gleichgewicht erreichen; auf lange Sicht ruht die Hoffnung jedoch auf einer Stammzelltherapie, mit deren Hilfe die natürliche Funktion der Bauchspeicheldrüse wieder hergestellt werden kann. Auch die Gentherapie könnte hier zur Anwendung kommen.

Einige weitere bekannte Beispiele für eine Hormontherapie sind die Verabreichung von Wachstumshormonen an kleinwüchsige Menschen; die (allerdings verbotene) Verwendung des Hormons Erythropoetin als Dopingmittel für Athleten, um die Produktion von roten Blutkörperchen zu steigern; die Einnahme der „Pille“ zur Empfängnisverhütung, die auf der Wirkung von Östrogenen und Progesteron basiert, welche unter anderem die Eireifung unterdrücken; auch RU-486, die sogenannte Abtreibungspille, gehört dazu, die auf der Wirkung eines Progesteron-Gegenspielers beruht.

Wir gehen davon aus, dass wir das Hormonsystem jetzt verstanden haben. Das bedeutet vielleicht aber nur, dass wir den nächsten Fortschritt nicht absehen können.

RELATIVITÄTSTHEORIE

Wie wir lernten, dass Masse, Energie und Zeit kompliziertere Dinge sind, als man einst dachte

Es gibt viele Beispiele von zeitgleichen, vermutlich noch viel mehr von beinahe zeitgleichen Entdeckungen. Wenn die Zeit reif ist, kommt ein und derselbe Geistesblitz oft mehreren Leuten unabhängig voneinander. Drei Männer gruben gleichzeitig die Arbeiten von Mendel (→66) wieder aus; Leibnitz und Newton lagen Kopf an Kopf im Rennen um die Infinitesimalrechnung (→33); Robert Stephenson und Humphry Davy (→43) betrachteten sich beide als Erfinder der Sicherheits-Grubenlampe; Charles Wheatstone und Edward Davy bauten den ersten Telegraphen fast gleichzeitig (→37); Alexander Graham Bell und Elisha Gray reichten am selben Tag ein Patent für das Telefon ein (→70), und J. J. Thomson kam gerade noch rechtzeitig ins Ziel, um die Jagd nach dem Elektron zu gewinnen (→85).

In der Physik herrscht allgemein die Ansicht, wenn nicht Einstein die Spezielle Relativitätstheorie entwickelt hätte, wäre es innerhalb eines Jahres anderen gelungen. Wenn Hendrik Antoon Lorentz (1853–1928) nicht geschafft hätte, die Details auszuarbeiten, hätte Jean Perrin (1870–1942) oder jemand anders Erfolg gehabt. 1905 lag die Spezielle Relativitätstheorie einfach in der Luft. Erst 1908 prägte Max Planck den Namen „Relativtheorie“ für Einsteins Ideen, weil relativ zueinander bewegte Bezugssysteme darin die Hauptrolle spielen. Die 1915 von Einstein vorgelegte Allgemeine Relativitätstheorie verallgemeinert die Wechselwirkung zwischen Materie, Raum und Zeit und befasst sich vor allem mit der Gravitation.

Das Relativitätsprinzip besagt, dass die Naturgesetze immer gleich sein sollten, auch wenn sich die Beobachter in verschiedenen Bezugssystemen (verschiedenen Bewegungszuständen) befinden. Schon Ende des 19. Jahrhunderts hatten Lorentz und Henri Poincaré (1854–1912) bei ihren Arbeiten zur Äthertheorie (→77) im Prinzip darauf geschlossen, dass sich Längen und Zeiten ändern müssen, wenn ein bewegtes Objekt aus einem anderen Bezugssystem heraus beobachtet wird.

Kern der Speziellen Relativitätstheorie ist die Tatsache, dass die Lichtgeschwindigkeit im Vakuum unabhängig vom Bezugssystem konstant ist. Daraus folgen die Zeitdilatation (mit dem bekannten „Zwillingsparadoxon“, bei dem ein Zwilling auf der Erde bleibt, während der andere nahezu mit Lichtgeschwindigkeit davonfliegt), die Längenkontraktion und andere Effekte. Und natürlich ergibt sich auch die Gleichung, die jeder kennt und gern zitiert, wann immer Einsteins Name genannt wird: $E = m c^2$.

Die Allgemeine Relativitätstheorie erklärt unter anderem, wie Lichtstrahlen verbogen werden, wenn sie an schweren Objekten vorbeikommen. Sehr massereiche Körper können „Gravitationslinsen“ bilden; man sagt, sie „krümmen die Raumzeit“. Falls Sie jemals ein Bild von einer Kugel auf einem Gummituch sehen, wissen Sie, hier geht es um Allgemeine Relativitätstheorie; das ist aber das Reich der Hardcore-Physiker. Während es erst schien, man würde die Relativitätstheorie mit ihren kosmischen Dimensionen niemals

83

Wann: 1905.

Wo: Bern.

Wer: Albert Einstein (1879–1955).

Was: Erkenntnisse über Masse, Schwerkraft, Raum und Zeit.

Folgen: Die Entdeckungen bereiteten den Weg für das Verständnis der Kernphysik und des Universums.

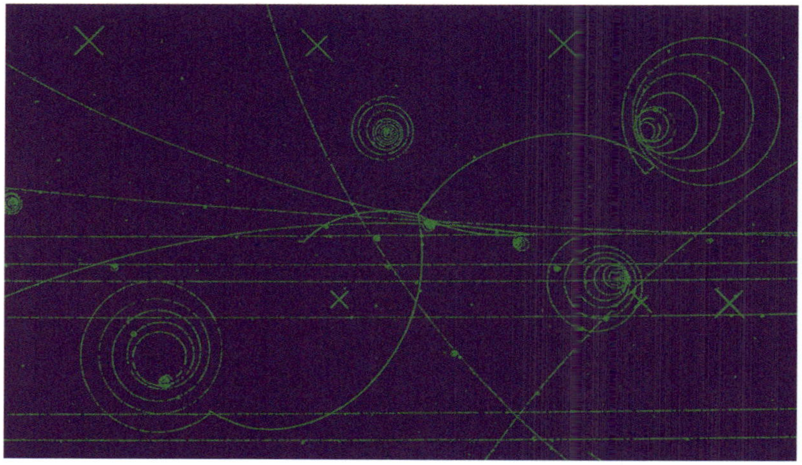

Teilchenspuren in einer Blasenkammer. Was für uns wie bedeutungslose Schnörkel aussieht, verrät Physikern, die die Felder in der Kammer kennen, unglaublich viel über Massen, Geschwindigkeiten und Ladungen. Dieses Muster zeigt den Zerfall eines Kaons in drei Pionen.

experimentell überprüfen können, fand doch jemand einen Weg – und zwar einen relativ einfachen, ganz in unserer Nähe.

Ein Großteil unseres Wissens über Atome gewinnen wir aus Anlagen, in denen Atome absichtlich zertrümmert werden. Aber auch in der Natur werden Atome zerschlagen, und zwar in der Hochatmosphäre, wo energiereiche Teilchen aus der Sonne und von anderen Sternen auf die äußeren, dünnen Luftschichten treffen. Eines der Bruchstücke ist das Myon, das sich wie ein schweres Elektron verhält (es hat die 206,7-fache Masse eines Elektrons und die gleiche Ladung). Es zerfällt sehr schnell in ein Elektron und Neutrinos.

Das Myon wurde 1937 von Carl Anderson (1905–1991) bei der Untersuchung kosmischer Strahlen entdeckt, aber wir werden es wohl niemals zu fassen bekommen, weil es so instabil ist. Wenn Sie eine Schachtel voller Myonen hätten, wäre nach nur 2,2 Mikrosekunden die Hälfte davon zerfallen, nach 4,4 Mikrosekunden ein weiteres Viertel und so weiter. Man sagt: Das Myon hat eine Halbwertszeit von 2,2 Mikrosekunden. Das stimmt allerdings nur für ruhende Myonen in ihrem eigenen Bezugssystem.

Tatsächlich aber rasen sie fast mit Lichtgeschwindigkeit in Richtung Erde. Nun kommt die Zeitdilatation zum Tragen: Sie verlängert ihr Leben beträchtlich. Mit einer Geschwindigkeit von 0,9 c (90 % der Lichtgeschwindigkeit) kämen Myonen ohne Zeitdilatation während ihrer Halbwertszeit nur knapp 700 Meter weit, und weniger als drei Prozent würden es die zwölf Kilometer bis zum Erdboden schaffen. Trotzdem erreicht uns eine große Anzahl, ohne zerfallen zu sein, und zwar jede Minute eines auf jedem Quadratzentimeter der Erdoberfläche. In unserem Bezugssystem überleben Myonen viel länger, als sie sollten. Wenn Sie aber mit einem Schwarm Myonen mitfliegen würden, wäre aus Ihrer Sicht die Hälfte nach 2,2 Mikrosekunden verschwunden.

Nun könnten Sie argumentieren: Es werden eben so fürchterlich viele Millionen Myonen erzeugt, dass genügend von ihnen den Flug zur Erdoberfläche überleben. Die experimentellen Daten sehen aber anders aus; die relativistische Erklärung passt wesentlich besser. Die Myonen befinden sich in einem bewegten Bezugssystem, deshalb vergeht die Zeit für sie relativ zu uns langsamer; so wird ihre Halbwertszeit in unseren Augen verlängert, und sie können die Erdoberfläche erreichen.

Bei alltäglichen Geschwindigkeiten müssen wir uns um die Zeitdilatation keine Sorgen machen, denn hier funktioniert die Newton'sche Physik (→32) sehr gut. Wir können sogar Raumschiffe im Sonnensystem herumfliegen lassen, ohne an Einstein zu denken. Wenn wir aber weiter ins Universum hinausblicken, wird die Relativitätstheorie sehr wichtig. Doch auch Einstein war nicht unfehlbar: Als er 1915 seine sogenannten Feldgleichungen formulierte, stellte er zu seiner Überraschung fest, dass das Universum sich ausdehnen musste. Edwin Hubble (→90) hatte mit seinen Rotverschiebungen sogar schon einen experimentellen Beleg dafür gefunden, aber Einstein wusste davon nichts. Deshalb führte er in seine Gleichungen einen Korrekturfaktor ein, die „Kosmologische Konstante", um die Ausdehnung zu „verhindern". Nachdem man nach Einstein lange glaubte, diese kosmologische Konstante sei null (und Einstein sie angeblich sogar selbst als seine „größte Eselei" bezeichnete), holen die Astrophysiker sie heute wieder hervor, wenn es um die Erklärung der Dunklen Energie geht. Aber das ist eine andere Geschichte.

Niemand ist vollkommen, aber alle Wissenschaft ist verbesserungsfähig. In jedem Stadium glaubten Wissenschaftler, den besten Weg gefunden zu haben, die Welt zu verstehen; aber sie sind stets offen für die Möglichkeit, dass vielleicht doch eine noch bessere Idee auftauchen könnte. Das ist der Grund dafür, dass die Wissenschaft so gut funktioniert.

KUNSTSTOFFE

Wie wir gelernt haben, unsere Werkstoffe selbst herzustellen

84

Wann: 1907.

Wo: Yonkers, New York, USA.

Wer: Leo Baekeland (1863–1944).

Was: Die Erfindung des ersten Kunststoffs, Bakelit.

Folgen: Das Material läutete ein neues Zeitalter in Herstellung und Design ein, denn es war hitzebeständig, ließ sich aber in Formen pressen, bevor es aushärtete.

Im frühen 19. Jahrhundert wurden Kisten aus Holz oder Weißblech hergestellt; Drähte wurden mit Guttapercha (→53) isoliert; Menschen trugen Kleidung aus Wolle, Seide, Baumwolle oder Leinen, die von Pflanzen oder Tieren stammten, mit Knöpfen aus Horn, Knochen oder Schildkrötenpanzern; falsche Zähne wurden aus Nilpferd- oder Elefantenzähnen geschnitzt; Bücher wurden in Leder gebunden und mit Kleister geklebt, der aus gemahlenen Knochen gekocht wurde, und als Dünger dienten Tierdung oder abgestorbene Pflanzen. Tierische und pflanzliche Stoffe bildeten die Grundlage von fast allem.

Ende des 19. Jahrhunderts begann man, neue, raffiniertere Werkstoffe zu nutzen. Der erste Kunststoff war Zelluloid, das aus Baumwolle hergestellt wurde. Wenn man heute von „Zelluloid" spricht, denken die meisten an Kinofilme, aber erhitztes Zelluloid konnte ganz verschieden geformt werden; leider war es brennbar. Einer der wenigen modernen Gegenstände, die noch aus Zelluloid bestehen, ist der Tischtennisball. Das Geräusch der Tischtennisbälle auf den Kellen war es, das dem Spiel Anfang des 20. Jahrhunderts den Namen „Pingpong" einbrachte (den jeder ernsthafte Tischtennisspieler verabscheut).

Zelluloid ist ein thermoplastischer Werkstoff wie Guttapercha: Erhitzt man es, wird es weich. Hat Ihr Tischtennisball eine Delle, dann legen Sie ihn schnell in heißes Wasser. Dabei steigt der Luftdruck im Inneren, während gleichzeitig das Zelluloid erweicht. Seien Sie aber vorsichtig – ist das Wasser zu heiß, kann der im Wasser liegende Teil schiefe Auswüchse bekommen, die eine verwirrende Zufälligkeit ins Spiel bringen.

1897 meldeten Adolph Spitteler (1846–1940) und Wilhelm Krische (nicht, wie oft fälschlich zitiert, Kirsche – ein Blick ins Originalpatent beweist es) ein

Eine Sammlung von märchenhaften Drahtlos-Empfängern (Radios) aus den 1920er Jahren, alle aus Bakelit.

Patent für einen Casein-Kunststoff auf Milchbasis an. Er soll durch einen Unfall entstanden sein, an dem eine Katze, eine Schüssel Milch und Formaldehyd beteiligt waren. Vielleicht ist das wieder nur so eine Geschichte; jedenfalls entdeckten die beiden das Casein und vermarkteten es unter dem Namen Erinoid oder Galalith.

Der erste moderne Kunststoff kam 1907: Bakelit, ein vollsynthetischer Plastik-Werkstoff, wie man ihn sich vorstellt. Bakelit konnte in komplizierte Formen gepresst werden, behielt seine Form, nachdem es ausgehärtet war, und war noch dazu relativ billig.

Wenn Sie etwa 30 Jahre alt wären und gerade eine neue Art von Fotopapier entwickelt hätten, wem würden Sie es anbieten? Leo Baekeland, der in den 1890er Jahren in diese Lage kam, glaubte, die Antwort zu wissen. Er brachte es zu den Experten in Sachen Fotografie, zu Kodak, fest entschlossen, 50 000 Dollar dafür zu verlangen, sich aber auch mit 25 000 zufriedenzugeben. Am Ende akzeptierte er großzügig die Million, die Kodak ihm anbot.

Baekeland war ein musterhafter Gelehrter: Mit 21 Jahren promovierte er in Belgien, mit 24 wurde er zum Professor berufen. Dann bekam er ein dreijähriges Reisestipendium für die USA, wo er das erwähnte Fotopapier („Velox“) entwickelte. Nachdem Kodak gezahlt hatte, richtete Baekeland sich ein Labor ein und tüftelte weiter. Er gab Formaldehyd zu Phenol (Karbolsäure, wie es damals genannt wurde – die Substanz, die Joseph Lister (→67) als Antiseptikum verwendete). Das Ergebnis war ein harzartiges Material, das in den Laborgläsern kleben blieb und sie unbrauchbar machte.

Mit nichts konnten die Gläser gereinigt werden, denn es gab kein Mittel, das das Harz löste. Deshalb stellte Baekeland das Problem auf den Kopf: Warum, so dachte er, sollte man das Harz nicht noch zäher und widerstandfähiger machen und so den Versuch retten? Chemiker vor ihm hätten vielleicht ganz vorsichtig versucht, wenigstens ihre Gläser zu reinigen. Nicht so Baekeland: Der machte eine fürchterliche Schweinerei und ruinierte Berge von Glas, und zwar, wie sich zeigen sollte, mehrere Jahre lang. Bloß gut, dass er reich war, sonst hätte er die Unmengen von Laborglas gar nicht bezahlen können.

Schließlich und endlich fand er heraus, dass das Material erst weich wurde, wenn man es unter Beteiligung eines basischen Katalysators erhitzte, um dann unumkehrbar auszuhärten. Wenn das geschah, während sich das Harz in einer Form befand, behielt es dauerhaft seine Gestalt. So erfand Baekeland das Bakelit, den ersten duroplastischen Kunststoff. Im Unterschied zu Thermoplasten können Duroplaste zwar geformt werden, solange sie heiß sind, doch wenn sie abkühlen, werden sie fest und lassen sich dann nicht noch einmal verformen.

Unternehmer auf der ganzen Welt waren begeistert von Bakelit. Nun konnten sie billige Gehäuse und sogar Drehknöpfe für Radios und Detektorempfänger herstellen, und diese konnten auch noch „modern“ gestaltet werden. Knöpfe, Messergriffe, Telefongehäuse, Kameragehäuse – alles konnte man aus Bakelit machen.

Bis ins frühe 20. Jahrhundert waren viele Arbeiter damit beschäftigt, Behälter aus Weißblech herzustellen. Nun, da es Bakelit gab, konnte man komplizierte Gegenstände aus ein paar Chemikalien und einer Pressform schaffen. Wieder gingen handwerkliche Fähigkeiten verloren, und wieder konnten sich die einfachen Menschen ein bisschen mehr Eleganz in ihrem Leben leisten.

Heute ist Plastik für uns etwas ganz Alltägliches, aber es brauchte eine Erfindung wie Bakelit – einen Stoff, der sich für die Massenproduktion eignete –, um den modernen Stil schnell und billig in allen Haushalten zu verbreiten. Eigentlich frage ich mich, welchen Einfluss die speziellen Anforderungen der Verfahren für das Formpressen auf die Formen der Gegenstände hatten, die in Mode kamen. Vielleicht ging der Einfluss sogar noch tiefer. Man sehe sich nur den Art-Déco-Stil an!

Plastik hat unser Leben in jeder nur erdenklichen Weise verändert, teils zum Guten, teils zum Schlechten – denken Sie etwa an die vielen Plastiktüten, die in der freien Natur herumliegen. Für diesen Unfug können wir nicht Baekeland oder irgendeinen anderen Erfinder verantwortlich machen. Baekeland kommt aber das Verdienst zu, das Zeitalter des Plastiks eingeläutet zu haben.

Was wir daraus gemacht haben, verdanken wir unserer eigenen Dummheit.

DIE LADUNG DES ELEKTRONS

Wie wir Elektronen nachgewiesen, gewogen und ihre Ladung bestimmt haben

85

Wann: 1910.

Wo: Chicago, Illinois, USA.

Wer: Robert Andrews Millikan (1868–1954).

Was: Die Elementarladung ist eine Naturkonstante; ihr Betrag wurde gemessen.

Folgen: Ein zweifelsfreier Beweis, dass das Elektron als Teilchen existiert.

Die Bezeichnungen *negativ* und *positiv* führte Benjamin Franklin (1706–1790) willkürlich in die Elektrizitätslehre ein. Er stellte sich vor, dass positiv geladene Gegenstände einen Überschuss von „elektrischem Fluid" hätten, negativ geladene einen Mangel daran. Damals warf man mit dem Begriff „Fluid" nur so um sich: Wärme war ein Fluid, Elektrizität war ein Fluid – alles, was nicht anders erklärt werden konnte, erhielt das geheimnisvolle Etikett.

Das Wort *Elektron* war im Umlauf, bevor irgendjemand sich so recht etwas darunter vorstellen konnte. G. Johnstone Stoney (1826–1911) hatte es schon 1874 verwendet und sogar schon die Ladung des Elektrons geschätzt. Im Jahr zuvor hatte James Clerk Maxwell festgestellt, dass Faradays Elektrolysegesetz (→69) dafür sprach, sich die elektrische Ladung als aus kleinen Portionen bestehend vorzustellen, den elektrischen Einheiten. Er argumentierte: Wenn man Elektrolysezellen in Reihe schaltet, in denen verschiedene Metalle abgeschieden werden, so ist die abgeschiedene Masse proportional zur Atommasse des jeweiligen Metalls. Das weise darauf hin, dass jedes Metallatom ein Elektron aufgenommen habe. Das war ein bisschen einfacher, als wir es heute erklären, aber es war ein Anfang.

Maxwell verwendete sogar den Begriff *Elektrizitätsmolekül*, den auch Robert Millikan kannte. In der Ausgabe seiner Schrift *Das Elektron* von 1917 zitierte er Maxwell, Stoney und auch J. J. Thomson (1856–1940) als „ehrenwerte Vorgänger"; Letzterer hatte nachgewiesen, dass das Elektron ein Teilchen sein musste. Millikan achtete sehr darauf, die Leistung von anderen zu würdigen, wenngleich er das 1906 erschienene Buch *Elektronen oder über die Natur und die Eigenschaften der negativen Elektrizität* von Sir Oliver Lodge vergessen hat. Dieser Buchtitel verdeutlicht ein Problem, dem man sich beim Lesen älterer Texte gegenübersieht: Das Proton wurde, bevor es diesen Namen erhielt, oft ebenfalls als Elektron bezeichnet. Lodge erwähnte in seinem Titel ausdrücklich die *negative Elektrizität*, um Verwechslungen zu vermeiden. Millikan selbst verwendete das Wort *Ion*, weil die Öltropfen, die er untersuchte, durch ionisierte Teilchen geladen wurden. Er tat das relativ locker; jeder geladene Öltropfen war ein „Ion".

Noch immer nicht geklärt war die Natur von Kathodenstrahlen, die ziemlich offensichtlich ein Strom von Elektrizität waren. In Deutschland hielt man diese Elektrizität eher für eine Strahlung, die folglich – genau wie scheinbar das Licht – unendlich oft geteilt werden konnte. 1897 bestimmte J. J. Thomson das Masse-Ladungs-Verhältnis des Elektrons, was bedeuten musste, dass das Elektron ein Teilchen war. Für diese Leistung erhielt er 1906 den Nobelpreis. Sein Sohn, G. P. Thomson (1892–1975), erhielt dann 1937 den Nobelpreis für den Beweis, dass das Elektron gar kein Teilchen im klassischen Sinne ist.

Stellen Sie sich einen winzigen Öltropfen vor, der in einen luftgefüllten Raum gesprüht wird. Die Gravitation lässt den Tropfen langsam nach unten fallen; der Luftwiderstand bremst ihn zwar, aber trotzdem fällt er. Was passiert aber, wenn der Tropfen einige Elektronen zusätzlich aufgenommen oder

Ein Computermodell des Elektronenflusses in einer zweidimensionalen elektrischen Landschaft.

einige verloren hat, also geladen ist, und wenn an der luftgefüllten Kammer durch geladene Platten oben und unten ein elektrisches Feld anliegt?

Ein frei bewegliches, geladenes Teilchen, das sich in einem elektrischen Feld befindet, wird in seiner Bewegung dem Feld folgen: Ein positiv geladener Öltropfen bewegt sich auf die negative Platte zu und umgekehrt. Indem man die Stärke dieses elektrischen Feldes regelt, kann man einige sehr interessante Messungen vornehmen. Wir wissen inzwischen, dass Ladung in Paketen (Vielfachen der Elementarladung) auftritt; deshalb kann sich die Ladung eines Körpers nur um Vielfache der Elementarladung ändern. Was noch besser ist: Trifft ein wirkliches „Ion" auf den Öltropfen und ändert seine Ladung, kann man die Differenz der Kräfte berechnen, die für die beiden Ladungen notwendig sind.

Auf den Tropfen wirken zwei Kräfte: die Anziehungskraft des elektrischen Feldes und die Gravitationskraft. Letztere ist konstant. Wenn man einen Tropfen im Schweben halten kann, erst mit einer Ladung, dann mit zwei, indem man das vertikale elektrischen Feld regelt, sind die Berechnungen besonders einfach, weil dann die Gravitationskraft herausfällt.

Das Ergebnis des Ganzen ist: Die Ladung des Öltropfens kann sich nur um ein Vielfaches einer sehr kleinen Einheitsladung ändern, die genau der Ladung eines Elektrons entspricht. Genau das hatte Millikan erwartet. Bevor man rechnen kann, muss man aber erst sehr lange durch ein Mikroskop schauen, um zu beobachten, wohin sich der Öltropfen bewegt und wie schnell. Wenn der Öltropfen sich immer noch bewegt, muss man dabeibleiben – ungeachtet aller weltlichen Verlockungen wie einer Einladung zum Abendessen –, denn man benötigt viele Messungen an ein und demselben Tropfen, um sein Verhalten in vielen verschiedenen Ladungszuständen vergleichen zu können.

Jahre später erzählte Millikan, wie er einmal seine Frau anrief und sie bat, allein zu einer Abendgesellschaft zu gehen. Er würde nachkommen, doch sie solle den anderen Gästen erklären, dass er nun eineinhalb Stunden lang ein

Ion beobachtet („watched an ion“) habe und dies erst zu Ende bringen müsse. Genau das richtete Frau Millikan der versammelten Gesellschaft aus. Eine andere Dame am Tisch zeigt sich angesichts dessen schockiert, wie man mit jungen Akademikern umsprang:

„Ich finde es skandalös, dass sie diese armen jungen Professoren so grausam schlecht bezahlen!“, rief sie aus. „Ich habe schon immer gehört, dass die Gehälter mager sind, doch ich war wirklich erstaunt, als Frau Millikan berichtete, ihr Ehemann könne nicht zum Abendessen kommen, weil er nun eineinhalb Stunden gewaschen und gebügelt („washed and ironed“) habe und erst fertig werden müsse.“

Angesichts dessen erhebt sich eine interessante Frage: Sollten moderne Wissenschaftler, die eine bessere finanzielle Ausstattung brauchen, manchmal über den Tellerrand schauen?

ATOMBAU

Wie wir zu einer modernen Vorstellung vom Aufbau des Atoms gekommen sind

86

Wann: 1911.

Wo: Cambridge, England.

Wer: Ernest Rutherford, 1st Baron Rutherford of Nelson (1871–1937).

Was: Das Atommodell, an das die meisten von uns immer noch denken: Elektronen kreisen um einen Kern.

Folgen: Rutherfords Modell enthielt erstmals den Atomkern und führte weiter zur Kernphysik.

Die Nobelpreisträgerin Maria Goeppert-Mayer (1906–1972) schrieb 1951:

Ein Atom ist die kleinstmögliche Materieeinheit, die an der konventionellen Chemie beteiligt sein kann. Niemand hat je ein Atom gesehen und wahrscheinlich wird dies auch nie geschehen, doch das hält den Physiker nicht davon ab, mithilfe der Hinweise, die er auf seine Struktur hat, ein Modell davon zu entwickeln.

Noch innerhalb eines Jahrzehnts nach Goeppert-Mayers Tod erzeugten die IBM-Physiker Gerd K. Binning (geb. 1947) und Heinrich Rohrer (geb. 1933) Rastertunnelmikroskop-Aufnahmen von einzelnen Atomen. Die erste gelang ihnen 1981, und sie erhielten dafür 1986 den Physik-Nobelpreis. Vorhersagen sind eben schwierig, besonders, wenn sie die Zukunft betreffen – Niels Bohr (und andere vor und nach ihm) erinnerte die Mitwelt gern daran.

Im 19. Jahrhundert waren Atome noch Billardkugeln; im 20. Jahrhundert wurde ihre innere Struktur im Wesentlichen aufgeklärt. Jeder Nichtphysiker stellt sich ein Atom mit Vorliebe als Stückchen Materie vor mit einem Kern und Elektronen, die auf Schalen um ihn kreisen wie ein Schwarm kleiner Monde um einen riesigen Planeten. Das ist ein anschauliches Beispiel für ein Modell, mit dem man schwierige Zusammenhänge erklären kann, obwohl wir jetzt wissen, dass das Atom innen ziemlich anders aussieht.

Der erste Beweis für die Existenz von Atomen kam von Joseph Louis Proust (1754–1826), der 1799 nachwies, dass Kupfercarbonat immer die gleichen Anteile Kupfer, Kohlenstoff und Sauerstoff enthält, unabhängig davon, woher es kommt und wie es hergestellt wurde. Kupfercarbonat enthält stets fünf Teile Kupfer, einen Teil Kohlenstoff und vier Teile Sauerstoff. Wäre John Dalton (→15) bei seinen Untersuchungen von Gasen nicht auf die Idee mit

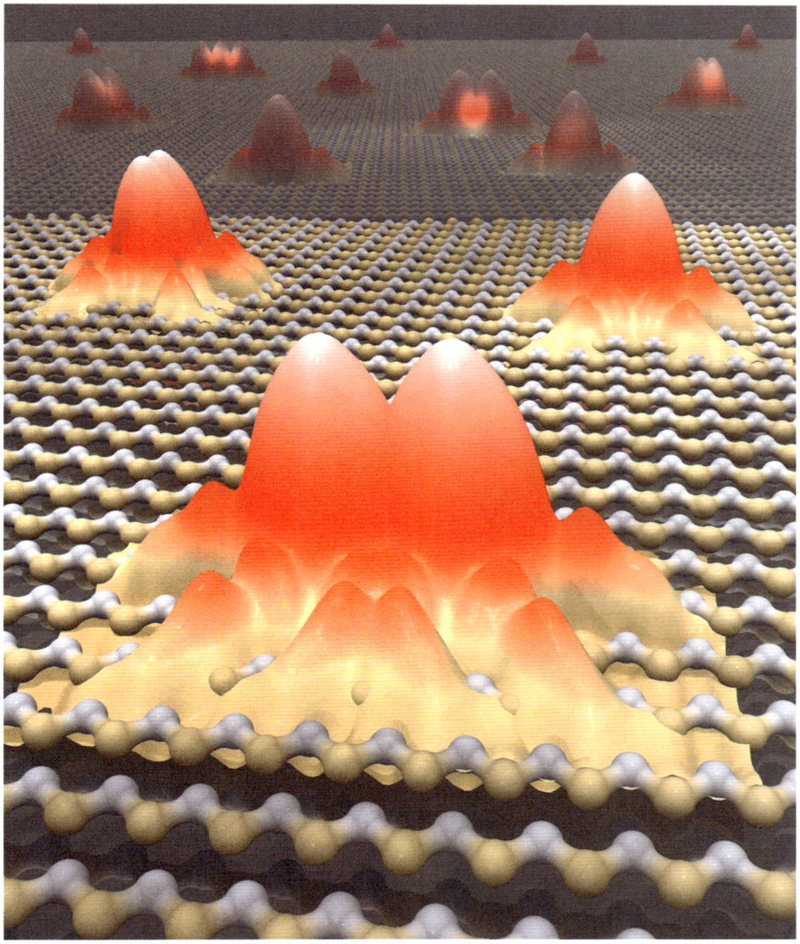

Diese zusammengesetzte und kolorierte Rastertunnel-Mikrographie zeigt ferromagnetische Wechselwirkungen (rot und gelb) zwischen Manganatomen in einem Galliumarsenid-Halbleiter (weiß und gelb), dargestellt als Molekülmodell.

den Atomen gekommen, hätte sie ein anderer gehabt, der die Herausforderung angenommen hätte, Prousts Regel zu erklären. Wie so oft war die Zeit einfach reif.

Doch niemand fragte, was sich im Inneren eines Atoms befindet, denn Atome waren per Definition unteilbar. Deshalb wäre die Frage dumm gewesen. Ende des 19. Jahrhunderts schloss man aus dem Phänomen der Radioaktivität, dass es im Inneren von Atomen negative und positive Teilchen geben muss. J. J. Thomson, der gezeigt hatte, dass das Elektron ein Teilchen ist, schlug ein Atommodell vor, das wie ein Rosinenkuchen aussah – ein großer, positiv geladener Teig mit darin verteilen kleinen, negativen Rosinen-Elektronen. Besser konnte man nicht spekulieren, bis das Proton entdeckt war.

1911 schossen Ernest Rutherford (der spätere Lord Rutherford) und Hans Geiger (1882–1945) Alphateilchen – Kerne von Heliumatomen – auf eine sehr dünne Goldfolie. Die meisten Alphateilchen gingen glatt durch, aber einige wenige wurden zurückgestreut. Die beiden Forscher verwendeten Goldfolie, weil man diese sehr dünn (nur wenige Atomlagen dick) hämmern kann und weil Goldatome sehr schwer sind.

Sie testeten daran einige Aspekte des Rosinenkuchenmodells, als die Rückwärtsstreuung völlig überraschend kam: „Es war so unglaublich, wie wenn man mit einer 15-Zoll-Granate auf ein Stück Seidenpapier schießt, und sie kommt zurück und trifft einen." Die einzige Erklärung dafür war, dass die zurückgestreuten Teilchen auf etwas gestoßen sein mussten, was viel dichter war als das Rosinenkuchen-Atom: einen massiven Kern. Die Erklärung war schnell gefunden: In Rutherfords Atom kreisen die Elektronen in einer bestimmten Entfernung um einen Kern in der Mitte. Alles war gut.

Oder nicht? Wenn sich Teilchen auf einer gekrümmten Bahn wie einem Kreis bewegen, nennen das die Physiker eine beschleunigte Bewegung. Die Teilchen fliegen vielleicht immer mit der gleichen Geschwindigkeit, doch sie ändern ständig ihre Richtung. Das geht nur, wenn eine Kraft auf sie wirkt; also werden sie beschleunigt. Wenn man aber ein geladenes Teilchen beschleunigt, strahlt es Energie ab, und so müsste das Elektron in Richtung des Kerns und schließlich in ihn hinein fallen. Das passiert nicht – und das bedeutete, Rutherfords Modell musste falsch sein. Man brauchte ein besseres.

Da betrat Niels Bohr (1885–1962) den Schauplatz der Ereignisse. Er hatte mit Rutherford studiert, war aber auch mit den Arbeiten von Max Planck (→81) vertraut. Bohrs Lösung bestand darin, dass die Elektronen sich nur auf bestimmten, stabilen Umlaufbahnen um den Kern befinden können. Damit wurde das Planeten-Modell wiederbelebt.

Eine vollständige Antwort kam erst von Louis de Broglie (1892–1987): Das ganze Modell funktioniert, wenn man davon ausgeht, dass die Elektronen, wohlbekannte Teilchen, eigentlich Wellen sind. Als er das in seiner Doktorarbeit vorschlug, lachten ihn die Leute aus und er wäre fast durchgefallen. Zum Glück erfuhr Einstein von de Broglies Ideen, dachte kurz darüber nach und erklärte, dass der junge Mann durchaus Recht haben konnte. Er selbst hatte nämlich 15 Jahre zuvor mit einer ganz ähnlichen Idee gespielt.

De Broglies Geistesblitz ebnete der Quantentheorie den Weg. Die nächsten wichtigen Schritte bei der Enthüllung der Geheimnisse des Atoms waren die Entdeckung des Neutrons 1932, dann die der Kernspaltung und Kernfusion und vieles mehr.

Einige Jahre später zahlte sich de Broglies revolutionäre Theorie in ganz anderer Hinsicht aus. Wenn Elektronen sich wie Wellen verhielten, konnten sie fokussiert, reflektiert und gebrochen werden wie jede andere Welle. Durch Mikroskope kann man nichts erkennen, was kleiner als eine Wellenlänge ist, doch die Wellenlänge eines Elektrons ist viel kleiner als die des sichtbaren Lichts.

Und so kamen wir zum Elektronenmikroskop, zum Rastertunnelmikroskop und zu den Bildern, von denen Maria Goeppert-Mayer behauptete, es werde sie niemals geben.

RÖNTGENBEUGUNG

Wie wir eine neue Methode fanden, ins Innere von Kristallen zu schauen

Wann: 1912.

Wo: Zürich.

Wer: Max von Laue (1879–1960).

Was: Röntgenstrahlen werden an dem Atomschichten von Kristallen gebeugt. Daraus kann man Rückschlüsse auf die Kristallstruktur ziehen.

Folgen: 40 Jahre später war das Verfahren der Schlüssel zur Aufklärung der Struktur der DNA.

Anfang des 20. Jahrhunderts war es zwar nicht möglich, Atome selbst zu sehen, doch die Muster, die Atome hervorbrachten, konnte man durchaus beobachten. Seit Johannes Keplers Arbeiten (→23) Anfang des 17. Jahrhunderts ahnten die Naturforscher, dass die eigenartig regelmäßigen Formen von Kristallen auf eine regelmäßige Anordnung identischer Bausteine hindeuten. Forscher wie Pierre Curie (→79) hatten sich mit Piezoelektrizität befasst. Sie hatten untersucht, wie manche Kristalle schwingen, wenn ein elektrisches Wechselfeld anliegt, oder – umgekehrt – welche Spannungen sich aufbauen, wenn man die Kristalle zum Schwingen bringt.

Alle Arten von Wellen haben eine merkwürdige Eigenart, die wir Beugung nennen: Wie der Name ausdrückt, biegen die Wellen ab (ändern die Richtung), wenn sie auf ein Hindernis treffen. Dieser Effekt ist umso stärker, je größer die Wellenlänge ist.

Ein optisches Beugungsgitter ist eine Anordnung paralleler Linien, deren Abstand im Bereich der Wellenlängen sichtbaren Lichts liegt. Fällt Licht darauf, entsteht ein Interferenzmuster. Sie können das beobachten, wenn Sie die Reflexion eines hellen Lichtstrahls an der Oberfläche einer CD betrachten: Die farbigen Streifen sind ein Ergebnis der vielen Reflexionen, die miteinander interferieren, wobei das Muster von der Form der parallelen Linien bestimmt ist. Auf der CD handelt es sich um gekrümmte parallele Linien.

Achten Sie darauf, Beugung nicht mit Brechung zu verwechseln. Die Beugung sorgt dafür, dass sich Licht nicht nur in Vorwärtsrichtung, sondern (regelwidrig) auch ein klein wenig zur Seite hin ausbreitet. Der Beugung haben wir es unter anderem zu verdanken, dass sich Radiowellen über den ganzen (runden) Planeten ausbreiten können, wenngleich auch die Ionosphäre dabei eine wichtige Rolle spielt. Jedenfalls war es die Beugung, die zweifelsfrei belegte, dass Licht eine Welle ist.

Max von Laue vermutete 1912, dass die Atome in einem Kristall in einem Raumgitter angeordnet sind. Er schlug Walter Friedrich vor, zu überprüfen, ob nicht ein großer einfacher Kristall aus Kupfersulfat, den er bequemerweise gerade zur Verfügung hatte, einen Röntgenstrahl (→78) beugen könnte. Friedrich und Paul Knipping führten das Experiment durch, hatten aber zunächst keinen Erfolg. Dann stellte Knipping Fotoplatten um den Kristall und erhielt so das erste Beugungsbild von Röntgenstrahlen. Max von Laue war nicht nur Physiker, er schrieb auch einen historischen Abriss der Physik. Darin berichtete er von diesem Experiment im Rahmen der Diskussion der Gittertheorie der Kristalle. In seinen Augen begann die Geschichte mit Kepler, der als Erster vorgeschlagen hatte, Kristalle seien aus gepackten Kugeln aufgebaut (eine Idee die auch von Robert Hooke und Steno vertreten wurde). Der Erste, der Atome mit der Gittertheorie in Verbindung gebracht hatte, war 1824 Ludwig Seeber (1793–1855). Er hatte die Theorie formuliert, dass Festkörper aus Atomen bestehen, die sich gegenseitig durch Anziehung und Abstoßung auf ihrem Platz halten.

Wie Laue schrieb, waren zu jener Zeit so gut wie alle Physiker, die sich überhaupt für Kristallographie interessierten, überzeugt, dass in einem

Ein Röntgenbeugungsmuster von Lysozym, einem Enzym, das in der Nasenschleimhaut gefunden wird.

Kristall alle Atome und Moleküle zufällig verteilt sind. Einzig Leonhard Sohncke (1842–1897) hielt an dem Gedanken einer regelmäßigen Packung fest, aber diese Idee wäre beinahe ausgestorben, wenn nicht Paul von Groth (1843–1927), von Sohnckes Theorie überzeugt, diese in München gelehrt hätte. Liest man zwischen den Zeilen, ging die Geschichte so: Von Laue (der auch in München war) schloss sich Groth an, führte einige Berechnungen durch, wagte eine Vorhersage und bat Friedrich und Knipping, diese mit einem Zinksulfid-Kristall und Röntgenstrahlen zu testen. So beschrieb es Laue später sinngemäß selbst:

Weil ihre Wellenlänge so klein war, konnten diese Strahlen optisch die Entfernungen zwischen den Atomen aufdecken, während dies längeren Wellen, wie denen des [sichtbaren] Lichts, nicht möglich war. Diese Experimente liefern auch den ersten maßgeblichen Beweis für die Wellennatur von Röntgenstrahlen, die von einigen wichtigen Physikern bis dahin immer noch infrage gestellt wurde, weil die Strahlung so ausgeprägte Quantenphänomene zeigt ...

Dies eröffnete unmittelbar zwei interessante Perspektiven: War die Wellenlänge der Röntgenstrahlen bekannt, konnte man aus dem Beugungsmuster auf die Struktur und die Atomabstände des Kristalls schließen; war andererseits der Atomabstand bekannt, konnte man die Wellenlänge von Röntgenstrahlung messen.

In der langen Geschichte der Nobelpreise finden wir mehrere Preisträger, von denen ein Elternteil ebenfalls den Preis gewann, aber nur ein Vater-Sohn-Paar, das den Preis gemeinsam erhielt: William Henry (Sir William) Bragg (1862–1942) und William Lawrence (Sir Lawrence) Bragg (1890–1971). Sie erhielten 1915 den Physik-Nobelpreis für die Anwendung der Röntgenbeugung. Der ältere Bragg wurde 1923 Direktor der Royal Institution und machte sie zu einem der weltweit führenden Forschungszentren für Röntgenbeugung. In einer Vorlesung, die er im gleichen Jahr hielt, erklärte Bragg sen., warum Röntgenstrahlen so wichtig sind:

Mit dem Mikroskop erhält man nur eine bestimmte Auflösung. Doch diese hört weit vor dem Punkt auf, den wir erreichen müssen, wenn wir verstehen wollen, wie sich Atome verhalten und wie sie die verschiedenen Werkstoffe mit ihren spezifischen Eigenschaften erzeugen können. Licht kann zwar die Existenz von einzelnen

Kristallen in einem Metall zeigen, doch nicht die Anordnung der Atome in diesen Kristallen ... in den Röntgenstrahlen finden wir neue Hoffnung

Bragg jun. wurde 1919 Professor für Physik in Manchester und nahm später, 1938, Ernest Rutherfords Platz am Cavendish Laboratory an der Universität Cambridge ein. In einem Artikel von 1968 im *Scientific American* schrieb er über die Notwendigkeit kleiner Wellenlängen:

Nur Röntgenstrahlen haben eine Wellenlänge, die klein genug ist, um die Anforderungen zu erfüllen. So ist zum Beispiel der Abstand zwischen benachbarten Natrium- und Chloratomen in einem Natriumchlorid-Kristall (normales Kochsalz) nur 2,81 Ångström groß ... während die meistverwendete Wellenlänge in der Röntgenstrukturanalyse 1,54 Ångström beträgt.

Die Methoden, für die er die Pionierarbeit leistete, gaben Wilkins und Franklin (→94) den Schlüssel zur Aufklärung der DNA-Struktur in die Hand, den sie an Crick und Watson (→94) am Cavendish Laboratory weiterreichten. Mit der Zeit verbindet sich in der Naturwissenschaft alles.

EVOLUTION DES MENSCHEN

Wie Raymond Dart den fossilen Abdruck eines Gehirns sah und augenblicklich erkannte, dass dessen Besitzer auf zwei Beinen ging

Charles Darwin hatte im Jahr 1869 die Ansicht geäußert, der frühe Mensch sei wahrscheinlich in Afrika entstanden. Er stützte seine Annahme auf die Ähnlichkeit des Menschen mit den Schmalnasenaffen (einer zoologischen Teilordnung, zu der die Altweltaffen und die Menschenaffen gehören). Später sollte sich zeigen, dass er Recht hatte.

Australopithecus africanus ist wahrscheinlich ein Vorfahre (oder ein sehr naher Verwandter) von uns. Die Spezies lebte vor ungefähr drei bis 2,5 Millionen Jahren in Südafrika. Das zuerst entdeckte *Australopithecus*-Exemplar war das „Taung-Baby“ oder „Kind von Taung“. In einer lehmigen Schicht fand man Teile eines jugendlichen Schädels, Schlamm war teilweise in das Schädelinnere eingedrungen und bildete einen Abdruck des Gehirns.

Raymond Dart, ein australischer Anthropologe, der in Südafrika arbeitete, bekam eines Tages eine Kiste mit Steinen aus dem Taung-Steinbruch zugeschickt. Als er deren Inhalt durchstöberte, fand er zuerst den Gehirnabdruck und wenig später den Schädel. Das Gesicht war in einen Steinblock eingeschlossen und musste sorgfältig gesäubert werden, bevor es untersucht werden konnte. Als Dart den Gehirnabdruck sah, war ihm sofort klar, dass er es mit einem außergewöhnlichen Fund zu tun hatte. Er hatte schon vorher mit Gehirnabdrücken gearbeitet und konnte bereits an der Position des Hirnstamms ablesen, dass dieses Tier einen Schädel besaß, der mit einer vertikalen Wirbelsäule verbunden war, welche direkt unterhalb des Schädels ansetzte und nicht wie bei Schimpansen und Gorillas an dessen Hinterseite.

88

Wann: 1924–1925.

Wo: Witwatersrand, Südafrika.

Wer: Raymond Dart (1893–1988).

Was: Das „Kind von Taung“, der erste Fund eines *Australopithecus africanus*.

Folgen: Zum ersten Mal hatte man das Fossil eines menschlichen Urahnen gefunden, eines Primaten, der auf aufrecht ging, aber ein kleines Gehirn besaß.

Die Interpretation von Fossilien ist eine diffizile Angelegenheit. Die Experten müssen sich in Anatomie auskennen und wissen, wie die Körperteile zusammenwirken, sie müssen die Bedeutung geringfügiger Unterschiede erkennen und kleinsten Hinweisen nachgehen. Die Position des Foramen magnum, der großen Öffnung an der Schädelbasis, durch welche die Rückenmarksnerven aus dem Gehirn austreten, war ein auffälliges Merkmal des Schädels. Ein Tier mit einem solchen Hirnstamm musste aufrecht gegangen sein.

Wie das Kind von Taung zu Tode kam, lässt sich nicht mit Gewissheit sagen. Wir können jedoch vermuten, dass sein Schädel seitlich in lehmige Ablagerungen eingesunken sein muss, wo sich der Gehirnschädel etwa zur Hälfte mit Schlamm füllte, der später trocknete und einen Abdruck hinterließ.

Dart fand einen Großteil des Schädels, der zu dem Gehirnabdruck passte, und gab ihm den Namen *Australopithecus africanus*, was „südlicher Affe aus Afrika“ bedeutet. Wir könnten einwenden, dass der Name für ein aufrecht gehendes Individuum nicht ideal gewählt war, auch wenn dieses ein kleines Gehirn besaß. Dart wollte jedoch vermeiden, dass er in das Kreuzfeuer der Verfechter des Piltdown-Menschen geriet. Es handelte sich um britische Wissenschaftler, welche die Angelegenheit mit dem kleinen Gehirn anzweifelten und Dart scharf attackierten, weil sie überzeugt waren, dass sich beim Menschen bereits sehr früh ein großes Gehirn entwickelt habe. Sie hatten keinerlei Beweis für ihre Behauptung, an die sie dennoch fest glaubten – und damit gründlich falsch lagen.

Am Ende stellte sich heraus, dass der „Piltdown“-Fund eine wissenschaftliche Fälschung war, zusammengefügt aus einem rezenten Menschenschädel und dem Kieferknochen eines Orang-Utans. Über den Fälscher gibt es nur Mutmaßungen, ich habe jedoch den Theologen und Paläontologen Pierre Teilhard de Chardin (1881–1955) in Verdacht. Ich denke, er wollte sich über die Verfechter der Theorie von der frühen Entwicklung eines großen Gehirns beim Menschen lustig machen. 1993 konnte ich den „Fund“ selbst in Augenschein nehmen und mich persönlich davon überzeugen, dass die Fälschung bei genauem Hinsehen leicht zu erkennen ist – so leicht, dass der Fälscher es darauf angelegt haben muss, dass der Betrug bemerkt wird. Doch die englischen Naturforscher sahen nur, was sie sehen wollten.

Australopithecus africanus erlebte seine Blütezeit in der Zeitspanne zwischen zwei und drei Millionen Jahren vor heute. Er lebte hauptsächlich im Ostafrikanischen Grabenbruchsystem, könnte jedoch auch ein größeres Verbreitungsgebiet gehabt haben. Spätere Funde bestätigten Darts ursprünglichen Befund, der auf einem einzigen Gehirnabdruck basierte: Um was für eine Kreatur es sich auch gehandelt haben mag, sie ging wie der moderne Mensch auf den Hinterbeinen. Dafür sprechen der Bau der Gliedmaßen und Hände, die Anatomie des Beckens und auch die Fußabdrücke, die ihre mutmaßlichen Vorfahren bei Laetoli im heutigen Tansania (Afrika) hinterließen.

Dart faszinierte die Vorstellung, dass diese Vorläufer des modernen Menschen bereits Werkzeuge benutzt haben könnten. Die Tatsache, dass keinerlei Überreste von Steingeräten gefunden wurden, erklärte er damit, dass es sich um eine osteodontokeratische Kultur gehandelt habe, also um eine Kultur, in der Knochen, Zähne und Horn als primitive Werkzeuge genutzt wurden, die sich verbrauchten oder die später verrotteten.

Es blieb jedoch die Frage: Handelte es sich um einen affenähnlichen Menschen oder um einen menschenähnlichen Affen? Die Antwort war im Innern des Kieferknochens verborgen und blieb es bis zum Jahr 1987. Die Zähne weisen bei Menschen und bei den anderen Primaten im Erwach-

Eine Auswahl von Hominidenschädeln unterschiedlicher Entwicklungsstufe.

senenalter jeweils charakteristische Merkmale auf. Im Schädel des Kindes von Taung waren die Zähne aufgrund seines jugendlichen Alters noch nicht voll entwickelt. Wüssten wir, wie sich weiter entwickelt hätten, würden wir wissen, was das „Taung-Baby" war – Mensch oder Affe.

Leider gibt es nur diesen einzigen Fund und man kann das Kind von Taung nicht in Scheiben schneiden, um in sein Inneres zu sehen. Man kann den Schädel zwar röntgen, es befindet sich aber zu viel anderes Material darin, und die Strukturen, nach denen wir suchen, sind viel zu fein, um sie mittels Röntgenstrahlen abbilden zu können. Lange Jahre schien es, als würden wie nie erfahren, was sich im Innern des Kiefers verbirgt. Dann, im Jahr 1987, hatten Glenn Conroy und Michael Vannier die zündende Idee. Statt den Schädel in dünne Scheiben zu schneiden, fertigten sie eine Reihe von „Schnitten" mittels Röntgenstrahlen an und fütterten einen Computer mit den gewonnenen Daten. Eine computergestützte Tomographie sollte die Antwort liefern.

Die Forscher nahmen eine Serie von Röntgen-„Schnitten" im Abstand von zwei Millimetern vor, und zwar in drei verschiedenen Ebenen: vertikal von vorn nach hinten, vertikal von einer Seite zur anderen sowie horizontal (oder technisch ausgedrückt: sagittal, koronal und transaxial). Die Methode ist jedoch weniger interessant als das Ergebnis, denn was sie herausfanden, war äußerst reizvoll: Das „Kind" von Taung war kein junger Mensch, aber, was genauso wichtig ist, auch kein junger Affe.

Das Kind von Taung ist weder das eine noch das andere, sondern halb Mensch und halb Affe, ein „missing link" – was wir nie herausgefunden hätten, wenn nicht zwei Forscher sich entschieden hätten, es einer Computertomographie zu unterziehen!

Es hat mehr als 60 Jahre gedauert, bis das Rätsel gelöst war, doch das Warten hat sich gelohnt, und die Lösung kam rechtzeitig genug, dass Dart seinen Triumph noch selbst auskosten konnte.

ANTIBIOTIKA

Wie wir einen Naturstoff, der gegen Bakterien wirkt, fanden und verschwendeten

89

Wann: 1928.

Wo: London.

Wer: Alexander Fleming (1881–1955).

Was: Der Pilz *Penicillium chrysogenum* (damals noch *Penicillium notatum*) bildet eine Substanz, die das Bakterienwachstum unterbindet.

Folgen: Nachdem Flemings Entdeckung von Ernst Chain (1906–1979) und Howard Florey (1898–1968) in Behandlungsverfahren umgesetzt worden war, konnte man viele Leben retten.

Wallace Wilson erblickte im Jahre 1888 das Licht der Welt und starb 1966. Von 1928 bis 1929 war er Präsident der British Columbia Medical Association und durchlebte die Höhen und Tiefen der Antibiotika. Wilson verfasste den Vierzeiler „Das Gebet des Mikrobiologen", der laut Überlieferung erstmals in einem Brief an Dr. E.P. Scarlett, vermutlich in den 1920er Jahren, erschien:

He prayeth best who lovest best
All creatures great and small.
The Streptococcus is the test
I love him least of all.

Was auch immer den Anlass für dieses Gedicht gab, so beschreibt es doch die Situation vor der Entdeckung der Antibiotika und der Sulfonamide. Eine Sepsis, auch als Blutvergiftung bezeichnet, ist eine beängstigende Erfahrung, auch wenn man Antibiotika einnimmt. Ich litt selbst daran und bevor ich ins Krankenhaus eingeliefert wurde, hatte ich wegen des starken Fiebers einen so heftigen Schüttelfrost, dass ich weder tippen noch eine SMS schreiben konnte. Ohne Antibiotika wäre ich jetzt wohl tot, doch mit ihrer Hilfe kam ich innerhalb weniger Tage wieder auf die Beine.

Nach der Entwicklung von Anästhetika und antiseptischen Operationsmethoden konnten sich die Menschen im späten 19. Jahrhundert endlich ins Krankenhaus begeben, um geheilt zu werden und nicht um zu sterben. Doch sehr häufig war die Operation zwar erfolgreich, aber der Patient starb dennoch an einer einfachen bakteriellen Infektion. Es musste ein Weg gefunden werden, um das Körperinnere des Patienten vor den Angreifern zu schützen.

Antibiotika richten sich gezielt „gegen das Leben". Es handelt sich um chemische Verbindungen, die von Mikroorganismen gebildet werden, um andere Mikroorganismen selektiv zu zerstören. Für eine Behandlung des Menschen werden die Verbindungen ausgewählt, die gegen Bakterien eine gute Wirkung zeigen, für den Patienten jedoch nicht oder nur wenig schädlich sind. Antibiotika werden seit etwa 2500 Jahren eingesetzt: Chinesische Ärzte verwendeten verschimmelten Sojaquark, um damit Geschwüre und andere Infektionen zu behandeln, und Louis Pasteur stellte im Jahre 1877 fest, dass Milzbranderreger sehr gut in sterilem Urin gedeihen, in unsterilem Urin jedoch nicht.

Im Jahre 1928 beobachtete und dokumentierte Alexander Fleming als Erster eine antibiotische Wirkung. Eine seiner Kulturplatten war mit dem Pilz *Penicillium* kontaminiert, und Fleming stellte fest, dass in der Nähe des Pilzes keine Bakterien wuchsen. Er bezeichnete den Wirkstoff als „Penicillin", doch zog er ihn nicht als Medikament für Infektionen im Körperinneren in Erwägung. Statt ihn auf eine Eignung zur systemischen Anwendung zu testen, schlug er ihn zur Abdeckung oberflächlicher Wunden vor.

Fleming konnte die Wirkung von Penicillin durch eine Reihe von glücklichen Zufällen, die eigentlich Fehler waren, beobachten. Zunächst vergaß man die wohl Petrischale mit Nährboden, auf dem der Pilz gefunden wurde, auf der Laborbank, statt sie wie die anderen in den Brutschrank zu stellen.

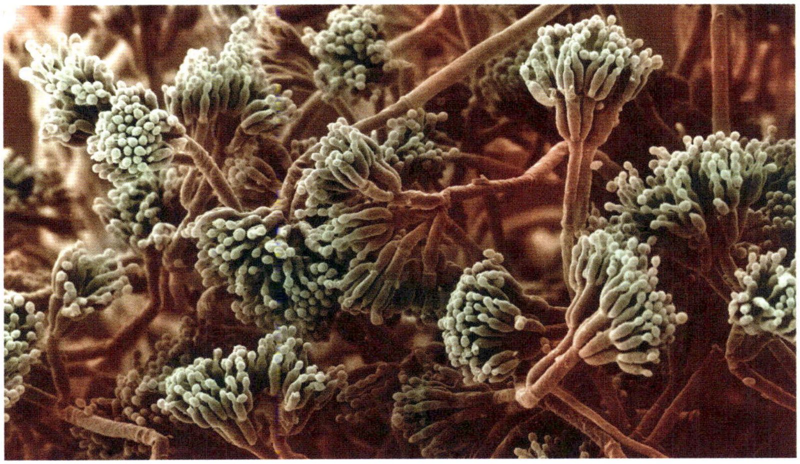

Der Pilz *Penicillium* sp., der ein Antibiotikum produziert.

Die Kontamination einer Platte mit *Penicillium* kommt bei der Kultivierung von Bakterien auch bei sorgfältiger Arbeitsweise gelegentlich vor, und die Legende weiß, dass Flemings Spore den Weg durch ein offenes Fenster gefunden haben soll. Das gibt zu denken: Wenn Platten gegossen oder beimpft werden, dann tun Mikrobiologen alles Erdenkliche, um die Zahl der umherfliegenden Sporen zu reduzieren, bis hin zum Filtern der Luft oder der Bestrahlung eines geschlossenen Raumes mit ultraviolettem Licht. Wenn Fleming tatsächlich bei offenem Fenster gearbeitet haben sollte, dann war seine Arbeitsweise relativ schlampig. Aber er kann sich glücklich schätzen, denn zu seiner Rehabilitation muss man sagen, dass es sich bei dem *Penicillium*-Stamm auf der Platte um einen seltenen, hochproduktiven Stamm handelte, der im benachbarten Labor kultiviert wurde – die Kontamination muss also gar nicht durchs Fenster hereingeschwebt sein.

Fleming sah die Wirkung und veröffentlichte eine kurze Mitteilung. Er beschrieb den Wirkstoff als ein lytisches Agens, was nicht korrekt ist. Im Jahre 1938 begab sich Ernst Chain auf die Suche nach lytischen Enzymen, doch war Penicillin weder ein Enzym noch ein Lysin, obwohl es Bakterien tötet. Chain führte zusammen mit Howard Florey weitere Untersuchungen durch, und am Ende teilten sich Fleming, Chain und Florey im Jahre 1945 den Medizin-Nobelpreis. Nicht ausgezeichnet wurde Norman Heatley (1911–2004), dessen Lösung für das Problem der Extraktion von Penicillin aus Kulturen der praktischen Anwendung des Antibiotikums den Weg ebnete.

Chains und Floreys Studien waren erfolgreich, und die Mengen, die sich extrahieren ließen, stiegen sprunghaft an. Im August 1942 übergab Florey etwas von dem Wirkstoff an Fleming, der damit einen Freund behandelte, der an Meningitis litt. Der Patient erholte sich rasch, und schon bald begannen sich Gerüchte zu verbreiten. In den schlechten Zeiten des Krieges sogen die Briten jede gute Nachricht förmlich auf, und so war es auch mit dieser. Zur etwa gleichen Zeit wanderte Florey nach Amerika aus, um die Massenproduktion von Penicillin zu etablieren, eine Aufgabe, die er mit Bravour meisterte. Im Jahre 1943 nutzte man Penicillin, um Kriegsverletzungen zu behandeln; die britische Presse feierte Fleming, den Mann vor Ort, als Helden.

Penicillin galt als das Wundermittel und wurde häufig und begeistert verabreicht. Mediziner wie Wallace Wilson müssen gejubelt haben – obwohl ich vermute, dass Wilson bald die Gefahren einer zu häufigen Anwendung erkannte, denn er hatte einen Sinn dafür. Und es kam, wie es kommen musste. Um 1947 berichtete man von den ersten penicillinresistenten *Staphylococcus*-Stämmen. Als Wallace Wilson im Jahre 1966 starb, veröffentlichte *Scientific American* Artikel über die Übertragung von Resistenzen von einer Bakterienspezies auf eine andere, und Dozenten stellten die Frage, warum man eine solch wunderbare und vielversprechende Ressource derart leichtfertig verschwendet hatte. Doch der bedenkenlose Einsatz hält bis zum heutigen Tage an. Antibiotika werden routinemäßig Tierfutter zugesetzt, wodurch die Bakterien permanent geringen Dosen ausgesetzt sind, die wiederum für eine Selektion von Resistenzen sorgen.

Der Missbrauch von Antibiotika hat die Kräfte der Evolution entfacht. Bakterienpopulationen verändern sich, Organismen mit chemischen Abwehrstrategien gegen die am häufigsten verabreichten Antibiotika werden selektiert, und in einem von zwei Fällen betrifft diese Resistenz sogar Vancomycin, das Reserveantibiotikum, welches zur Behandlung einfacher Infektionen nicht eingesetzt wird. Eine Zeit lang war es das erklärte Ziel der Forschung, neue Klassen von Antibiotika zu finden, doch ist diese Ära längst vorüber. Und wir sind auf dem Weg, wieder in die Lage zu geraten, in der Wallace Wilson seine Verse schrieb. Nur dieses Mal ist der Munitionsschrank leer, und wer soll noch beten?

EXPANSION DES ALLS

Wie uns die Rotverschiebung des Spektrums weit entfernter Sterne zu einem besseren Verständnis des Universums verhalf

90

Wann: 1929.

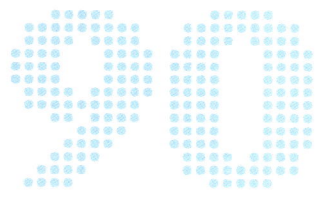

Wo: Mount Wilson, Kalifornien, USA.

Wer: Edwin Powell Hubble (1889–1953).

Was: Die Rotverschiebung des Spektrums ferner Sterne zeigt, dass sich das Universum ausdehnt.

Folgen: Ließ ein sehr hohes Alter des Universums vermuten und führte zur Urknall-Hypothese.

Was man gemeinhin als Olbers-Paradoxon bezeichnet, hätte ebenso gut den Namen Halleys oder Chéseauxs verdient, die sich bereits 1722 bzw. 1744 die Frage gestellt hatten, über die Heinrich Olbers (1758–1840) 1826 philosophierte. Auch Kepler (→23) hatte 1610 darüber nachgedacht. Sie alle bewegte das Problem: Warum ist der Nachthimmel dunkel, wenn das Weltall unendlich ist?

Tagsüber ist der Himmel hell, weil das einfallende Sonnenlicht an der Atmosphäre gestreut wird. In einer mondlosen Nacht sehen wir Sterne am schwarzen Firmament. Wenn aber das Universum keine Grenze hat, steigt das Volumen, das wir sehen, jedes Mal auf das Achtfache, wenn wir die Entfernung verdoppeln. Anders gesagt: In jeder außen hinzukommenden „Lage" des Universums müssten achtmal so viele Sterne sein wie in der Lage zuvor, 27-mal so viele wie in der vorletzten usw. Natürlich nehmen wie die Sterne schwächer wahr, je weiter weg sie von der Erde sind (verdoppelt sich die Entfernung, sinkt die Helligkeit auf ein Viertel); wenn es dafür aber achtmal so viele gibt, sollte jede außen hinzukommende Kugelschale doppelt so viel Helligkeit liefern wie jene zuvor, und je weiter man nach draußen geht, desto heller sollte es werden.

Wie jedes gute Paradoxon zeigt dieses, dass irgendetwas an den Annahmen nicht stimmt; so beginnt man nachzudenken. Johann Mädler (1794–1874) überlegte 1861, der schwarze Nachthimmel ließe sich durch das endliche

Ein Blick von oben auf die Spiralgalaxie NGC 1309 im Sternbild Eridanus.

Alter des Universums erklären: Das Licht sehr weit entfernter Sterne könnte uns noch gar nicht erreicht haben. Diese Begründung ist ein wichtiger Teil der modernen Antwort auf die Frage.

Darüber hinaus gibt es, jedenfalls für die Verfechter der entsprechenden Theorie, aber noch zumindest eine Teilantwort. Sie geht auf Edwin Hubble zurück, einen amerikanischen Gelehrten aus Rhodes, der an der Universität von Oxford Jura studiert hatte, bevor er sich der Astronomie zuwandte. Sein Argument löste gleichzeitig ein anderes Rätsel: Warum ziehen sich all die Sterne, Kometen, Planeten, Meteore und andere Materieformen nicht gegenseitig an, bis die Gravitation sie aufeinanderfallen lässt?

1929, nach fast ein Jahrzehnt dauernden Beobachtungen mit dem 2,5-Meter-Teleskop auf dem Mount Wilson, stellten Hubble und Milton Humason etwas Unerwartetes fest: Die Sterne bewegen sich alle von uns weg, und zwar umso schneller, je weiter sie von der Erde entfernt sind. Diejenigen, die 13 Milliarden Lichtjahre („Hubble-Radius") entfernt sind, scheinen sich mit Lichtgeschwindigkeit zu bewegen. Dies beschränkt die Größe des Universums, das wir sehen oder von dem wir überhaupt etwas erfahren können. Mit anderen Worten: Das Universum mag unendlich sein, aber der Teil, den wir tatsächlich beobachten können, ist endlich. Auf diesem Weg kommen wir zu der erwähnten alternativen Auflösung des Olbers-Paradoxons.

Diese Entdeckung hatte zwei Teile. Erstens musste die Geschwindigkeit der Sterne, die sich von uns wegbewegen, berechnet werden. Das war relativ einfach, denn man musste nur die Rotverschiebung des Lichts von fernen Sternen und Galaxien beobachten: Durch den Dopplereffekt erscheinen Standardlinien im Spektrum (→61) einer Lichtquelle, die sich von uns wegbewegt, an anderen als den gewohnten Positionen. Das Licht erreicht uns zwar mit derselben (Licht-)Geschwindigkeit, wenn sich die Quelle entfernt, aber seine Frequenzen sind verschoben.

Zweitens war herauszufinden, wie weit die sich entfernenden Galaxien von uns weg sind. Die Antwort wurde mithilfe einer ganz besonderen Art von Sternen gefunden, den Cepheiden oder Pulsationsveränderlichen, von Astronomen „Standardkerzen" genannt. Ihr Name stammt von dem ersten Exemplar dieser Sorte, das beobachtet wurde, Delta Cephei.

Henrietta Swan Leavitt (1868–1921) war seit 1908 als menschlicher „Computer" (→92) am Observatorium des Harvard College angestellt und beobachtete, dass die Periode eines Pulsationsveränderlichen (dunkel/hell und zurück) je länger ist, umso heller der Stern ist. 1912 bestätigte sie dies noch einmal detaillierter. Das bedeutete: Misst man die Periode der Helligkeitsschwankung, dann kann man auf die wirkliche Helligkeit (fachsprachlich die „absolute Helligkeit") des Sterns schließen. Sterne, die weiter weg sind, erscheinen dunkler; wenn man aber die absolute Helligkeit eines Sterns mit seiner von der Erde aus sichtbaren („scheinbaren") Helligkeit vergleicht, kann man seine Entfernung ziemlich verlässlich abschätzen.

So konnte die Entfernung jeder Galaxie, die Cepheiden enthält, geschätzt werden. Cepheiden sind relativ selten, aber bei einer kürzlich mit dem nach Hubble benannten Weltraumteleskop unternommenen Suche wurden immerhin 800 davon entdeckt, mehr als genug, um die Geschwindigkeit zu bestimmen, mit der sich das Universum ausdehnt. Der Zahlenwert dieser Geschwindigkeit, auch „Hubble-Konstante" genannt, wird seit langem diskutiert, liegt aber wohl zwischen 50 und 100 Kilometern pro Sekunde und Megaparsec. (Ein Megaparsec entspricht rund 3,2 Millionen Lichtjahren.) Der zurzeit genaueste Messwert beträgt etwas mehr als 74 Kilometer pro Sekunde und Megaparsec. Das bedeutet: Mit jedem Megaparsec, den ein Stern weiter von der Erde entfernt ist, fliegt er 74 Kilometer pro Sekunde schneller von uns weg.

Diese Erkenntnis bereitete der Urknall-Hypothese den Weg. Wenn man sich schon die Quantenphysik kaum vorstellen kann und die Evolution auf unseren Zeitskalen wenig sinnvoll zu sein scheint, dann vereint die Kosmologie gleich beide Probleme: Auf unseren Zeitskalen ergibt sie keinen Sinn, und man kann sie sich kaum vorstellen. Wie auch immer: Die Urknall-Hypothese behauptet sich ziemlich gut.

Wie es der Zufall wollte, wurde der Begriff *Urknall* (Big Bang) von Fred Hoyle geprägt, dem Vorkämpfer der konkurrierenden Steady-State-Theorie. Hoyle hatte die Absicht, seine Gegner lächerlich zu machen; der Name jedenfalls blieb hängen. Abgesehen davon konnte sich das Urknall-Modell gegen das Modell eines statischen Universums durchsetzen, das davon ausging, dass im Inneren des Alls immer neue Sterne entstehen müssen, um jene zu ersetzen, die schon weit davongeflogen sind.

Nun ja, diese Vorstellung macht wirklich Kopfschmerzen.

ATOMKRAFT

Wie wir erkannten, dass vermeintlich unteilbare Atome sich doch spalten lassen und zudem dabei Energie abgeben

Lise Meitner wurde von Albert Einstein „unsere Madame Curie", von Otto Hahn „Kollegin" und von Otto Frisch „Tante" genannt. Für ihre Studenten muss sie ein „seltenes Exemplar" gewesen sein, denn nur wenige junge Frauen widmeten sich damals in Wien dem Studium der Physik. Sie legte im Jahr 1905 ihre Doktorarbeit vor und wandte sich anschließend dem Studium der Radioaktivität zu.

Lise Meitner ging im Jahr 1906 zur weiteren wissenschaftlichen Ausbildung zu Max Planck (→81) nach Berlin, „für ein oder zwei Jahre", aus denen dann aber 30 Jahre wurden. Dort arbeitete sie unter anderem in einem Team mit Hahn. Die beiden ergänzten sich ideal: Meitner lieferte die exakten physikalischen Daten, Hahn stellte die benötigten reinen Substanzen her.

Wegen ihrer jüdischen Herkunft musste Meitner aus Deutschland fliehen und ging nach Wien. Als deutsche Truppen in Österreich einmarschierten, setzte sie sich über die Niederlande nach Dänemark und weiter nach Schweden ab, pflegte jedoch weiter ihre alten Kontakte. Sie hatte Hahn und Fritz Strassmann (1902–1980) gebeten, zu untersuchen, ob beim Beschuss von Uran durch Neutronen winzige Mengen Radium entstehen.

Wenn Sie ein Millionstel Gramm Radium in einer Probe aufspüren wollen, kann es Ihnen passieren, dass Sie die gesuchte Substanz im Ausguss hinunterspülen – Radiumsulfat ist zwar schwerlöslich, aber nicht völlig unlöslich. Der Trick ist die gemeinsame Ausfällung mit Bariumsulfat. Dabei geht etwas verloren, aber der größte Teil bleibt erhalten. Anschließend testet man den Niederschlag auf Radioaktivität, welche die Anwesenheit von Radium anzeigt. Im letzten Schritt müsste man den radioaktiven Anteil abtrennen und nachweisen, dass es sich tatsächlich um Radium handelt. Doch in diesem Fall ließ sich nichts abtrennen, denn chemisch war die radioaktive Substanz identisch mit Barium, was nach der Theorie nicht sein konnte.

Wenn Theorien etwas nicht zulassen, was aber der Fall ist, kann man entweder die Fakten abstreiten oder aber die Theorie anzweifeln. Die Theorie in Frage zu stellen, ist die einzig wissenschaftliche Vorgehensweise. Im zweiten Schritt gilt es, die Theorie zu korrigieren oder ein besseres Erklärungsmodell zu entwickeln – alles andere wäre Betrug. Hahn teilte Meitner schriftlich mit, dass in der Mischung radioaktives Barium enthalten sein müsse. Doch woher kam es? Heute würden wir sagen, die Uranatome wurden durch Beschuss mit Neutronen gespalten. Am Weihnachtstag 1938 wusste man noch nichts von Kernspaltung. Das aber sollte sich bald ändern.

Otto Frisch hielt sich zu Besuch bei seiner „Tante" auf, und nach einem guten schwedischen Weihnachtsessen versuchten beide eine Erklärung zu finden, wie das radioaktive Barium in den Niederschlag gelangt sein konnte. Hahn hatte sich unmissverständlich geäußert, also akzeptierten sie die Anwesenheit des radioaktiven Bariums. Während einer Wanderung durch das verschneite Land setzten sie sich eine Weile auf den Stamm eines umgestürzten Baums. Auf

91

Wann: Weihnachten 1936.

Wo: In der Nähe von Göteborg (Schweden).

Wer: Lise Meitner (1878–1968) und Otto Frisch (1904–1979), mit Daten von Otto Hahn (1879–1968).

Was: Radioaktiver Zerfall von Atomkernen.

Folgen: Die Versuche führten zur militärischen, aber auch zur friedlichen Nutzung von Kernenergie.

Die erste erfolgreiche Zündung einer Atombombe nahe Alamogordo, New Mexico, am 16. Juli 1945. Drei Wochen später wurden Atombomben über den japanischen Städten Hiroshima und Nagasaki abgeworfen.

einem Fetzen Papier berechneten sie einige Werte und kamen schließlich darauf, dass der Urankern ziemlich instabil ist. Würde man ihm einen geeigneten „Schubs“ versetzen, müsste er leicht zerfallen. Meitner lieferte sogar die Erklärung, woher die Energie für die Spaltung kommt. Ihr fiel ein Massendefekt von rund einem Fünfzigstel der Masse eines Protons auf – gerade genug, um entsprechend der guten alten Formel $E = m c^2$ die nötige Energie zu liefern.

Frisch unterrichtete Niels Bohr, der sofort erkannte, dass das Ergebnis richtig sein musste. Er rief: „Was waren wir nur alle für Dummköpfe!“ und drängte auf sofortige Veröffentlichung. Bald darauf machte Frisch sich von Dänemark auf, um Mark Oliphant in England zu besuchen. Während seines Aufenthalts auf der Insel brach der Zweite Weltkrieg aus, und Frisch begann in Oliphants Versuchslabor zu arbeiten, das auf Radarentwicklungen spezialisiert war. Doch in den neun Monaten zwischen besagtem Weichnachtstag und dem Ausbruch des Krieges hatten Frisch und Meitner bereits ihre Ergebnisse und Überlegungen veröffentlicht, sodass die ganze Welt Zugang zu ihrer Idee der Kernspaltung bekam.

Frisch beschäftigte sich in England mit der Überlegung Niels Bohrs, dass nur ein bestimmtes Uranisotop, U-235, spaltbar sei. Seine Aufmerksamkeit fiel auf die Clusius-Röhre, ein Gerät zur Anreicherung von Uran, und er berechnete gemeinsam mit dem aus Deutschland ins englische Exil geflohenen theoretischen Physiker Rudolf Peierls (1907–1995), dass rund 100 000 solche Röhren erforderlich wären, um die nötige Menge U-235 zu gewinnen. Das war mühselig, aber machbar.

Als der Österreicher und der Deutsche erkannt hatten, dass die Atombombe möglich war, warnten sie die britische Regierung. Der Rest ist, wie man sagt, Geschichte. Frisch arbeitete schließlich in den Vereinigten Staaten an der Atombombe; Meitner lehnte die Entwicklung von Kernwaffen ab und blieb in Schweden. 1960 trat sie in den Ruhestand und ließ sich in Cambridge nieder. Den Nobelpreis hat Lise Meitner nie bekommen, aber im Jahr 1965 wurde sie gemeinsam mit Hahn und Strassmann mit dem Enrico-Fermi-Preis ausgezeichnet.

Noch vor dem Ersten Weltkrieg, im Jahr 1913, schrieb H. G. Wells einen Science-Fiction-Roman, *Befreite Welt*, in dem er ein Bombenabwurf über Berlin im Jahr 1956 schildert:

... mit beiden Händen hob der Bombenwerfer die große Atombombe aus der Kiste und stemmte sie gegen die Wand. Es war eine schwarze Kugel mit einem Durchmesser von zwei Fuß. Zwischen ihren Haltegriffen befand sich ein kleiner Zelluloid-Bolzen, und zu diesem beugte er sich hinunter, bis er ihn mit seinen Lippen berührte. Er müsste ihn zerbeißen, damit Luft zum Auslöser einströmen konnte. Nachdem er sich von dessen Zugänglichkeit überzeugt hatte, reckte er den Kopf über den Rand des Flugzeugs und prüfte dessen Geschwindigkeit und Entfernung. Dann beugte er sich ruckartig nach vorn, zerbiss den Pfropfen und hievte die Bombe über den Rand.

Wir wissen, was Bohr von Prophezeiungen hielt, doch Wells lag mit seiner ziemlich richtig. Tatsächlich kam die Atombombe elf Jahre früher, als er vorausgesagt hatte. Sie wurde gegen Japan eingesetzt, und kein Mensch hätte die erste Bombe mit bloßen Händen anheben und abwerfen können. Doch es sollte noch schlimmer kommen: Die Kriegsindustrie hatte die Wissenschaft für sich entdeckt und würde in Zukunft nicht mehr von ihr lassen.

DIGITALE RECHENMASCHINE

Wie die ersten Computer halfen, einen Krieg zu gewinnen

92

Wann: 1943.

Wo: Bletchley Park, England.

Wer: Thomas Harold Flowers (1905–1998).

Was: Der Bau des ersten digitalen Computers.

Folgen: Computer halfen England, den Krieg gegen Nazideutschland zu gewinnen. Langfristig revolutionierten sie unsere Gesellschaft.

Im 19. Jahrhundert gab es eine Vielzahl von Maschinen und Geräten, die in gewisser Weise Vorläufer des Computers waren. Manche besaßen nur ein computerähnliches Merkmal, andere vereinigten mehrere Funktionen des späteren digitalen Rechners in sich. Der von Joseph Jacquard (1752–1834) entwickelte Jacquard-Webstuhl beispielsweise nutzte als digitales Speichermedium Lochkarten, die bestimmten, welche Kettfäden beim Durchschuss des Webschiffs angehoben und welche abgesenkt werden. Auf diese Weise konnten gemusterte Gewebe mit feinen Zeichnungen hergestellt werden, die wie graphische Stiche aussahen.

Charles Babbage (1791–1871) erfand eine mechanische Rechenmaschine, die so genannte Analytische Maschine. Er hatte ein gewebtes Portrait von Jacquard an der Wand hängen, zu dessen Herstellung 24 000 Lochkarten – rund drei Megabit Information – erforderlich waren. Babbage war beeindruckt, als Prinz Albert, der Gatte Queen Victorias, bei einem Besuch das Motiv des Bildes augenblicklich erkannte.

Der Telegraph (→37) war ein digitales (nur „an“ und „aus“ benutzendes) Gerät zur Übertragung von Information, während das Telefon nach analogem Prinzip funktionierte: Der durch einen Draht fließende Strom bildet die analoge Umsetzung eines Sprechsignals, welches am anderen Ende der Leitung decodiert werden muss. Bei Grammophonen und Phonographen werden Töne und Geräusche analog erzeugt, mittels variabler Laufrillen auf der Oberfläche des Tonträgers. Musik ist heute überwiegend digital, ebenso wie die meisten „Fotos“, die wir aufnehmen. Noch in der Zeit nach dem

Zweiten Weltkrieg konnte man sich eher einen analogen Computer vorstellen als einen digitalen; Digitalgeräte setzten sich jedoch rasch an die Spitze. Es dürfte hilfreich sein, an dieser Stelle zu klären, was der Begriff „Computer" eigentlich bedeutet.

Als im Jahr 1850 das Sydney Observatory auf einem begrünten Hügel der australischen Stadt errichtet wurde, erhoben sich seine Sandsteingebäude über einem geschäftigen Hafen. Die hauptsächliche Funktion des Observatoriums war die eines exakten Zeitgebers, nach welchem die Schiffskapitäne ihre Chronometer stellen konnten. Tagtäglich wurden Sterne beobachtet, komplizierte Kalkulationen vorgenommen – und natürlich die Hauptuhr gestellt. In den ursprünglichen Plänen waren Büros für die Astronomen und ein „Raum für den Computer" vorgesehen. Dieser „Computer" war keine Maschine, sondern ein menschlicher „Rechenknecht", dessen Arbeit darin bestand, umfangreiche Berechnungen durchzuführen. Im frühen 20. Jahrhundert kamen Frauen wie Henrietta Swan Leavitt (→90) zur Astronomie, als sie eine Arbeit als „Computer" annahmen.

Babbages Differenzmaschine wie auch seine Analytische Maschine waren mechanische Konstruktionen zur Berechnung und Ausgabe von Datentabellen (Logarithmus, Sinus und andere wichtige Werte). Zu Demonstrationszwecken schlug er vor, die Ergebnisse der Formel $x^2 + x + 41$ ausgeben zu lassen. Für alle x von 0 bis 39 sind das ausschließlich Primzahlen, erst bei $x = 40$ versagt die Formel. (Weshalb, möge der Leser selbst herausfinden! Ein Hinweis: Für $x = 41$ ergibt sich ebenfalls keine Primzahl.)

Sir Robert Peel (dessen Lächeln Daniel O'Connell mit dem Schimmern eines versilberten Sargdeckels verglich) nutzte die Gelegenheit, um Babbage und seine Maschinen im Britischen Parlament mit Hohn und Spott zu überziehen:

Ich darf einige kurze Vorüberlegungen zum Besten geben, bevor ich an die Gentlemen im schwach besetzten ‚House' den starken Vorschlag richte, einen hölzernen Menschen zu schaffen, damit dieser Zahlentabellen nach der Formel $x^2 + x + 41$ berechnet.

Während des Zweiten Weltkriegs war kein Platz für solche Sticheleien. Die britische Demokratie hatte an den aus der Kriegsbeteiligung erwachsenden Lasten schwer zu tragen, und die Technik war von praktischen Zwängen bestimmt, zum Beispiel den Code der deutschen Chiffriermaschine Enigma zu entschlüsseln, der durch einen variablen Pseudo-Zufallsgenerator erzeugt wurde. Tommy Flowers bekam seine Chance, denn in Kriegszeiten wird nicht abgestimmt, sondern befohlen.

Flowers war Telefoningenieur und arbeitete nach dem Krieg an elektronischen Vermittlungssystemen. Während des Krieges leitete er jedoch die Entwicklung der britischen Colossus-Maschinen. Deren Steuerung bestand aus fest programmierten Funktionseinheiten und einer Schalttafel, wobei der Rechner bereits auf den denselben Prinzipien basierte wie die ersten Nachkriegscomputer. Die verschlüsselten Texte, die es zu decodieren galt, wurden auf Fünf-Kanal-Papierlochstreifen gespeichert.

Flowers arbeitete seit 1926 für die britische Post (die auch den landesweiten Telefondienst bereitstellte), wo ihm 1930 die Aufgabe übertragen wurde, die Zahl fehlgeschlagener oder fehlgeleiteter Telefonverbindungen zu verringern. Von etwa 1935 an beschäftigte er sich mit nichtmechanischen – also elektronischen – Schaltern, um die große Zahl von Telefonverbindungen herzustellen. Da Computer im Grunde aus einer großen Zahl von Schaltern bestehen, war der Weg zu Colossus geebnet.

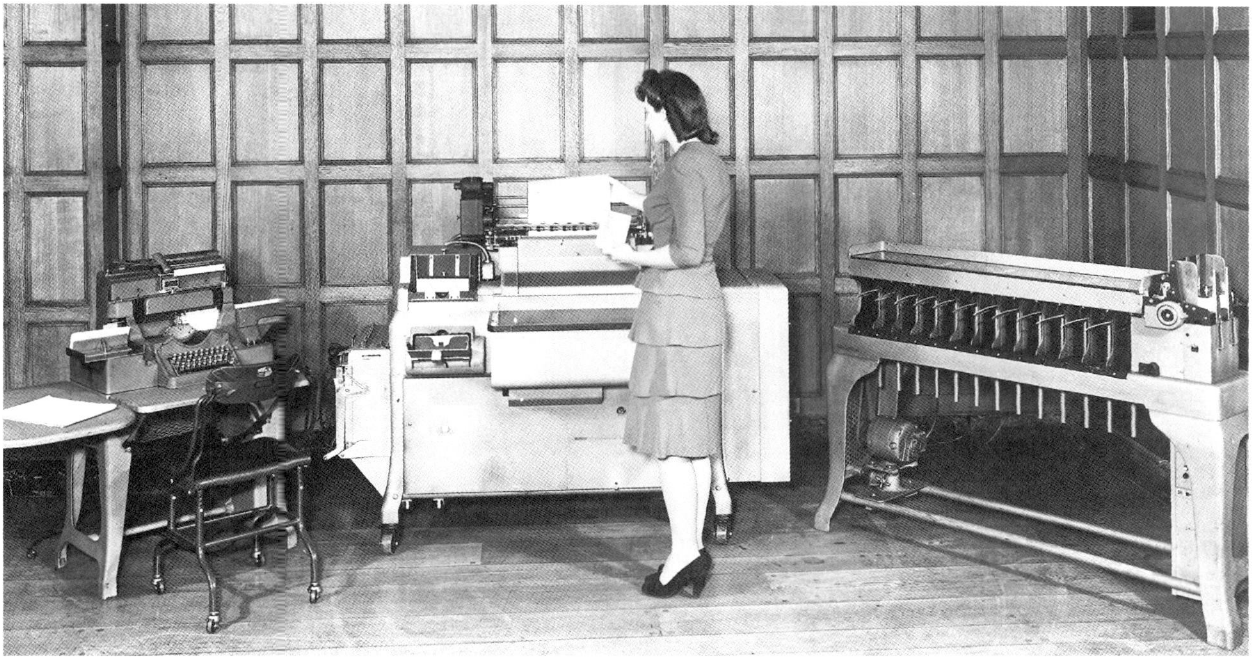

Eine IBM-Sekretärin und Lochkarten-Operatorin beim Bedienen von Bürotechnik der 1940er Jahre.

Im Jahr 1942 hielt sich Flowers in Bletchley Park, dem geheimen Sitz des Britischen Dechiffrierdienstes, auf, doch die Entwickler der Colossus hatten zunächst mit einem ganz anderen Problem zu kämpfen – die Unmenge von Papierstreifen für jeden einzelnen Programmschritt zu lesen. Im Februar 1943 empfahl Flowers den Einsatz eines elektronischen Speichers und begründete seinen Vorschlag damit, dass der Krieg wohl immer noch ein Jahr weitergehen würde, wenn eine solche Maschine verfügbar wäre.

Natürlich gab es Zweifel, die der Postingenieur jedoch zerstreuen konnte, denn für die elektronische Speicherung wurde bewährte Technik und überprüfte Methoden verwendet, die Flowers von seiner Arbeit mit Telefonvermittlungssystemen kannte. Er bekam grünes Licht – und war erfolgreich. Nach Kriegsende erhielt Flowers einen Verdienstorden der unteren Stufe (den „Member"), und seine Arbeit unterlag den strengen Geheimhaltungsregeln des Official Secrets Act, bis in den 1970er Jahren erste Einzelheiten durchzusickern begannen. Seine Arbeit wurde viel länger als nötig unter Verschluss gehalten, und seine Entwicklungen mussten noch einmal gemacht werden – von einem Ingenieur, der in der Lage war, auch ohne den Rückgriff auf Vorarbeiten eine funktionierende Lösung zu finden.

Viele der damals entwickelten Bauteile blieben über Jahrzehnte dieselben. Ich bekenne mich zu meinem Alter und gebe zu, dass ich 1963 einen Fünf-Kanal-Teleprinter-Lochstreifen als Computer-Input benutzte. Noch 1987 übertrug ich Stapeldateien mithilfe derselben Art von Lochkarten, die Herman Hollerith (1860–1929) im vorausgegangen Jahrhundert entwickelt hatte, um die Ergebnisse der US-amerikanischen Volkszählung im Jahr 1890 zu berechnen.

Und wenn man weiß, wo man nachsehen muss, findet man Vannevar Bush und seine Überlegungen zu Hypertext – im Jahr 1945!

TRANSISTOR

Wie ein Ersatz für die Röhre gerade zum richtigen Zeitpunkt kam

93

Wann: 1947.

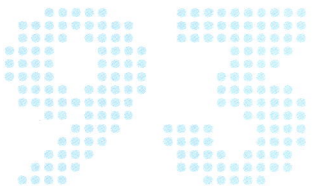

Wo: Murray Hill, New Jersey, USA.

Wer: William Shockley (1910–1989), John Bardeen (1908–1991) und Walter Brattain (1902–1987).

Was: Kleine Halbleiterbauteile mit niedrigem Strombedarf können die Elektronenröhre ersetzen.

Folgen: Die ganze moderne Elektronik fußt auf dieser einen Erfindung.

Wenn Sie vor 1940 geboren und ein bisschen technisch begabt sind, haben Sie vielleicht Erfahrung mit den Nadeln von Detektorempfängern. Kristalldetektoren funktionierten mit einem Halbleiterkristall, üblicherweise Bleiglanz (Bleisulfid), der auf eine Legierung (Woodmetall) montiert war. Mit der Metallspitze musste man geduldig so lange über den Kristall fahren, bis man eine Stelle (einen „Kontakt") gefunden hatte, die einen Gleichrichter-Effekt zeigte, also den Strom nur in eine Richtung fließen ließ.

Ein Halbleiter ist ein Zwischending: ein Material, das Strom besser leitet als ein Isolator, aber nicht so gut wie ein Leiter. Sein elektrischer Widerstand wird mit steigender Temperatur und durch Dotieren (Beimischen kleiner Mengen von Verunreinigungen) geringer. Silicium ist der am weitesten verbreitete kommerzielle Halbleiter, gefolgt von Germanium, Gallium und bestimmten Legierungen und Verbindungen, die diese Elemente enthalten. Am bekanntesten sind Halbleiter in Transistoren, heute unsichtbar winzigen Bauteilen in integrierten Schaltkreisen. Doch das erste Halbleiterbauteil war die Spitzendiode, deren Funktionsprinzip ich oben beschrieben habe.

Ferdinand Braun (1850–1918) entdeckte 1874 den Gleichrichtereffekt von Bleiglanz und erhielt gemeinsam mit Guglielmo Marconi (1874–1937) 1909 den Physik-Nobelpreis für verschiedene Beiträge zur „drahtlosen Telegraphie", darunter den Abstimmkreis. Die Spitzendiode blieb viele Jahre lang die energiesparende Alternative zur Röhrendiode (→73).

Immer wenn sich altehrwürdige Techniker versammeln, erzählen sie sich Legenden von Ingenieuren, die (um 1927) in der einen oder anderen Form auf den Transistoreffekt gestoßen sein sollen. Einer, dessen Name heute vergessen ist, ärgerte sich mit dem Kristalldetektor herum und beobachtete aus irgendeinem Grund den Transistoreffekt, dachte aber nicht weiter darüber nach. Russell Shoemaker Ohl (1898–1997) war überzeugt, die Russen hätten den Effekt schon 1910 gesehen; das wollte er der Literatur entnommen haben.

Die Grundlagen des Transistoreffekts sind quantentheoretischer Natur. Erinnern Sie sich an Louis de Broglie (→86) und seine abwegige Idee, dass die Elektronen Wellen seien. Als die Leute darüber nachzudenken begannen, wie sich Elektronenwellen in einem Kristall fortpflanzen, fiel ihnen auf, dass schon winzige Verunreinigungen im Kristall die Bewegung der Welle beeinflussen müssten. Paul Wigner (1902–1995) untersuchte zunächst metallisches Natrium, doch die Prinzipien, die er daraus ableitete, ließen sich breiter anwenden, wie einer seiner Studenten, John Bardeen (1908–1991), später erkannte.

1940 betrachtete in den Bell Laboratories Russell Ohl das Verhalten von Silicium genauer, als er an Kristalldetektoren für das Radar arbeitete. Er bat die Chemiker, hochreines Silicium herzustellen, aber deren Prozess führte zu einer Ansammlung von Verunreinigungen an den Enden der Einkristalle. So

Platine eines tragbaren Radiogerätes mit vielen einzelnen Bauelementen. Heute sieht man stattdessen nur noch einen einzigen Chip.

entstanden Stangen mit p-dotiertem Silicium auf der einen Seite und n-dotiertem auf der anderen.

Durch Zufall schnitt er ein Stück ab, das auf der einen Seite p-dotiert und auf der anderen n-dotiert war. Daran beobachtete er einige seltsame Effekte – zum Beispiel baute sich eine Spannung auf, wenn Licht auf die Scheibe fiel. Etwas anderes bemerkte Walter Brattain, der sehr schnell schloss, dass es irgendeine unsichtbare, innere Barriere zwischen n- und p-dotiertem Silicium geben musste.

Aber es war Krieg, und derartige Neuheiten mussten warten. Nach dem Krieg, von seinen Pflichten in der Radarentwicklung befreit, übernahm William Shockley die Leitung eines Teams, das ein Festkörper-Bauelement als Ersatz für die Röhrendiode finden sollte. Es waren jedoch Brattain und Bardeen, die gemeinsam den ersten Transistor bauten. Er war 13 Millimeter hoch, viel größer als die heutigen Modelle, doch er funktionierte. Er bestand, einfach gesagt, aus zwei Kontakten, die einen Germaniumkristall berührten, welcher seinerseits auf einer mit einer Spannungsquelle verbundenen Metallplatte befestigt war.

Wenn ein kleiner Strom in einen der Kontakte floss, kam am anderen Kontakt ein viel stärkerer Strom wieder heraus. Dies ist die klassische Definition eines Verstärkers: Kleine Ursache – große Wirkung, ob es nun Archimedes' Hebel (→12) zur Verstärkung einer Kraft ist, Lee de Forests Audion (→73) zur Verstärkung eines Funksignals oder eben ein Transistor zur Verstärkung eines Stroms. Und, nicht zu vergessen, ein Verstärker kann auch als Schalter wirken, der einen Strom durchlässt oder sperrt – und digitale Computer brauchen ganz viele solche Schalter!

Als der erste Transistor funktionierte, kam der große Streit. Brattain und Bardeen dachten, Shockley wolle ihre Leistung stehlen, um den Ruhm für sich allein zu haben. Um fair zu einem unangenehmen Menschen zu sein: Shockley hatte eine Idee, die Brattain und Bardeen fehlte und die darin bestand, den Transistor als Sandwich zu bauen. Dieser sogenannte Schichttransistor wurde im Juli 1951 der Öffentlichkeit vorgestellt.

Zu dieser Zeit begann der Wettlauf zwischen USA und Sowjetunion in den Weltraum. Halbleiterelektronik kann den Kräften und Vibrationen beim Raketenstart viel besser standhalten als Röhren; deshalb kam der Transistor gerade zur rechten Zeit. Brattain und Bardeen blieben enge Freunde, verhielten sich aber immer reserviert gegen Shockley, der glaubte, ihm stehe der Großteil der Ehre zu, weil er mit der Entdeckung des sogenannten Feldeffekts die Grundlage für die ganze Entwicklung gelegt hatte.

Alle drei teilten sich den Physik-Nobelpreis von 1956. Brattain tüftelte weiterhin an den Bell Labs, Bardeen gewann einen zweiten Nobelpreis für seine Arbeiten an der Supraleitung und Shockley gründete 1955 ein Unternehmen, die seine „Shockley-Diode" baute. Diese Firma war die Keimzelle des späteren Silicon Valley.

Schon damals wurden die ersten Ansätze der Biotechnologie sichtbar. Diese Wissenschaftsdisziplin (von manchen eher als Industriezweig gesehen) funktioniert nicht ohne Elektronik, reicht aber weit darüber hinaus.

STRUKTUR DER DNA

Zwei Wissenschaftler missachteten Anweisungen und lösten das Rätsel des Lebens

94

Wann: 1953.

Wo: Cambridge, England.

Wer: James Watson (geb. 1928) und Francis Crick (1916–2004).

Was: Struktur und Bauplan der DNA.

Folgen: Wegbereiter der Gentechnik, Gentherapie, Biotechnologie, DNA-Analyse („genetischer Fingerabdruck") und vieler weiterer Errungenschaften der modernen Medizin.

Oswald Avery (1877–1955) und seine Kollegen wiesen 1944 nach, dass DNA – Desoxyribonucleinsäure (und nicht Eiweiß, wie viele geglaubt hatten) – der Träger der Erbinformation ist. Diese Offenbarung beflügelte die Phantasie von Wissenschaftlern auf der ganzen Welt. Ein aus Tausenden von Atomen zusammengesetztes Molekül enthielt ganz offensichtlich die Anleitung zur Steuerung von Zellen – den Bauplan des Lebens, der im Augenblick der Fortpflanzung an jedes neue Leben weitergegeben wird.

Das war es also, was jede Lebensform zu dem macht, was sie ist – Mensch, Elefant oder Petunie. Wenn man die Struktur dieses Fadens aufdecken konnte, würde man den Code des Lebens verstehen, die Übersetzung von Genen in Lebewesen. Damit könnten all die vielfältigen Möglichkeiten aus dem Reich der Science Fiction Wirklichkeit werden, etwa die Heilung von Erbkrankheiten oder sogar die Schaffung neuer Lebensformen.

Nach dem Ende des Zweiten Weltkrieges konnten sich die Forscher wieder der Wissenschaft zuwenden. Der Physiker Francis Crick hatte während des Krieges an der Entwicklung von Seeminen mitgearbeitet, kehrte später jedoch an die Universität von Cambridge in England zurück, um Proteine mit Röntgenbeugung (→87) zu untersuchen. Gleichzeitig beschäftigte er sich weiter mit dem DNA-Molekül. James Watson, ein junger amerikanischer Zoologe und Genetiker, der gerade in Cambridge angekommen war, um an Viren zu forschen, teilte Cricks Interesse. Schon bald waren beide geradezu besessen von dem Problem der DNA und begannen auf der Suche nach Antworten ihre eigentliche Arbeit zu vernachlässigen.

Sie wussten, dass DNA extrem lange Moleküle mit vielen Millionen Atomen bildet und dass unterschiedliche DNA jeweils anders zusammengesetzt ist. Trotzdem waren sie davon überzeugt, dass es regelmäßige Muster geben musste. In diesem Fall sollte DNA kristallisieren können, und Kristalle konnte man mit Röntgenbeugung analysieren. Genau daran machten sich Watson und Crick. Ihre Arbeit hatte sowohl mit Physik und Mathematik als auch mit Biologie zu tun, und sie sollte die Biologie von Grund auf verändern.

1953 stand fest, dass die Grundstruktur der DNA aus zwei spiralförmig umeinander gewundenen Ketten besteht, die heute als Doppelhelix bezeichnet werden. Es blieb noch die Frage, wie die einzelnen Bausteine, die immerhin schon bekannt waren, angeordnet sind. Zwischenzeitlich war es Biochemikern nämlich bereits gelungen, DNA zu extrahieren und zu erkennen, dass sie Zuckermoleküle (Desoxyribose) enthält, Phosphatgruppen und vier verschiedene organische Basen: Adenin, Cytosin, Guanin und Thymin.

Trotz dieser Erkenntnisse wurde von manchen immer noch bezweifelt, dass die DNA die Erbinformation ist. Erwin Chargaff (1905–2002) machte sich deshalb daran, DNA aus unterschiedlichen Organismen zu analysieren, um herauszufinden, ob es Unterschiede im Verhältnis der Basen gibt. Es *gibt* sie, und Chargaff berichtete im Jahr 1950, dass in ein und derselben Probe Adenin und Thymin einerseits und Cytosin und Guanin andererseits immer in ähnlichen Mengen vorhanden sind. Chargaffs Untersuchungsergebnisse lieferten Watson und Crick den Schlüssel zur Lösung ihres Problems. Sie erkannten, dass die zueinander passenden Basen Paare bilden, und begannen, auf der Grundlage der Röntgenbeugungsdaten von Maurice Wilkins (1916–2004) und Rosalind Franklin (1920–1958) Papiermodelle des Moleküls anzufertigen.

Entsprechend der Analysedaten der Röntgenbeugung bildeten sie das Modell aus zwei Hauptsträngen, bestehend aus Zuckermolekülen und Phosphatgruppen. Aus den Analysen von Chargaff folgerten sie, dass die Basen in das Innere der Doppelhelix weisen. Adenin und Thymin beziehungsweise Cytosin und Guanin bilden Wasserstoffbrücken aus und verbinden so die beiden DNA-Stränge.

Natürlich waren noch viele Fragen offen, die Struktur der DNA ließ jedoch erkennen, dass ihr Code in den Basenmustern bestand. Und noch wichtiger: Es wurde deutlich, wie sich die DNA vervielfältigen konnte, indem sich nämlich die Einzelstränge voneinander lösen und jeweils als Muster für einen neuen, kompletten zweiten Strang fungieren. Mit anderen Worten, aus einem Doppelstrang werden zwei einzelne Stränge aus welchen zwei doppelte Stränge entstehen, die beide mit dem ursprünglichen DNA-Molekül identisch sind.

Den Beweis, dass sich DNA auf diese Weise vervielfältigt, konnten sie zwar nicht erbringen. Aber sie wollten sich den Verdienst sichern, diese Möglichkeit als erste erkannt zu haben, und publizierten darum 1953 ihr Modell in der Zeitschrift *Nature*. Darin merken sie an:

Es ist unserer Aufmerksamkeit nicht entgangen, dass die spezifische paarweise Anordnung, die wir postuliert haben, einen möglichen Kopiermechanismus des genetischen Materials nahelegt.

Das war wahrscheinlich das größte wissenschaftliche Unterstatement des Jahrhunderts.

Watson und Crick müssen geahnt haben, dass die Basengruppen den Code für Aminosäuren in Proteinen darstellten, erwähnten dies jedoch in ihrem ersten Aufsatz nicht. Bald nach der Veröffentlichung kam Crick zu dem

DALI ÜBER DAS GÖTTLICHE

Und jetzt die Offenbarung von Watson und Crick über die DNA. Das ist für mich der wahre Beweis für die Existenz Gottes.

Salvador Dalí über den 1953 erschienenen Aufsatz von Watson und Crick.

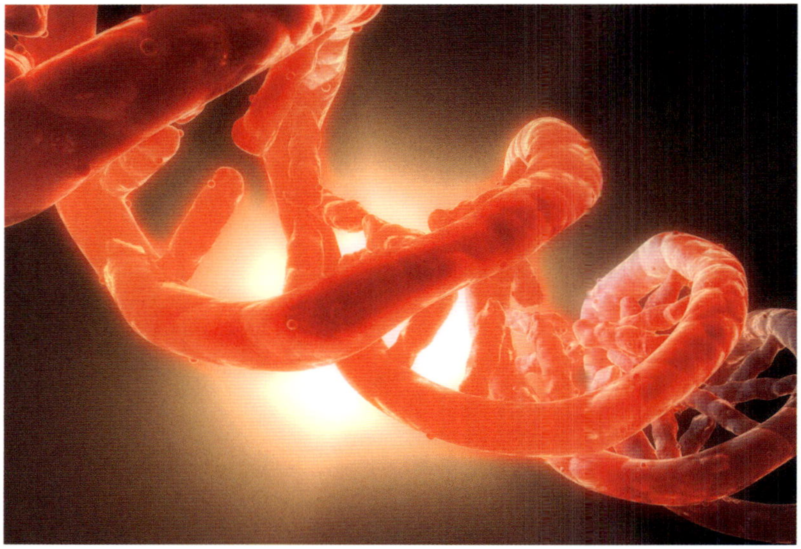

Vereinfachte Darstellung der DNA-Doppelhelix.

Schluss, dass der Code aus einer Gruppe von drei Basen bestehen dürfte. Das war zwar erst noch zu beweisen, doch in seiner Nobelpreisrede 1962 tat er so, als handele es sich um eine belegte Tatsache. Es erforderte indes die Arbeit vieler weiterer Wissenschaftler, um herauszufinden, wie verschiedene Gruppen dreier Basen eine einzelne Einheit – eine Aminosäure in der Kette eines bestimmten Proteins – codieren.

Wir können heute komplette Basensequenzen im Genom eines neuen Virus innerhalb nur eines Tages bestimmen und so rasch auf Krankheitsausbrüche wie den von SARS reagieren. Möglicherweise lassen sich Grippeepidemien zukünftig auf die gleiche Weise stoppen. Wir sind in der Lage, das Erbgut sichtbar zu machen und Entwicklungsstammbäume zu erstellen. Wir können anhand von DNA-Spuren ermitteln, wer sich am Ort eines Verbrechens aufgehalten hat, wir können Pflanzen so modifizieren, dass sie gesünder sind, und Hefezellen für die Herstellung wichtiger Arzneimittel verwenden. Ohne die Entdeckung der DNA-Struktur durch Watson und Crick hätten wir alle diese Möglichkeiten nicht.

Heute verstehen wir, wie DNA funktioniert und wie sie verändert werden kann. Was werden die kommenden fünfzig Jahre bringen? Wenn wir Glück haben, werden wir Möglichkeiten zur Behandlung von Erbkrankheiten finden. Und schon heute können wir unser Immunsystem dazu anregen, bestimmte Krebsarten aufzuspüren und die bösartigen Zellen abzutöten.

Was die übrigen Hoffnungen betrifft, so werden wir uns wohl noch eine Zeit gedulden müssen.

INTEGRIERTER SCHALTKREIS

Der Weg, Zimmer voller Elektronik in eine kleine Kiste zu packen.

Es ist schwer, zwischen Noyce und Kilby Schiedsrichter zu spielen. Beide haben unabhängig voneinander den integrierten Schaltkreis erfunden. Schließlich einigten sich ihre beiden Unternehmen, Fairchild Semiconductor und Texas Instruments, sich gegenseitig Lizenzen für ihre Technologien zu gewähren. Kilby allerdings reichte das Patent zuerst ein, und er war derjenige, dessen Leistung durch einen Anteil am Physik-Nobelpreis des Jahres 2000 anerkannt wurde.

Um einen Eindruck zu bekommen, welche gewaltigen Auswirkungen integrierte Schaltkreise (auch ICs oder Chips genannt) hatten, betrachten Sie einmal den Core2Duo-Prozessor von Intel, mit dessen Hilfe dieses Buch geschrieben wurde. Er enthält auf einer Fläche von 143 Quadratmillimetern 291 Millionen Transistoren. Auf einen Quadratmeter passen 7000 solcher Chips mit so vielen Transistoren, dass auf jeden heute lebenden Erdenbürger 300 Stück entfallen.

Jeder dieser Transistoren spielt die gleiche Rolle wie eine Röhrendiode (→73) in den ersten digitalen Computern, aber jede Röhre verbrauchte damals acht Watt elektrische Leistung. Mit 291 Millionen multipliziert, ergibt das 2,3 Gigawatt für einen Röhrencomputer mit der gleichen Rechenleistung wie mein Core2Duo. Um diesen Giganten mit Energie zu versorgen, wären fünf Kohlekraftwerke notwendig. Würden wir die gleichen Schaltkreise aus einzelnen Halbleitertransistoren verdrahten, bräuchten wir immer noch 145 Megawatt; ein Kohlekraftwerk könnte immerhin drei solche Computer betreiben und hätte sogar noch Reserven für eine Kaffeemaschine. Die als Wärme abgegebene Verlustleistung meines Chips beträgt ungefähr 65 Watt. Das bedeutet, rund 40 Millionen Computer mit einem Core2Duo können mit diesen fünf Kraftwerken betrieben werden.

Wenn Sie Telefon, Fernsehen, CD- und MP3-Player mitrechnen, benutzen Sie jeden Tag ziemlich viele Transistoren. Gäbe es keinen Chip, könnten wir den Energiebedarf längst nicht mehr nicht decken. Dass dieser Bedarf mit der Zeit anwächst, wird zum Teil durch eine Faustregel namens Moore'sches Gesetz begründet.

In der meistzitierten Formulierung besagt dieses Gesetz, dass sich die Komplexität von Schaltkreisen – die Anzahl der Komponenten auf einem Prozessor und damit die Leistungsfähigkeit des Computers – alle 18 Monate verdoppelt; technischer ausgedrückt, ist die Schaltungsdichte von Siliciumchips proportional zu 2(t – 1962) mit t als dem betrachteten Jahr. Das bedeutet, die Informationsmenge, die auf einer bestimmten Menge Silicium gespeichert werden kann, hat sich jedes Jahr (grob gerechnet) verdoppelt, seit die Technologie erfunden wurde.

Dieses Gesetz, 1968 von Gordon Moore, einem Mitbegründer von Intel, aufgestellt, stimmt immer noch recht gut. Seit Mitte der 1980er Jahre hat sich ungefähr alle 18 Monate der Speicherbedarf der PC-Systeme verdoppelt. Die Naturgesetze sorgen aber dafür, dass es nicht unendlich lange so weitergehen wird. Software- und Hardwarehersteller werden irgendwann aufhören müs-

95

Wann: 1958.

Wo: Dallas, Texas, USA.

Wer: Jack St. Clair Kilby (1923–2005) und Robert Noyce (1927–1990).

Was: Ein Prozess, mit dem man in einem Schritt einen „Chip" herstellen kann – einen Schaltkreis mit vielen Bauelementen.

Folgen: Die moderne Unterhaltungselektronik und die gesamte Informationstechnologie beruhen auf dem Chip.

Siliciumchips sind zentrale Bauteile des Steuersystems von Minuteman-Raketen.

sen, immer leistungsfähigere Computer mit mehr RAM, schnelleren Zugriffs- und Taktzeiten und größeren Speichern haben zu wollen.

In gewisser Hinsicht war Shockleys Vierschichtdiode (→93) der erste IC, denn sie erledigte die Aufgabe von zwei Transistoren. Im September 1958 kam das erste Bauelement von Jack Kilby: ein Transistor und einige andere Komponenten, alle auf einem Stück Germanium befestigt und in der Lage, auf einem Oszilloskop eine Sinuswelle zu erzeugen.

Kilby hatte im Juli jenes Jahres bei Texas Instruments angefangen. Als die meisten seiner Kollegen in den Sommerurlaub gegangen waren, blieb er zurück und hatte Zeit, über ein Problem nachzudenken. Transistoren waren klein, sie brauchten weniger Strom als Röhren, aber sie bedeuteten viel Kleinarbeit. Außerdem gingen sie beim Löten leicht kaputt – und sie mussten Stück für Stück auf Platten gelötet werden, während man Röhren einfach in Sockel stecken konnte, die schon montiert waren. Weiterhin war da die Größenfrage: Man konnte Transistoren sehr klein machen, aber dann waren sie zu winzig für die Fließbandmontage. Auch Dioden, Gleichrichter und Kondensatoren mussten gelötet werden und jede einzelne Lötstelle konnte „kalt" sein. Dann funktionierte die ganze Schaltung nicht.

Kilby hatte zunächst die Idee, passive Bauelemente wie Widerstände und Kondensatoren aus dem gleichen Material herzustellen wie Transistoren. Nach weniger als zwei Monaten hatte er ein funktionsfähiges Modell. Er verwendete Masken, um Muster in einen Chip zu ätzen und die Komponenten schichtweise aufzubauen. Der Prototyp mochte nur eine Sinusschwingung erzeugt haben, doch er zeigte, dass das Konzept funktionierte – und zwar viel deutlicher, als der klobige Dampfwagen von Cugnot (→65) den Wert von Lokomotiven hatte zeigen können. Am 6. Februar 1959 reichte Texas Instruments das Patent ein.

Robert Noyce von Fairchild Semiconductor in Kalifornien hatte so ziemlich die gleiche Idee, aber er fand eine bessere Methode, um die Einzelteile zu verbinden. Fairchild wusste, dass Texas Instruments bereits ein Patent auf dem gleichen Gebiet eingereicht hatte. Deshalb ging das Unternehmen mit dem eigenen Antrag mehr in die Tiefe in der Hoffnung, eine Patentverletzung zu vermeiden. Am Ende wurde das Patent von Fairchild, das später angemeldet worden war, früher erteilt, während die Anwendung von Texas Instruments noch analysiert wurde.

1962 wurden in den Minuteman-Raketen der US-Luftstreitkräfte Siliciumchips verbaut, doch der große Gewinner war ein Rechenchip, den Kilby als Demonstrationsprodukt für Texas Instruments entworfen hatte. Die zynischen Bemerkungen und der Zweifel verflogen sehr schnell, als die

Menschen erkannten, dass sie ihre Rechenschieber durch etwas ersetzen konnten, das die digitale Genauigkeit von klobigen Tischrechnern bot, aber bequem in die Hosentasche passte. Einige vorsichtige Ewiggestrige packten ihre Rechenschieber in kleine Glaskästchen mit der Aufschrift „Im Notfall Glasscheibe einschlagen", aber dieser Notfall trat niemals ein.

Heute finden sich Chips in Herzschrittmachern, Hörgeräten, Diagnosesystemen, Armband- und Wanduhren, Computern, Telefonen, Geschirrspülern, Waschmaschinen, Digitalkameras, Fahrzeugen und in jeder Art von Unterhaltungselektronik, die Sie zu Hause haben mögen.

Dieses Kind der Quantenphysik, der Fotografie und vieler anderer Disziplinen beherrscht unser Leben.

OZEANBODENSPREIZUNG

Wie die rätselhafte „Drift" der Kontinente eine wissenschaftliche Erklärung fand

96

Wann: 1960–1962.

Wo: In der Mitte des Atlantiks.

Wer: Harry Hess (1906–1969).

Was: Der Ozeanboden des Atlantiks spreizt sich entlang eines zentralen Rückens.

Folgen: Der Beweis der Ozeanbodenspreizung machte deutlich, dass die Erdkruste aus beweglichen Platten besteht, und führte zu einem besseren Verständnis der erdgeschichtlichen Entwicklungen.

Es begann mit der Idee der Kontinentaldrift, die zunächst kaum mehr war als eine vage Vorstellung, dass die großen Oberflächenformen unseres Planeten irgendwie einem ständigen Wandlungsprozess unterworfen sind. Sieht man sich eine Karte des Atlantischen Ozeans an, erkennt man auf einen Blick, dass die Westküste Afrikas und die Ostküste Südamerikas einen sehr ähnlichen Verlauf zeigen. Im Jahr 1596 stellte der holländische Kartograph Abraham Ortellius (1527–1598) die Hypothese auf, dass die beiden Seiten des Atlantiks auseinandergerissen wurden, ohne jedoch eine Ursache dafür anzugeben.

Als man begann, Tieren und Pflanzen systematisch zu sammeln, wurden interessante Parallelen sichtbar. So schien für die in Asien vorkommenden Affenarten die Erklärung naheliegend, dass sie von Afrika eingewandert waren (oder umgekehrt). Da die Affen der Neuen Welt sich von ihren afrikanischen Verwandten deutlich unterschieden, vermutete man, dass ein Großteil des Evolutionsprozesses vonstatten ging, nachdem sich die Gruppen getrennt hatten. Auch andere Verbreitungsmuster von Pflanzen und Tieren ließen sich besser erklären, wenn man davon ausging, dass die Kontinente ursprünglich zusammenhingen.

Im Jahr 1912 veröffentlichte der deutsche Meteorologe Alfred Lothar Wegener (1880–1930) seine Hypothesen von der Drift der Kontinente. Er nahm an, dass ein Superkontinent, Pangäa genannt, vor rund 200 Millionen Jahren zu zerbrechen begann. Der südafrikanische Geologe Alexander Du Toit (1878–1948) unterstützte Wegeners Konzept und stellte die These auf, dass Pangäa zunächst in zwei große Stücke zerbrach: Laurasia auf der

Nordhalbkugel und Gondwanaland auf der Südhalbkugel. Später seien Laurasia und Gondwanaland in die heutigen Kontinente zerfallen.

Die Theorie der Kontinentaldrift war ein Versuch, die Form der großen Landmassen unseres Globus sowie die Verbreitungsmuster der Tiere und Pflanzen zu erklären. Das Modell basiert auf der Vorstellung, dass die Erdkruste auf dem dichteren Erdmantel „schwimmt" und dass Krustenteile durch Konvektionsprozesse in der Tiefe langsam über den Globus bewegt werden. Diese „Plattentektonik" erklärt nicht nur die Form der Kontinente und die Verteilung von Pflanzen und Tieren, sondern darüber hinaus die großen Gebirgskomplexe wie den Himalaja oder die Alpen, die räumliche Verteilung von Vulkanen und Erdbeben, die Lage von Inseln wie Hawaii oder der Aleuten – und die Kräfte, welche den Prozess antreiben.

Den Anfang machte das Konzept des Sea Floor Spreading, auf Deutsch etwas sperrig „Ozeanbodenspreizung" genannt, das auf der Vermessung und Kartierung des Meeresbodens beruhte. Dazu verwendete man zunächst schwere, auf den Grund absinkende Taue, später das Sonar, bei dem Überschallpulse zum Meeresboden geschickt werden und die Zeit bis zur Rückkehr des Signals gemessen wird. Auf diese Weise erhält man eine topographische Karte des Meeresgrunds. Die erste Karte von Teilen des Mittelatlantischen Rückens erschien im Jahr 1855. Schiffe, die Tiefseekabel durch den Atlantik legten, entdeckten ebenfalls Abschnitte des Gebirgssystems. Im Jahr 1947 gewonnene Bohrkerne des Ozeanbodens ergaben, dass die Sedimente am Grund des Atlantiks viel weniger mächtig sind, als sie unter einem Ozean sein müssten, der seit vier Milliarden Jahren existiert. Neue Denkansätze waren nötig.

Innerhalb kurzer Zeit kartierten Schiffe andere Ozeanböden und verfolgten die Spuren eines weltumspannenden, fast durchgängig ausgebildeten Systems mittelozeanischer Rücken mit einer Gesamtlänge von über 50 000 Kilometern und einer Breite von stellenweise mehr als 800 Kilometern. Was man fand, waren nicht etwa flache Erhebungen, sondern Gebirge, die bis zu fünf Kilometer über den Meeresboden aufragen.

Dann beobachtete man etwas Merkwürdiges an Basalten: Deren Magnetfelder wiesen in manchen Bereichen eine „falsche", gegenüber der heutigen Ausrichtung umgekehrte Polung auf. Heute wissen wir, dass es im Laufe der Zeit immer wieder zu Umpolungen des Magnetfelds der Erde kommt, wobei sich die Lage von Nord- und Südpol vertauscht. Wenn flüssiges Gestein aus der Tiefe an die Oberfläche tritt und zu Basalt erstarrt, wird das zu diesem Zeitpunkt herrschende Magnetfeld im Gestein abgebildet.

Kartiert man die Zonen normaler und umgekehrter Magnetisierung im Bereich des Mittelatlantischen Rückens, erkennt man ein Streifenmuster auf dem Ozeanoden. Der Meeresboden ist jedoch nicht wirklich gestreift wie ein Zebra, wie es Abbildungen in Schulbüchern oft suggerieren. Die Streifung ist nur eine graphische Darstellungsform, um die unterschiedliche Polung des – überall dunkel gefärbten – Basalts zu verdeutlichen. Mit der fortschreitenden Kartierung des Ozeanbodens wurde deutlich, dass es „Streifen" unterschiedlicher Breite gibt, worin sich längere und kürzere Perioden zwischen den Umpolungen des Magnetfelds ausdrücken. Das Erstaunliche war aber, dass sich zu beiden Seiten des Rückens ein spiegelbildliches Muster zeigte.

Im Jahr 1961 deutete sich schließlich an, dass der Basalt möglicherweise aus der Tiefe emporquillt und sich zu beiden Seiten ausbreitet. In den 1960er Jahren wurden die technischen Möglichkeiten geschaffen, um Tiefseebohrkerne des Ozeanbodens zu gewinnen, und im Jahr 1968 erbrachten Untersuchungen der in den Bohrkernen enthaltenen Fossilien sowie Isotopenanalysen den Beweis für die von Harry Hess im Jahr 1962 aufgestellte

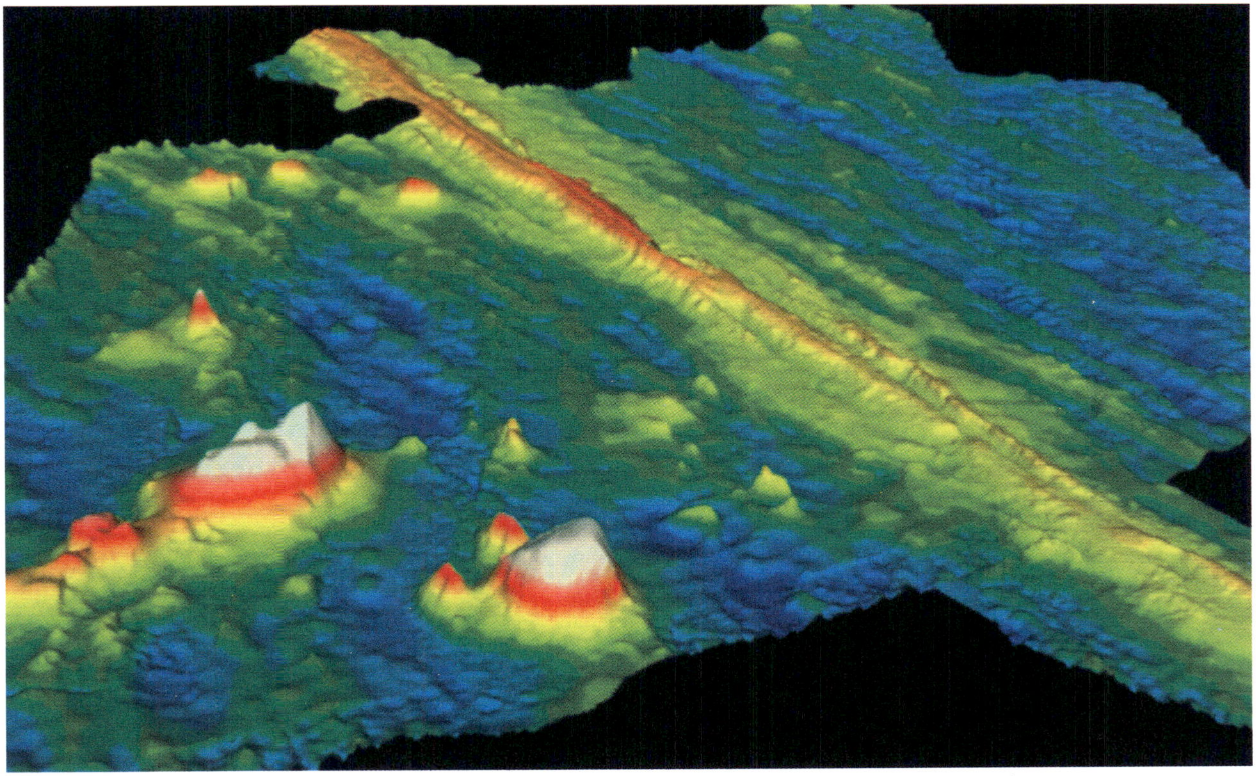

Hypothese der Ozeanbodenspreizung: Die Gesteine werden mit wachsender Entfernung vom Rücken älter.

Damit hatte man auch eine Begründung für die augenfällige Verbreitung der Erdbebenzonen auf dem Globus. Spreizung an einem Ort bedeutet, dass anderswo Gestein in die Tiefe gedrückt wird. Erklären ließen sich nun nicht nur die Subduktionszonen, an welchen eine tektonische Platte unter eine andere geschoben wird – die Tiefseegräben –, sondern auch der Verlauf der Wallace-Linie (→51, →63) und sogar die Ursprünge des afrikanischen Grabenbruchsystems, wo heute immer wieder Überreste des frühesten Menschen und des Vormenschen gefunden werden.

Der Himalaja, die Alpen und die Anden wurden allesamt gebildet, als bei der Kollision von Platten Krustenmaterial nach oben gedrückt wurde. Auch die nicht mit Vulkanismus verbundenen Erdbebenzonen in Griechenland und der Türkei sind erklärt, sie werden entlang anderer Strukturen gebildet, deren Bewegungen keine vulkanischen Erscheinungen verursachen. Wir wissen, warum es eine lange Kette aktiver Vulkane gibt, die rings um den Stillen Ozean verläuft und deshalb auch zirkumpazifischer „Feuergürtel" genannt wird. Und die Inselgruppe Hawaii wird heute als das Ergebnis einer über einen sogenannten Hot Spot hinweggleitenden Platte angesehen, wobei über diesem „heißen Punkt" fortwährend neue Vulkane entstehen.

Mehr Erklärungen kann man von einer einzigen Theorie wahrlich nicht erwarten.

Die ostpazifische Erhebung, ein Mittelozeanischer Rücken am Grund des Pazifiks.

KOSMISCHE HINTERGRUNDSTRAHLUNG

Wie wir das Echo des Urknalls fanden und erfuhren, wie das Universum seinen Anfang nahm

97

Wann: 1964–1965.

Wo: Holmdel, New Jersey, USA.

Wer: Arno Allan Penzias (geb. 1933) und Robert Woodrow Wilson (geb. 1936).

Was: Die Messung des kosmischen Mikrowellen-Hintergrunds, des „Echos" des Urknalls.

Folgen: Diese Entdeckung bestätigte, dass das Universum wirklich mit einem Urknall begann.

Entdeckungen können manchmal auf merkwürdige Weise beginnen. Als die Satellitenkommunikation in den Kinderschuhen steckte, war der Satellit Telstar ein Wunder. Teenager tanzten zu „Telstar" von der Rockband *The Ventures*, während sich die Ingenieure an einem leichten Rauschen im Mikrowellen-Trägersignal störten, mit dem die Telefonsignale zum und vom Satelliten übermittelt wurden.

Atmosphärische Störungen, Hintergrundrauschen oder Verzerrungen gibt es ständig. Sie brauchen nur ein Radio zwischen zwei Sender oder ein Fernsehgerät auf einen unbenutzten TV-Kanal einzustellen, um das Rauschen zu hören und zu sehen. Kommunikationstechniker geben sich die größe Mühe, das Signal-Rausch-Verhältnis zu verbessern. Ein einfacher Trick ist, die Quelle des Störsignals herauszufinden und abzuschirmen.

Zwei junge Forscher an den Bell Laboratories, Arno Penzias und Robert Wilson, beschlossen, die Ursache für das Rauschen herauszufinden. Sie beschäftigten sich ohnehin gerade mit Mikrowellen-Astronomie. Als sie einen großen Hornstrahler – eine Antenne, wie sie auch für den Empfang der Telstar-Signale benutzt wurde – auf einen leeren Fleck am Himmel ausrichteten, um ihre Empfangsanlage zu überprüfen, hörten sie wieder ein Rauschen. Offensichtlich – so dachten sie – befand sich die Quelle also auf der Erde; deshalb untersuchten sie ihre Antenne. Sie kletterten hinein und beseitigten das „weiße dielektrische Material", das von nistenden Tauben zurückgelassen worden war und vielleicht Interferenzen verursachte. Sie verscheuchten sogar die Tauben, doch nichts änderte sich.

Um Wärmeeffekte auszuschließen, kühlten sie den Empfänger mit flüssigem Helium. Doch das Rauschen blieb. Es hatte eine seltsame Eigenschaft: Es war isotrop, kam also scheinbar aus allen Richtungen (griech. *isos*, „gleich" und *tropos*, „Richtung"). Schließlich blieb nur noch eine Möglichkeit – es musste sich um irgendeine Strahlung aus dem Weltraum handeln.

Zur gleichen Zeit arbeiteten Robert Dicke (1916–1997) und sein Team im 60 Kilometer entfernten Princeton an einer abgedrehten Theorie: Wenn es den Urknall wirklich gegeben habe, so berechneten sie, dann sollte da immer noch eine Art Echo aus der Zeit sein, zu der alle Materie und Energie geschaffen wurde. Das sei vermutlich ein schwaches Signal im Mikrowellenbereich. Penzias und Wilson hörten vom Entwurf einer Veröffentlichung, die einer aus der Princetoner Gruppe verfasst hatte.

Manchmal sind Naturwissenschaftler wirklich höfliche Menschen. Penzias und Wilson nahmen Kontakt zu Princeton auf, erhielten ein Exemplar der Veröffentlichung und luden daraufhin ihre Kollegen aus Princeton ein, sich das Störgeräusch einmal anzuhören. Dann ging alles sehr schnell: Die beiden

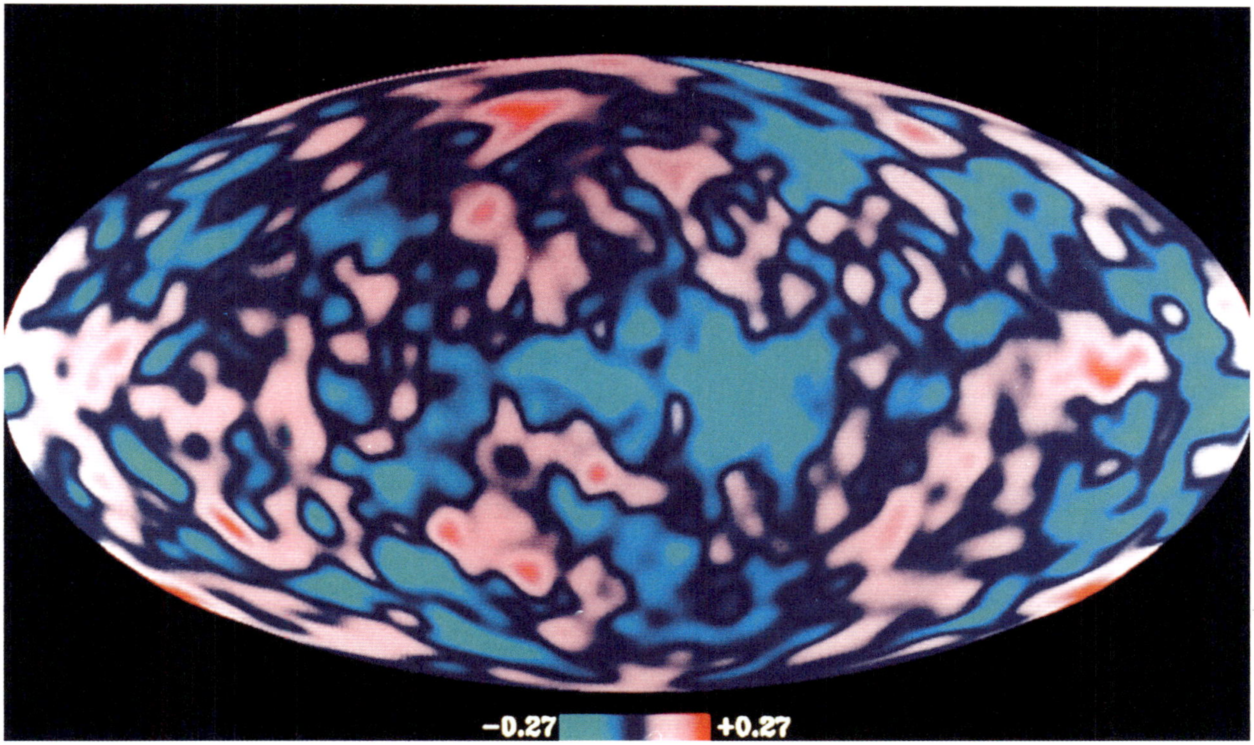

Diese Karte der Mikrowellenstrahlung des ganzen Himmels ist das Ergebnis eines Jahres Datenaufzeichung durch den NASA-Satelliten COBE (Cosmic Background Explorer).

Gruppen brachten zwei Publikation auf den Weg. In einer schrieben Dickes Leute, dass der Urknall die Strahlung eines schwarzen Körpers mit einer Temperatur von 3,5 Kelvin zurückgelassen haben sollte, in der anderen berichteten Penzias und Wilson von der Entdeckung einer passenden Strahlung und wiesen für die Erklärung auf die Arbeit aus Princeton hin.

Ein wichtiges Problem blieb vorerst ungelöst: Die Hintergrundstrahlung schien wirklich gleichförmig aus allen Himmelsrichtungen zu kommen. Wenn aber die Strahlung isotrop war, dann musste in jener fernen Zeit auch die Materie vollkommen gleichmäßig verteilt gewesen sein. Wie hätte dann aber ein Universum mit „Materieklumpen" wie Galaxien, Sternen, Planeten und uns selbst entstehen sollen? Wenn man die Isotropie der Strahlung betrachtete, konnte es uns gar nicht geben.

Entweder war die Argumentation falsch, oder die Messungen stimmten nicht. Mikrowellen werden von Wasser beeinflusst (deshalb kann man in einem Mikrowellenherd Lebensmittel erhitzen), also dachte man, der Fehler stecke in den Daten, doch ein Vierteljahrhundert lang wurde es nicht bewiesen. 1978 jubelte die Fachwelt Penzias und Wilson zu, als sie den Physik-Nobelpreis erhielten, aber es hatte sich nichts geändert. Die Strahlung war und blieb isotrop.

1989 endlich wurde der Satellit COBE (Cosmic Background Explorer) gestartet. Im Weltraum gibt es keinen Wasserdampf, der im Weg ist, deshalb hat man dort bessere Chancen, Abweichungen in der Isotropie des Strahlungshintergrunds zu finden. Nur ein paar Berge und Täler in der Verteilung – und schon konnte es uns geben … Nachdem COBE zwei Jahre auf einer erdnahen Umlaufbahn zugebracht hatte, wurden die Daten analysiert und die Neuigkeit veröffentlicht: Die kosmische Hintergrundstrahlung ist hier und da „geballt" – wissenschaftlich gesprochen, sie weist Anisotropien auf. Wenn es also Gegenden mit höherer und Gegenden mit niedrigerer Strahlungsintensität gibt, war die Materie in unserem Universum direkt nach dem Urknall ungleich verteilt. So konnten sich Sterne und Galaxien bilden.

Die Aufnahmen der Strahlung bilden einen Schnappschuss des Universums etwa 380 000 Jahre nach dem Urknall, wenn auch einen ziemlich verschwommenen. Weiter können wir nicht zurückschauen, denn es dauerte 380 000 Jahre, bis sich die ursprüngliche Suppe von Elementarteilchen zu Materie der Form zusammenfinden konnte, die wir kennen und aus der wir bestehen. In diesem Augenblick, 380 000 Jahre nach der Geburt des Universums, begann die Welt, wie wir sie kennen. Deshalb waren die Physiker ziemlich enttäuscht, dass sie kein schärferes Foto davon bekommen konnten.

Schon besser waren die Daten, die ein Jahrzehnt später aus zwei Quellen kamen. Eine davon war ein Array aus 13 Mikrowellenantennen hoch oben in der Atacama-Wüste in Nordchile. Dort ist es so hoch und trocken, dass es fast keinen Wasserdampf mehr zwischen Boden und Weltraum gibt und dass die Angestellten zusätzlichen Sauerstoff brauchen. Die Antennen zeichneten einen kleinen Ausschnitt des Himmels auf.

Die zweite Quelle befand sich im Weltraum, genauer gesagt am zweiten Lagrange-Punkt (L2), in dem ein Satellit von der Anziehungskraft der Sonne und der Erde in der Schwebe gehalten wird. Der Satellit hieß WMAP (Wilkinson Microwave Anisotropy Probe) und nahm das gleiche Bild auf. Allerdings war die Mission finanziell so gut ausgestattet, dass es für einen Survey des ganzen Himmels reichte.

Beide Aufnahmen erzählen die gleiche Geschichte: Der Mikrowellenhintergrund ist fein strukturiert. Vielleicht werden wir die Details eines Tages noch besser auflösen, um noch mehr aus den Babyfotos unseres Universums lernen zu können.

Der „Schnee", den Sie auf Ihrem Fernsehbildschirm sehen, wenn Sie einen unbenutzen Kanal einstellen, ist also nicht nur Zufallsrauschen. Ungefähr ein Prozent der tanzenden Punkte stammt von dem kosmischen Hintergrundsignal.

Doch verschwenden Sie ihre Zeit nicht damit, dort nach der Anisotropie zu suchen, die die Physiker so in Aufregung versetzte. Das Signal geht im Rauschen unter und Ihr Fernseher ist für diese Aufgabe ungefähr so nützlich wie ein Stethoskop, um die Krater auf dem Mond zu zählen. Sie müssen einfach glauben, was die Forscher sagen.

MAGENGESCHWÜRE

Nicht Stress sondern Bakterien verursachen Magen- und Zwölffingerdarmgeschwüre

Eigentlich war der Gedanke absolut abwegig. Jeder wusste, dass im Magen kein Leben existieren kann. Wie sollten also Bakterien ausgerechnet dort ihr Dasein fristen und eine schwere Erkrankung verursachen? Wer Leben im Magen vermutete, wurde für unzurechnungsfähig erklärt.

Noch bevor Barry Marshall und Robin Warren im Jahre 2005 für ihre verrückte Idee mit dem Medizin-Nobelpreis ausgezeichnet wurden, veröffentlichte Marshall eine Sammlung von Berichten, die von Menschen mit demselben verrückten Gedanken verfasst und bis dahin ignoriert worden waren.

Dieser Verlauf ist nicht ungewöhnlich. Ein weiteres gutes Beispiel ist Charles Darwins Liste von Menschen (→63), deren Gedanken ihn zu der Idee inspirierten, natürliche Auslese sei die Triebkraft der Evolution; lange ignoriert wurden auch Gregor Mendels Forschungsergebnisse (→66). Darwin fand Beachtung, weil er seinen Lesern eine überwältigende Zahl an Belegen in Form von Beispielen präsentierte. Für Mendels Arbeit war die Zeit dagegen einfach noch nicht reif; der richtige Zeitpunkt war erst gekommen, als drei Wissenschaftler seine Erkenntnisse hervorholten, nachdem sie ähnliche Beobachtungen gemacht hatten.

Marshall und Warren akzeptierten kein schlichtes „gibt es nicht" als Antwort und waren auch nicht der Ansicht, dass ihre Idee verrückt war. Sie war einfach, sie war radikal und, nun ja, sie *war* verrückt: Sie lautete, dass Magen- und Zwölffingerdarmgeschwüre durch Bakterien verursacht werden und nicht durch Stress.

Allgemein nahm man Stress als Ursache für die Geschwüre an, und als therapeutische Maßnahme riet man dem Patienten zu Entspannung und gesunder Ernährung. Und man war damit erfolgreich, weshalb Marshall und Warren zunächst nur ausgelacht wurden. Diese Reaktion war auch den Verfassern der Pressemitteilung anlässlich der Verleihung des Nobelpreises bekannt, und sie schrieben, dass die Forscher „mit Hartnäckigkeit und wachem Verstand die vorherrschende Lehrmeinung infrage stellten."

Die Geschichte ist relativ einfach. Warren war Pathologe, der bei der Untersuchung von Patienten, die an Geschwüren litten, im unteren Bereich des Magens, dem Antrum, immer wieder auf ähnliche, gebogen aussehende Bakterien traf. Entweder wurden die Bakterien in irgendeiner Weise von dem Geschwür mit Nährstoffen versorgt, oder sie riefen das Geschwür hervor; möglicherweise waren die Bedingungen, die zur Bildung von Geschwüren führten, auch geeignet für die Bakterien. Da bei den Patienten in der Nähe des Fundortes der Bakterien auch die Magenschleimhaut entzündet war, schien es einen engen Zusammenhang zu geben. Die Bakterien mussten analysiert werden, und so betrat Marshall die Bühne.

Den Forschern gelang die Kultivierung eines zuvor unbekannten Bakteriums (das heute als *Helicobacter pylori* bekannt ist) aus den Biopsien, die sie Patienten mit Geschwüren entnommen hatten, und sie zeigten, dass die Geschwüre therapiert werden können, indem man diese Bakterien mit Antibiotika abtötet. Nach Robert Kochs Postulaten (→71) hatten sie nur noch

Wann: 1983–1984.

Wo: Perth, Westaustralien.

Wer: Barry J. Marshall (geb. 1951) und J. Robin Warren (geb. 1937).

Was: Magen- und Zwölffingerdarmgeschwüre werden durch das Bakterium *Helicobacter pylori* verursacht.

Folgen: Durch diese Entdeckung sind solche Geschwüre erfolgreicher zu behandeln.

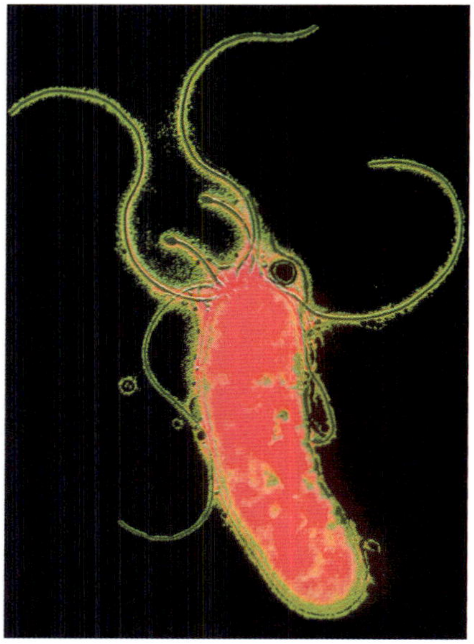

***Helicobacter pylori*, ein gekrümmtes Stäbchenbakterium, das Magen- und Zwölffingerdarmgeschwüre verursacht.**

einen Punkt zu erfüllen: Sie mussten zeigen, dass der von ihnen kultivierte Mikroorganismus die ursprüngliche Erkrankung tatsächlich verursacht.

An dieser Stelle kommt, wie wir wissen, die Ethik ins Spiel. Marshall löste das nicht allzu neue Problem auf eine sehr radikale Weise, die auch andere vor ihm schon gewählt hatten, zum Beispiel Joseph Goldberger (→74) und J. B. S. Haldane, der in einem Aufsatz mit dem Titel „Wenn man sein eigenes Versuchskaninchen ist" schrieb:

Natürlich könnte man zuerst Versuche an Kaninchen durchführen, und entsprechende Experimente gab es bereits; doch es lässt sich nur schwer feststellen, wie sich das Befinden des Kaninchens im Verlauf ändert ... die meisten Kaninchen werden in Angst und Schrecken versetzt, und etwas Hunden anzutun, was man einem durchschnittlichen Medizinstudenten bereits wie selbstverständlich antut, erfordert, soweit ich mich erinnern kann, eine Erlaubnis, die in dreifacher Ausführung von zwei Erzbischöfen unterzeichnet werden muss.

Um dem zu entkommen, erklärte sich Warren, wie Haldane, zum Versuchstier. Er schluckte *Helicobacter pylori* und entwickelte prompt Geschwüre. Ein Kritiker könnte sicherlich argumentieren, dass der Stress, den der Versuch auslöste, eine Rolle gespielt haben mag, doch er sollte sich dann auch selber für einen Versuch zur Verfügung stellen.

Warren war überglücklich. Heute wissen wir, dass *H. pylori* für etwa 90 Prozent der Zwölffingerdarm- und 80 Prozent der Magengeschwüre verantwortlich ist, und es gibt Hinweise darauf, dass eine Infektion mit *H. pylori* bei einigen Menschen Magenkrebs hervorruft. Interessanterweise bildet sich eine Form von Magenkrebs vermutlich zurück, wenn das Bakterium durch Antibiotika beseitigt wird.

Wahrscheinlich hatte Warren auch Glück, ein positives Ergebnis zu erhalten. Die Hälfte aller Menschen hat das Bakterium in sich, doch nur 10–15 Prozent entwickeln in der Folge auch eine Entzündung oder Geschwüre. Doch der Versuch war erfolgreich, und Geschwüre lassen sich heute durch eine kurz andauernde Antibiotikatherapie und Säuresekretionshemmer heilen.

Das ist eine der Lehrstunden für die Wissenschaft und gleichzeitig eine Warnung davor, einer gängigen Lehrmeinung kritiklos zu folgen. Lange Zeit nahm man an, dass Erkrankungen die Folge von Miasmen, Gerüchen und unsichtbaren Giften seien, und die Keimtheorie wurde hochnäsig abgelehnt. Malaria sollte die Folge von schlechter Luft sein, Cholera würde wahlweise verursacht von üblen Gerüchen, roten Haaren oder einer Hysterie, die auftrat, weil man nonkonformistischen Predigern gelauscht hatte. Tuberkulose sollte auf viel Zucker oder etwas anderes in der Nahrung zurückgehen.

Dann schlug das Pendel zurück: Nun führte man Erkrankungen, die mit der Ernährung zusammenhängen wie Pellagra, fälschlicherweise auf Mikroorganismen zurück, die es noch zu entdecken gelte.

Eine weitere Lehrstunde für die Wissenschaft ist, dass verrückte Ideen es wert sind, verfolgt zu werden. Noch bevor man Aids kannte, schrillten schon die Alarmglocken, da die Zahl bestimmter Krebserkrankungen – sogenannter Kaposi-Sarkome – sprunghaft zugenommen hatte. Dieser Krebs wird in der Regel durch das Immunsystem in Schach gehalten, doch HIV greift das Immunsystem an, und der seltene Krebs kann sich entwickeln. Durch die Art und Weise, wie sich HIV verbreitet, brachten Mediziner die Infektion aber zunächst mit dem Lebensstil in Verbindung, weil die Symptome hauptsächlich bei Homosexuellen und Drogenabhängigen beobachtet wurden.

„Der Zufall begünstigt nur den vorbereiteten Geist", wie Pasteur (→62) einmal sagte. Anders herum: Jemand, der nicht vorbereitet ist, wird keine großen Entdeckungen machen.

EXOPLANETEN

Wie wir den Beweis fanden, dass mehr als ein Sonnensystem mit Planeten existiert

Der Traum, unbekanntes menschliches Leben zu finden, ist mindestens zweitausend Jahre alt. Geschichten über Mondfahrer sind bereits aus dem alten China und aus der Römerzeit bekannt. Die Fiktion der Mondreise erlebte in den 1630er und 1640er Jahren einen neuerlichen Aufschwung, nachdem mithilfe der ersten Fernrohre die Jupitermonde sowie vormals unbekannte Details der Mondoberfläche entdeckt worden waren.

Galileo Galilei (→24) betrachtete die Monde des Jupiters und schrieb darüber, wie „Jovianer" ihre Trabanten sehen würden. Andere hatten ähnliche Ideen, unter ihnen Isaac Newton (→32), der seinen *Principia* in der dritten Auflage eine Abhandlung beifügte, in der es an einer Stelle heißt:

Und wenn die Fixsterne die Mittelpunkte anderer, ähnlicher Systeme sind, so müssen diese, gleichermaßen durch göttliches Geheiß hervorgegangen, allesamt dem Allmächtigen unterworfen sein.

Kepler beschreibt in seinem Buch „Somnium" eine magische Reise zum Mond. Die Hauptfigur, ein gewisser Duracotus, wird während einer Mondfinsternis auf einer Bahn im Schatten der Erde in die Höhe geschleudert und gelangt bis zu einem Punkt, wo die Anziehungskräfte der Erde und des Mondes sich gegenseitig aufheben. Die Geschichte zeigt, dass man schon lange vor Newton und dem von ihm formulierten Gravitationsgesetz recht gut über die Wirkung der Schwerkraft Bescheid wusste. Von diesem neutralen Punkt fällt Duracotus unter dem Einfluss der Anziehungskraft auf den Mond. Kepler behandelt in dem Buch auch die Probleme, die mit einem Aufenthalt oberhalb der Atmosphäre verbunden sind, und erläutert, wie ein menschliches Wesen die gewaltigen Anziehungskräfte überstehen kann:

Seine Gliedmaßen mussten in eine Stellung gebracht werden, in welcher sein Rumpf weder von den Gesäßbacken noch sein Kopf vom Rumpf gerissen würden, sondern der Stoß sich gleichmäßig auf seine einzelnen Glieder verteilen würde. Dann tat sich eine neue Schwierigkeit auf: Extreme Kälte behinderte das Atmen. Die Kälte wird abgeschwächt durch eine Fähigkeit, die uns angeboren ist: beim Atmen den Nasenlöchern feuchtwarme Schwaden zuzuführen.

Die Vorstellung, Leben auf anderen Planeten zu finden, übte auf die im 17. Jahrhundert lebenden Wissenschaftler eine große Anziehungskraft aus. John Wilkins, anglikanischer Bischof von Chester während des englischen Bürgerkriegs, hatte diesen Traum ebenso wie Francis Godwin, Bischof von Hereford, und sogar Cyrano von Bergerac, der vor Geist sprühende Franzose, der heute vor allem wegen seiner markanten Nase bekannt ist. Im Jahr 1777 handelte Joseph Haydns komische Oper *Il Mondo Della Luna* ebenfalls von einer Reise zum Mond.

99

Wann: 1992.

Wo: Ein sehr weit entfernter Stern mit der Bezeichnung „PSR B1257+12".

Wer: Alexander Wolsczan (geb. 1946) und Dale Frait (geb. 1961).

Was: Die Entdeckung eines Planeten, der „PSR B1257+12" umkreist.

Folgen: Die Erkenntnis, dass es neben unserem noch viele weitere Sonnensysteme gibt.

Die Radioteleskope des „Very Long Baseline Array“ in der Ebene von San Augustin, 80 Kilometer westlich der Kleinstadt Socorro im US-Bundesstaat New Mexico.

Noch im 19. Jahrhundert wurden Geschichten über Mondreisen und die Begegnung mit Mondkreaturen verfasst. Heute wissen wir, dass auf dem Mond lebensfeindliche Bedingungen herrschen. Deshalb mussten wir unsere Suche nach Außerirdischen auf andere Planeten ausdehnen.

Viele Planeten sind für Leben, wie es auf der Erde existiert, ungeeignet: Sie müssen innerhalb der sogenannten „Goldilocks-Zone“ liegen, wo es weder zu heiß noch zu kalt ist. Außerdem müssen sie eine bestimmte Größe haben, doch gerade die am leichtesten aufzuspürenden Planeten sind sehr groß. In unserem Sonnensystem befindet sich ausschließlich die Erde in der Goldilocks-Zone, obwohl einige Wissenschaftler vermuten, dass auf dem Mars in der Vergangenheit, als die Sonne noch jünger war, Leben möglich gewesen sein könnte. Fürs Erste müssen wir uns auf Planeten anderer Sterne konzentrieren. Aber wie können wir sie erkennen?

Man stelle sich zwei Schlittschuhläufer vor, die sich an den Händen halten und auf dem Eis herumwirbeln. Sind beide gleich schwer, rotieren sie um einen zentralen Punkt, der dort liegt, wo sich ihre Hände befinden – ihren gemeinsamen Schwerpunkt. Ist einer von ihnen schwerer als der andere, wird der Schwerpunkt näher bei dem kräftigeren Schlittschuhläufer liegen. Läuft ein Sumo-Ringer mit einem Kind Schlittschuh, wird es aussehen, als ob das Kind um den Ringer herumgeschleudert wird.

Bei genauerem Hinsehen erkennen Sie, dass der Ringer eine wabbelnde oder taumelnde Bewegung vollführt – nicht weil er dick ist, sondern weil sein kleiner Partner den Schwerpunkt des Zweiersystems laufend ein bisschen verändert. Steht man auf einer Seite, scheint der Ringer abwechselnd auf einen zuzukommen und sich dann wieder von einem wegzubewegen. Wenn ein Stern sich in seinem Taumeln auf uns zubewegt, verschiebt sich sein Licht in Richtung Blau, während er beim Zurückweichen eine Rotverschiebung zeigt. Das Ausmaß dieser Verschiebung zeigt an, mit welcher Geschwindigkeit ein schwerer Körper den Stern umkreist, und sogar die Größe dieses Körpers lässt sich näherungsweise bestimmen.

Der erste Planet außerhalb unseres Sonnensystems wurde 1989 in der Nähe des Pulsars „PSR B1257+12“ entdeckt. Im Jahr 1992 ging die Jagd dann richtig los, und als dieses Buch geschrieben wurde, umfasste die von Astronomen geführte Liste schon knapp 300 extrasolare Planeten. Und sie wird gewiss bereits wieder länger sein, wenn dieses Buch gedruckt sein wird. Für die Existenz von Leben sind die meisten dieser Planeten entweder zu groß, befinden sich zu nahe an ihrem Fixstern oder sind zu weit von ihm entfernt. Unlängst wurden jedoch weitere (und kleinere) Planeten in der Nähe von Fixsternen entdeckt, wo der erste Fund ein Riese war.

Der nächste Schritt dürfte sein, dass man sich auf Sterne konzentriert, deren Vorderseite von Zeit zu Zeit von den Planetenbahnen gekreuzt wird. Dabei könnten erdähnliche Planeten, die wegen ihrer geringen Größe sonst nicht zu entdecken wären, sich durch ihr Spektrum zu erkennen geben.

Eines Tages schütteln wir vielleicht Tentakeln mit Außerirdischen oder kommunizieren zumindest mit ihnen. Das wäre eine sensationelle Entdeckung, meinen Sie nicht?

POLYMERASE-KETTENREAKTION

Wie es uns gelang, Spuren von DNA nachzuweisen, zu vervielfältigen und zu untersuchen

100

Wann: 1986.

Wo: Kalifornien, USA.

Wer: Kary Mullis (geb. 1944).

Was: Die Verwendung von Enzymen, die die DNA duplizieren, wodurch neue DNA entsteht, die ihrerseits dupliziert wird.

Folgen: DNA-Fingerabdrücke, Aufklärung von Verbrechen, Anwendung der Genetik zum Nachweis von Arten und Unterarten, Genomik.

Zum Schluss stelle ich Ihnen eine Entdeckung vor, die noch immer in neue Forschungsgebiete vordringt. Vermutlich wird sie als *die* große Entdeckung des 20. Jahrhunderts in die Geschichte eingehen, weshalb sie hier als Letzte erwähnt wird.

In der Kohlenstoffchemie gibt das Ende eines Molekülnamens Auskunft über dessen Struktur. Eine Bezeichnung wie Butansäure beschreibt eine Verbindung, und jeder Chemiker kann sie mit ihren acht Wasserstoff-, vier Kohlenstoff- und zwei Sauerstoffatomen zeichnen. Selbst der Unterschied eines einzigen Buchstabens im Namen wie bei Propanol und Propanal kann einen Unterschied in der Struktur anzeigen – diese eigene Sprache müssen angehende Chemiker erst erlernen.

Als Albert Szent-Györgyi die Bezeichnung „Ignose“ für ein Molekül vorschlug, das wir heute als Vitamin C kennen, verriet der Name den Chemikern, dass Szent-Györgyi annahm, es handele sich um einen Zucker (Endung -ose) mit einer unbekannten Struktur (Vorsilbe ign-). Arthur Harden, Lektor des *Biochemical Journal*, bestand auf der chemisch korrekten Bezeichnung Hexuronsäure. Heute sind Wissenschaftler ein wenig unterhaltsamer, insbesondere, wenn es um die Namensgebung von Enzymen geht, die alle auf -ase enden. Da manchmal eine ganze Gruppe oder Klasse von Enzymen so bezeichnet wird, ist Vorsicht geboten.

So wird jedes proteinabbauende Enzym als Protease bezeichnet, eine Desoxyribonuclease (oder kurz DNase) spaltet dagegen DNA und so weiter. Eine Reverse Transkriptase ist ein Enzym, das einzelsträngige RNA in einzel-

Grand Prismatic Spring im Yellowstone National Park, Wyoming, USA.

strängige DNA umschreibt, ein Transkriptase dagegen verwendet DNA als Matrize und synthetisiert einen komplementären (passenden) RNA-Strang.

Eine DNA-Polymerase ist ein Enzym, das für die DNA-Replikation von Bedeutung ist. Es gibt viele DNA-Polymerasen, sodass sich hinter diesem Namen eine ganze Klasse von Enzymen verbirgt. Eine dieser DNA-Polymerasen erwies sich jedoch als besonders interessant. Die sogenannte Taq-DNA-Polymerase wurde in dem Bakterium *Thermus aquaticus* gefunden, das im Jahre 1966 von Thomas Brock in den heißen, ja sogar kochenden Quellen des Yellowstone-Nationalparks entdeckt wurde.

Normalerweise werden Proteine und DNA unter Hitzeeinwirkung denaturiert: Sie ändern ihre Struktur, und die Zellen, die sie enthalten, sterben ab. Daher lassen sich Lebensmittel durch Hitze pasteurisieren oder Operationsbesteck sterilisieren. Jedes Bakterium, das in kochendem Wasser existiert, fesselt die Forscher, weil es diese unwirtlichen Bedingungen offenbar zu überleben vermag. Interessant ist, wie das Bakterium Proteine und Nucleinsäuren vor der Denaturierung bewahrt oder Schäden repariert.

Das neu entdeckte Bakterium ist eines der ältesten auf der Erde – es gehört zu den Archaea –, das aber jahrelang sein Dasein in der American Type Culture Collection in Washington DC fristen musste, wo Bakterienkulturen katalogisiert und gesammelt werden. Im Jahre 1986 erwarb Kary Mullis eine Probe (die ihm 1993 einen Nobelpreis einbringen sollte), da er der Überzeugung war, dass die Polymerase in einem solchen Bakterium ausreichend stabil sein würde, um auch über wiederholte Zyklen der Duplikation funktionsfähig zu bleiben. Genau diese Eigenschaft war für die Automatisierung der von ihm entwickelten Anwendung notwendig. Für diese Probe zahlte er lediglich 35 Dollar. Er isolierte das einzigartige Enzym, das meist als Taq-

Polymerase bezeichnet wird, etablierte das Verfahren und verkaufte 1991 die Rechte daran für 300 Millionen Dollar an die Firma Hoffmann-La Roche.

Die Polymerasekettenreaktion (PCR), ist jedem Krimifan bestens bekannt. Eine winzige am Tatort sichergestellte DNA-Probe wird so lange vervielfältigt, bis eine ausreichende Menge vorhanden ist, um DNA-Sequenzen vergleichen zu können. Die sehr widerstandsfähige Taq-Polymerase bleibt bei der Vervielfachung der DNA aktiv, sodass jeder DNA-Strang in vielen Reaktionsrunden repliziert werden kann; andere Polymerasen wären nach nur einer Runde nicht mehr funktionstüchtig.

Früher ließ sich die DNA nur vermehren, indem man sie in einen einzelligen Organismus wie ein Bakterium oder eine Hefe übertrug, die Zellen kultivierte und die DNA schließlich extrahierte. Nun katalysiert die Taq-Polymerase die Polymerasekettenreaktion, ein Verfahren, das es den Forschern ermöglicht, DNA-Stücke zu vervielfältigen, ohne sie vorher klonieren zu müssen.

Diese letzte der 100 großartigen, in diesem Buch beschriebenen Entdeckungen gelang gegen Ende des vorigen Jahrhunderts, aber die Wissenschaft ist keineswegs am Ende angelangt. Mullis hat seinen Nobelpreis nach einer winzigen Wartezeit von nur sieben Jahren erhalten – selbst Watson und Crick mussten neun Jahre warten. Das heißt, die meisten Preisträger des kommenden Jahrzehnts werden für eine Arbeit geehrt, die bereits beendet ist – große Entdeckungen, die die Wissenschaft bereits voranbringen, die die meisten von uns jedoch nicht einmal wahrgenommen haben!

Einige Bereiche der Wissenschaft haben sich weit von dem Geist einer harmonischen Zusammenarbeit, der zu Lebzeiten Galileis und Fahrenheits herrschte, entfernt und sich zu einem häufig von finanziellen Fragen bestimmen Unternehmen gewandelt. Mithilfe der Taq-Polymerase wurden große Gewinne erzielt, und einige gerichtliche Verfahren mussten über die „Eigentumsrechte“ an Enzymen entscheiden. Und dennoch, als das *Time-Magazine* Thomas Brock im November 2007 interviewte, äußerte er sich philosophisch:

Yellowstone erhielt kein Geld für [die Entdeckung]. Ich bekam ebenfalls kein Geld, aber ich möchte mich nicht beklagen. Die Taq-Kultur stand öffentlich geförderten Forschungsprojekten zur Verfügung, und sie war für die Menschheit von großem Nutzen.

Wie Brocks Kultur von *Thermus aquaticus* warten Entdeckungen darauf, dass jemand die richtige Frage stellt; und wenn Geld keine Rolle spielt, dann arbeiten die Wissenschaftler auch zusammen und tauschen sich aus.

Die Archaea wurden im Jahre 1990 von Carl Woese an der Universität von Illinois als eigene Domäne erkannt, und Rick Cavicchioli von der Universität von New South Wales stellte sich im Jahre 2003 eine interessante Frage: „Warum kennt man bislang keine Archaea, die Menschen infizieren?“ Sie haben das Potenzial dazu und Cavicchioli schätzte, dass, gemessen an der Zahl der bekannten Archaea, etwa 30 Arten den Menschen angreifen müssten; bislang sind jedoch solche Spezies nicht bekannt.

Bisher gibt es auf die scheinbar leicht zu beantwortende Frage keine Antwort. Möglicherweise greifen die Bakterien uns an und wir bemerken es nicht, vielleicht gibt es aber auch eine Art Schalter, der den potenziellen Eindringling in der Entwicklung stoppt. Ist eine Antwort auf diese Frage endlich gefunden, wird sie wohl zu den großen Entdeckungen zählen; doch wer kann schon absehen, wie großartig eine Entdeckung sein wird, solange die Antwort noch offen ist und wir auch nicht wissen, wie man sie zu interpretieren hat?

NUMMER 101

Was wird die nächste große Entdeckung sein, und wem wird sie wohl gelingen?

Irgendwo in der weiten Welt wartet eine Entdeckung, eine Beobachtung, eine Messung, die nicht ganz ins derzeitige Modell für irgendetwas passt. Da gibt es eine Idee, eine Ansicht, eine Ahnung, die eines Tages eine große wissenschaftliche Entdeckung sein wird. Ich habe keinen Schimmer, wie lange es dauern wird, bis wir erkennen, dass sie sowohl eine Entdeckung als auch großartig ist, aber eines Tages werden wir sagen: Wir hätten sie kommen sehen müssen.

Ich habe nicht die Absicht vorherzusagen, was das sein wird – denn wie sagte schon Niels Bohr: Vorhersagen sind schwierig, vor allem, wenn sie die Zukunft betreffen.

Ganz sicher gibt es Leute, die schon längst vorhersehen, was da kommt. 1906 dachte der Raketenwissenschaftler Robert Goddard nach, wie viel Energie in einem Gramm Radium steckt, und überlegte, ob man die Substanz wohl als Raketentreibstoff verwenden könnte. 1913 beschrieb H. G. Wells den Abwurf einer Atombombe (→91). Niemand achtete darauf.

Die meisten Vorhersagen gehen daneben. Im letzten Jahrhundert kursierten massenweise Visionen von Nahrungspillen, fliegenden Autos und Urlaubsreisen ins All – nichts davon wurde wahr. Andererseits kennen Sie vielleicht das erste Gesetz von Arthur C. Clarke:

Wenn ein anerkannter, aber älterer Wissenschaftler sagt, dass etwas möglich ist, hat er ziemlich sicher Recht. Wenn er sagt, etwas sei unmöglich, liegt er vermutlich falsch.

Wir können natürlich spekulieren, was denn eine Entdeckung lohnen würde. Zu den großen wissenschaftlichen Errungenschaften gehören die Allgemeine Relativitätstheorie und die Quantentheorie, aber sie gelten für sehr unterschiedliche Maßstäbe und passen nicht zusammen. Die Situation ähnelt ein wenig der im Jahre 1905, als Max Planck (→81) versuchte, Rayleigh und Wien zu vereinigen: Beide hatten eine Erklärung, die in bestimmten Bereichen richtig war, aber der Übergang zwischen beiden war nicht geklärt. Manche halten die Stringtheorie für das jetzt gesuchte Bindeglied, und das wäre schön; doch wie es aussieht, sind die Forscher noch nicht da angekommen, wo sie hinwollen.

Schön wäre es auch, wenn wir effektivere Möglichkeiten der Energiegewinnung fänden, doch das ist unwahrscheinlich. Wichtig ist es stattdessen, Wege zu finden, um die vorhandene Energie besser zu nutzen. Seit ich auf der Welt bin, dauert es stets „noch 15 Jahre", bis Fusionsreaktoren ans Netz gehen können; und das ist bis heute so. Zu viele Menschen, Arten und Ökosysteme werden sterben, wenn wir nicht eine saubere Energiequelle finden, aber viel zu vielen Menschen sind die lockenden Profite wichtiger. Unsere Gesellschaft krankt zu oft an Dingen, die nur gelöst werden können, indem wir den Geist wieder in die Flasche sperren. Ich habe meine Zweifel, dass uns das jemals gelingen wird. Aber erfreulich wäre es.

Es wäre sehr schön, wenn wir die Zweifler bekehren könnten – diejenigen, die gewohnheitsmäßig und ohne etwas Genaueres über Wissenschaften zu wissen, behaupten, sie hätten Recht und die Forscher Unrecht. Im Web wimmelt es von Spinnern und Verschwörungstheoretikern, die darauf brennen, aller Welt zu erzählen, dass die Forscher lügen – über die Form der Erde, die Wirksamkeit von Impfungen (oder die Krankheiten, die durch sie ausgelöst werden), die unbegrenzte Verfügbarkeit von Energie aus Wasser (oder Kristallen), die Evolution, die Plattentektonik oder irgendetwas anderes, was diese Spinner eben in der Schule nicht verstanden haben. Diese Leute gehen immer gleich vor: Sie reißen ein, zwei Schlüsselbegriffe aus ihrem Zusammenhang oder interpretieren sie falsch, und selbst wenn sie korrigiert werden, hören sie nicht auf, den Unsinn hinauszuposaunen. Diese Art von Problem ist durch eine gute naturwissenschaftliche Ausbildung lösbar, doch auch wenn die richtige Information gelehrt wird, bleibt sie nicht bei jedem hängen.

Gut, Wissenschaftler sind auch nur Menschen und manche von ihnen lügen manchmal, doch es wäre schön, wenn wir uns darauf einigen könnten, dass Forscher nicht über ihre Forschung lügen können, weil Kollegen sie beobachten und dabei ertappen. Kleine Lügen haben manchmal länger Bestand (Dulong und Petits Betrügereien (→69) fielen 166 Jahre lang niemandem auf, bis ich und andere sie enttarnten), doch die Zeit hat letztlich alles bereinigt. Wirklich große Lügen werden immer schnell entdeckt.

Es wäre schön, wenn es einen wissenschaftlichen Beweis dafür gäbe, dass es dumm ist, die menschliche Überlegenheit als gültige Tatsache anzusehen. Auf unsere Rasse stolz zu sein, ist wissenschaftlich so sinnvoll, wie stolz darauf zu sein, eine Ohrmuschel zu haben. Es wäre schön, wenn wir die fehlerhaften Gene reparieren könnten, die uns davon abhalten, unser Leben zu genießen. Wie bei John Dalton (→15) kann ich Farben nur eingeschränkt wahrnehmen. Ich kann damit leben, und ich kann auch mit meinen kurzen Beinen leben, doch Schmerzen und Leid, die durch andere zufällige Mutationen hervorgerufen werden, empfinde ich als ungerecht.

Die Ignoranz wissenschaftlicher Erkenntnisse ist ein großes Problem. Wir müssen über gentechnisch verändertes Getreide nachdenken, aber die Sorgen, die die Öffentlichkeit bei diesem Thema bewegen, sind dumm und gründen auf Ignoranz und Aberglaube. Die Gentechnik wird nicht unsere Kinder fressen – allerdings kann sie den Artenreichtum gefährden, wie jedem Genforscher bewusst ist. Wir müssen es vermeiden, die Gentechnik so zu vergeuden, wie wir die Antibiotika vergeudet haben, und Genforscher wissen das. Wir müssen dafür sorgen, dass jeder versteht: Alle Nahrungsmittel „haben Gene". Es wäre schön, wenn die Menschen akzeptieren würden, dass es in der Natur immer wieder passiert, dass Gene die Artgrenzen überschreiten.

Irgendwo in der weiten Welt wartet eine Entdeckung, eine Beobachtung, eine Messung, die nicht ganz ins derzeitige Modell für irgendetwas passt. Es wäre gut, wenn die Menschen einmal tief durchatmeten, sich dann den genveränderten Reis ansähen und den großen Vorteil erkennen würden, den er der Menschheit bringen könnte. Im Augenblick wird er nicht als großartige Leistung anerkannt, weil Leute dies verhindern, die behaupten, dass Gentechnik, auch wenn sie etwas Gutes tut, schlecht sein muss – weil eben Gentechnik schlecht sein *muss* und eine gentechnisch veränderte Getreidesorte, die Gutes tut, wenigstens von bösen Wissenschaftlern erschaffen worden sein *muss*, die nach der Weltherrschaft streben. Es wäre schön, wenn die Politik von etwas beherrscht würde, das tiefer geht als der Plot eines

Comics. Es wäre schön, wenn vieles passieren könnte, wenn vieles verstanden würde.

Aber warum soll ich die ganze Arbeit allein tun? Schreiben Sie Ihre eigene Liste auf! Dann warten Sie zehn Jahre und prüfen Sie, ob einer Ihrer Punkte der Realisierung näher gekommen ist.

Das Erste, was Sie tun müssen, wenn sie sich an Vorhersagen wagen, ist zu überlegen, was wahrscheinlich ist: Filtern Sie ihre Ideen und Gedanken durch

Der Orionnebel ist 1500 Lichtjahre von uns entfernt und hat einen Durchmesser von mehreren Lichtjahren. Man kann ihn mit bloßem Auge als verschwommenen Punkt im Sternbild Orion erkennen.

die Grundgesetze der Wissenschaft. Eine neue Energiequelle oder eine neue Energieart ist möglich, aber unwahrscheinlich; mehr Energie aus Wind oder Sonne zu erzeugen ist wahrscheinlicher, usw.

Denken Sie wie ein Wissenschaftler!

UND ... SCHNITT!

Entdeckungen, die es fast auf die Liste geschafft hätten

Hier sind weitere 100 Entwicklungen aus Wissenschaft und Technologie, die ich erwogen, aber dann doch von der Liste gestrichen habe. Sie waren alle sehr wichtig, doch vielleicht nicht ganz wichtig genug, um es unter die Top 100 zu schaffen. Manche lösten keine nachfolgenden Entwicklungen aus, in anderen Fällen sind die Entdecker unbekannt oder umstritten.

Die folgenden Entdeckungen sind jedenfalls auch ganz toll:

Die Erfindung des Webstuhls

Die Erfindung des Spinnens

Die Erfindung des Spinnrads

Die Erfindung des Zements

Die Entwicklung der Ziegelherstellung

Die Entdeckung der Herstellung von Holzkohle

Die Erfindung der Galvanisierung

Die Erfindung von Legierungen

Die Erfindung der Stahlherstellung

Die Entdeckung des Aluminiums

Die Erfindung zweiphasiger Materialien

Die Erfindung der Zonenreinigung

Die Entdeckung einer Methode, um die Belastungsfähigkeit von Materialien zu messen

Die Erfindung der Ledergerberei

Die Entdeckung der Tenside

Die Erfindung des Destillierens

Die Entdeckung der Brown'schen Bewegung

Die Entdeckung der Osmose

Die Entdeckung, wie Stoffe sich in Pflanzen bewegen

Die Entdeckung der Photosynthese und ihrer Mechanismen

Die Erforschung des Atmens

Die Entdeckung der Homöostase

Die Erfindung von Pfeil und Bogen

Die Erfindung des Schießpulvers

Die Erfindung der Kanone

Die Erfindung des Bumerangs und der Tragfläche

Die Erfindung von Steigbügel und Sporen

Die Erfindung des Heißluftballons

Die Erfindung des Flugs von Körpern, die schwerer als Luft sind

Die Erfindung des Düsentriebwerks

Die Erforschung der Thermodynamik

Die Erfindung der Wärmepumpe

Die Entdeckung von durch Prionen verursachten Krankheiten

Die Entwicklung von Methoden zur Organtransplantation

Die Erforschung von Reibung und Schmierung

Die Entdeckung der Gewölbebauweise

Die Erfindung des Rads

Die Erfindung des Fahrrads

Die Erfindung der Drehbank

Die Erfindung der Schraube

Die Erfindung der Schubkarre

Die Erfindung der Uhrenhemmung

Die Erfindung des Bohrers

Die Erfindung des Seismographen

Die Erfindung des Mahlens und des Mühlwerks

Die Erfindung des Dampfhammers

Die Erfindung der Kreissäge

Die Erfindung der Nähmaschine

Die Erfindung von Roeblings Hängebrücken

Die Erfindung des Luftdruckreifens

Die Erfindung der Eisenbahnlokomotive

Die Erfindung des Stacheldrahts

Die Entwicklung der Sprache

Die Erfindung des Papiers

Die Erfindung des Stifts

Die Erfindung des Films

Die Erfindung des Grammophons

Die Erfindung des Fernsehers

Die Erfindung von Hypertext

Die Erfindung digitaler Speicher

Die Entdeckung der Isotope

Die Erforschung der organischen Chemie

Die Entdeckung der Pestizide

Die Erfindung des Radars

Die Erfindung der Bildabtastung

Die Entwicklung des Ruders

Die Entwicklung des Lateinersegels

Die Entdeckung der Kernfusion

Die Erfindung der Turbine

Die Erfindung der achromatischen Linse

Die Erfindung des Ölimmersionsobjektivs

Die Erfindung von Astrolabium und Sextant

Die Entdeckung des Kap der Guten Hoffnung und des Kap Horn

Die Vorhersage der Erderwärmung

Die Erfindung der Geometrie

Die Erfindung des Logarithmus

Die Erfindung der Wahrscheinlichkeitsrechnung

Die Erfindung der formalen Logik

Die Entdeckung der optischen Beugung

Die Entdeckung des piezoelektrischen Effekts

Die Entdeckung der Planeten Uranus, Neptun und Pluto

Die Erfindung des Elektromagneten

Die Erfindung der Archäologie

Die Erfindung der Leydener Flasche

Die Erfindung der Induktionsspule

Die Erfindung der Kathodenstrahlröhre

Die Entdeckung des Neandertalers

Die Erfindung von Pigmenten

Die Entdeckung von Viren und antiviralen Medikamenten

Die Entwicklung der künstlichen Befruchtung

Die Erforschung der Genomik

Das Klonen des Schafes Dolly

Die Entdeckung der Stammzellen

Die Erforschung des Verhaltens von Tieren

Die Entwicklung des Uniformitarianismus in der Geologie

Die Erfindung der geologischen Karten

Die Entdeckung des Humuskreislaufs

Die Erfindung des Pfluges

Die Erfindung von Joch und Kummet

Die Erfindung des Mähdreschers

Quellen

Die folgenden Bücher und Zeitschriften halfen mir und inspirierten mich beim Schreiben dieses Buches. Sie können vielleicht auch für den Leser nützlich sein. Die Zahlen in Klammern nach jedem Eintrag weisen auf die Entdeckung oder Entdeckungen hin, für die das Werk jeweils relevant ist. Der Stoff in den Zeitschriften ist oft eher technisch, während die Bücher leichter zu lesen sind.

Ada, Gordon and David Isaacs, *Vaccination*. Sydney: Allen & Unwin, 2000. (40)

Amato, Ivan, *Stuff: the materials the world is made of*. New York: BasicBooks, 1997. (84)

Beaumont, Anthony, *Ransome's Steam Engines: an illustrated history*. Newton Abbot: David & Charles, 1972. (36)

Bell, E. T., *The Development of Mathematics*. New York: McGraw-Hill Book Company, 1945. (10)

Bellamy, W. Dexter and John W. Klimek, 'Some properties of penicillin-resistant staphylococci', *Journal of Bacteriology* **55**(2): 153–160, February 1948. Available through PubMed Central. (89)

Bender, Barbara, *Farming in Prehistory: from hunter-gatherer to food-producer*. New York: St. Martin's Press, 1975. (2)

Berlin, Leslie, *The Man Behind the Microchip: Robert Noyce and the invention of Silicon Valley*. New York: Oxford University Press, 2005. (95)

Booth, Martin, *Opium: a history*. London: Simon & Schuster, 1997. (5)

Bown, Stephen R., *Scurvy*. Harmondsworth: Penguin Books, 2004. (74)

Boyer, Carl B., *The rainbow*. Princeton: Princeton University Press, 1987. (34)

Boyer, Carl B. (revised Uta C. Merzbach), *A History of Mathematics*, 2nd edn. New York: John Wiley & Sons, 1991. (10)

Bragg, Sir Lawrence, 'X-ray crystallography', *Scientific American*, July 1968. (87)

Brannt, William T., *Petroleum: its history, origin occurrence, production, physical and chemical constitution, technology, examination and uses*. Philadelphia: Henry Carey Baird & Co, 1895. (64)

Brannt, William T., *India Rubber, Gutta-percha and Balata*. Philadelphia: Henry Carey Baird & Co, 1900. (53)

Briggs, Asa, *A Social History of the Media: from Gutenberg to the Internet*, 2nd edn. Cambridge: Polity, 2005. (20)

Brinkman, William F., Douglas E. Haggan and William W. Troutman, 'A history of the invention of the transistor and where it will lead us'. *IEEE Journal of Solid State Circuits* **32**, 1858–1865, 1997. http://www.sscs.org/AdCom/transistorhistory.pdf (93)

Bronowski, Jacob, *The Ascent of Man*. London: British Broadcasting Corporation. (1, 7)

Buck, W. Roger et al (eds), *Faulting and Magmatism at Mid-ocean Ridges*. Washington: American Geophysical Union, 1998. (96)

Bulloch, William, *The History of Bacteriology*. London; New York: Oxford University Press, 1938. (62)

Bullough, William Sydney, *The History of Hormones*: an inaugural lecture delivered at Birbeck College, London, 27 October 1953. London: Birbeck College, 1954. (82)

Bylebyl, Jerome J. (ed.) *William Harvey and His Age: the professional and social context of the discovery of the circulation*. Baltimore: Johns Hopkins University Press, 1979. (26)

Carpenter, Kenneth J., *The History of Scurvy and Vitamin C*. Cambridge: Cambridge University Press, 1986. (74)

Cavicchioli, R., Curmi, P.M.G., Saunders, N. and Thomas, T. 2003. 'Pathogenic Archaea: do they exist?' *BioEssays* **25**:1119–1128. (100)

Clarke, Gary N., 'A.R.T. and history, 1678–1978', *Human Reproduction* **21**(7), 1645–1650, 2006. (30)

Cooper, Emmanuel, *A History of World Pottery*, 3rd edn. London: Batsford, 1988. (6)

Crease, Robert P., *The Prism and the Pendulum: the ten most beautiful experiments in science*. New York: Random House, 2003. (11, 41)

Crick, Francis, *What Mad Pursuit*, New York: Basic Books, 1988. (94)

Crosby, Alfred W., *Throwing Fire*. Cambridge: Cambridge University Press, 2002. (16)

Crowther, J. G., *British Scientists of the Nineteenth Century*. London: K. Paul, Trench, Trubner & Co., Ltd., 1935. (43, 45, 48, 54)

Cutler, Alan, *The Seashell on the Mountaintop: a story of science, sainthood, and the humble genius who discovered a new history of the Earth*. New York: Dutton, 2003. (35)

Darwin, Charles, *On The Origin of Species*, 6th edn. New York: New American Library, 1958. (63)

Darwin, Charles, *The Voyage of the Beagle*. New York: Natural History Library/Doubleday, 1962. (63)

Dawson, Pat, 'The gold in Yellowstone's microbes', *Time*, 21 November 2007. (100)

de Kruif, Paul, *The Microbe Hunters*. London: Jonathan Cape, 1943. (71, 89)

Defalque R. J. and A.J. Wright, 'Quistorp and "Anaesthesia" in 1718.' *Bulletin of Anaesthesia History* **24**(1): 5–8, January 2006. Available at http://www.anes.uab.edu/aneshist/quistorpmain.doc (55)

Defoe, Daniel, *A Journal of the Plague Year*. London: J. M. Dent & Sons (Everyman's Library 289), 1908, reprinted 1961. (31)

Desowitz, Robert S., *The Malaria Capers*. New York: W. W. Norton, 1993. (5)

Diamond, Jared, *Guns, Germs and Steel*. New York: Vintage Books, 1998. (2, 68)

Dunham, William, *The Mathematical Universe*. New York: John Wiley & Sons, 1994. (10)

Einstein, Albert and Leopold Infeld, *The Evolution of Physics*. New York: Simon & Schuster, 1967. (15)

Einstein, Albert, *Einstein's Miraculous Year: five papers that changed the face of physics*, edited and introduced by John Stachel et al. Princeton: Princeton University Press, 1998. (15, 83)

Fara, Patricia, *Sex, Botany & Empire: the story of Carl Linnaeus and Joseph Banks*. New York: Columbia University Press, 2004. (39)

Faraday, Michael, *The Philosopher's Tree: a selection of Michael Faraday's writings*, compiled by Peter Day. Bristol; Philadelphia: Institute of Physics Pub., 1999. (48)

Fauvel, John, Raymond Flood, Michael Shortland and Robin Wilson (eds), *Let Newton Be!* Oxford: Oxford University Press, 1988.

Fenichell, Stephen, *Plastic: the making of a synthetic century*. New York: HarperBusiness, 1996. (84)

Flannery, Tim, *The Future Eaters*. Sydney: Reed Books, 1994. (2, 68)

Franklin, Benjamin, *The Benjamin Franklin Sampler*. New York: Premier Books, 1956. (38)

Freed, Les, *The History of Computers*. Emeryville: Ziff-Davis Press, 1995. (73, 92, 95)

Fuller, Dorian Q., Emma Harvey and Ling Qin, 'Presumed domestication? Evidence for wild rice cultivation and domestication in the fifth millennium BC of the Lower Yangtze region.' *Antiquity* **81** (312), 316–331, 2007. (2)

Galilei, Galileo, *Dialogues Concerning Two New Sciences, First Day*. New York: Dover Publications, 1954. (28)

Garfield, Simon, *Mauve*. London: Faber & Faber, 2000. (59)

Garratt, G. R. M., *The Early History of Radio: from Faraday to Marconi*. London: Institution of Electrical Engineers, in association with the Science Museum, 1994. (76)

Geison, Gerald L., *The Private Science of Louis Pasteur*. Princeton: Princeton University Press, 1995. (62)

Gernsheim, Helmut, *History of Photography*. London: Thames and Hudson, 1988. (57)

Gest, Howard, 'A "misplaced chapter" in the history of photosynthesis research; the second publication (1796) on plant processes by Dr Jan Ingen-Housz, MD, discoverer of photosynthesis'. *Photosynthesis Research* **53**: 65–72, 1997. (27)

Gies, Frances, *Cathedral, Forge, and Waterwheel: technology and invention in the Middle Ages*. New York: HarperCollins Publishers, 1994. (14)

Gimpel, Jean, *The Medieval Machine*. London: Futura Publications, 1979. (14)

Girifalco, Louis A., *The Universal Force*. New York: Oxford University Press, 2007. (41)

Gleick, James, *Isaac Newton*. London: Fourth Estate, 2003. (31, 32, 33)

Gondhalekar, Prabhakar, *The Grip of Gravity: the quest to understand the laws of motion and gravitation*. Cambridge: Cambridge University Press, 2001. (41)

Gould, Laura L., *Cats Are Not Peas: a calico history of genetics*. New York: Copernicus, 1996.

Gray, Stephen, *Philosophical Transactions*, **6** (1731), published 1733. (37)

Gurney, Alan, *Compass*. New York: W. W. Norton, 2004. (17)

Haldane, J. B. S., *Possible Worlds and Other Essays*. London: Harper & Brothers, 1927. (98)

Hall, Nina (ed.) *The Age of the Molecule*. London: Royal Society of Chemistry, 1999. (84)

Hardenberg, Horst O., *The Middle Ages of the Internal-combustion Engine, 1794–1886*. Warrendale: Society of Automotive Engineers, 1999. (65)

Harré, R. (ed.), *Some Nineteenth Century British Scientists*. London: Pergamon Press, 1969. (61, 80)

Herodotus, *The Histories*, Harmondsworth: Penguin Classics, revised edn, 1972. (9)

Hetzel, Basil S., *The Story of Iodine Deficiency*. Oxford: Oxford University Press, 1989. (74)

Hoffmann, Banesh, *The Strange Story of the Quantum*. Harmondsworth, Pelican Books, 1963. (81)

Hoffmann, Roald, 'Döbereiner's lighter', *American Scientist*, **86** (4), 326, July–August, 1998. Accessed online at http://www.americanscientist.org/template/AssetDetail/assetid/27722, 28 December 2007. (50)

Hong, Sungook, *Wireless: from Marconi's black-box to the audion*. Cambridge: MIT Press, 2001. (73, 76)

Hutchings, Donald, *Late Seventeenth Century Scientists*. London: Pergamon Press, 1969. (29, 31–4)

Jiang, Leping and Li Liu, 'New evidence for the origins of sedentism and rice domestication in the Lower Yangzi River, China.' *Antiquity*, **80** (308) 355–361, 2006. (2)

Johanson, Donald C. and Maitland A. Edey, *Lucy: the Beginnings of Humankind*. Harmondsworth: Penguin Books, 1990. (88)

Johnson, Norman A., *Darwinian Detectives: revealing the natural history of genes and genomes*. Oxford; New York: Oxford University Press, 2007. (66)

King, Henry C., *The History of the Telescope*. New York: Dover Publications, 1979. (18, 24)

Kurlansky, Mark, *Cod*. London: Vintage Books, 1997. (21)

Lahanas, Michael, *The Antikythera Computing Device, the most complex instrument of antiquity*. http://www.mlahanas.de/Greeks/Kythera.htm, last accessed February 2008. (13)

Landels, J. G., *Engineering in the Ancient World*. London: Constable & Co., 1998. (14, 36)

Laue, Max von, *History of Physics*, trans. Ralph Oesper. New York: Academic Press, 1950. (87)

Leigh, G. J., *The World's Greatest Fix: a history of nitrogen and agriculture*. New York: Oxford University Press, 2004. (4)

Levi, Primo, *The Periodic Table*. London: Abacus, 1986. (69)

Lilienfeld, Abraham M. (ed.), *Times, Places, and Persons: aspects of the history of epidemiology*. Baltimore: Johns Hopkins University Press, 1980. (58)

Lister, Lord Joseph, 'On the antiseptic principle in the practice of surgery', *British Medical Journal*, **2**, 246, 1867. (67)

Liu, Li, Gyoung-Ah Lee, Leping Jiang and Juzhong Zhang, 'The earliest rice domestication in China.' *Antiquity* **81** (313) September 2007, http://www.antiquity.ac.uk/ProjGall/liu1/index.html, accessed November 5, 2007. (2)

Loomis, Elisha Scott, *The Pythagorean Proposition*. Washington DC: National Council of Teachers of Mathematics (reprint of 1940 edition). (10)

Lyell, Sir Charles, *Principles of Geology*. Harmondsworth: Penguin Classics, 1997. (44)

Macinnis, Peter, *Rockets: Sulfur, Sputnik and Scramjets*. Sydney, Allen & Unwin, 2003. (16, 99)

Macinnis, Peter, *The Killer Bean of Calabar and Other Stories*. Sydney, Allen & Unwin, 2004 (published in the US as *Poisons*. New York: Arcade Books, 2005). (5)

Margulis, Lynn and Dorion Sagan, *Microcosmos: four billion years of evolution from our microbial ancestors*. London: Allen & Unwin, 1987. (49)

Margulis, Lynn and Dorion Sagan, *What is Sex?* New York: Simon & Schuster Editions, 1997. (30)

Margulis, Lynn, *Symbiotic Planet: a new look at evolution*, 1st edn. New York: Basic Books, 1998. (30, 63)

Marshall, Barry, *Helicobacter Pioneers*. Carlton: Blackwell Science Asia, 2002. (98)

Mason, Peter, *Cauchu: the weeping wood*. Sydney: Australian Broadcasting Commission, 1979. (53)

Mason, Peter, *The Light Fantastic*. Sydney: Australian Broadcasting Commission, 1981. (43)

Mason, Peter, *Blood and Iron*. Ringwood: Penguin Books Australia, 1984. (7)

McNichol, Tom, *AC/DC: the savage tale of the first standards war*. San Francisco: Jossey-Bass, 2006. (72)

Medawar, Sir Peter, *The Strange Case of the Spotted Mice*. Oxford: Oxford University Press, 1996. (52)

Meharg, Andrew A., *Venomous Earth: how arsenic caused the world's worst mass poisoning*. Hampshire: Macmillan, 2005. (7)

Merricks, Linda, *The World Made New: Frederick Soddy, science, politics, and environment*. Oxford; New York: Oxford University Press, 1996. (79)

Michette, Alan and Sławka Pfauntsch (eds), *X-rays: the first hundred years*. Chichester; New York: John Wiley & Sons, 1996. (78)

Millar, Ronald, *The Piltdown Men*. St. Albans: Paladin, 1974. (88)

Millikan, Robert Andrews, *The Electron*. Chicago: University of Chicago Press, 1917 (Phoenix Science Press facsimile, 1963). (85)

Mossman, Susan (ed.), *Early Plastics: perspectives, 1850–1950*. London: Leicester University Press/Science Museum, 1997. (84)

Nicholson, William, 'Account of the new Electrical or Galvanic Apparatus of Sig. Alex. Volta, and Experiments performed with the same', *A Journal of Natural Philosophy, Chemistry, and the Arts* **4**, 179–187 (July 1800). To be found at http://www.ucl.ac.uk/sts/chang/nicholson_v3/Nicholson.pdf, accessed December 26, 2007. (45)

Ohl, Russel S., *An Interview Conducted by Frank Polkinghorn*, Center for the History of Electrical Engineering, January 6, 1975. http://www.ieee.org/portal/cms_docs_iportals/iportals/aboutus/history_center/oral_history/pdfs/Ohl020.pdf (93)

Osborne, Roger, *The Floating Egg: episodes in the making of geology*. London: Jonathan Cape, 1998. (44)

Pancaldi, Giuliano, *Volta: science and culture in the Age of Enlightenment*. Princeton: Princeton University Press: 2003. (42)

Parker, Andrew, *In the Blink of an Eye*. London: The Free Press, 2003. (44)

Parker, Barry R., *Quantum Legacy: the discovery that changed our universe*. Amherst: Prometheus Books, 2002. (81, 86)

Parkinson, R. B. et al., *Cracking Codes: the Rosetta Stone and decipherment*. Berkeley: University of California Press, 1999. (8)

Passmore, John A. (ed.), *Priestley's Writings on Philosophy, Science and Politics*. New York: Collier Books, 1965. (27)

Pauling, Linus, *The Meaning of Life* (edited by David Friend and the editors of *Life*). New York: Little Brown, 1990. (94)

Peierls, Rudolf, *Atomic Histories*. Woodbury: AIP Press, 1997. (86)

Pimentel, D., R. Zuniga and D. Morrison, 'Update on the environmental and economic costs associated with alien-invasive species in the United States.' *Ecological Economics* **52**: 273–288, 2005. (68)

Pliny (Gaius Plinius Secundus), *The History of the World*, translated by Philemon Holland. New York: McGraw-Hill, 1964. (9, 19)

Pollan, Michael, *The Botany of Desire*. London: Bloomsbury, 2002. (2, 5)

Postgate, John, *Microbes and Man*. Harmondsworth: Pelican Books, 1969. (71)

Power, D'Arcy, *William Harvey*. London: T. Fisher Unwin, 1897. (26)

Rayner-Canham, Marelene F. and Geoffrey W. Rayner-Canham, *A Devotion to Their Science: pioneer women of radioactivity*. Philadelphia: Chemical Heritage Foundation; Montreal: McGill-Queen's University Press, 1997. (79)

Reeves, Richard, *A Force of Nature: the frontier genius of Ernest Rutherford*. New York: Atlas Books: W. W. Norton & Co., 2008. (79)

Reingold, Nathan (ed.), *Science in Nineteenth Century America*. London: Macmillan, 1966. (46, 75, 77 and others)

Reynolds, Terry S., *Stronger Than a Hundred Men: a history of the vertical water wheel*. Baltimore: Johns Hopkins University Press, 1983. (14)

Richet, Pascal, *A natural history of time; translated by John Venerella*. Chicago; London: University of Chicago Press, 2007. (47)

Roberts, Russell (ed.), *Specimens and Marvels: William Henry Fox Talbot and the invention of photography*. London: Aperture in association with the National Museum of Photography, Film and Television , 2000. (57)

Rorres, Chris, *A Formidable War Machine: construction and operation of Archimedes' iron hand*. Symposium on Extraordinary Machines and Structures in Antiquity August 19–24, 2001, Olympia, Greece. http://www.math.nyu.edu/~crorres/Archimedes/Claw/harris/rorres_harris.pdf. (12)

Rosen, William, *Justinian's Flea: plague, empire, and the birth of Europe*. New York: Viking, 2007. (58)

Sacks, Oliver, *Uncle Tungsten*. London: Picador, 2002. (69)

Schrödinger, Erwin, *What is Life?* Cambridge: Canto Books 1992. (94)

Seifer, Marc J., *Wizard: the life and times of Nikola Tesla: biography of a genius*. Secaucus: Carol Pub., 1996. (72)

Seitz, Frederick, *Electronic Genie: the tangled history of silicon*. Urbana: University of Illinois Press, 1998. (95)

Singer, Charles, *A Short History of Anatomy from the Greeks to Harvey*. New York: Dover Publications, 1957. (19)

Singh, Simon, *The Code Book*. London: Fourth Estate, 2000. (92)

Sleeswyk, André Wegener, 'Vitruvius' odometer', *Scientific American* **245** (4) October, 1981, 188–200. (13)

Smil, Vaclav, *Creating the Twentieth Century: technical innovations of 1867–1914 and their lasting impact*. New York: Oxford University Press, 2005. (65)

Smoot, George and Keay Davidson, *Wrinkles in Time*. London: Abacus, 1995. (90, 97)

Spielman, Andrew and Michael d'Antonio, *Mosquito*. London: Faber & Faber, 2002. (5)

Spindler, Konrad, *The Man in the Ice*. London: Weidenfeld & Nicolson, 1994. (7, 88)

Standage, Tom, *The Victorian Internet*. New York: Walker & Company, 1998. (37)

Stern, Ellen Stock and Emily Gwathmey, *Once Upon a Telephone: an illustrated social history*. New York: Harcourt Brace, 1994. (70)

Struik, Dirk J., *Yankee Science in the Making*. New York: Collier Books, 1962. (51)

Tait, Hugh (ed.), *Five Thousand Years of Glass*. London: Published for the Trustees of the British Museum by British Museum Press, 1991. (9)

Thomas, J. M., *Michael Faraday and the Royal Institution: the genius of man and place*. Bristol; Philadelphia: A. Hilger, 1991. (48)

Thorne, Kip S., *Black Holes and Time Warps*. London: Papermac, 1995. (83, 97)

Thorne, Stuart, *The History of Food Preservation*. Casterton Hall, UK: Parthenon Publishing, 1986. (3)

Tiley, Nancy, *Discovering DNA: meditations on genetics and a history of the science*. New York: Van Nostrand Reinhold, 1983. (66)

Trinkaus, Erik and Pat Shipman, *The Neandertals*. New York: Vintage Books, 1994. (88)

Walker, C. B. F. et al., *Reading the Past: ancient writing from cuneiform to the alphabet*. Berkeley: University of California Press/British Museum, 1990. (8)

Wallace, Alfred Russel, *The Geographical Distribution of Animals*. New York: Harper & Brothers, 1876. This edition is available online as page images from the University of Michigan, http://quod.lib.umich.edu/m/moagrp/ (51, 63)

Wallace, Alfred Russel, *The Malay Archipelago*. New York: Dover Publications, 1962. (51, 63, 68)

Watson, J. D. and F. H. Crick, 'A structure for deoxyribose nucleic acid', *Nature*, **171**, 737, 1953. (94)

Watson, James, *The Double Helix*. Harmondsworth: Penguin Books, 1968. (94)

Wells, H. G., *The World Set Free* first published 1914. http://www.gutenberg.org/etext/1059. (91)

White, Gilbert, *Gilbert White's Journals*, edited by Walter Johnson. Cambridge: MIT Press, reprinted 1970. (40)

White, Gilbert, *The Natural History of Selborne*. London: The Cresset Press, 1947 (there is also a Penguin edition which may be easier to locate). (40)

White, Michael, *Acid Tongues and Tranquil Dreamers: tales of bitter rivalry that fueled the advancement of science and technology*. New York: Morrow, 2001. (33, 72)

Woodbury, Robert S, *History of the Gear-cutting Machine: a historical study in geometry and machines*. Cambridge: MIT Press, 1958. (13)

Wyse Jackson, Patrick, *The Chronologers' Quest: episodes in the search for the age of the Eearth*. Cambridge: Cambridge University Press, 2006. (47)

Zinsser, Hans, *Rats, Lice and History*. London: George Routledge & Sons, 1937. (71)

Zirker, Jack B., *An Acre of Glass: a history and forecast of the telescope*. Baltimore: Johns Hopkins University Press, 2005. (18)

Literaturempfehlungen

Dies sind die Bücher, die bei mir im Regal stehen und immer wieder als Anregung herausgezogen werden. Aus ihnen erhielt ich die meisten Inspirationen für dieses Buch. Es handelt sich meist um ältere Bücher, wie es Klassiker eben sind, doch vielleicht finden Sie sie in einer Bibliothek. Lesen Sie einige davon!

Boorstin, Daniel J., *The Discoverers*. London: J. M. Dent, 1984.

Bronowski, Jacob, *Science and Human Values*. New York: Julian Messner, 1956.

Bronowski, Jacob and Brice Mazlish, *The Western Intellectual Tradition*. London: Hutchinson, 1960.

Hofstadter, Douglas, *Gödel, Escher, Bach: Ein Endloses Geflochtenes Band*. Deutscher Taschenbuch Verlag, München 1992.

Merton, Robert K., *Auf den Schultern von Riesen. Ein Leitfaden durch das Labyrinth der Gelehrsamkeit*. Suhrkamp, Frankfurt 2004.

Perutz, Max, *Is Science Necessary?* Oxford: Oxford University Press, 1991.

Petroski, Henry, *Invention by Design*. Cambridge Massachusetts: Harvard University Press, 1996.

Silver, Brian L., *The Ascent of Science*. Oxford: Oxford University Press, 1998.

Singer, Charles, *A Short History of Scientific Ideas*. Oxford: Oxford University Press, 1959.

Snow, C. P., *The Two Cultures*. Cambridge: Cambridge University Press, 1992.

Thomas, Lewis, *The Lives of a Cell: notes of a biology watcher*. New York: Viking Press, 1974.

Uglow, Jenny, *The Lunar Men*. London: Faber & Faber, 2002.

Wolpert, Lewis, *Unglaubliche Wissenschaft*. Eichborn, Frankfurt 2004.

Index

Bildnachweise

Australpress: p.213
Corbis: p.9, p.10, p.15, p.22, p.25, p.27, p.33, p.37, p.40, p.45, p.50, p.55, p.57, p.65, p.67, p.73, p.77, p.97, p.105, p.107, p.117, p.130, p.150, p.155, p.158, p.188, p.205, p.210, p.222, p.243.
Getty Images: p.12, p.17, p.30, p.62, p.123, p.125, p.133, p.145, p.148, p.237, p.248.
Photolibrary.com: p.13, p.20, p.35, p.43, p.47, p.53, p.60, p.70, p.75, p.80, p.82, p.85, p.87, p.90, p.92, p.95, p.100, p.103, p.112, p.115, p.120, p.127, p.135, p.138, p.140, p.143, p.153, p.160, p.163, p.165, p.167, p.170, p.173, p.175, p.178, p.180, p.183, p.185, p.190, p.193, p.195, p.197, p.200, p.202, p.207, p.215, p.217A, p.217B, p.220, p.230, p.233, p.235, p.245, p.250, p.253, p.255, p.258, p.260, p.262, p.266-267, p.225, p.227, p.240.

Danksagung

Viele Menschen waren beteiligt, als dieses Buch Gestalt annahm. Sein Ursprung liegt in einem Buch, das Rex Meyer, Jim Hawes, Peter Stanbury und ich 1972 zu schreiben begonnen haben. Ich trug kurze biographische Skizzen mit Zitaten berühmter Biologen dazu bei. Diese habe ich später weiter ausgeführt und auch andere Wissenschaftszweige dazugenommen.

Robert Williams von der ABC Science Unit brachte mich 1985 dazu, mich mehr auf historische Randbemerkungen zu konzentrieren. Ich begann damit, dem Leben von Menschen nachzugehen, die ihre Namen ganzen Disziplinen oder wichtigen Gegenständen darin verliehen haben, etwa der Avogadro-Hypothese, dem Bunsen-Brenner, dem Boyle'schen Gesetz, den Regeln von Chargaff, dem Curie-Punkt, dem Faraday-Käfig, der Kelvin-Skala, dem Prinzip von Le Chatelier, dem Pauli-Effekt und sogar, was am schwierigsten aufzustöbern war, der Wimshurst-Maschine.

Insgesamt schrieb ich ungefähr 150 Texte und gewöhnte mir dabei an, herauszufinden, wie Entdeckungen zustande kamen und was die Menschen gerade taten, als sie den entscheidenden „Aha-Moment" erlebten. Ohne echten Plan, sie zu veröffentlichten, sammelte ich die Daten, Zitate, Kommentare und den Hintergrund für ungefähr 600 kurze Artikel, von denen ich einige hier eingebracht habe.

Meist entdeckte ich das Originalmaterial, das ich brauchte, in Zweigstellen der Fisher Library an der University of Sydney, die großzügigerweise ehemaligen Studenten die Verwendung ihrer Quellen erlaubt. Dafür vielen Dank an die Verantwortlichen. In einem späteren Stadium dieses Buches benötigte ich auch Material von der State Library von New South Wales (Australien) und die Hilfe ihrer unermüdlichen Mitarbeiter. Außerdem fand ich etliche Original-Veröffentlichungen, die Hasok Chang, Roald Hoffmann und Li Liu ins Netz gestellt haben. Das ist es, wozu das Netz gut ist.

Irgendwo auf meinem Weg kam ich in Gesellschaft von Verlagsmenschen. In den 1990er Jahren boten mir mehrere von ihnen Aufträge für eine freie Mitarbeit an (offenbar reden solche Leute miteinander). Weil ich ein entgegenkommender Bursche bin, der seine Lektoren versteht und immer offen für einen guten Rat ist, wurde mein Name weitergegeben, und irgendwo unterwegs kreuzte ich den Weg von Scott Forbes, als wir zusammen an einem Projekt für *Readers Digest* arbeiteten.

Dann gab Scott meinen Namen an Will Kiester bei Pier 9 weiter, der mich fragte, ob ich Interesse hätte, über einige Buchprojekte zu sprechen. Ich stimmte mit einer Begeisterung zu, die ihn erzittern ließ, und so begannen wir, an *100 Discoveries* zu arbeiten. Wir verfeinerten das Format anhand von zwei Beispielartikeln, wobei Scott als Berater und sanfter Gestalter des Autors mitwirkte; dann wurde es still um die Sache.

Will Kiester zog zurück in die USA und Diana Hill war nun als Herausgeberin bei Pier 9 dafür verantwortlich, mich zu motivieren. Aus heiterem Himmel teilte sie mir mit, das Projekt habe grünes Licht bekommen, und die harte Arbeit begann. Zuerst machten wir uns an eine Neubeurteilung der Top-100-Liste, dann fing ich an zu schreiben.

Die meisten meiner Manuskripte werden von ein paar Freunden gelesen, Menschen, die ich über das Internet kennengelernt habe, und denen ich vertraue. David Allen verbrachte viel Zeit mit dem Korrekturlesen, außerdem führte er mich in TextAloud ein. David kann immer schlechter sehen, und TextAloud konvertiert Text in mp3-Dateien; ich kann zwar noch gut sehen, aber mit meinen Texten klappte das auch. Ein langes Manuskript zu lesen ist beschwerlich, vor allem, wenn man weiß, was darin stehen wird, denn man sieht immer nur das, was man erwartet. Wenn eine Maschine den gleichen Text vorliest, springen einem die Fehler nur so ins Gesicht. Nachdem meine vertrauenswürdige Lektorin Desney Shoemaker den Text bearbeitet hatte, habe ich ihn mir noch einmal angehört. Diesmal hat ihn meine Frau Christine vorgelesen. Danke TextAloud, danke Chris!

Weil ich zu einer kritischen Zeit in Europa war, organisierten Desney und Emma Hutchinson einen Satz von Seitenabzügen, den ich auf Reisen lesen konnte. Während ich darauf antwortete, lastete mehr auf Desneys Schultern. Ich lobe sie ganz ausdrücklich dafür, dass sie sich weit über ihre Pflichten hinaus diesem Projekt gewidmet hat. Sie duldete auch alle Arten von Absonderlichkeiten mit Gelassenheit und Gleichmut.

Keiner liebt Fehler, vor allem Schriftsteller nicht, deshalb haben wir Copy-Editoren wie die adleräugige Anne Savage. Copy-Editoren sind Querdenker, die alles infrage stellen. Alle verbliebenen Fehler haben nur überlebt, weil ich die Wasser so effektiv getrübt habe – doch dank Anne werden sie ziemlich einsam sein!

Das ist das vierte Buch, das ich mit Pier 9 gemeinsam auf die Beine gestellt habe, und es sind noch mehrere geplant, was ziemlich viel darüber aussagt, wie zufrieden ich mit diesem Unternehmen bin. Danke, liebe Leute, männliche und weibliche!

Titel der Originalausgabe: 100 Discoveries – The Greatest Breakthroughs in History
Aus dem Englischen übersetzt von Bernhard Gerl, Birgit Jarosch und Peter Wittmann

Die australische Originalausgabe ist erschienen bei Pier 9, einem Imprint von Murdoch Books Pty Limited

Murdoch Books Australia
Millers Point NSW 2000

Wichtiger Hinweis für den Benutzer
Der Verlag, der Herausgeber und die Autoren haben alle Sorgfalt walten lassen, um vollständige und akkurate Informationen in diesem Buch zu publizieren. Der Verlag übernimmt weder Garantie noch die juristische Verantwortung oder irgendeine Haftung für die Nutzung dieser Informationen, für deren Wirtschaftlichkeit oder fehlerfreie Funktion für einen bestimmten Zweck. Der Verlag übernimmt keine Gewähr dafür, dass die beschriebenen Verfahren, Programme usw. frei von Schutzrechten Dritter sind. Die Wiedergabe von Gebrauchsnamen, Handelsnamen, Warenbezeichnungen usw. in diesem Buch berechtigt auch ohne besondere Kennzeichnung nicht zu der Annahme, dass solche Namen im Sinne der Warenzeichen- und Markenschutz-Gesetzgebung als frei zu betrachten wären und daher von jedermann benutzt werden dürften. Der Verlag hat sich bemüht, sämtliche Rechteinhaber von Abbildungen zu ermitteln. Sollte dem Verlag gegenüber dennoch der Nachweis der Rechtsinhaberschaft geführt werden, wird das branchenübliche Honorar gezahlt.

Bibliografische Information der Deutschen Nationalbibliothek
Die Deutsche Nationalbibliothek verzeichnet diese Publikation in der Deutschen Nationalbibliografie; detaillierte bibliografische Daten sind im Internet über http://dnb.d-nb.de abrufbar.

Springer ist ein Unternehmen von Springer Science+Business Media
springer.de

Spektrum Akademischer Verlag ist ein Imprint von Springer

10 11 12 13 14 5 4 3 2 1

Planung und Lektorat: Frank Wigger, Martina Mechler
Redaktion: Anna Schleitzer
Satz: TypoDesign Hecker, Leimen
Umschlaggestaltung: wsp design Werbeagentur GmbH, Heidelberg

ISBN 978-3-8274-2488-4